首批国家级一流本科课程配套教材

普通高校本科计算机专业特色教材精选·算法与程序设计

# 数据结构——从概念到C实现

王红梅 皮德常 编著

清华大学出版社
北京

## 内容简介

数据结构是计算机及相关专业的核心课程，也是计算机及相关专业硕士研究生入学考试的必考科目，而且是理工专业的热门公选课程。本书介绍了数据结构、算法以及抽象数据类型的概念；介绍了线性表、栈和队列、字符串和多维数组、树和二叉树、图等常用数据结构；讨论了基本的查找和排序技术。

本书合理规划教学内容，梳理知识单元及其拓扑结构，兼顾概念层和实现层，既强调了数据结构的基本概念和原理方法，又注重了数据结构的程序实现和实际运用，在提炼基础知识的同时，进行了适当的扩展和提高。

本书内容丰富，层次清晰，深入浅出，结合实例，可作为计算机及相关专业数据结构课程的教材，也可供从事计算机软件开发和应用的工程技术人员参考和阅读。



**图书在版编目(CIP)数据**

数据结构：从概念到C实现/王红梅，皮德常编著. --北京：清华大学出版社，2017(2023.1重印)
(普通高校本科计算机专业特色教材精选·算法与程序设计)
ISBN 978-7-302-45149-5

Ⅰ.①数… Ⅱ.①王… ②皮… Ⅲ.①数据结构－高等学校－教材 Ⅳ.①TP311.12

中国版本图书馆CIP数据核字(2016)第232939号

**责任编辑**：袁勤勇
**封面设计**：常雪影
**责任校对**：时翠兰
**责任印制**：宋 林

**出版发行**：清华大学出版社
**网　　址**：http://www.tup.com.cn，http://www.wqbook.com
**地　　址**：北京清华大学学研大厦A座　　**邮　　编**：100084
**社 总 机**：010-83470000　　**邮　　购**：010-62786544
**投稿与读者服务**：010-62776969，c-service@tup.tsinghua.edu.cn
**质量反馈**：010-62772015，zhiliang@tup.tsinghua.edu.cn
**课件下载**：http://www.tup.com.cn，010-83470236
**印 装 者**：三河市人民印务有限公司
**经　　销**：全国新华书店
**开　　本**：185mm×260mm　　**印　　张**：18.75　　**字　　数**：426千字
**版　　次**：2017年2月第1版　　**印　　次**：2023年1月第12次印刷
**定　　价**：49.00元

产品编号：069975-02

# 前言

PREFACE

数据结构是计算机及相关专业的核心课程，也是计算机及相关专业硕士研究生入学考试的必考科目，而且是理工专业的热门公选课程。作为程序设计的重要补充和延伸，数据结构所讨论的知识内容、蕴含的技术方法、体现的思维方式，无论进一步学习计算机专业的其他课程，还是从事计算机领域的各项工作，都有着不可替代的作用。

数据结构课程的知识丰富，内容抽象，隐藏在各知识单元的概念和方法较多，贯穿于各知识单元的链表和递归更是加重了学习难度。本书的编写者长期从事数据结构的研究和教学，深切理解学生在学习数据结构过程中遇到的问题和困惑，深入探究掌握数据结构的有效途径和方法，深刻思考数据结构对培养程序设计和计算思维的地位和作用，深度把握课程的教学目标和重点难点，本书在教学内容和教学设计等方面进行了如下处理。

1. **合理规划教学内容。** 紧扣《高等学校计算机专业核心课程教学实施方案》和《计算机学科硕士研究生入学考试大纲》，涵盖教学方案及考研大纲要求的全部知识点。

2. **遵循认知规律，理清教学主线。** 根据学生的认知规律和课程的知识结构，按照从已知到未知的思维进程逐步推进教学内容，梳理和规划了各知识单元及其拓扑结构，设计了清晰的教学主线。知识单元及其拓扑结构如图 1 所示。

3. **提炼基础知识，适当扩展提高。** 考虑到不同学校教学要求的差异以及不同学生学习需求的差别，一方面本着“够用、实用”的原则，抓牢核心概念，提炼基础性知识，贯彻数据结构课程的基本教学要求；另一方面对某些知识点进行了适当的扩充和提高（图 1 中打星号部分），这部分内容可用于选讲，也可用于学生自学或课外阅读（教学建议：目录中打一个星号可用于选讲，打两个星号可用于课外阅读，其他是必讲的基础知识）。

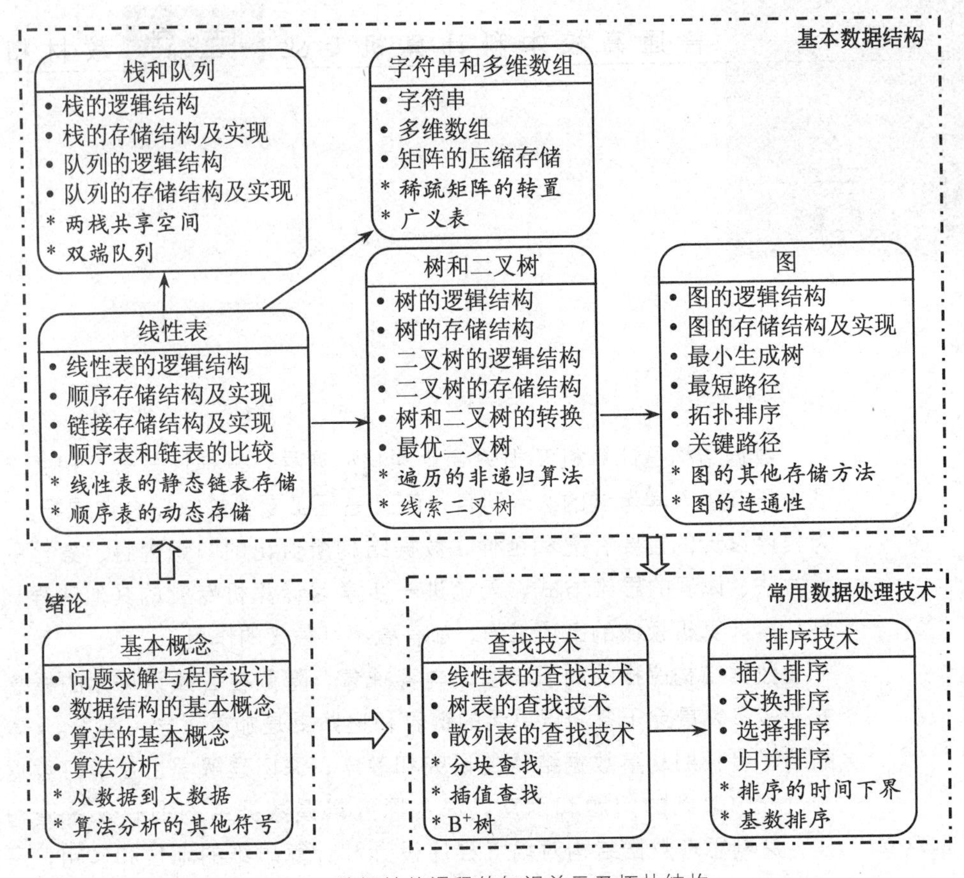


图1 数据结构课程的知识单元及拓扑结构

4. **兼顾概念层和实现层。** 从抽象数据类型的角度将数据结构的实现过程分为抽象层、设计层和实现层，其中抽象层定义数据结构和基本操作集合，设计层是数据结构的存储表示和算法设计，实现层用C语言实现数据结构，既强调了数据结构的基本概念和原理方法，又注重了数据结构的程序实现和实际运用。

5. **展现求解过程，培养计算思维。** 通过讲思路讲过程讲方法，按照"问题→想法→算法→程序"的模式进行问题求解，采用"阐述基本思想→伪代码描述算法→C语言实现算法"的模式进行算法设计，这个过程正是计算思维的运用过程。每章通过两个应用实例展示问题求解过程以及算法设计过程。

6. **明确重点，化解难点。** 每一章开篇即给出该章的重点难点，以及各知识点的教学要求，在具体阐述时还有针对性的处理方法。针对数据结构内容抽象的特点，全书设计了256个插图，将抽象内容进行了具体化处理，降低了理解问题的复杂性。

总之，本书在概念的描述、实例的选择、知识的前后衔接、内容的组织结构，以及教学内容的理解、教学目标的实现、教学意图的融入、教学方法的运用等方面进行了系统思考和统筹设计，力图通过本书为读者构建多层次的知识体系。在问题求解层面，以数据表示和数据处理为主线，给出"问题→想法→算法→程序"的思维模式；在算法设计层面，通过伪代码描述算法，强调计算思维的培养；在算法分析层面，理解什么是

“好”算法，给出算法分析的基本方法；在存储结构层面，通过存储示意图理解数据表示，再给出存储结构定义；在程序实现层面，给出所有数据结构的C程序实现以及使用范例；在数据结构和算法的运用层面，通过应用实例理解如何为求解问题设计适当的数据结构，如何基于数据结构设计算法，从而将数据结构、算法和程序设计有机地融合在一起。

参加本书编写的还有董亚则、王涛、党源源、肖巍、刘冰、王有敬等老师，2015级硕士研究生唐东凯和李芬田同学参与了本书的代码调试工作，本书所有代码均在Dev C++ 5.11、Visual Studio 2013、Microsoft Visual C++ 6.0编程环境下调试通过，读者可向出版社或作者索要程序源码。

由于作者的知识和写作水平有限，书稿虽再三斟酌几经修改，仍难免有缺点和错误，欢迎专家和读者批评指正。作者的电子邮箱是：wanghm@ccut.edu.cn。

作　者

2016年2月

# 目录

CONTENTS

# 第1章 绪论

CHAPTER

<table>
<tr><td>教学重点</td><td colspan="5">数据结构的基本概念；数据的逻辑结构、存储结构以及二者之间的关系；算法及算法的特性；大 $O$ 记号</td></tr>
<tr><td>教学难点</td><td colspan="5">抽象数据类型；算法的时间复杂度分析</td></tr>
<tr><td rowspan="11">教学内容和目标</td><td rowspan="2">知识点</td><td colspan="4">教学要求</td></tr>
<tr><td>了解</td><td>理解</td><td>掌握</td><td>熟练掌握</td></tr>
<tr><td>程序设计的一般过程</td><td>√</td><td></td><td></td><td></td></tr>
<tr><td>数据结构在程序设计中的作用</td><td></td><td>√</td><td></td><td></td></tr>
<tr><td>算法在程序设计中的作用</td><td></td><td>√</td><td></td><td></td></tr>
<tr><td>数据结构的基本概念</td><td></td><td></td><td></td><td>√</td></tr>
<tr><td>抽象数据类型</td><td></td><td>√</td><td></td><td></td></tr>
<tr><td>算法及算法的特性</td><td></td><td></td><td></td><td>√</td></tr>
<tr><td>算法的描述方法</td><td></td><td></td><td>√</td><td></td></tr>
<tr><td>算法的时间复杂度</td><td></td><td></td><td>√</td><td></td></tr>
<tr><td>算法的空间复杂度</td><td></td><td>√</td><td></td><td></td></tr>
<tr><td>教学提示</td><td colspan="5">对本章的教学要抓住两条主线，一条主线是数据结构，包括数据结构的研究对象及相关概念，另一条主线是算法，包括算法的概念、描述方法以及时间复杂度的分析。从程序设计的一般过程入手，说明计算思维（模型化、形式化、抽象思维和逻辑思维）在程序设计过程中的运用，理解“数据结构＋算法＝程序”，注意强调数据结构和算法与程序之间的关系。<br>对于数据结构部分，强调数据结构的核心概念是数据元素，注意通过具体实例引申数据元素之间的关系，并抓住两个方面：逻辑结构和存储结构，强调二者之间的关系。对于算法部分，说明算法是对问题求解方法的抽象描述，以算法的概念和特性为重点，并在以后的教学中注意应用算法的特性，不要孤立地讲授概念。对于算法的时间性能，强调三个要点：基本语句、执行次数、数量级。<br>最后，强调数据结构和算法分析都是针对大数据量，即大数据量的组织、大数据量的处理效率。</td></tr>
</table>

# 1.1 问题求解与程序设计

计算机科学致力于研究如何用计算机求解人类生产生活中的各种实际问题，只有最终在计算机上能够运行良好的程序才能解决特定的实际问题，因此，程序设计的过程就是利用计算机求解问题的过程。

## 1.1.1 程序设计的一般过程

用计算机求解任何问题都离不开程序，但是计算机不能分析问题并产生问题的解决方案，必须由人（即程序设计者）分析问题，确定问题的解决方案，采用计算机能够理解的指令描述这个问题的求解步骤（即编写程序），然后让计算机执行程序最终获得问题的解。程序设计的一般过程如图1-1所示。

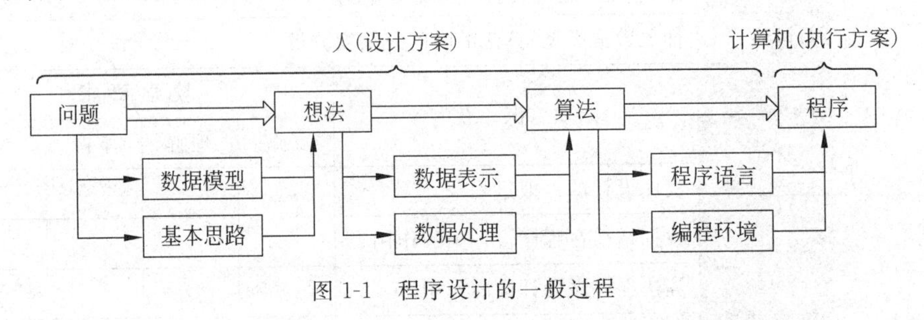


图1-1 程序设计的一般过程

由问题到想法需要分析待处理的数据以及数据之间的关系，抽象出具体的数据模型，形成问题求解的基本思路。对于数值问题抽象出的数据模型通常是数学方程，对于非数值问题抽象出的数据模型通常是表、树、图等数据结构。

算法用来描述问题的解决方案，是具体的、机械的操作步骤。利用计算机解决问题的最重要一步是将人的想法描述成算法，即设计算法，也就是从计算机的角度设想计算机是如何一步一步完成这个任务的。由想法到算法需要完成数据表示和数据处理，即描述问题的数据模型，将数据模型从机外表示转换为机内表示；描述问题求解的基本思路，将问题的解决方案形成算法。

由算法到程序需要将算法的操作步骤转换为某种程序设计语言对应的语句，转换所依据的规则就是某种程序设计语言的语法，换言之，就是在某种编程环境下用程序设计语言描述要处理的数据以及数据处理的过程。

著名的计算机学者沃思[①]给出了一个公式：数据结构＋算法＝程序。从这个公式可以看到，数据结构和算法是构成程序的两个重要的组成部分，一个“好”程序首先是将问题抽象出一个适当的数据结构，然后基于该数据结构设计一个“好”算法，或者说，学习数据结构的意义在于编写高质量、高效率的程序。下面以著名的哥尼斯堡七桥问题为例，说明

① 沃思(Niklaus·Wirth)1934年生于瑞士。1968年设计并实现了PASCAL语言，1971年提出了结构化程序设计，1976年设计并实现了Modula 2语言。除了程序设计语言之外，沃思在其他方面也有许多创造，如扩充了著名的巴科斯范式，发明了语法图等。1984年获图灵奖。

程序设计的一般过程。

**【问题】** 哥尼斯堡七桥问题(以下简称"七桥问题")。17 世纪的东普鲁士有一座哥尼斯堡城(现在叫加里宁格勒,在波罗的海南岸),城中有一座岛,普雷格尔河的两条支流环绕其旁,并将整个城市分成北区、东区、南区和岛区 4 个区域,全城共有七座桥将 4 个城区连接起来,如图 1-2(a)所示。于是,产生了一个有趣的问题:一个人是否能在一次步行中经过全部的七座桥后回到出发点,且每座桥只经过一次。

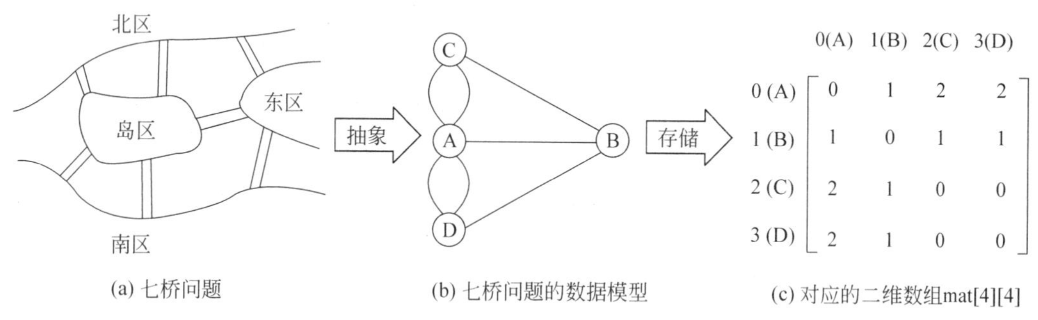


图 1-2　七桥问题的数据抽象过程

**【想法】** 将城区抽象为顶点,用 A、B、C、D 表示 4 个城区,将桥抽象为边,用 7 条边表示七座桥,抽象出七桥问题的数据模型如图 1-2(b)所示,从而将七桥问题抽象为一个数学问题:求经过图中每条边一次且仅一次的回路,后来人们称之为欧拉回路。欧拉回路的判定规则是:

(1) 如果没有一个城区通奇数桥,则无论从哪里出发都能找到欧拉回路;

(2) 如果通奇数桥的城区多于两个,则不存在欧拉回路;

(3) 如果只有两个城区通奇数桥,则不存在欧拉回路,但可以从这两个城区之一出发找到欧拉路径(不要求回到出发点)。

由上述判定规则得到求解七桥问题的基本思路:依次计算与每个顶点相关联的边数,根据边数为奇数的顶点个数判定是否存在欧拉回路。

**【算法】** 将顶点 A、B、C、D 编号为 0、1、2、3,用二维数组 mat[4][4]存储七桥问题的数据模型,如果顶点 $i(0\leqslant i\leqslant 3)$和顶点 $j(0\leqslant j\leqslant 3)$之间有 $k$ 条边,则元素 mat[$i$][$j$]的值为 $k$,如图 1-2(c)所示。求解七桥问题的关键是求与每个顶点相关联的边数,即是在二维数组 mat[4][4]中求每一行元素之和,算法描述如下:

```
算法:EulerCircuit
输入:二维数组 mat[4][4]
输出:通奇数桥的顶点个数 count
    1. count 初始化为 0;
    2. 下标 i 从 0～n－1 重复执行下述操作:
       2.1  计算第 i 行元素之和 degree;
       2.2  如果 degree 为奇数,则 count＋＋;
    3. 返回 count;
```

【程序】 主函数首先初始化二维数组 mat[4][4],即表示七桥问题对应的数据模型,然后调用函数 EulerCircuit 计算图模型中通奇数桥的顶点个数,再根据欧拉规则判定是否存在欧拉回路。程序如下:

```
#include <stdio.h>
int EulerCircuit(int mat[4][4],int n);          /* 函数声明,求通奇数桥的顶点个数 */

int main( )
{
    int mat[4][4] = {{0,1,2,2},{1,0,1,1},{2,1,0,0},{2,1,0,0}};
    int num = EulerCircuit(mat,4);               /* 调用函数得到通奇数桥的顶点个数 */
    if (num >= 2)                                /* 两个以上的顶点通奇数桥 */
        printf("有%d个地方通奇数桥,不存在欧拉回路\n ",num);
    else                                         /* 没有顶点通奇数桥 */
        printf("存在欧拉回路\n");
    return 0;
}

int EulerCircuit(int mat[4][4],int n)            /* 函数定义,二维数组作为形参 */
{
    int i,j,degree,count = 0;                    /* count 累计通奇数桥的顶点个数 */
    for (i = 0; i < n; i++)                      /* 依次累加每一行的元素 */
    {
        degree = 0;                          /* degree 存储通过顶点 i 的桥数,初始化为 0 */
        for (j = 0; j < n; j++)
        {
            degree = degree + mat[i][j];         /* 将通过顶点 i 的桥数求和 */
        }
        if (degree %2 != 0)                      /* 桥数为奇数 */
            count++;
    }
    return count;                                /* 结束函数,将 count 返回到调用处 */
}
```

### 1.1.2 数据结构在程序设计中的作用

有些问题难以求解的原因是无从下手,如果能将问题抽象出一个合适的数据模型,则问题可能会变得豁然开朗。下面这个著名的握手问题是爱丁堡大学的 Peter Ross 提出来的。

**【例 1-1】** 握手问题。Smith 先生和太太邀请 4 对夫妻来参加晚宴。每个人来的时候,房间里的一些人都要和其他人握手。当然,每个人都不会和自己的配偶握手,也不会跟同一个人握手两次。之后,Smith 先生问每个人和别人握了几次手,他们的答案都不一样。问题是,Smith 太太和别人握了几次手?

**解**：这个问题具有挑战性的原因是没有一个明显的思考点，但如果将此问题抽象出一个合适的数据模型，如图 1-3(a)所示，问题就变得简单了。

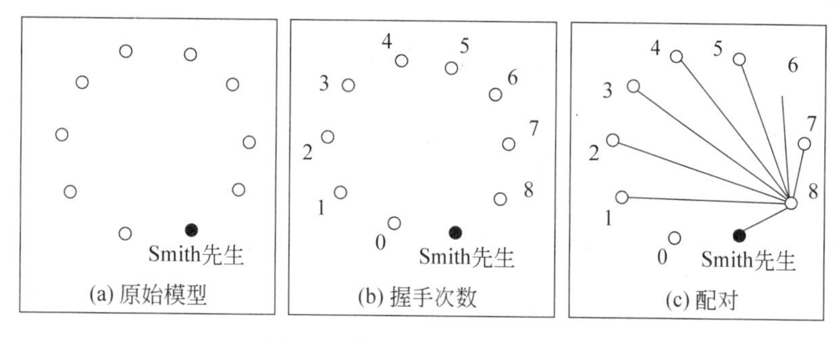


图 1-3 握手问题的数据模型

让我们来收集一下已知条件。Smith 先生问了房间的 9 个人，每个人的答案都不相同，因此，每个答案都在 0 和 8 之间，相应地修改模型如图 1-3(b)所示。

让我们来列出所有的握手信息。例如，8 号除了他(她)自己和配偶，与房间里的其他人总共握了 8 次手。基于这个观察，可以画出 8 号的握手信息并且知道 8 号的配偶是 0 号，如图 1-3(c)所示；7 号除了 0 号和 1 号，与房间里的其他人总共握了 7 次手，因此 7 号的配偶是 1 号……问题是不是变得豁然开朗了？

一个“好”程序首先是将问题抽象出一个适当的数据模型，基于不同数据模型的算法，其运行效率可能会有很大差别，例如下面的手机电话号码查询问题。

**【例 1-2】** 手机电话号码查询问题。假设某手机中存储了如表 1-1 所示的若干电话号码，如何在手机中查找某人的电话号码？

**解**：如果将电话号码集合线性排列，则查找某个人的电话号码只能进行顺序查找。如果将电话号码集合进行分组，如图 1-4 所示，则查找某个人的电话号码可以只在某个分组中进行。显然，后者的查找效率更高，当数据量较大时差别就更大。

**表 1-1 某手机中的电话号码**

| 姓名 | 王靓靓 | 赵 刚 | 韩春颖 | 李琦勇 | … | 张 强 |
|---|---|---|---|---|---|---|
| 电话 | 13833278900 | 13944178123 | 15594434552 | 13833212779 | … | 13331688900 |

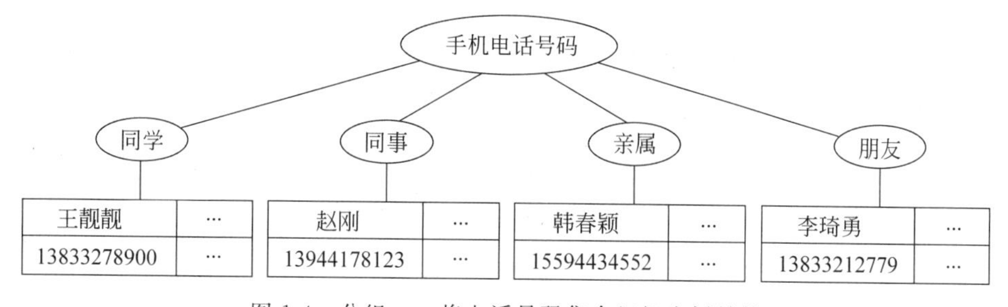


图 1-4 分组——将电话号码集合组织为树结构

### 1.1.3 算法在程序设计中的作用

算法是问题的解决方案，这个解决方案本身并不是问题的答案，而是能获得答案的指令序列。对于许多实际的问题，写出一个正确的算法还不够，如果这个算法在规模较大的数据集上运行，那么运行效率就成为一个重要的问题。在选择和设计算法时要有效率的观念，这一点比提高计算机本身的速度更为重要[①]。

**【例 1-3】** 数组循环左移问题。将一个具有 $n$ 个元素的数组向左循环移动 $i$ 个位置。有许多应用程序会调用这个问题的算法，例如在文本编辑器中移动行的操作，磁盘整理时交换两个不同大小的相邻内存块等。所以，解决这个问题的算法要求有较高的时间性能和空间性能。

**解法 1**：先将数组中的前 $i$ 个元素存放在一个临时数组中，再将余下的 $n-i$ 个元素左移 $i$ 个位置，最后将前 $i$ 个元素从临时数组复制回原数组中后面的 $i$ 个位置，这个算法总共需要移动 $i+(n-i)+i=i+n$ 次数组元素，但使用了 $i$ 个额外的存储单元。

**解法 2**：先设计一个函数将数组向左循环移动 1 个位置，然后再调用该算法 $i$ 次，这个算法只使用了 1 个额外的存储单元，但总共需要移动 $i\times n$ 次数组元素。

**解法 3**：现在我们换一个角度看这个问题，将这个问题看作是把数组 $\boldsymbol{AB}$ 转换成数组 $\boldsymbol{BA}$（$\boldsymbol{A}$ 代表数组的前 $i$ 个元素，$\boldsymbol{B}$ 代表数组中余下的 $n-i$ 个元素），先将 $\boldsymbol{A}$ 置逆得到 $\boldsymbol{A}^{-1}\boldsymbol{B}$，再将 $\boldsymbol{B}$ 置逆得到 $\boldsymbol{A}^{-1}\boldsymbol{B}^{-1}$，最后将整个 $\boldsymbol{A}^{-1}\boldsymbol{B}^{-1}$ 置逆得到 $(\boldsymbol{A}^{-1}\boldsymbol{B}^{-1})^{-1}=\boldsymbol{BA}$。设 Reverse 函数执行将数组元素置逆的操作，对 abcdefgh 向左循环移动 3 个位置的过程如下：

```
Reverse(0,i-1);                         /*得到 cbadefgh*/
Reverse(i,n-1);                         /*得到 cbahgfed*/
Reverse(0,n-1);                         /*得到 defghabc*/
```

其原理可以用一个简单的游戏来理解：将两手的掌心对着自己，左手在右手上面，将一个具有 10 个元素的数组向左循环移动 5 位的操作过程如图 1-5 所示。

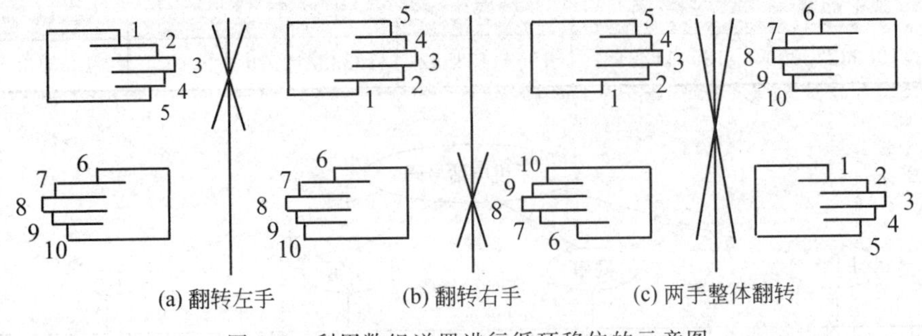


图 1-5　利用数组逆置进行循环移位的示意图

① 算法领域有一个启发式规则：不要拘泥于头脑中出现的第一个算法。一个好的算法是反复努力和重新修正的结果，即使足够幸运地得到了一个貌似完美的算法思想，我们也应该尝试着改进它。

这个算法总共需要交换$\frac{i}{2}+\frac{n-i}{2}+\frac{n}{2}=n$次数组元素，只使用了 1 个用来交换的临时单元，并且算法这么简短和简单，想出错都很难。Brian Kernighan 在 *Software Tools in Pascal* 中使用了这个算法在文本编辑器中移动各行。

### 1.1.4　本书讨论的主要内容

计算机能够求解的问题一般可以分为数值问题和非数值问题。数值问题抽象出的数据模型通常是数学方程，非数值问题抽象出的数据模型通常是表、树、图等数据结构。下面请看几个例子。

**【例 1-4】** 为百元买百鸡问题抽象数据模型。已知公鸡 5 元一只，母鸡 3 元一只，小鸡 1 元三只，花 100 元钱买 100 只鸡，问公鸡、母鸡、小鸡各多少只？

**解**：设 $x$、$y$ 和 $z$ 分别表示公鸡、母鸡和小鸡的个数，则有如下方程组成立：

$$\begin{cases} x+y+z=100 \\ 5\times x+3\times y+z/3=100 \end{cases} \quad 且 \quad \begin{cases} 0\leqslant x\leqslant 20 \\ 0\leqslant y\leqslant 33 \\ 0\leqslant z\leqslant 100 \end{cases}$$

**【例 1-5】** 为学籍管理问题抽象数据模型。

**解**：用计算机来完成学籍管理，就是由计算机程序处理学生学籍登记表，实现增、删、改、查等功能。图 1-6(a)所示就是一张简单的学生学籍登记表。在学籍管理问题中，计算机的操作对象是每个学生的学籍信息——称为表项，各表项之间的关系可以用线性结构来描述，如图 1-6(b)所示。线性结构也称为表结构或线性表结构。

| 学号 | 姓名 | 性别 | 出生日期 | 政治面貌 |
| --- | --- | --- | --- | --- |
| 0001 | 陆宇 | 男 | 1997/09/02 | 团员 |
| 0002 | 李明 | 男 | 1996/12/25 | 党员 |
| 0003 | 汤晓影 | 女 | 1997/03/26 | 团员 |
| ⋮ | ⋮ | ⋮ | ⋮ | ⋮ |

(a) 学生学籍登记表

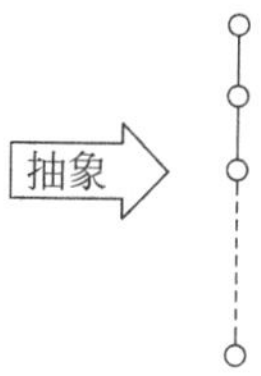

(b) 线性结构

图 1-6　学籍登记表及其数据模型

**【例 1-6】** 为人机对弈问题抽象数据模型。

**解**：在对弈问题中，计算机的操作对象是对弈过程中可能出现的棋盘状态——称为格局，而格局之间的关系是由对弈规则决定的。因为从一个格局可以派生出多个格局，所以，这种关系通常不是线性的。例如，从三子连珠游戏的某格局出发可以派生出 5 个新的格局，从新的格局出发，还可以再派生出新的格局，如图 1-7(a)所示，格局之间的关系可以用树结构来描述，如图 1-7(b)所示。

**【例 1-7】** 为七巧板涂色问题抽象数据模型。

**解**：假设有如图 1-8(a)所示七巧板，使用至多 4 种不同颜色对七巧板涂色，要求每个区域涂一种颜色，相邻区域的颜色互不相同。为了识别不同区域的相邻关系，可以将七巧板的每个区域看成一个顶点，如果两个区域相邻，则这两个顶点之间有边相连，则将七巧板抽象为图结构，如图 1-8(b)所示。

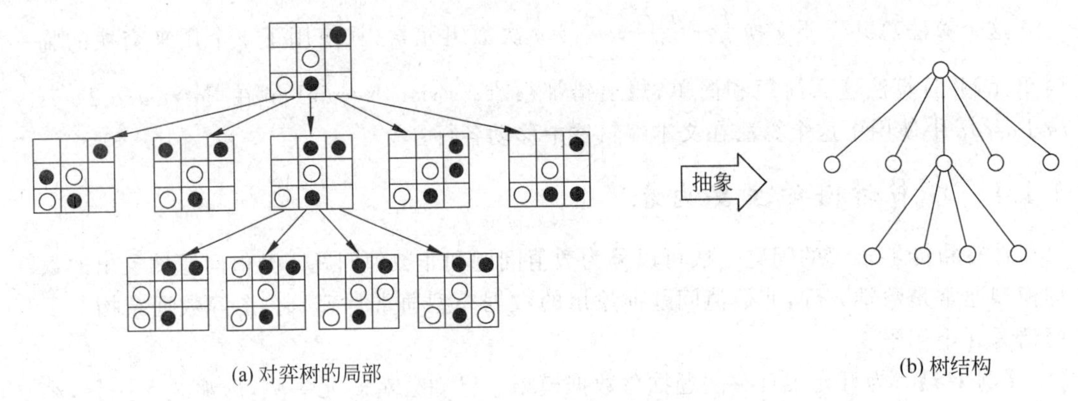


图 1-7 对弈树及其数据模型

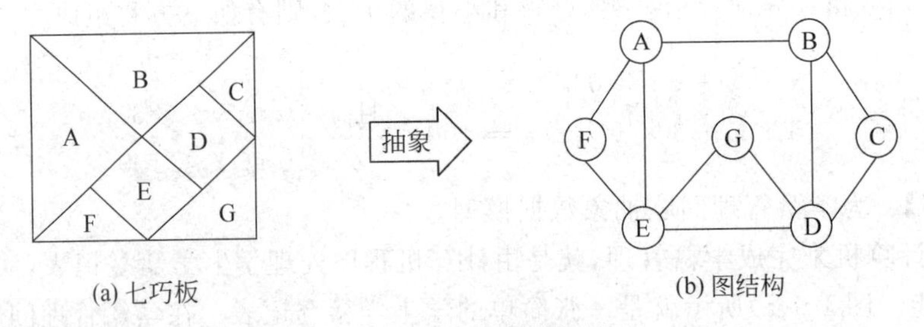


图 1-8 七巧板及其数据模型

本书讨论非数值问题的数据组织和处理，主要内容如下：

（1）数据的逻辑结构：包括表、树、图等数据结构，其核心是如何组织待处理的数据以及数据之间的逻辑关系。

（2）数据的存储结构：如何将表、树、图等数据结构存储到计算机的存储器中，其核心是如何有效地存储数据以及数据之间的逻辑关系。

（3）算法：如何基于数据的某种存储结构实现插入、删除、查找等基本操作，其核心是如何有效地处理数据。

（4）常用的数据处理技术：包括查找技术和排序技术等。

## 1.2 数据结构的基本概念

### 1.2.1 数据结构

**数据**(data)是所有能输入到计算机中并能被计算机程序识别和处理的符号集合。可以将数据分为两大类：一类是整数、实数等数值数据；另一类是文字、声音、图形和图像[①]等非数值数据。

① 在计算机中，图形和图像是两个不同的概念。图形一般是指通过绘图软件绘制的，由直线、圆、弧等基本曲线组成的画面，即图形是由计算机产生的；图像是由扫描仪、数码相机等输入设备捕捉的画面，即图像是真实的场景或图片输入计算机的。

数据是计算机程序的处理对象，例如，编译程序处理的数据是源程序；学籍管理程序处理的数据是学籍登记表。

**数据元素**(data element)是数据的基本单位，在计算机程序中通常作为一个整体进行考虑和处理。构成数据元素的最小单位称为**数据项**(data item)，而且数据元素通常具有相同个数和类型的数据项①。例如，对于学生学籍登记表，每个学生的档案就是一个数据元素，而档案中的学号、姓名、出生日期等是数据项，如图 1-9 所示。

| 学号 | 姓名 | 性别 | 出生日期 | 政治面貌 |
| --- | --- | --- | --- | --- |
| 0001 | 陆宇 | 男 | 1997/09/0 | 团员 |
| 0002 | 李明 | 男 | 1996/12/25 | 党员 |
| 0003 | 汤晓影 | 女 | 1997/03/26 | 团员 |

数据项

数据元素

图 1-9　数据元素和数据项

数据元素具有广泛的含义，一般来说，能独立、完整地描述问题世界的一切实体都是数据元素。例如，对弈中的棋盘格局、教学计划中的某门课程、一年中的四个季节，甚至一次学术报告、一场足球比赛都可以作为数据元素。在不同的应用场合，数据元素又称为结点、顶点、记录等。

**数据结构**(data structure)是指相互之间存在一定关系的数据元素的集合。需要强调的是，数据元素是讨论数据结构时涉及的最小数据单位，其中的数据项一般不予考虑。按照视点的不同，数据结构分为逻辑结构和存储结构。

数据的**逻辑结构**(logical structure)是指数据元素以及数据元素之间的逻辑关系，是从实际问题抽象出的数据模型，在形式上可定义为一个二元组②：

```
Data_Structure = (D,R)
```

其中，$D$ 是数据元素的有限集合，$R$ 是 $D$ 上关系的集合。实质上，这个形式定义是对数据模型的一种数学描述，请看下面的例子。

**【例 1-8】** 图 1-8 所示七巧板涂色问题的数据模型可表示为：DS_puzzle=$(D,R)$，其中，$D=\{A,B,C,D,E,F,G\}$，$R=\{<A,B>,<A,E>,<A,F>,<B,C>,<B,D>,<C,D>,<D,E>,<D,G>,<E,F>,<E,G>\}$。

根据数据元素之间逻辑关系的不同，数据结构分为以下 4 类，如图 1-10 所示。

(1) 集合：数据元素之间就是"属于同一个集合"，除此之外，没有任何关系。

(2) 表结构：数据元素之间存在着一对一的线性关系。

(3) 树结构：数据元素之间存在着一对多的层次关系。

(4) 图结构：数据元素之间存在着多对多的任意关系。

树结构和图结构也称为**非线性结构**。

通常用**逻辑关系图**(logical relation diagram)来描述数据的逻辑结构，其描述方法是：

---

① 从问题抽象出的数据模型中，通常情况下，数据元素具有相同的数据类型。

② 有些教材允许数据元素之间具有多元关系。数据元素之间的不同关系可能具有不同的数据结构，例如，$(D,R1)$是一种数据结构，$(D,R2)$可能是另一种数据结构。本书仅讨论数据元素之间的一元关系。

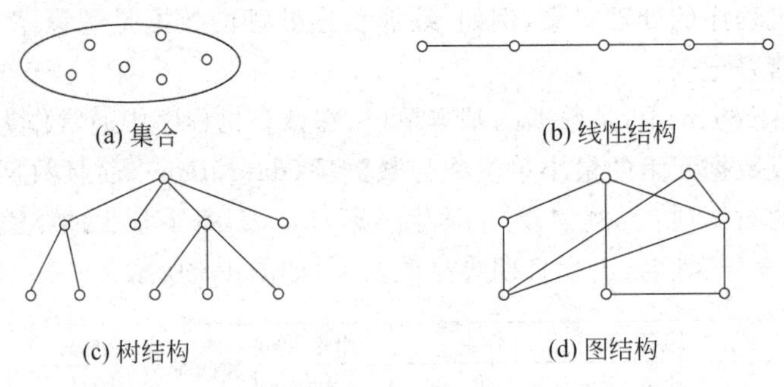


图 1-10 数据结构的逻辑关系图

将每一个数据元素看作一个结点，用圆圈表示，元素之间的逻辑关系用结点之间的连线表示，如果强调关系的方向性，则用带箭头的连线表示关系。

数据的**存储结构**(storage structure)又称为**物理结构**，是数据及其逻辑结构在计算机中的表示(也称映像)。需要强调的是，存储结构除了存储数据元素之外，必须隐式或显式地存储数据元素之间的逻辑关系。通常有两种存储结构：顺序存储结构和链接存储结构。顺序存储结构的基本思想是用一组**连续**的存储单元**依次**存储数据元素，数据元素之间的逻辑关系由元素的存储位置来表示。链接存储结构的基本思想是：用一组**任意**的存储单元存储数据元素，数据元素之间的逻辑关系用指针来表示。

**【例 1-9】** 对于数据结构 DS_color＝($D$,$R$)，其中 $D$＝{red,green,blue}，$R$＝{<red,green>,<green,blue}，DS_color 的顺序存储如图 1-11 所示，DS_color 的链接存储如图 1-12 所示。

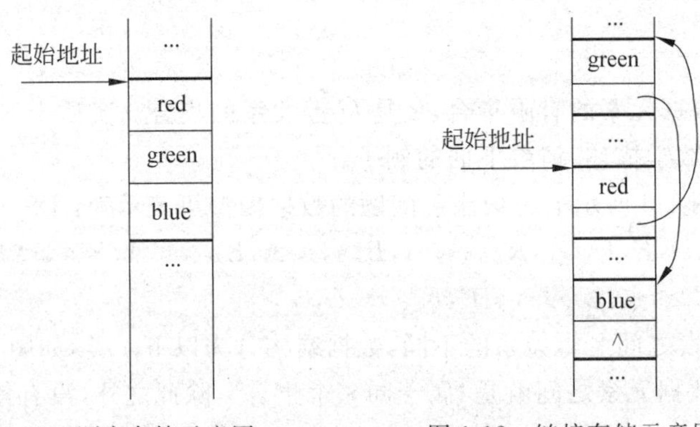


图 1-11 顺序存储示意图　　图 1-12 链接存储示意图

如图 1-13 所示，数据的逻辑结构是从具体问题抽象出来的数据模型，是面向问题的，反映了数据元素之间的关联方式或邻接关系；数据的存储结构是面向计算机的，其基本目标是将数据及其逻辑关系存储到计算机的内存中。在不致混淆的情况下，常常将数据的逻辑结构称为数据结构。

数据的逻辑结构和存储结构是密切相关的两个方面。一般来说，一种数据的逻辑结构可以用多种存储结构来存储，而采用不同的存储结构，其数据处理的效率往往是不同的。

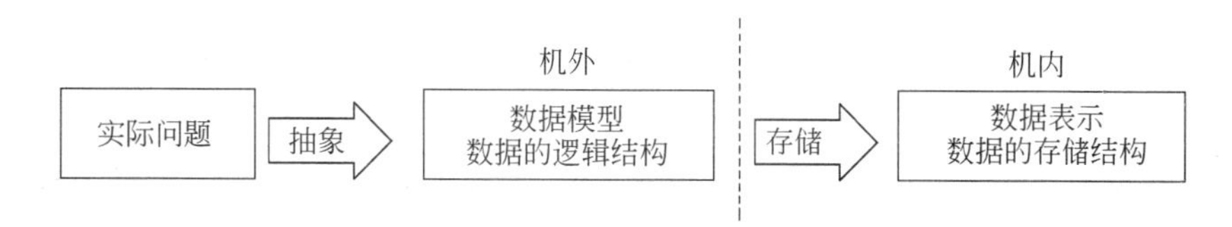


图 1-13　数据的逻辑结构和存储结构之间的关系

## 1.2.2　抽象数据类型

**1. 数据类型**

**数据类型**(data type)是一组值的集合以及定义于这个值集上的一组操作的总称。数据类型规定了该类型数据的取值范围以及能够执行的操作。例如,C 语言中整型变量的取值范围是机器所能表示的最小负整数和最大正整数之间的任何一个整数,允许执行的操作有算术运算(+、-、*、/、%)、关系运算(<、<=、>、>=、==、!=)和逻辑运算(&&、||、!)等。

**2. 抽象**

所谓**抽象**(abstract),就是抽出问题本质的特征而忽略非本质的细节,是对具体事物的一个概括。例如,水果是对苹果、香蕉、橘子等植物果实的一种抽象,地图是对它所描述地域的一种抽象,中国人是对所有具有中国国籍的中国公民的一种抽象。

无论在数学领域还是程序设计领域,抽象的作用都源于这样一个事实:一旦一个抽象的问题得到解决,则很多同类的具体问题便可迎刃而解。抽象还可以实现封装和信息隐藏,抽象的程度越高,对信息及处理细节的隐藏就越深。例如,C 语言将能够完成某种功能并可重复执行的一段程序抽象为函数,在需要执行这种功能时调用这个函数,从而将“做什么”和“怎么做”分离开来,实现了算法细节和数据内部结构的隐藏。

**3. 抽象数据类型**

**抽象数据类型**(abstract data type,以下简称 ADT)是一个数据模型以及定义在该模型上的一组操作的总称。ADT 可理解为对数据类型的进一步抽象,数据类型和 ADT 的区别仅在于:数据类型指的是高级程序设计语言支持的基本数据类型,而 ADT 指的是用户自定义的数据类型。

如图 1-14 所示,从抽象数据类型的角度,可以把数据结构的实现过程分为抽象层、设计层和实现层。其中,抽象层是 ADT 的定义,定义数据及其逻辑结构和所允许的基本操作集合;设计层是 ADT 的设计,是数据模型的存储表示和算法设计;实现层是 ADT 的具体实现,是用某种程序设计语言来实现数据结构。目前,有两种实现方式:结构化程序设计语言(如 C 语言)和面向对象程序设计语言(如 C++、Java)。C++ 和 Java 语言提供了类(class)定义机制,可以按照抽象数据类型来定义类,即用成员变量描述存储结构,用成员函数实现基本操作。C 语言没有可以实现抽象数据类型的相应机制,只能用 typedef 定义数据类型,再分别定义函数来实现基本操作。

一个 ADT 的定义不涉及具体的实现细节,在形式上可繁可简,本书对 ADT 的定义包括抽象数据类型名、数据元素之间逻辑关系的定义、每种基本操作的接口(操作的名称、

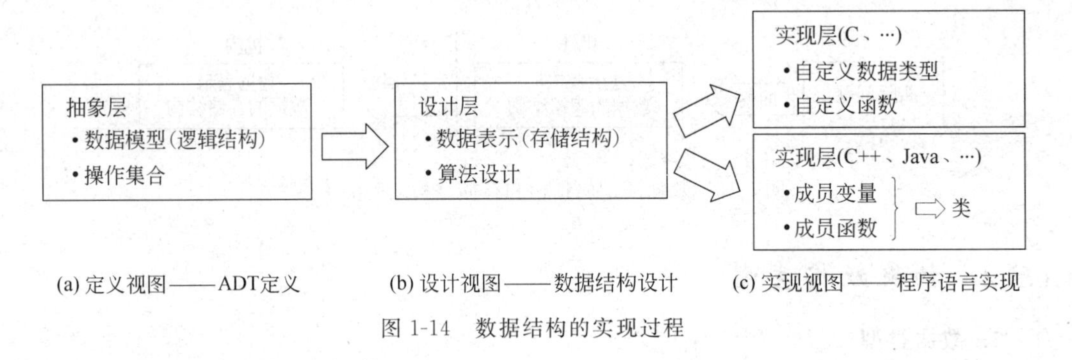


图 1-14 数据结构的实现过程

输入、功能、输出),形式如下:

```
ADT 抽象数据类型名
DataModel
    数据元素之间逻辑关系的定义
Operation
    操作 1
        输入:执行此操作所需要的输入
        功能:该操作将完成的功能
        输出:执行该操作后产生的输出
    操作 2
        …
    …
    操作 n
        …
endADT
```

# 1.3 算法的基本概念

## 1.3.1 算法及算法的特性

### 1. 什么是算法

算法[①]被公认为是计算机科学的基石,如图 1-15 所示。通俗地讲,算法是解决问题的方法,现实生活中关于算法的实例不胜枚举,如一道菜谱、一个安装转椅的操作指南等,再如四则运算法则、算盘的计算口诀等。严格地说,**算法**(algorithm)是对特定问题求解步骤的一种描述,是指令的有限序列。此外,算法还必须满足以下基本特性:

(1) 有穷性[②]:一个算法必须总是(对任何合法的输入)在执行有穷步之后结束,且每一步都在有穷时间内完成。

---

① 算法的中文名称出自周髀算经,英文名称来自于波斯数学家阿勒·霍瓦里松(Al. Khowarizmi)在公元 825 年写的经典著作《代数对话录》。算法之所以被拼写成 algorithm,也是由于和算术(arithmetic)有着密切的联系。

② 算法中有穷的概念不是纯数学的,而是指在实际应用中是合理的、可接受的。

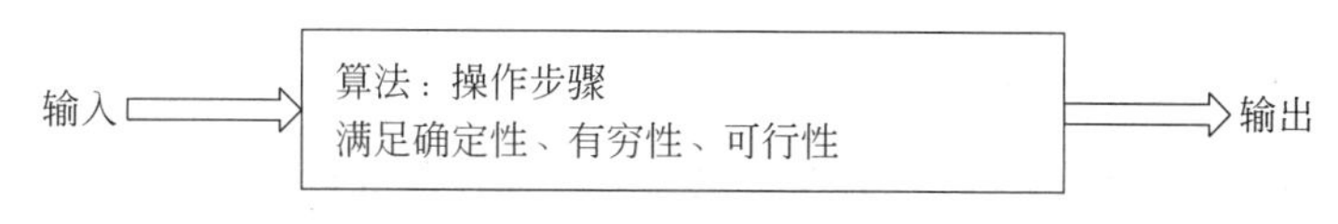


图 1-15　算法的概念

(2) 确定性：算法中的每一条指令必须有确切的含义，不存在二义性。并且，在任何条件下，对于相同的输入只能得到相同的输出。

(3) 可行性：算法描述的操作可以通过已经实现的基本操作执行有限次来实现。理解起来，算法的可行性是指这个算法是可执行的，并且算法的每一条指令都可以被分解为基本的可执行的操作步骤。

通常来说，算法有零个或多个输入(即算法可以没有输入)，这些输入通常取自于某个特定的对象集合，但是算法必须要有输出，而且输出与输入之间有着某种特定的关系。

算法和程序不同。**程序**(program)是对一个算法使用某种程序设计语言的具体实现，原则上，算法可以用任何一种程序设计语言实现。算法的有穷性意味着不是所有的计算机程序都是算法。例如，操作系统是一个在无限循环中执行的程序而不是一个算法，然而我们可以把操作系统的各个任务看成是一个单独的问题，每一个问题由操作系统中的一个子程序通过特定的算法来实现，得到输出结果后便终止。

**2. 什么是"好"算法**

一个"好"算法首先要满足算法的基本特性，此外还要具备下列特性：

(1) 正确性[①]：算法能满足具体问题的需求，即对于任何合法的输入，算法都会得出正确的结果。

(2) 健壮性：算法对非法输入的抵抗能力，即对于错误的输入，算法应能识别并做出处理，而不是产生错误动作或陷入瘫痪。

(3) 可理解性：算法容易理解和实现。算法首先是为了人的阅读和交流，其次是为了程序实现，因此，算法要易于人的理解、易于转换为程序。晦涩难懂的算法可能隐藏一些不易发现的逻辑错误。

(4) 抽象分级：算法一旦创建，必须由人来阅读、理解、使用和修改。而研究发现，对大多数人来说，人的认识限度是 7±2[②]。如果算法涉及的想法太多，人就会糊涂，因此，必须用抽象分级来组织算法表达的思想。换言之，算法中的每个操作步骤可以是一条简单指令，如果算法的步骤太多(例如超过 9 步)，可以将算法中的相关操作步骤构成一个模块，通过模块调用完成相应功能。

(5) 高效性：算法的效率包括时间效率和空间效率，时间效率显示了算法运行得有多快；而空间效率则显示了算法需要多少额外的存储空间。不言而喻，一个"好"算法应该具有较短的执行时间并占用较少的辅助空间。

---

① 有些学者主张将算法的正确性纳入到算法的定义中，因为这是对算法最基本，也是最重要的要求。

② 著名心理学家米勒提出的米勒原则：人类的短期记忆能力一般限于一次记忆 5～9 个对象，例如几乎所有计算机软件的顶层菜单一般不超过 9 个。

### 1.3.2 算法的描述方法

算法设计者在构思和设计了一个算法之后，必须清楚准确地将所设计的求解步骤记录下来，即**描述算法**。常用的描述算法的方法有自然语言、流程图、程序设计语言和伪代码等。下面以欧几里得算法[①]为例进行介绍。

**1. 自然语言**

用自然语言描述算法，最大的优点是容易理解，缺点是容易出现二义性，并且算法通常都很冗长。欧几里得算法用自然语言描述如下：

步骤1：将 $m$ 除以 $n$ 得到余数 $r$。

步骤2：若 $r$ 等于0，则 $n$ 为最大公约数，算法结束；否则执行步骤3。

步骤3：将 $n$ 的值放在 $m$ 中，将 $r$ 的值放在 $n$ 中，重新执行步骤1。

**2. 流程图**

用流程图描述算法，优点是直观易懂，缺点是严密性不如程序设计语言，灵活性不如自然语言。欧几里得算法用流程图描述如图1-16所示。在计算机应用早期，很多人使用流程图描述算法，但实践证明，除了描述程序设计语言的语法规则和一些非常简单的算法，这种描述方法使用起来非常不方便。

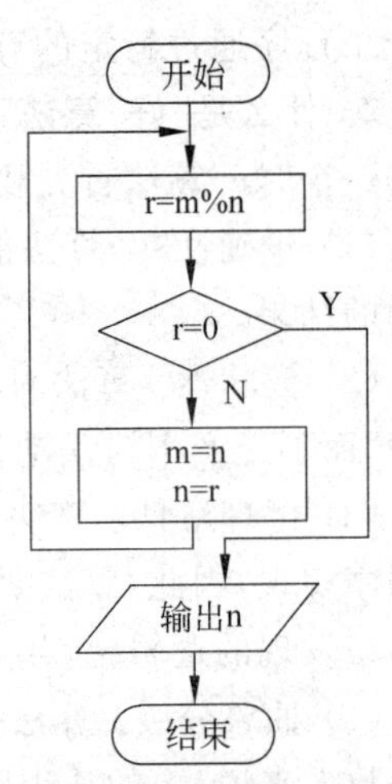


图1-16 用流程图描述算法

**3. 程序设计语言**

用程序设计语言描述的算法能由计算机直接执行，缺点是抽象性差，使算法设计者拘泥于描述算法的具体细节，忽略了"好"算法和正确逻辑的重要性，此外，还要求算法设计者掌握程序设计语言及其编程技巧。欧几里得算法用C语言实现的程序如下：

```
#include <stdio.h>
int ComFactor(int m,int n)
{
    int r = m % n;
    while (r ! = 0)
    {
        m= n;
        n = r;
        r = m % n;
    }
    return n;
}
int main( )
{
    printf("最大公约数是: %d\n",ComFactor(35,25));
    return 0;
}
```

① 欧几里得算法产生于古希腊(公元前300年左右)。设两个自然数 $m$ 和 $n$ 的最大公约数记为 $gcd(m,n)$，欧几里德算法的基本思想是将 $m$ 和 $n$ 辗转相除直到余数为0，例如 $gcd(35,25)=gcd(25,10)=gcd(10,5)=gcd(5,0)=5$。

**4. 伪代码**

**伪代码**(pseudo-code)是介于自然语言和程序设计语言之间的方法,它采用某一程序设计语言的基本语法,操作指令可以结合自然语言来设计。至于算法中自然语言的成分有多少,取决于算法的抽象级别。抽象级别高的伪代码自然语言多一些,抽象级别低的伪代码程序设计语言的语句多一些。欧几里得算法用伪代码描述如下:

```
算法:ComFactor
输入:两个自然数 m 和 n
输出:m 和 n 的最大公约数
    1. r=m%n;
    2. 循环直到 r 等于 0
        2.1  m=n;
        2.2  n=r;
        2.3  r=m% n;
    3. 输出 n;
```

伪代码不是一种实际的编程语言,但在表达能力上类似于编程语言,同时极小化了描述算法的不必要的技术细节,是比较合适的描述算法的方法,被称为“算法语言”或“第一语言”。

原则上,伪代码不依赖于具体的程序设计语言,换言之,可以用任何一种程序设计语言来实现伪代码。本书采用 C 语言实现伪代码,欧几里得算法的 C 语言实现如下:

```c
int ComFactor(int m,int n)
{
    int r = m % n;
    while (r ! = 0)
    {
        m = n;
        n = r;
        r = m % n;
    }
    return n;
}
```

## 1.4 算法分析

如何度量一个算法的效率呢?一种方法是事后统计,先将算法实现,然后输入适当的数据运行,测算其时间和空间开销。事后统计的方法至少有以下缺点:

(1) 编写程序实现算法将花费较多的时间和精力;

(2) 所得实验结果依赖于计算机的软硬件等环境因素,有时容易掩盖算法本身的优劣。通常采用事前分析估算的方法——**渐进复杂度**(asymptotic complexity),它是对算法所消耗资源的一种估算方法。

### 1.4.1 算法的时间复杂度

同一个算法用不同的程序设计语言实现,或者用不同的编译程序进行编译,或者在不同的计算机上运行,效率均不相同。撇开与计算机软硬件有关的因素,影响算法时间代价的最主要因素是问题规模。**问题规模**(problem scope)是指输入量的多少,一般来说,它可以从问题描述中得到。例如,找出100以内的所有素数,问题规模是100;对一个具有$n$个整数的数组进行排序,问题规模是$n$。一个显而易见的事实是:几乎所有的算法,对于规模更大的输入需要运行更长的时间。例如,找出10 000以内的所有素数比找出100以内的所有素数需要更多的时间;待排序的数据量$n$越大就需要越多的时间。所以运行算法所需要的时间$T$是问题规模$n$的函数,记作$T(n)$。

要精确地表示算法的运行时间函数常常是很困难的,即使能够给出,也可能是个相当复杂的函数,函数的求解本身也是相当复杂的。为了客观地反映一个算法的执行时间,可以用算法中基本语句的执行次数来度量算法的工作量。**基本语句**(basic statement)是执行次数与整个算法的执行次数成正比的语句,基本语句对算法运行时间的贡献最大,是算法中最重要的操作。这种衡量效率的方法得出的不是时间量,而是一种增长趋势的度量[①]。换言之,只考察当问题规模充分大时,算法中基本语句的执行次数在渐近意义下的阶,称作算法的渐进时间复杂度,简称**时间复杂度**(time complexity),通常用大$O$记号表示[②]。

**【定义1-1】** 若存在两个正的常数$c$和$n_0$,对于任意$n \geqslant n_0$,都有$T(n) \leqslant c \times f(n)$,则称$T(n)=O(f(n))$(读作"T n是O f n的")。

该定义说明了函数$T(n)$和$f(n)$具有相同的增长趋势,并且$T(n)$的增长至多趋同于函数$f(n)$的增长。大$O$记号用来描述增长率的上限,也就是说,当输入规模为$n$时,算法耗费时间的最大值,其含义如图1-17所示。

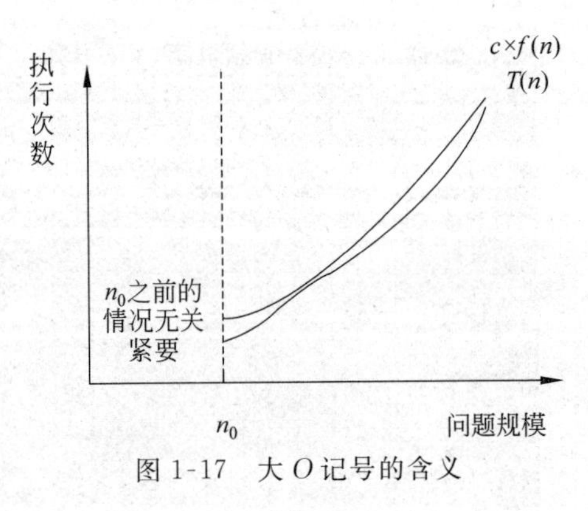

图1-17 大$O$记号的含义

算法的时间复杂度分析实际上是一种估算技术[③],若两个算法中一个总是比另一个"稍快

① 算法时间复杂度的思维抽象过程如下:算法的运行时间=每条语句的执行时间之和→每条语句的执行次数之和→基本语句的执行次数→基本语句执行次数的数量级→算法的时间复杂度。

② 算法的时间复杂度分析最初因克努思(Knuth)在其经典著作*The Art of Computer Programming*中使用而流行,大$O$记号(读作"大欧")也是Knuth在这本书中提倡的。

③ 估算技术是工程学课程的基本内容之一,它不能代替对一个问题的严格细节分析,但是,如果估算表明一个方法不可行,那么进一步的分析就没有必要了。

一点”时,它并不能判断那个“稍快一点”的算法的相对优越性。但是在实际应用中,它被证明是很有效的,尤其是确定算法是否值得实现的时候。常见的时间复杂度如下:

$$O(\log_2 n) < O(n) < O(n\log_2 n) < O(n^2) < O(n^3) < \cdots < O(2^n) < O(n!)$$

算法的时间复杂度是衡量一个算法优劣的重要标准。一般来说,具有多项式时间复杂度的算法是可接受的、可使用的算法,而具有指数时间复杂度的算法,只有当问题规模足够小的时候才是可使用的算法。表 1-2 给出了多项式增长和指数增长的比较。

**表 1-2　多项式增长和指数增长的比较**

| 问题规模 $n$ | 多项式增长 | | | | | 指数增长 | |
|---|---|---|---|---|---|---|---|
| | $\log_2 n$ | $n$ | $n\log_2 n$ | $n^2$ | $n^3$ | $2^n$ | $n!$ |
| 1 | 0.00 | 1 | 0.00 | 1 | 1 | 2 | 1 |
| 2 | 1.00 | 2 | 2.0 | 4 | 8 | 4 | 2 |
| 3 | 1.60 | 3 | 4.8 | 9 | 27 | 8 | 3 |
| 4 | 2.00 | 4 | 8.0 | 16 | 64 | 16 | 24 |
| 5 | 2.32 | 5 | 11.6 | 25 | 125 | 32 | 120 |
| 6 | 2.58 | 6 | 15.5 | 36 | 216 | 64 | 720 |
| 7 | 2.81 | 7 | 19.7 | 49 | 343 | 128 | 5 040 |
| 8 | 3.00 | 8 | 24.0 | 64 | 512 | 256 | 40 320 |
| 9 | 3.16 | 9 | 28.5 | 81 | 729 | 512 | 362 800 |
| 10 | 3.32 | 10 | 33.2 | 100 | 1 000 | 1 024 | 3 628 800 |
| 20 | 4.32 | 20 | 86.4 | 400 | 8 000 | 1 048 376 | 2.4E18 |
| 30 | 4.91 | 30 | 147.3 | 900 | 27 000 | 1.0E9 | 2.7E32 |
| 40 | 5.32 | 40 | 212.8 | 1 600 | 64 000 | 1.0E12 | 8.2E47 |
| 50 | 5.64 | 50 | 282.2 | 2 500 | 125 000 | 1.0E15 | 3.0E64 |
| 100 | 6.64 | 100 | 664.4 | 10 000 | 1.0E6 | 1.3E30 | 9.3E157 |

## 1.4.2　算法的空间复杂度

算法在运行过程中所需的存储空间包括:

(1) 输入/输出数据占用的空间;

(2) 算法本身占用的空间;

(3) 执行算法需要的辅助空间。

其中,输入/输出数据占用的空间取决于问题,与算法无关;算法本身占用的空间虽然与算法相关,但一般其大小是固定的。所以,算法的**空间复杂度**(space complexity)是指算法在执行过程中需要的辅助空间数量,也就是除算法本身和输入输出数据所占用的空间外,算法临时开辟的存储空间。

如果算法所需的辅助空间相对于问题规模来说是一个常数,我们称此算法为**原地**(或**就地**)工作,否则,这个辅助空间数量也应该是问题规模的函数,通常记作:

$$S(n) = O(f(n))$$

其中,$n$ 为问题规模,分析方法与算法的时间复杂度类似。

### 1.4.3 算法分析举例

**【定理 1-1】** 若 $A(n)=a_m n^m + a_{m-1} n^{m-1} + \cdots + a_1 n + a_0$ 是一个 $m$ 次多项式，则 $A(n)=O(n^m)$。

定理 1-1 说明，在计算任何算法的时间复杂度时，可以忽略所有低次幂和最高次幂的系数，这样能够简化算法分析，并且使注意力集中在最重要的一点上——增长率。

**1. 非递归算法的时间性能分析**

对非递归算法时间复杂度的分析，关键是建立一个代表算法运行时间的求和表达式，然后用渐进符号表示这个求和表达式。

**【例 1-10】**

```
++x;
```

解：++x 是基本语句，执行次数为 1，时间复杂度为 $O(1)$，称为常量阶①。

**【例 1-11】**

```
for (i = 1; i <= n; ++i)
    ++x;
```

解：++x 是基本语句，执行次数为 $n$，时间复杂度为 $O(n)$，称为线性阶。

**【例 1-12】**

```
for (i = 1; i <= n; ++i)
    for (j = 1; j <= n; ++j)
      ++x;
```

解：++x 是基本语句，执行次数为 $n^2$，时间复杂度为 $O(n^2)$，称为平方阶。

**【例 1-13】**

```
for (i = 1; i <= n; ++i)
    for (j = 1; j <= n; ++j)
    {
        c[i][j] = 0;
        for (k = 1; k <= n; ++k)
            c[i][j]+= a[i][k] * b[k][j];
    }
```

解：c[i][j] += a[i][k] * b[k][j]是基本语句，由于是一个三重循环，每个循环从 1 到 $n$，所以总的执行次数为 $n^3$，时间复杂度为 $O(n^3)$，称为立方阶。

**【例 1-14】**

```
for (i = 1; i <= n; ++i)
    for (j = 1; j <= i-1; ++j)
      ++x;
```

解：++x 是基本语句，执行次数为：$\sum_{i=1}^{n}\sum_{j=1}^{i-1}1=\sum_{i=1}^{n}(i-1)=\frac{n(n-1)}{2}$，所以时间复杂度为 $O(n^2)$。分析的策略是从内部(或最深层部分)向外展开。

**【例 1-15】**

```
for (i = 1; i <= n; i = 2 * i)
    ++x;
```

解：++x 是基本语句，设其执行次数为 $T(n)$，则有 $2^{T(n)}\leqslant n$，即 $T(n)\leqslant\log_2 n$，所以时

---

① 只要 $T(n)$ 不是问题规模 $n$ 的函数，而是一个常数，其时间复杂度均为 $O(1)$。

间复杂度为 $O(\log_2 n)$，称为对数阶。

**2. 递归算法的时间性能分析**

对递归算法时间复杂度的分析，关键是根据递归过程建立递推关系式，然后求解这个递推关系式。通常用扩展递归技术将递推关系式中等式右边的项根据递推式进行替换，这称为扩展，扩展后的项被再次扩展，依此下去，就会得到一个求和表达式。

**【例 1-16】** 使用扩展递归技术分析递推式 $T(n)=\begin{cases}7 & n=1\\ 2T(n/2)+5n^2 & n>1\end{cases}$ 的时间复杂度。

**解**：简单起见，假定 $n=2^k$。将递推式进行扩展：

$$\begin{aligned}T(n)&=2T(n/2)+5n^2\\&=2(2T(n/4)+5(n/2)^2)+5n^2\\&=2(2(2T(n/8)+5(n/4)^2)+5(n/2)^2)+5n^2\\&=2^kT(1)+2^{k-1}5\left(\frac{n}{2^{k-1}}\right)^2+\cdots+2\times5\left(\frac{n}{2}\right)^2+5n^2\end{aligned}$$

最后这个表达式可以使用如下的求和表示：

$$\begin{aligned}T(n)&=7n+5\sum_{i=0}^{k-1}\left(\frac{n}{2^i}\right)^2=7n+5n^2\left(2-\frac{1}{2^{k-1}}\right)=7n+5n^2\left(2-\frac{2}{n}\right)\\&=10n^2-3n\leqslant10n^2=O(n^2)\end{aligned}$$

递归算法一般存在如下通用分治递推式：

$$T(n)=\begin{cases}c & n=1\\ aT(n/b)+cn^k & n>1\end{cases}\qquad(1\text{-}1)$$

其中 $a,b,c,k$ 都是常数。这个递推式描述了大小为 $n$ 的原问题被分成若干个大小为 $n/b$ 的子问题，其中 $a$ 个子问题需要求解，而 $cn^k$ 是合并各个子问题的解需要的工作量。

**【定理 1-2】** 设 $T(n)$是非递减函数，且满足通用分治递推式，则有如下结果成立：

$$T(n)=\begin{cases}O(n^{\log_b a}) & a>b^k\\ O(n^k\log_b n) & a=b^k\\ O(n^k) & a<b^k\end{cases}$$

**【例 1-17】** 设某算法运行时间的递推式描述为：

$$T(n)=\begin{cases}1 & n=2\\ 2T(n/2)+n & n>2\end{cases}$$

分析该算法的时间复杂度。

**解**：根据定理 1-2，有 $a=2,b=2,c=1,k=1$ 成立，即满足 $a=b^k$，因此 $T(n)=O(n\log_2 n)$。

**3. 最好、最坏和平均情况**

对于某些算法，即使问题规模相同，如果输入数据不同，其时间开销也不同。此时，就需要分析最好、最坏以及平均情况的时间性能。

**【例 1-18】** 在一维整型数组 $A[n]$中顺序查找与给定值 $k$ 相等的元素，算法如下：

```
int Find(int A[ ],int n,int k)
{
    for (int i = 0;i < n;i++)
      if (A[i] == k) break;
    return i;                          /* 返回元素 k 的下标,返回 n 时表示查找失败 */
}
```

顺序查找从第一个元素开始,依次比较每一个元素,直至找到 $k$ 为止。如果数组的第一个元素恰好就是 $k$,只需比较 1 次,这是**最好情况**;如果数组的最后一个元素是 $k$,就要比较 $n$ 次,这是**最坏情况**;如果在数组中查找不同的元素 $k$,假设数据是等概率分布,则平均要比较 $n/2$ 次,这是**平均情况**[①]。

一般来说,最好情况不能代表算法性能,因为它发生的概率太小,对于条件的考虑太乐观了。但是,当最好情况出现的概率较大的时候,应该分析最好情况;分析最差情况有一个好处,可以知道算法的运行时间最坏能坏到什么程度,这一点在实时系统中尤其重要;通常需要分析平均情况的时间代价,特别是算法要处理不同的输入时,但它要求已知输入数据是如何分布的。通常假设等概率分布,例如,顺序查找算法在平均情况下的时间性能,如果数据不是等概率分布,那么算法的平均情况就不一定是查找一半的元素了。

# 1.5 扩展与提高

## 1.5.1 从数据到大数据

传统意义上的数据指的是有根据的数字。人类在实践中发现,仅仅用语言、文字和图形来描述这个世界,常常是不精确的。例如,有人问“姚明有多高”,如果回答说“很高”“非常高”,听的人只能得到一个抽象的概念,因为每个人对“很”“非常”有不同的理解,但如果说“2.26 米”就一清二楚了。除了描述世界,数据还是人类改造世界的重要工具。人类的一切生产、交换活动,可以说都是以数据为基础展开的,例如,度量衡、货币、股票的背后都是数据。

数据最早来源于测量,所谓有根据的数字,是指数据是对客观世界的测量结果。除了测量,数据经过计算还可以产生新的数据。测量和计算都是人为的,也就是说,世上本没有数据,一切数据都是人为的产物,我们说的原始数据,仅仅是指第一手的、没有经过人为修改的数据。进入信息时代之后,数据的内涵开始扩大:数据是指一切存储在计算机中的信息,包括文本、图片、音频、视频等。文本、音频、视频等数据的来源不是对世界的测量,而是对世界的一种记录,所以,信息时代的数据又多了一个来源:记录。

---

① 通常用 $T_B(n)$ 表示最好情况(best),用 $T_W(n)$ 表示最坏情况(worst),用 $T_E(n)$ 表示平均情况,平均情况通常指的是期望情况(expected)。

随着计算机科学技术的发展，数据除了内涵的扩大，还出现了另外一个重要现象，从科学研究到医疗保险，从银行业到互联网，各个不同的领域都在讲述着一个类似的故事，那就是爆发式增长的数据。2003 年，人类第一次破译人体基因密码的时候，辛苦工作了十年才完成了三十亿对碱基对的排序。大约十年之后，一个普通的基因仪 15 分钟就可以完成同样的工作。美国股市每天的成交量高达 70 亿股，而其中三分之二的交易都是由建立在数学模型和算法之上的计算机程序自动完成的，这些程序运用海量数据来预测利益和降低风险。谷歌公司每天要处理超过 24P 字节的数据，这意味着其每天的数据处理量是美国国家图书馆所有纸质出版物所含数据量的上千倍。

人类数据的真正爆炸发生在社交媒体时代。从 2004 年开始，以脸谱网(Facebook)、推特(Twitter)为代表的社交媒体相继问世，拉开了互联网的崭新时代。FaceBook 每天更新的照片量超过 1000 万张，每天人们在网站上点击按钮或写评论大约有 30 亿次。Twitter 上的信息量几乎每年翻一番，每天都会发布超过 4 亿条微博。由于社交媒体的出现，全世界的网民都开始成为数据的生产者，每个网民都犹如一个信息系统、一个传感器，不断地制造数据，这引发了人类历史上最庞大的数据爆炸。除了数据总量骤然增加，社交媒体还使人类的数据世界更为复杂：在大家发的微博中，你带的图片、他带的视频，大小、结构完全不一样，这被称为非结构化数据。

1965 年，英特尔的创始人之一戈登·摩尔在考察了计算机硬件的发展规律之后，提出了著名的摩尔定律：同一面积芯片上可容纳的晶体管数量，一到两年将增加一倍。回顾这半个多世纪的历史，硬件的发展基本符合摩尔定律。正是因为存储器的价格在半个世纪之内经历了空前绝后的下降，人类才可能以非常低廉的成本保存海量的数据，这为大数据时代的到来铺平了硬件道路。除了便宜、功能强大，摩尔定律也导致各种计算设备的体积变得越来越小。今天，小小的智能手机，其功能毫不逊色于一台普通的计算机。各种传感器越做越小，可穿戴设备又向我们走来。

大数据之大，不仅在于其大容量，更在于其大价值。价值在于使用，如同埋在地底下的石油，远古即已有之。人类进入石油时代，是因为掌握了开采、冶炼石油的技术。现在进入大数据时代，最根本的原因，也是人类使用数据的能力取得了重大突破和进展，这种突破集中表现在数据挖掘上。数据挖掘是指通过特定的算法对大量的数据进行自动分析，从而揭示数据当中隐藏的规律和趋势，在大量的数据中发现新知识，为决策者提供参考。大数据的核心就是预测，是把数学算法运用到大数据上来预测事情发生的可能性。例如，亚马逊根据用户在网站上的类似查询来进行产品推荐，FaceBook 和 Twitter 通过用户的社交网络图来得知用户的喜好。

大数据的成因，是人类信息技术的进步，而且是不同时期多个进步交互作用的结果，如图 1-18 所示。回顾半个多世纪人类信息社会的历史，正是因为 1965 年提出的摩尔定律，晶体管越做越小、成本越做越低，才形成了大数据的物理基础；1989 年兴起的数据挖掘，相当于把原油炼成石油的技术，是让大数据产生大价值的关键；2004 年出现的社交媒体，则把全世界每个人都变成了潜在的数据生成器，为世界贡献了大数据。

大数据正在成为巨大的经济资产，成为新世纪的矿产与石油，将带来全新的创业方向、商业模式和投资机会。大数据产生后，全世界的科学家都在预测和观望，这股由信息

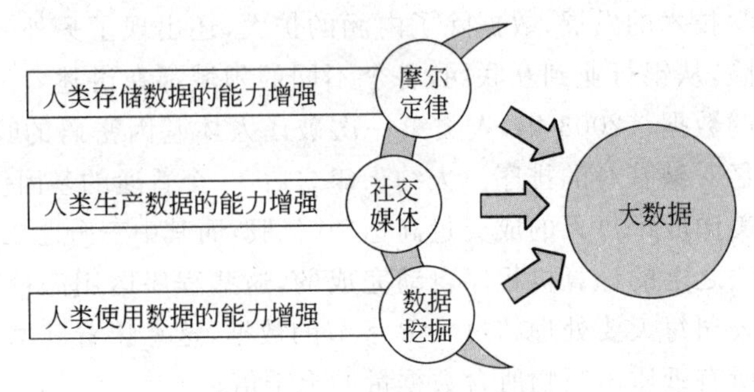


图 1-18 大数据的三大成因

技术掀起的新浪潮对人类社会将产生何种影响，将带领我们的世界走向何方？

## 1.5.2 算法分析的其他渐进符号

**【定义 1-2】** 若存在两个正的常数 $c$ 和 $n_0$，对于任意 $n \geqslant n_0$，都有 $T(n) \geqslant c \times g(n)$，则称 $T(n)=\Omega(g(n))$（或称算法在 $\Omega(g(n))$ 中）。

定义 1-2 说明了函数 $T(n)$ 和 $f(n)$ 具有相同的增长趋势，并且 $T(n)$ 的增长至少趋同于函数 $f(n)$ 的增长。大 $\Omega$ 符号用来描述增长率的下限，也就是说，当输入规模为 $n$ 时，算法消耗时间的最小值。大 $\Omega$ 符号的含义如图 1-19 所示。与大 $O$ 符号对称，这个下限的阶越高，结果就越有价值。

大 $\Omega$ 符号通常用来分析某个问题或某类算法的时间下界。例如，矩阵乘法问题的时间下界为 $\Omega(n^2)$，是指任何两个 $n \times n$ 矩阵相乘的算法，其时间复杂度不会小于 $n^2$，基于比较的排序算法的时间下界为 $\Omega(n\log_2 n)$，是指任何基于比较的排序算法，其时间复杂度不会小于 $n\log_2 n$。

**【定义 1-3】** 若存在三个正的常数 $c_1$、$c_2$ 和 $n_0$，对于任意 $n \geqslant n_0$，都有 $c_1 \times f(n) \geqslant T(n) \geqslant c_2 \times f(n)$，则称 $T(n)=\Theta(f(n))$。

$\Theta$ 符号意味着 $T(n)$ 与 $f(n)$ 同阶，通常用来表示算法的精确阶，其含义如图 1-20 所示。

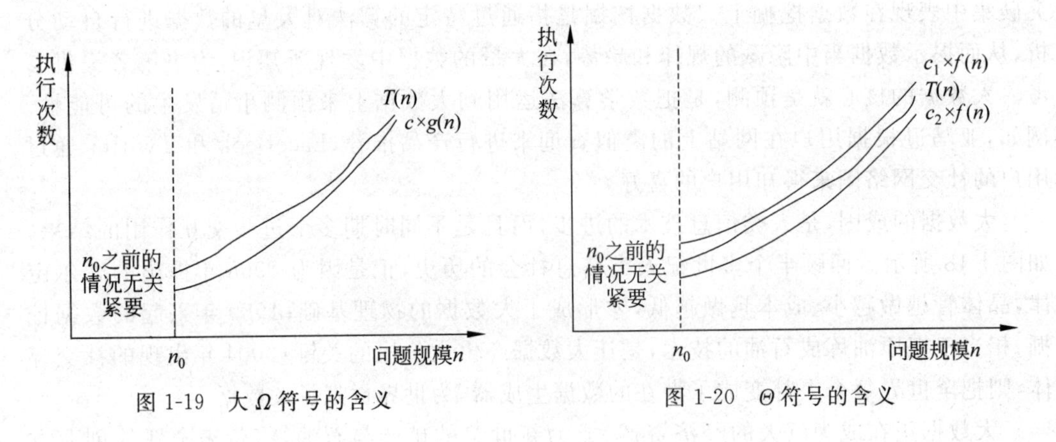


图 1-19 大 $\Omega$ 符号的含义

图 1-20 $\Theta$ 符号的含义

# 习 题 1

1. 选择题

(1) 顺序存储结构中数据元素之间的逻辑关系是由(　　)表示的,链接存储结构中的数据元素之间的逻辑关系是由(　　)表示的。

A. 线性结构　　B. 非线性结构　　C. 存储位置　　D. 指针

(2) 假设有如下遗产继承规则：丈夫和妻子可以相互继承遗产;子女可以继承父亲或母亲的遗产;子女间不能相互继承。则表示该遗产继承关系的数据结构应该是(　　)。

A. 树　　B. 图　　C. 线性表　　D. 集合

(3) 计算机所处理的数据一般具有某种内在联系,这是指(　　)。

A. 数据和数据之间存在某种关系　　B. 元素和元素之间存在某种关系

C. 元素内部具有某种结构　　D. 数据项和数据项之间存在某种关系

(4) 对于数据结构的描述,下列说法中不正确的是(　　)。

A. 相同的逻辑结构对应的存储结构也必相同

B. 数据结构由逻辑结构、存储结构和基本操作三方面组成

C. 对数据结构基本操作的实现与存储结构有关

D. 数据的存储结构是数据的逻辑结构的机内实现

(5) 算法指的是(　　)。

A. 对特定问题求解步骤的一种描述,是指令的有限序列

B. 计算机程序

C. 解决问题的计算方法

D. 数据处理

(6) 下面(　　)不是算法所必须具备的特性。

A. 有穷性　　B. 确定性　　C. 高效性　　D. 可行性

(7) 算法分析的目的是(　　),算法分析的两个主要方面是(　　)。

A. 找出数据结构的合理性　　B. 研究算法中输入和输出的关系

C. 分析算法的效率以求改进　　D. 分析算法的易读性和文档性

E. 空间性能和时间性能　　F. 正确性和简明性

G. 可读性和文档性　　H. 数据复杂性和程序复杂性

(8) 假设时间复杂度为$O(n^2)$的算法在有200个元素的数组上运行需要3.1毫秒,则在有400个元素的数组上运行需要(　　)毫秒。

A. 3.1　　B. 6.2　　C. 12.4　　D. 9.61

(9) 下列程序段加下画线的语句执行(　　)次。

```
for ( m = 0,i = 1; i <= n; i++)
    for (j = 1; j <= 2 * i; j++)
      m = m+1;
```

A. $n^2$　　B. $3n$　　C. $n(n+1)$　　D. $n^3$

2. 分析以下各程序段,并用大 $O$ 记号表示其执行时间。

(1)
```
i = 1;k = 0;
while (i <= n)
{
    k = k+10 * i;
    i++;
}
```

(2)
```
i = 1;k = 0;
do
{
    k = k+10 * i;
    i++;
} while (i <= n);
```

(3)
```
i = 1;j = 0;
while (i+j <= n)
    if (i> j) j++;
    else i++;
```

(4)
```
y = 0;
while ((y+1) * (y+1) <= n)
    y = y+1;
```

(5)
```
for (i = 1;i <= n;i++)
    for (j = 1;j <= i;j++)
        for (k = 1;k <= j;k++)
            x++;
```

(6)
```
for (i = 1;i <= n;i++)
    for (j = 2 * i;j <= n;j++)
        y = y+i * j;
```

3. 解答下列问题

(1) 假设有数据结构$(D,R)$,其中 $D=\{1,2,3,4,5,6\}$,$R=\{(1,2),(1,4),(2,3),(2,4),(3,4),(3,5),(3,6),(4,5),(5,6)\}$。试画出其逻辑结构图并指出属于何种结构。

(2) 为整数定义一个抽象数据类型,包含整数的常用运算,每个运算对应一个基本操作,每个基本操作的接口需定义输入、功能和输出。

(3) 求多项式 $A(x)$的算法可根据下列两个公式之一来设计:

① $A(x)=a_nx^n+a_{n-1}x^{n-1}+\cdots+a_1x+a_0$

② $A(x)=(\cdots(a_nx+a_{n-1})x+\cdots+a_1)x+a_0$

根据算法的时间复杂度分析比较这两种算法的优劣。

4. 算法设计(要求:分别用伪代码和C语言描述算法,并分析时间复杂度)

(1) 找出整型数组 $A[n]$中的最大值和次最大值。

(2) 对一个整型数组 $A[n]$设计一个排序算法。

(3) 判断给定字符串是否是回文。所谓回文是正读和反读均相同的字符串,例如"*abcba*"或"*abba*"是回文,而"*abcda*"不是回文。

(4) 已知数组 $A[n]$中的元素为整型,设计算法将其调整为左右两部分,左边所有元素为奇数,右边所有元素为偶数,并要求算法的时间复杂度为 $O(n)$。

(5) 荷兰国旗问题。要求重新排列一个由字符 $R,W,B$($R$ 代表红色,$W$ 代表白色,$B$ 代表蓝色,这都是荷兰国旗的颜色)构成的数组,使得所有的 $R$ 都排在最前面,$W$ 排在其次,$B$ 排在最后。为荷兰国旗问题设计一个算法,其时间性能是 $O(n)$。

# 第2章 线性表

CHAPTER

<table>
<tr><td>教学重点</td><td colspan="5">顺序存储结构和链接存储结构的基本思想；顺序表和单链表的基本算法；顺序表和单链表基本操作的时间性能；顺序表和链表之间的比较</td></tr>
<tr><td>教学难点</td><td colspan="5">线性表的抽象数据类型定义；基于单链表的算法设计，尤其是要求算法满足一定的时间性能和空间性能；双链表的算法设计</td></tr>
<tr><td rowspan="13">教学内容和目标</td><td rowspan="2">知识点</td><td colspan="4">教学要求</td></tr>
<tr><td>了解</td><td>理解</td><td>掌握</td><td>熟练掌握</td></tr>
<tr><td>线性表的定义</td><td></td><td></td><td></td><td>√</td></tr>
<tr><td>线性表的抽象数据类型定义</td><td>√</td><td></td><td></td><td></td></tr>
<tr><td>顺序表的存储思想</td><td></td><td></td><td></td><td>√</td></tr>
<tr><td>顺序表的基本算法及时间性能</td><td></td><td></td><td></td><td>√</td></tr>
<tr><td>顺序表的使用</td><td>√</td><td></td><td></td><td></td></tr>
<tr><td>单链表的存储思想</td><td></td><td></td><td></td><td>√</td></tr>
<tr><td>单链表的基本算法及时间性能</td><td></td><td></td><td></td><td>√</td></tr>
<tr><td>单链表的使用</td><td>√</td><td></td><td></td><td></td></tr>
<tr><td>双链表的基本算法及时间性能</td><td></td><td></td><td>√</td><td></td></tr>
<tr><td>循环链表的基本算法及时间性能</td><td></td><td></td><td>√</td><td></td></tr>
<tr><td>顺序表和链表的比较</td><td></td><td></td><td>√</td><td></td></tr>
<tr><td>教学提示</td><td colspan="5">对于本章的教学要抓住一条明线：线性表的逻辑结构→线性表的存储结构→基于某种存储结构的算法及时间性能。<br>对于每种存储结构，从存储思想出发，根据存储示意图理解存储要点、总结存储特点，从而深刻理解存储方法，才能在实际应用中选择或设计合适的存储结构。注意将顺序表和单链表、单链表和循环单链表以及单链表和双链表从存储思想、存储特点、算法实现、时间性能等方面进行比较。<br>单链表是贯穿整个课程的基本技术，本章的重点和难点是单链表算法的设计模式，在讲完单链表的遍历算法后，总结单链表算法的设计模式，并在单链表的插入、删除等算法中应用该模式。</td></tr>
</table>

# 2.1 引 言

线性表是一种最基本、最简单的数据结构，数据元素之间仅具有单一的前驱和后继关系。现实生活中，许多问题抽象出的数据模型是线性表，请看下面两个例子。

**【例 2-1】** 在学籍管理问题中，计算机的操作对象是每个学生的学籍信息——即数据元素，各元素之间的关系可以用线性结构来描述，如图 2-1 所示。在工资管理问题中，计算机的操作对象是每个职工的工资信息——即数据元素，各元素之间的关系也可以用线性结构来描述，如图 2-2 所示。

| 学号 | 姓名 | 性别 | 出生日期 | 政治面貌 |
|---|---|---|---|---|
| 0001 | 陆宇 | 男 | 1997/09/02 | 团员 |
| 0002 | 李明 | 男 | 1996/12/25 | 党员 |
| 0003 | 汤晓影 | 女 | 1997/03/26 | 团员 |
| ⋮ | ⋮ | ⋮ | ⋮ | ⋮ |

(a) 学生学籍登记表

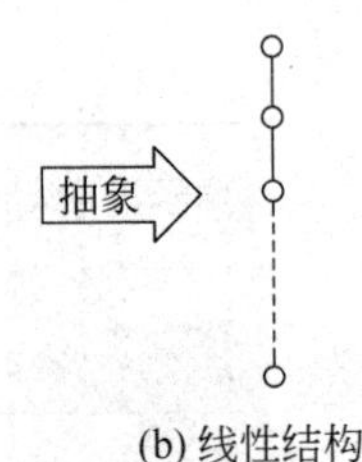


(b) 线性结构

图 2-1 学生学籍登记表及其数据模型

| 职工号 | 姓名 | 性别 | 基本工资 | 岗位津贴 | 业绩津贴 |
|---|---|---|---|---|---|
| 000826 | 王一梅 | 女 | 2200 | 900 | 600 |
| 000235 | 李明 | 男 | 2800 | 1200 | 900 |
| 000973 | 郑浩 | 男 | 1800 | 500 | 500 |
| ⋮ | ⋮ | ⋮ | ⋮ | ⋮ | ⋮ |

(a) 职工工资表

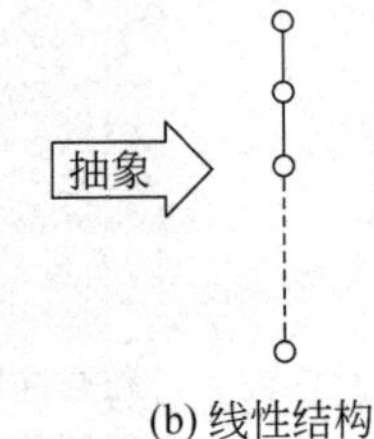


(b) 线性结构

图 2-2 职工工资表及其数据模型

学生学籍登记表与职工工资表具有不同的数据项，内容也完全不同，但数据元素之间的逻辑关系都是线性的。由此可见，一些表面上很不相同的数据可以具有相同的逻辑结构。如何存储这种二维表并实现增、删、改、查等基本功能呢？

**【例 2-2】** 约瑟夫环问题。约瑟夫环问题由古罗马史学家约瑟夫(Josephus)提出，他参加并记录了公元 66—70 年犹太人反抗罗马的起义。约瑟夫作为一个将军，设法守住了裘达伯特城达 47 天之久，在城市沦陷之后，他和 40 名死硬的将士在附近的一个洞穴中避难。在那里，这些叛乱者表决说"要投降毋宁死"。于是，约瑟夫建议每个人轮流杀死他旁边的人，而这个顺序是由抽签决定的。约瑟夫有预谋地抓到了最后一签，并且，作为洞穴中的两个幸存者之一，他说服了他原先的牺牲品一起投降了罗马。

可以将约瑟夫环问题抽象为如图 2-3 所示数据模型，具体描述为：设 $n(n>0)$ 个人围成一个环，$n$ 个人的编号分别为 $1,2,\cdots,n$，从第 1 个人开始报数，报到 $m$ 时停止报数，报 $m$ 的人出环，再从他的下一个人起重新报数，报到 $m$ 时停止报数，报 $m$ 的人出环，如此下去，直到所有人全部出环为止。当任意给定 $n$ 和 $m$ 后，求 $n$ 个人出环的次序。约瑟夫环问题的数据模型是一种典型的环状线性结构。如何存储这种环形结构并求解约瑟夫环的出环次序呢？

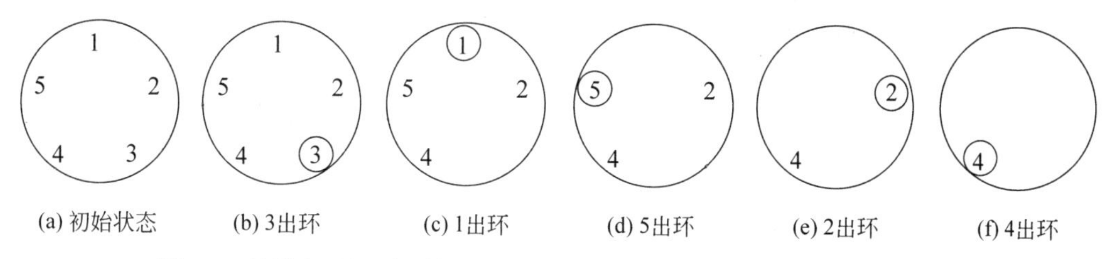


(a) 初始状态　(b) 3出环　(c) 1出环　(d) 5出环　(e) 2出环　(f) 4出环

图 2-3　约瑟夫环问题的数据模型（$n=5$，$m=3$ 时的出圈次序：3，1，5，2，4）

# 2.2　线性表的逻辑结构

## 2.2.1　线性表的定义

**线性表**（linear list）简称表，是 $n(n\geqslant 0)$ 个数据元素的有限序列，线性表中数据元素的个数称为线性表的**长度**。线性表的逻辑结构图如图 2-4 所示。长度等于零的线性表称为空表，一个非空表通常记为：

$$L=(a_1,a_2,\cdots,a_n)$$

其中，$a_i(1\leqslant i\leqslant n)$ 称为数据元素，下角标 $i$ 表示该元素在线性表中的位置或序号[①]，称元素 $a_i$ 位于表的第 $i$ 个位置，或称 $a_i$ 是表中的第 $i$ 个元素。$a_1$ 称为表头元素，$a_n$ 称为表尾元素，任意一对相邻的数据元素 $a_{i-1}$ 和 $a_i(1<i\leqslant n)$ 之间存在序偶关系 $<a_{i-1},a_i>$，且 $a_{i-1}$ 称为 $a_i$ 的前驱，$a_i$ 称为 $a_{i-1}$ 的后继。在这个序列中，元素 $a_1$ 无前驱，元素 $a_n$ 无后继，其他每个元素有且仅有一个前驱和一个后继。

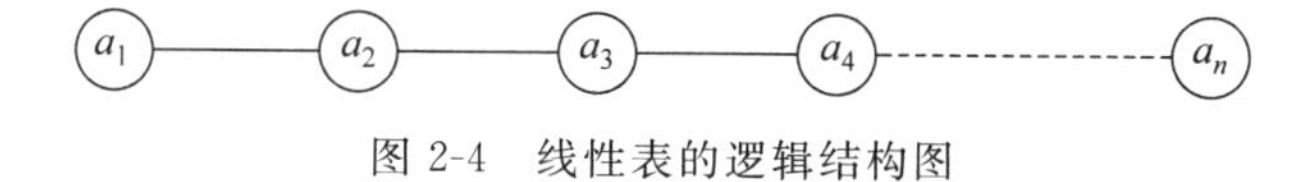


图 2-4　线性表的逻辑结构图

线性表的数据元素具有抽象（即不确定）的数据类型，在实际问题中，数据元素的抽象类型将被具体的数据类型所取代。例如，约瑟夫环问题中 $n$ 个人的编号（$1,2,\cdots,n$）是一个线性表，表中数据元素的类型是整型；学籍管理问题中 $n$ 个人的学籍信息（$a_1,a_2,\cdots,a_n$）是一个线性表，表中数据元素的类型是相应的结构体类型。

## 2.2.2　线性表的抽象数据类型定义

线性表是一个相当灵活的数据结构，对线性表的数据元素不仅可以进行存取访问，还可以进行插入和删除等基本操作。其抽象数据类型定义为：

```
ADT List
  DataModel
    线性表中的数据元素具有相同类型，相邻元素具有前驱和后继关系
  Operation
```

① 在非空表中，每个数据元素都有且仅有一个确定的位置。

```
InitList
    输入:无
    功能:线性表的初始化
    输出:空的线性表
CreatList
    输入:n个数据元素
    功能:建立一个线性表
    输出:具有n个元素的线性表
DestroyList
    输入:无
    功能:销毁线性表
    输出:释放线性表的存储空间
PrintList
    输入:无
    功能:遍历操作,按序号依次输出线性表中的元素
    输出:线性表的各个数据元素
Length
    输入:无
    功能:求线性表的长度
    输出:线性表中数据元素的个数
Locate
    输入:数据元素x
    功能:按值查找,在线性表中查找值等于x的元素
    输出:如果查找成功,返回元素x在线性表中的序号,否则返回0
Get
    输入:元素的序号i
    功能:按位查找,在线性表中查找序号为i的数据元素
    输出:如果查找成功,返回序号为i的元素值,否则返回查找失败信息
Insert
    输入:插入位置i和待插元素x
    功能:插入操作,在线性表的第i个位置处插入一个新元素x
    输出:如果插入成功,返回新的线性表,否则返回插入失败信息
Delete
    输入:删除位置i
    功能:删除操作,删除线性表中的第i个元素
    输出:如果删除成功,返回被删元素,否则返回删除失败信息
Empty
    输入:无
    功能:判空操作,判断线性表是否为空表
    输出:如果是空表,返回1,否则返回0
endADT
```

需要强调的是:

(1) 对于不同的应用,线性表的基本操作不同;

(2) 对于实际问题中更复杂的操作,可以用这些基本操作的组合(即调用基本操作)来实现;

(3) 对于不同的应用，上述操作的接口可能不同，例如删除操作，若要求删除表中值为 $x$ 的元素，则 Delete 操作的输入参数不是位置而应该是元素值。

# 2.3　线性表的顺序存储结构及实现

## 2.3.1　顺序表的存储结构定义

线性表的顺序存储结构称为**顺序表**(sequential list)，其基本思想是用一段地址连续的存储单元依次存储线性表的数据元素，如图 2-5 所示。设顺序表的每个元素占用 $c$ 个存储单元[①]，则第 $i$ 个元素的存储地址为：

$$\mathrm{LOC}(a_i) = \mathrm{LOC}(a_1) + (i-1) \times c \tag{2-1}$$

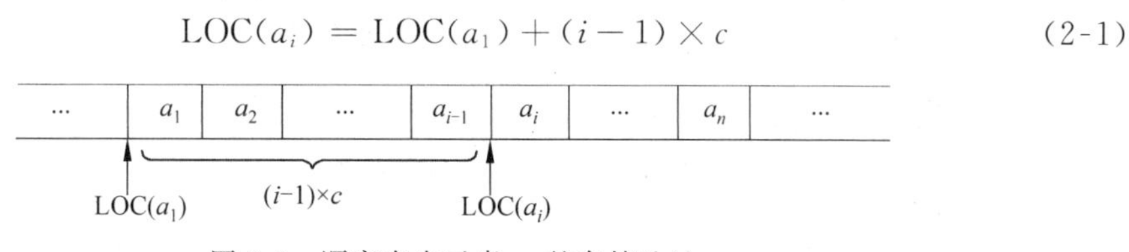


图 2-5　顺序表中元素 $a_i$ 的存储地址

容易看出，顺序表中数据元素的存储地址是其序号的线性函数，只要确定了存储顺序表的起始地址(即基地址)，计算任意一个元素的存储地址的时间是相等的，具有这一特点的存储结构称为**随机存取**(random access)结构。

通常用一维数组来实现顺序表，也就是把线性表中相邻的元素存储在数组中相邻的位置，从而导致了数据元素的序号和存放它的数组下标之间具有一一对应关系，如图 2-6 所示。需要强调的是，C 语言中数组的下标是从 0 开始的，而线性表中元素的序号是从 1 开始的，也就是说，线性表中第 $i$ 个元素存储在数组中下标为 $i-1$ 的位置[②]。

数组需要分配固定长度的数组空间，因此，必须确定存放线性表的数组空间的长度。因为在线性表中可以进行插入操作，则数组的长度就要大于当前线性表的长度。用 MaxSize 表示数组的长度，用 length 表示线性表的长度，如图 2-6 所示。

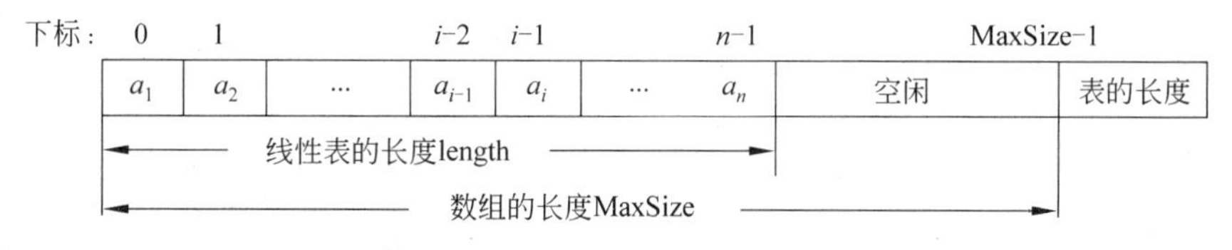


图 2-6　数组的长度和线性表的长度具有不同含义

下面给出顺序表的存储结构定义：

```
#define MaxSize 100                    /* 假设顺序表最多存放 100 个元素 */
typedef int DataType;                  /* 定义线性表的数据类型，假设为 int 型 */
```

① 线性表中的数据元素具有相同的数据类型，假设数据类型为 DataType，则 $c$=sizeof(DataType)。

② 关于线性表中数据元素的序号和存放它的数组下标之间的关系还有以下处理方法：(1)将线性表的序号定义为从 0 开始，这样元素的序号和存储它的数组下标是相等的，但这需要改动有关线性表的其他定义；(2)将数组的 0 号单元浪费，这需要多开辟一个数组单元，但其他地方无须改动，也能保证元素的序号和存储它的数组下标是相等的。

```
typedef struct
{
    DataType data[MaxSize];                    /*存放数据元素的数组*/
    int length;                                /*线性表的长度*/
} SeqList;
```

### 2.3.2　顺序表的实现

在顺序表中，由于元素的序号与数组中存储该元素的下标之间具有一一对应关系，所以，容易实现顺序表的基本操作。下面讨论基本操作的算法及实现[①]。

（1）初始化顺序表

初始化顺序表只需将顺序表的长度length初始化为0，C语言实现如下：

```
void InitList(SeqList *L)
{
    L->length = 0;
}
```

（2）建立顺序表

建立一个长度为$n$的顺序表需要将给定的数据元素传入顺序表中，并将传入的元素个数作为顺序表的长度。设给定的数据元素存放在数组$a[n]$中，建立顺序表的操作如图2-7所示。函数CreatList的返回值表示建立顺序表操作是否成功，如果顺序表的存储空间小于给定的元素个数，则无法建立顺序表，算法的C语言实现如下：

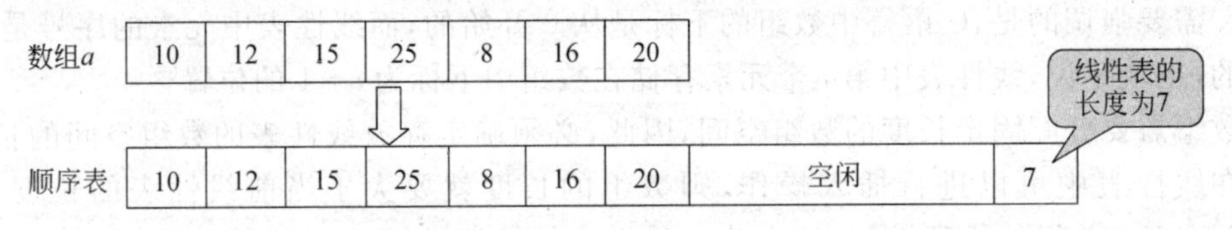


图2-7　建立顺序表的操作示意图

```
int CreatList(SeqList *L,DataType a[ ],int n)
{
    if (n > MaxSize) {printf("顺序表的空间不够,无法建立顺序表\n"); return 0;}
    for (int i = 0;i < n;i++)
      L->data[i] = a[i];
    L->length = n;
    return 1;
}
```

（3）销毁顺序表

顺序表是静态存储分配，在顺序表变量退出作用域时自动释放该变量所占内存单元，

① 在C语言中，将结构体变量传递给函数，通常采用指针传递方式，形参是指向结构体类型的指针，实参是结构体变量的地址或指向结构体变量的指针，参数传递是将结构体变量的首地址传递给形参。参见附录B.5节。

因此，顺序表无须销毁。

(4) 判空操作

顺序表的判空操作只需判断长度 length 是否为 0，C 语言实现如下：

```
int Empty(SeqList * L)
{
    if (L->length == 0) return 1;            /* 顺序表为空返回 1 */
    else return 0;
}
```

(5) 求顺序表的长度

在顺序表的存储结构定义中用结构体成员 length 保存了线性表的长度，因此，求线性表的长度只需返回成员 length 的值，C 语言实现如下：

```
int Length(SeqList * L)
{
    return L->length;
}
```

(6) 遍历操作

在顺序表中，遍历操作即是按下标依次输出各元素，C 语言实现如下：

```
void PrintList(SeqList * L)
{
    for (int i = 0;i < L->length; i++)
      printf("%d ",L->data[i]);           /* 输出线性表的元素值，假设为 int 型 */
}
```

(7) 按值查找

在顺序表中实现按值查找操作，需要对顺序表中的元素依次进行比较[①]，如果查找成功，返回元素的序号(注意不是下标)，否则返回查找失败的标志 0。

```
int Locate(SeqList * L,DataType x)
{
    for (int i = 0;i < L->length; i++)
        if (L->data[i] == x) return i+1;    /* 返回序号 */
    return 0;                               /* 退出循环，说明查找失败 */
}
```

按值查找从第一个元素开始，依次比较每一个元素，直至找到 $x$ 为止。如果顺序表的第一个元素恰好就是 $x$，算法只要比较一次就行了，这是最好情况；如果顺序表的最后一个元素是 $x$，算法就要比较 $n$ 个元素，这是最坏情况；平均情况下，假设数据是等概率分

① 此处假定数据元素为 int 型，因此，比较操作是"L->data[i]==x"。实际应用中，比较操作需要根据数据元素的类型重新设计。

布,则平均比较表长的一半。所以,按值查找算法的平均时间性能是 $O(n)$。

(8) 按位查找

顺序表中第 $i$ 个元素存储在数组中下标为 $i-1$ 的位置,所以,容易实现按位查找。显然,按位查找算法的时间复杂度为 $O(1)$。函数 Get 的返回值表示查找是否成功,若查找成功,通过指针参数 ptr 返回查找到的元素值,C 语言实现如下:

```
int Get(SeqList * L,int i,DataType * ptr)
{
    if (i < 1 || i >L->length) { printf("查找位置非法,查找失败\n"); return 0;}
    else { * ptr = L->data[i-1]; return 1;}
}
```

(9) 插入操作

插入操作是在表的第 $i(1\leqslant i\leqslant n+1)$ 个位置插入一个新元素 $x$,使长度为 $n$ 的线性表 $(a_1,\cdots,a_{i-1},a_i,\cdots,a_n)$ 变成长度为 $n+1$ 的线性表 $(a_1,\cdots,a_{i-1},x,a_i,\cdots,a_n)$,插入后,元素 $a_{i-1}$ 和 $a_i$ 之间的逻辑关系发生了变化并且存储位置要反映这个变化。图 2-8 给出了顺序表在进行插入操作的前后,数据元素在存储空间中位置的变化。

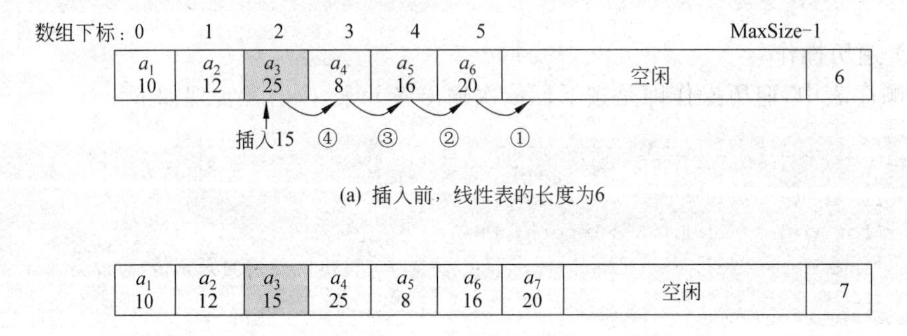


图 2-8 将元素 15 插入位置 3,顺序表前后状态的对比

注意元素移动的方向,必须从最后一个元素开始移动,直至将第 $i$ 个元素后移为止,然后将新元素插入位置 $i$ 处。如果表满了,则引发上溢错误;如果元素的插入位置不合理,则引发位置错误。算法用伪代码描述如下:

算法:Insert
输入:顺序表 L,插入位置 i,待插入的元素值 x
输出:如果插入成功,返回新的顺序表,否则返回插入失败信息

1. 如果表满了,则输出上溢错误信息,插入失败;
2. 如果元素的插入位置不合理,则输出位置错误信息,插入失败;
3. 将最后一个元素直至第 i 个元素分别向后移动一个位置;
4. 将元素 x 填入位置 i 处;
5. 表长加 1;

函数 Insert 的返回值表示插入操作是否成功，如果插入成功，顺序表 L 中多了一个数据元素，算法的 C 语言实现如下：

```
int Insert(SeqList * L,int i,DataType x)
{
    if (L->length >= MaxSize) {printf("上溢错误,插入失败\n"); return 0;}
    if (i < 1 || i > L->length+1) {printf("位置错误,插入失败\n"); return 0;}
    for (int j = L->length; j >= i; j--)                /* j 表示元素序号 */
      L->data[j] = L->data[j-1];
    L->data[i-1] = x;
    L->length++;
    return 1;
}
```

该算法的问题规模是表的长度 $n$，基本语句是 for 循环中元素后移的语句。当 $i=n+1$ 时(即在表尾插入)，元素后移语句将不执行，这是最好情况，时间复杂度为 $O(1)$；当 $i=1$ 时(即在表头插入)，元素后移语句将执行 $n$ 次，需移动表中所有元素，这是最坏情况，时间复杂度为 $O(n)$；由于插入可能在表中任意位置上进行，因此需分析算法的平均时间复杂度。令 $E_{\text{in}}(n)$ 表示元素移动次数的平均值，$pi$ 表示在表中第 $i$ 个位置上插入元素的概率，不失一般性，假设 $p_1=p_2=\cdots=p_{n+1}=1/(n+1)$，由于在第 $i$ 个$(1\leqslant i\leqslant n+1)$位置上插入一个元素后移语句的执行次数为 $n-i+1$，故：

$$E_{\text{in}}(n)=\sum_{i=1}^{n+1}p_i(n-i+1)=\frac{1}{n+1}\sum_{i=1}^{n+1}(n-i+1)=\frac{n}{2}=O(n)$$

也就是说，在等概率情况下，平均要移动表中一半的元素，算法的平均时间复杂度为 $O(n)$。

(10) 删除操作

删除操作是将表的第 $i(1\leqslant i\leqslant n)$个元素删除，使长度为 $n$ 的线性表$(a_1,\cdots,a_{i-1},a_i,a_{i+1},\cdots,a_n)$ 变成长度为 $n-1$ 的线性表$(a_1,\cdots,a_{i-1},a_{i+1},\cdots,a_n)$，删除后元素 $a_{i-1}$ 和元素 $a_{i+1}$ 之间的逻辑关系发生了变化并且存储位置也要反映这个变化。图 2-9 给出了顺序表在删除操作的前后，数据元素在存储空间中位置的变化。

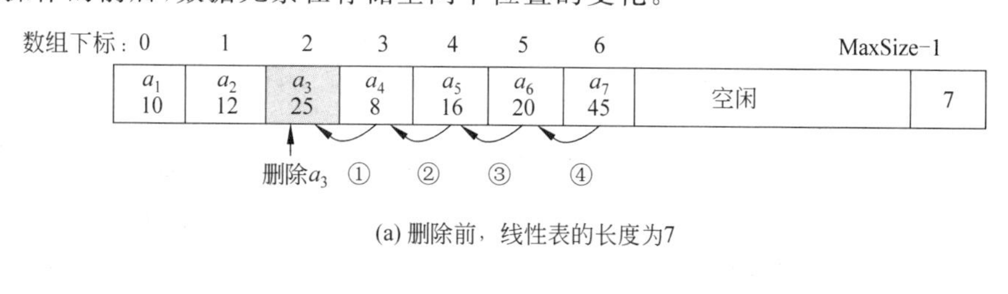


(a) 删除前，线性表的长度为7

| $a_1$ 10 | $a_2$ 12 | $a_3$ 8 | $a_4$ 16 | $a_5$ 20 | $a_6$ 45 | 空闲 | 6 |
|---|---|---|---|---|---|---|---|

(b) 删除后，线性表的长度为6

图 2-9 将位置 3 处的元素删除，顺序表前后状态的对比

注意元素移动的方向，必须从第 $i+1$ 个元素（下标为 $i$）开始移动，直至将最后一个元素前移为止，并且在移动元素之前要取出被删元素。如果表空，则引发下溢错误；如果元素的删除位置不合理，则引发位置错误。函数 Delete 的返回值表示删除操作是否成功，如果删除成功，则通过指针参数 ptr 返回被删元素值，算法的 C 语言实现如下：

```
int Delete(SeqList *L,int i,DataType *ptr)
{
    if (L->length == 0) {printf("下溢错误,删除失败\n"); return 0;}
    if (i < 1|| i > L->length) {printf("位置错误,删除失败\n"); return 0;}
    *ptr = L->data[i-1];                           /*取出位置 i 的元素*/
    for (int j = i; j < L->length; j++)            /*j 表示元素所在数组下标*/
      L->data[j-1] = L->data[j];
    L->length--;
    return 1;
}
```

设顺序表的表长是 $n$，删除第 $i$ 个（$1 \leqslant i \leqslant n$）元素需要移动 $n-i$ 个元素，令 $E_{de}(n)$ 表示元素移动次数的平均值，$p_i$ 表示删除第 $i$ 个元素的概率，等概率情况下，$p_i=1/n$，则

$$E_{de}(n) = \sum_{i=1}^{n} p_i(n-i) = \frac{1}{n}\sum_{i=1}^{n}(n-i) = \frac{n-1}{2} = O(n)$$

### 2.3.3 顺序表的使用

在定义了顺序表的存储结构 SeqList 并实现了基本操作后，程序中就可以使用 SeqList 类型来定义变量，可以调用实现基本操作的函数来完成相应的功能[①]。范例程序如下：

```
#include <stdio.h>
#include <stdlib.h>
/*将顺序表的存储结构定义和各个函数定义放到这里*/

int main( )
{
    int r[5] = {1,2,3,4,5},i,x;
    SeqList L;                                   /*定义变量 L 为顺序表类型*/
    Creat(&L,r,5);                               /*建立具有 5 个元素的顺序表*/
    printf("当前线性表的数据为: ");
    PrintList(&L);                               /*输出当前线性表 1 2 3 4 5*/
    Insert(&L,2,8);                              /*在第 2 个位置插入值为 8 的元素*/
    printf("执行插入操作后数据为: ");
```

① 把顺序表的存储结构定义和基本操作的实现放到头文件 SeqList.h 中，程序中加上 #include "SeqList.h"，就可以使用 SeqList 类型来定义变量，可以调用实现基本操作的函数来完成相应的功能

```
    PrintList(&L);                          /* 输出插入后的线性表 1 8 2 3 4 5 */
    printf("当前线性表的长度为: %d\n",Length(&L));     /* 输出线性表的长度 6 */
    printf("请输入查找的元素值: ");
    scanf("%d",&x);
    i = Locate(&L,x);
    if (0 == i) printf("查找失败\n");
    else printf("元素%d的位置为: %d\n",x,i);
    printf("请输入查找第几个元素值: ",&i);
    scanf("%d",&i);
    if (Get(&L,i,&x) == 1) printf("第%d个元素值是%d\n",i,x);
    else printf("线性表中没有第%d个元素\n",i);
    printf("请输入要删除第几个元素: ");
    scanf("%d",&i);
    if (Delete(&L,i,&x) == 1) {             /* 删除第 i 个元素 */
        printf("删除第%d个元素是%d,删除后数据为: ",i,x);
        PrintList(&L);                      /* 输出删除后的线性表 */
    }
    else printf("删除操作失败\n");
    return 0;
}
```

# 2.4　线性表的链接存储结构及实现

## 2.4.1　单链表的存储结构定义

单链表①(singly linked list)是用一组**任意**的存储单元存放线性表的元素，这组存储单元可以连续也可以不连续，甚至可以零散分布在内存中的任意位置。为了能正确表示元素之间的逻辑关系，每个存储单元在存储数据元素的同时，还必须存储其后继元素所在的地址信息，如图 2-10 所示。这个地址信息称为**指针**，这两部分组成了数据元素的存储映像，称为**结点**(node)，结点结构如图 2-11 所示。单链表正是通过每个结点的指针域将线性表的数据元素按其逻辑次序链接在一起，由于每个结点只有一个指针域，故称为单链表。

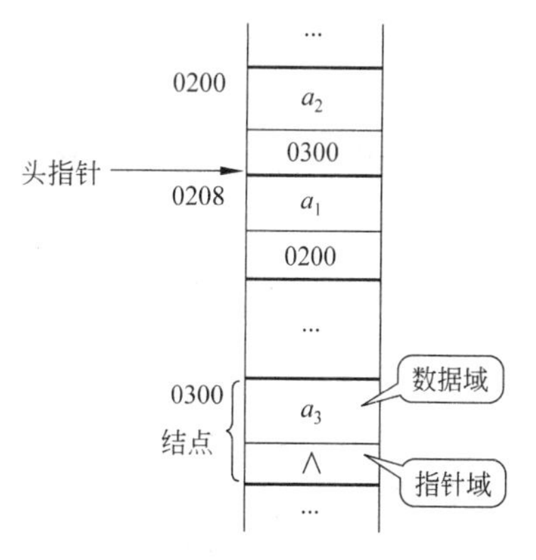

图 2-10　线性表($a_1$,$a_2$,$a_3$)的单链表存储

用图 2-10 的方法表示一个单链表非常不方便，而且在使用单链表时，关心的只是数据元素以及数据元素之间的逻辑关系，而不是每个数据元素在存储器

① 艾伦·纽厄尔(Allen Newell,1927 年生)1949 年毕业于斯坦福大学。提出了"中间结分析法"作为求解人工智能问题的一种技术，利用这种技术，开发了最早的启发式程序"逻辑理论家"和"通用问题求解器"。在开发逻辑理论家的过程中，首次提出并应用了单链表作为基本的数据结构。

中的实际位置。通常将图2-10所示的单链表画成图2-12的形式。

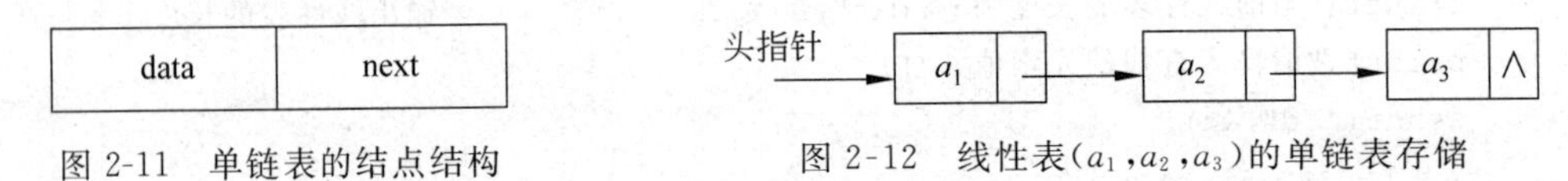


图2-11 单链表的结点结构

图2-12 线性表($a_1$,$a_2$,$a_3$)的单链表存储

如图2-12所示，单链表中每个结点的存储地址存放在其前驱结点的next域中，而第一个元素无前驱，所以设**头指针**(head pointer)指向第一个元素所在结点(称为开始结点)，整个单链表的存取必须从头指针开始进行，因而头指针具有标识一个单链表的作用[①]；由于最后一个元素无后继，故最后一个元素所在结点(称为终端结点)的指针域为空，图示中用∧表示，这个空指针称为**尾标志**(tail mark)。

从单链表的存储示意图可以看到，除了开始结点外，其他每个结点的存储地址都存放在其前驱结点的next域中，而开始结点是由头指针指示的。这个特例需要在单链表实现时特殊处理，增加了程序的复杂性和出现bug[②]的机会。因此，通常在单链表的开始结点之前附设一个类型相同的结点，称为**头结点**(head node)，如图2-13所示。加上头结点之后，无论单链表是否为空，头指针始终指向头结点，因此空表和非空表的处理也统一了。

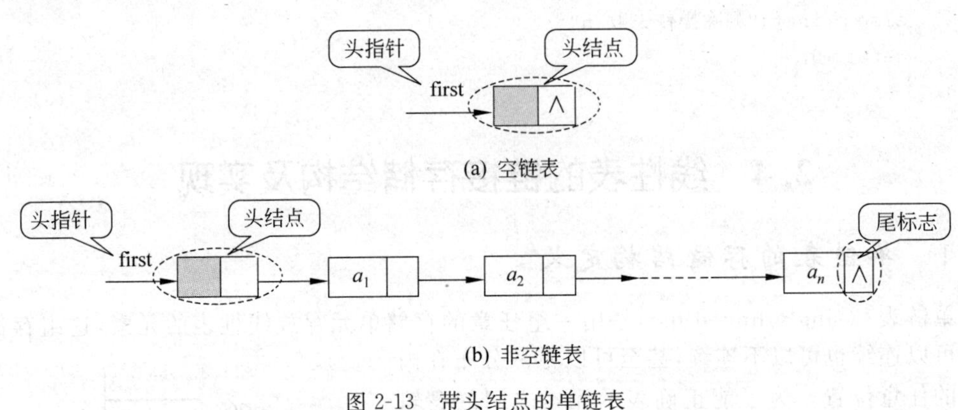


图2-13 带头结点的单链表

下面给出单链表的结点结构定义：

```
typedef int DataType;                    /*定义线性表的数据类型，假设为int型*/
typedef struct Node                      /*定义单链表的结点类型*/
{
   DataType data;
   struct Node *next;
} Node;
```

① 为了简化叙述，有时将头指针为first的单链表简称为单链表first。

② bug是指程序中的小错误。第二次世界大战期间，美国海军使用计算机来计算导弹的运行轨迹，某一时刻，系统出现了故障，突然不工作了。经过艰难的查找，人们发现是因为一只小虫粘在了计算机的电路上。从那以后，凡是计算机程序中难以发现的错误就称为bug，排除程序中的错误称为debug。

## 2.4.2 单链表的实现

单链表的存储思想就是用指针表示结点之间的逻辑关系，首先要正确区分指针变量、指针、指针所指结点和结点的值这四个密切相关的不同概念。

设 p 是一个指针变量，则 p 的值是一个指针。有时为了叙述方便，将“指针变量”简称为“指针”。如将“头指针变量”简称为“头指针”。

设指针 p 指向某个 Node 类型的结点，则该结点用 *p 来表示，*p 为结点变量。有时为了叙述方便，将“指针 p 所指结点”简称为“结点 p”。

在单链表中，结点 p 由两个域组成：存放数据元素的数据域和存放后继结点地址的指针域，分别用(*p).data 和(*p).next 来标识。为了使用方便，C 语言为指向结构体的指针提供了运算符->，即用 p->data 和 p->next 分别表示结点 p 的数据域和指针域，如图 2-14 所示，设指针 p 指向结点 $a_i$，则 p->next 指向结点 $a_{i+1}$。

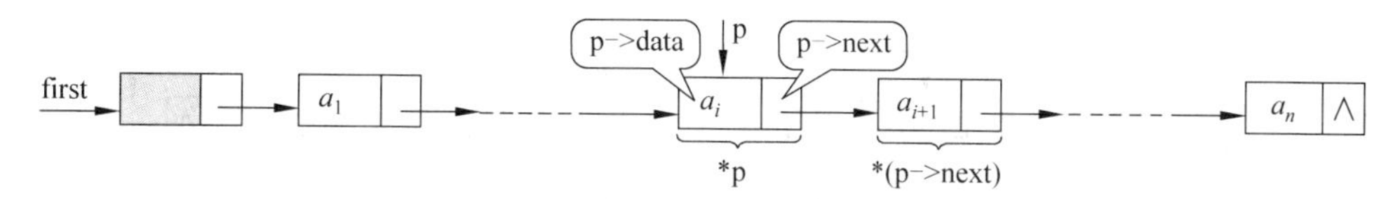


图 2-14 指针和结点之间的关系

单链表由头指针唯一指定，整个单链表的操作必须从头指针开始进行。通常设置一个工作指针 p，当指针 p 指向某结点时执行相应的处理，然后将指针 p 修改为指向其后继结点，直到 p 为 NULL 为止。下面讨论单链表基本操作的算法。

(1) 单链表的初始化

初始化单链表就是生成只有头结点的空单链表，C 语言实现如下：

```
Node * InitList( )
{
    Node * first = (Node * )malloc(sizeof(Node));       /* 生成头结点 */
    first->next = NULL;                                  /* 头结点的指针域置空 */
    return first;
}
```

(2) 判空操作

单链表的判空操作只需判断单链表是否只有头结点，C 语言实现如下：

```
int Empty(Node * first)
{
    if (first->next == NULL) return 1;         /* 单链表为空,返回 1 */
    else return 0;
}
```

(3) 遍历操作

遍历单链表是指按序号依次访问单链表中的所有结点[①]。可以设置一个工作指针 p 依次指向各结点,当指针 p 指向某结点时输出该结点的数据域。遍历单链表的操作示意图如图 2-15 所示,算法用伪代码描述如下:

算法:PrintList
输入:单链表的头指针 first
输出:单链表所有结点的元素值
1. 工作指针 p 初始化为指向开始结点;
2. 重复执行下述操作,直到 p 为空:
   2.1 输出结点 p 的数据域;
   2.2 工作指针 p 后移;

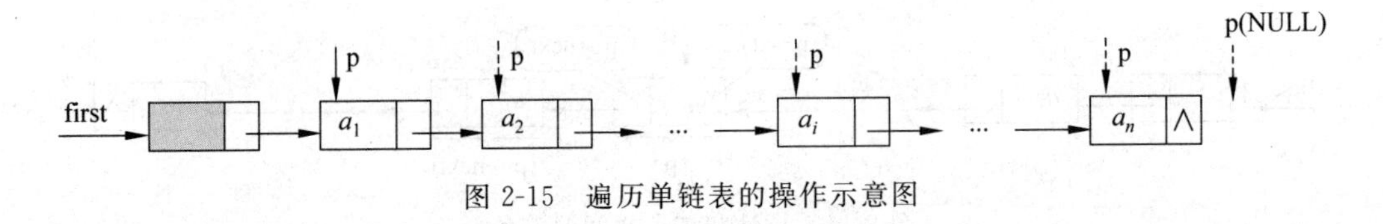


图 2-15 遍历单链表的操作示意图

遍历单链表需要将单链表扫描一遍,因此时间复杂度为 $O(n)$。遍历单链表算法的 C 语言实现如下:

```
void PrintList(Node * first)
{
    Node * p = first->next;          /* 工作指针 p 初始化 */
    while (p != NULL)
    {
        printf("%d ",p->data);       /* 输出结点的数据域,假设为 int 型 */
        p = p->next;                 /* 工作指针 p 后移,注意不能写作 p++ */
    }
}
```

需要强调的是,工作指针 p 后移不能写作 p++,因为单链表的存储单元可能不连续,因此 p++ 不能保证工作指针 p 指向下一个结点,如图 2-16 所示。

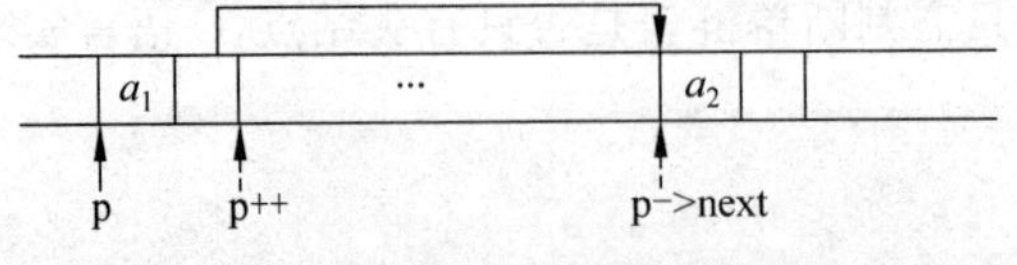


图 2-16 p++与 p->next 的执行结果

① 单链表算法的基本处理技术是遍历(也称扫描)。从头指针出发,通过工作指针的反复后移而将整个单链表"审视"一遍的方法称为遍历。遍历是蛮力法的一种常用技术,在很多算法中都要用到。

(4) 求单链表的长度

由于单链表的存储结构定义中没有存储线性表的长度，因此，不能直接获得线性表的长度。可以采用遍历的方法来求其长度，设置工作指针 p 依次指向各结点，当指针 p 指向某结点时求出其序号，然后将 p 修改为指向其后继结点并且将序号加 1，则最后一个结点的序号即为表中结点个数(即线性表的长度)。C 语言实现如下：

```
int Length(Node * first)
{
    Node * p = first->next;                    /* 工作指针 p 初始化 */
    int count = 0;                             /* 累加器 count 初始化 */
    while (p != NULL)
    {
        p = p->next;
        count++;
    }
    return count;
}
```

(5) 按值查找

在单链表中实现按值查找操作，需要对单链表中的元素依次进行比较，如果查找成功，返回元素的序号，否则返回 0 表示查找失败。按值查找的 C 语言实现如下：

```
int Locate(Node * first,DataType x)
{
    Node * p = first->next;                    /* 工作指针 p 初始化 */
    int count = 1;                             /* 累加器 count 初始化 */
    while (p != NULL)
    {
        if (p->data == x) return count;        /* 查找成功,结束函数并返回序号 */
        p = p->next;
        count++;
    }
    return 0;                                  /* 退出循环表明查找失败 */
}
```

按值查找的基本语句是将结点 p 的数据域与待查值进行比较，具体的比较次数与待查值结点在单链表中的位置有关。在等概率情况下，平均时间性能为 $O(n)$。

(6) 按位查找

在单链表中，即使知道被访问结点的序号 $i$，也不能像顺序表那样直接按序号访问，只能从头指针出发顺 next 域逐个结点往下搜索。当工作指针 p 指向某结点时判断是否为第 $i$ 个结点，若是，则查找成功；否则，将工作指针 p 后移。对每个结点依次执行上述操作，直到 p 为 NULL 时查找失败。函数 Get 的返回值表示查找是否成功，如果查找成功，通过指针参数 ptr 返回查找到的元素值，C 语言实现如下：

```
int Get(Node * first,int i,DataType * ptr)
{
    Node * p = first->next;             /* 工作指针 p 初始化 * /
    int count = 1;                      /* 累加器 count 初始化 * /
    while (p ! = NULL && count < i)
    {
        p = p->next;                    /* 工作指针 p 后移 * /
        count++;
    }
    if (p == NULL) {printf("位置错误,查找失败\n"); return 0;}
    else { * ptr = p->data; return 1;}
}
```

查找算法的基本语句是工作指针 p 后移,该语句执行的次数与被查结点在表中的位置有关。在查找成功的情况下,若查找位置为 $i(1 \leqslant i \leqslant n)$,则需要执行 $i-1$ 次,等概率情况下,平均时间性能为 $O(n)$。因此,单链表是**顺序存取**(sequential access)结构。

(7) 插入操作

单链表的插入操作是将值为 $x$ 的新结点插入到单链表的第 $i$ 个位置,即插入到 $a_{i-1}$ 与 $a_i$ 之间。因此,必须先扫描单链表,找到 $a_{i-1}$ 的存储地址 p,然后生成一个数据域为 $x$ 的新结点 s,将结点 s 的 next 域指向结点 $a_i$,将结点 p 的 next 域指向新结点 s(注意指针的链接顺序),从而实现三个结点 $a_{i-1}$、$x$ 和 $a_i$ 之间逻辑关系的变化,插入过程如图 2-17 所示。注意分析在表头、表中间、表尾插入这三种情况,由于单链表带头结点,这三种情况的操作语句一致,不用特殊处理。算法用伪代码描述如下:

> 算法:Insert
> 输入:单链表的头指针 first,插入位置 i,待插值 x
> 输出:如果插入成功,返回新的单链表,否则返回插入失败信息
> 1. 工作指针 p 初始化为指向头结点;
> 2. 查找第 i−1 个结点并使工作指针 p 指向该结点;
> 3. 若查找不成功,说明插入位置不合理,返回插入失败信息;否则,生成一个元素值为 x 的新结点 s,将结点 s 插入到结点 p 之后;

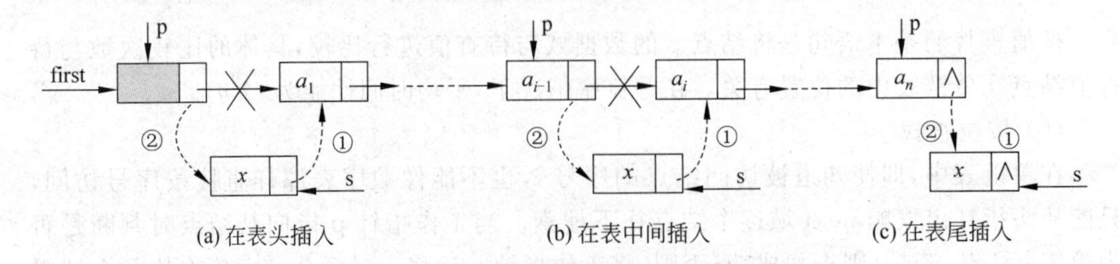


图 2-17 在单链表中插入结点时指针的变化情况

(①s->next=p->next; ②p->next=s;)

插入算法的时间主要耗费在查找正确的插入位置上，故时间复杂度为 $O(n)$。函数 Insert 的返回值表示插入操作是否成功，C 语言实现如下：

```
int Insert(Node * first,int i,DataType x)
{
    Node * s = NULL, * p = first;                /* 工作指针 p 初始化为指向头结点 * /
    int count = 0;
    while (p ! = NULL && count < i-1)           /* 查找第 i-1 个结点 * /
    {
        p = p->next;                            /* 工作指针 p 后移 * /
        count++;
    }
    if (p == NULL) {printf("位置错误,插入失败\n"); return 0;}
    else {
        s = (Node * )malloc(sizeof(Node));
        s->data = x;                            /* 申请一个结点 s,数据域为 x * /
        s->next = p->next; p->next = s;         /* 将结点 s 插入到结点 p 之后 * /
        return 1;
    }
}
```

在不带头结点的单链表中插入一个结点，在表头的操作和在表中间以及表尾的操作语句是不同的，则在表头的插入情况需要单独处理（如图 2-18 所示），算法不仅冗长，而且容易出现错误。所以，在单链表中，为了运算方便，一般都要加上头结点。

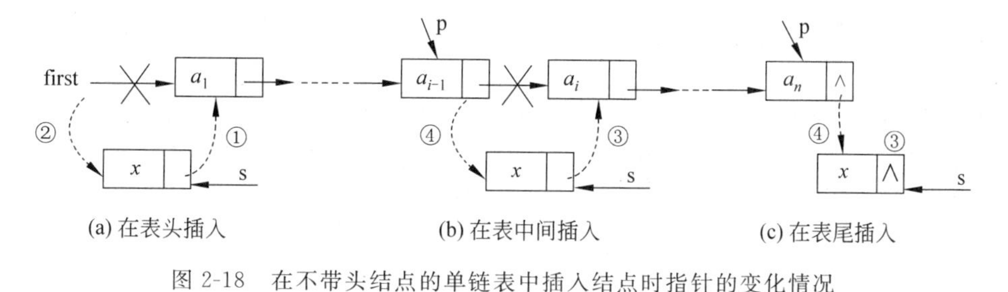


图 2-18　在不带头结点的单链表中插入结点时指针的变化情况
（① s->next=first；②first=s；③s->next=p->next；④p->next=s；）

（8）建立单链表

设给定的数据元素存放在数组 $a[n]$ 中，建立单链表就是生成存储这 $n$ 个数据元素的单链表。有两种建立方法：头插法和尾插法。

头插法的基本思想是每次将新申请的结点插在头结点的后面，执行过程如图 2-19 所示，C 语言实现如下：

```
Node * CreatList(DataType a[ ],int n)
{
    Node * s = NULL;
    Node * first = (Node * )malloc(sizeof(Node));
```

```
    first->next = NULL;                                    /*初始化头结点*/
    for (int i = 0; i < n; i++)
    {
        s = (Node *)malloc(sizeof(Node));
        s->data = a[i];                                    /*为每个数组元素建立一个结点*/
        s->next = first->next; first->next = s;           /*将结点s插入到头结点之后*/
    }
    return first;
}
```

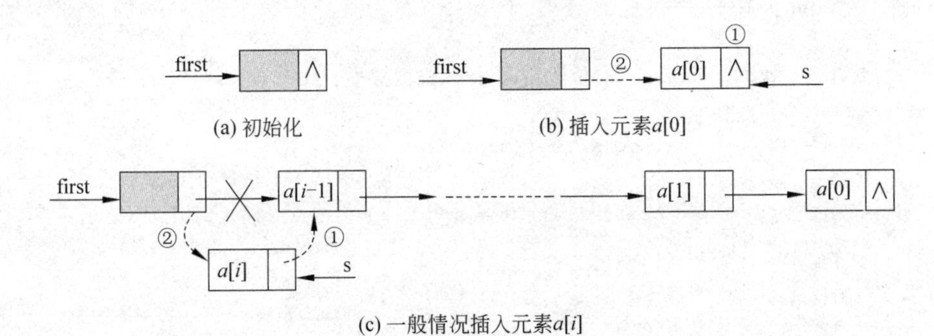


图 2-19 头插法建立单链表的操作示意图

(①s->next=first->next; ②first->next=s;)

尾插法的基本思想是每次将新申请的结点插在终端结点的后面,为此,需要设尾指针指向当前的终端结点,执行过程如图 2-20 所示,C 语言实现如下:

```
Node *CreatList(DataType a[ ],int n)
{
    Node *s = NULL, *r = NULL;
    Node *first = (Node *)malloc(sizeof(Node));  /*生成头结点*/
    r = first;                                     /*尾指针初始化*/
    for (int i = 0; i < n; i++)
    {
        s = (Node *)malloc(sizeof(Node));
        s->data = a[i];                            /*为每个数组元素建立一个结点*/
        r->next = s; r = s;                        /*将结点s插入到终端结点之后*/
    }
    r->next = NULL;                     /*单链表建立完毕,将终端结点的指针域置空*/
    return first;
}
```

(9) 删除操作

删除操作是将单链表的第 $i$ 个结点删去。因为在单链表中结点 $a_i$ 的存储地址在其前驱结点 $a_{i-1}$ 的指针域中,所以必须首先找到 $a_{i-1}$ 的存储地址 p,然后令 p 的 next 域指向

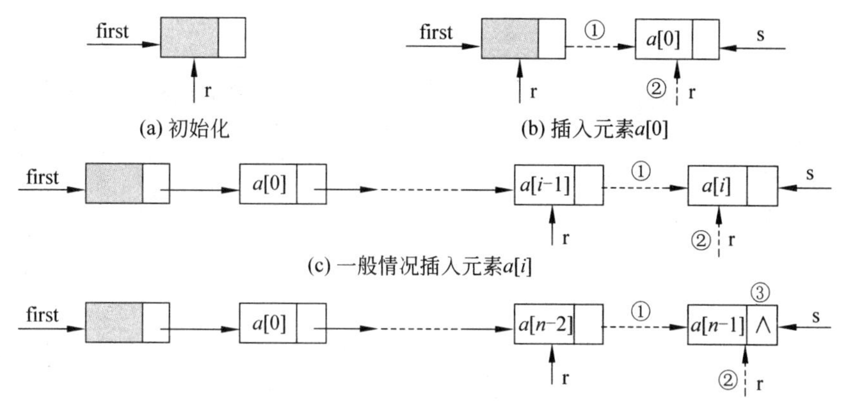


(a) 初始化　(b) 插入元素a[0]

(c) 一般情况插入元素a[i]

(d) 最后情况插入元素a[n-1]，将终端结点的指针域置空

图 2-20　尾插法建立单链表的操作示意图

（①r->next=s；②r=s；③r->next=NULL；）

$a_i$ 的后继结点，即把结点 $a_i$ 从链上摘下，最后释放结点 $a_i$ 的存储空间。需要注意表尾的特殊情况，此时虽然被删结点不存在，但其前驱结点却存在。因此仅当被删结点的前驱结点 p 存在且 p 不是终端结点时，才能确定被删结点存在，如图 2-21 所示。算法用伪代码描述如下：

算法：Delete
输入：单链表的头指针 first，删除位置 i
输出：如果删除成功，返回被删除的元素值，否则返回删除失败信息
　1. 工作指针 p 初始化；累加器 count 初始化；
　2. 查找第 i−1 个结点并使工作指针 p 指向该结点；
　3. 若 p 不存在或 p 的后继结点不存在，则出现删除位置错误，删除失败；
　　否则，3.1　存储被删结点和被删元素值；
　　　　　3.2　摘链，将结点 p 的后继结点从链表上摘下；
　　　　　3.3　释放被删结点；

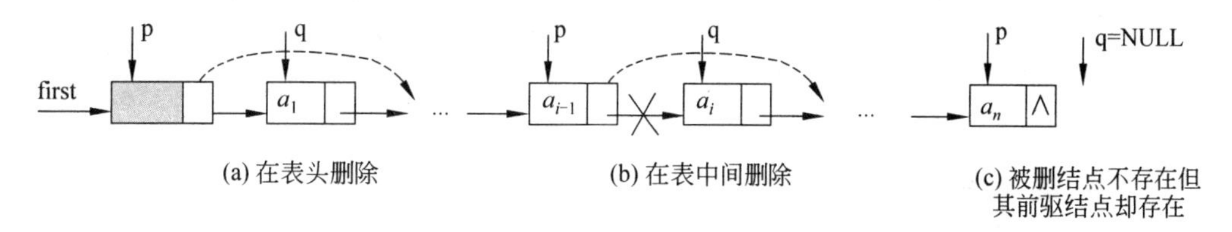


(a) 在表头删除　(b) 在表中间删除　(c) 被删结点不存在但其前驱结点却存在

图 2-21　在单链表中删除结点时指针的变化情况

删除算法的时间主要耗费在查找正确的删除位置上，因此时间复杂度为 $O(n)$。函数 Delete 的返回值表示删除操作是否成功，如果删除成功，则通过指针参数 ptr 返回被删元素值。其 C 语言实现如下：

```
int Delete(Node * first,int i,DataType * ptr)
{
    Node *p = first, *q = NULL;              /* 工作指针 p 要指向头结点 */
    int count = 0;
    DataType x;
    while (p != NULL && count < i-1)         /* 查找第 i-1 个结点 */
    {
        p = p->next;
        count++;
    }
    if(p == NULL || p->next == NULL) {       /* p 结点或 p 的后继结点不存在 */
      printf("位置错误,删除失败\n "); return 0;
    }
    else {
      q = p->next; *ptr = q->data;           /* 存储被删结点和被删元素值 */
      p->next = q->next;                     /* 摘链 */
      free(q); return 1;
    }
}
```

(10) 销毁单链表

单链表是动态存储分配,单链表的结点是在程序运行中动态申请的,因此,在单链表变量退出作用域之前,要释放单链表的存储空间。C语言实现如下:

```
void DestroyList(Node * first)
{
    Node *p = first;
    while (first != NULL)                    /* 依次释放每一个结点,包括头结点 */
    {
        first = first->next;
        free(p);
        p = first;
    }
}
```

### 2.4.3 单链表的使用

在定义了单链表的结点结构 Node 并实现了基本操作后,就可以定义指向 Node 的头指针来操作单链表,可以调用实现基本操作的函数来完成相应的功能。范例程序如下:

```
#include < stdio.h>
#include < stdlib.h>
#include < malloc.h>
/* 将单链表的结点结构定义和各个函数定义放到这里 */
```

```
int main()
{
    int r[5] = {1,2,3,4,5},i,x;
    Node * first = NULL;
    first = Creat(r,5);
    printf("当前线性表的数据为: ");
    PrintList(first);                        /* 输出当前链表 1 2 3 4 5 */
    Insert(first,2,8);                       /* 在第 2 个位置插入值为 8 的结点 */
    printf("执行插入操作后数据为: ");
    PrintList(first);                        /* 输出插入后链表 1 8 2 3 4 5 */
    printf("当前单链表的长度为: %d",Length(first));     /* 输出单链表长度 6 */
    printf("请输入查找的元素值: ");
    scanf("%d",&x);
    i = Locate(first,x)
    if(1 == i) printf("元素%d 的元素位置为: %d\n",x,i);
    else printf("单链表中没有元素%d\n",x);
    printf("请输入要删除第几个元素: ");
    scanf("%d",&i);
    if(Delete(first,i,&x) == 1) {            /* 删除第 i 个元素 */
      printf("删除的元素值是%d,执行删除操作后数据为: ",x);
      PrintList(first);                      /* 输出删除后链表 */
    }
    else printf("删除操作失败\n");
    DestroyList(first);                      /* 释放单链表 */
    return 0;
}
```

## 2.4.4　双链表

### 1. 双链表的存储结构定义

如果希望快速确定单链表中任一结点的前驱结点，可以在单链表的每个结点中再设置一个指向其前驱结点的指针域，这样就形成了**双链表**(doubly linked list)。和单链表类似，双链表一般也是由头指针唯一确定，增加头结点也能使双链表的某些操作变得方便，双链表的存储示意图如图 2-22 所示。

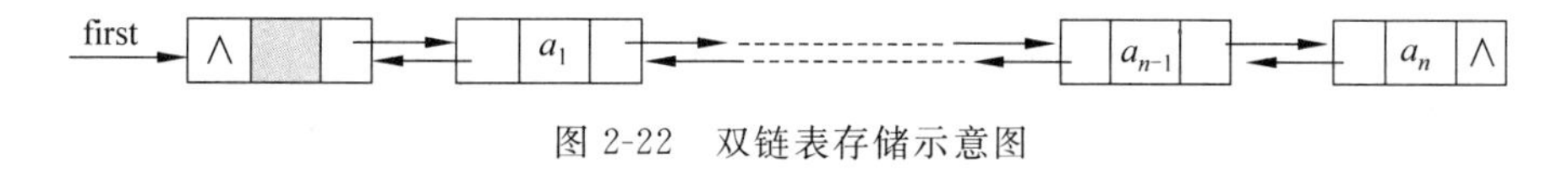


图 2-22　双链表存储示意图

在双链表中，每个结点在存储数据元素的同时，还存储了其前驱元素和后继元素所在结点的地址信息，这三部分组成了数据元素的存储映像。双链表的结点结构如图 2-23 所示，其中，data 为数据域，存放数据元素；prior 为前驱指针域，存放该结点的前驱结点的地址；next 为后继指针域，存放该结点的后继结点的地址。下面给出

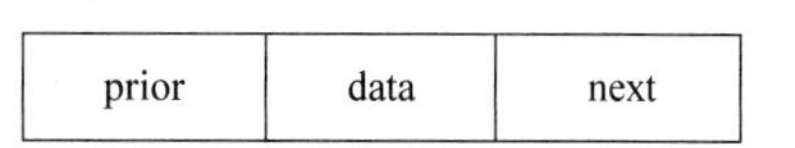


图 2-23　双链表的结点结构

双链表的结点结构定义：

```
typedef int DataType;                    /* 定义线性表的数据类型,假设为 int 型 */
typedef struct DulNode                   /* 定义双链表的结点类型 */
{
    DataType data;
    struct DulNode * prior, * next;
} DulNode;
```

**2. 双链表的实现**

在双链表中求表长、按位查找、按值查找、遍历等操作的实现与单链表基本相同，下面讨论插入和删除操作。

(1) 插入操作

在结点 p 的后面插入一个新结点 s，需要修改 4 个指针：

① s->prior=p;

② s->next=p->next;

③ p->next->prior=s;

④ p->next=s;

注意指针修改的**相对顺序**，如图 2-24 所示，在修改第②步和第③步的指针时，要用到 p->next 以找到结点 p 的后继结点，所以第④步指针的修改要在第②和③步的指针修改完成后才能进行。

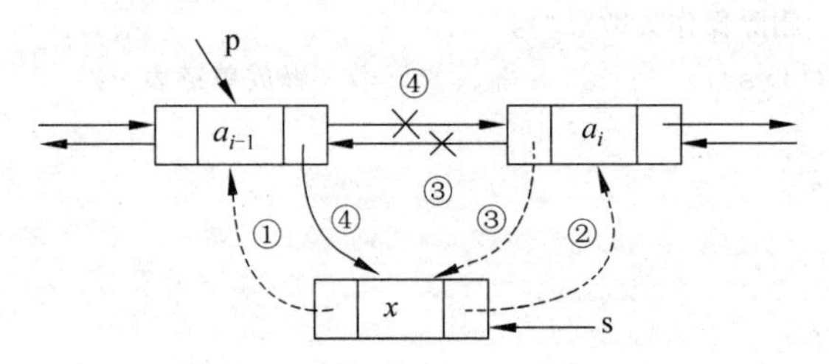


图 2-24　双链表插入操作示意图

(2) 删除操作

设指针 p 指向待删除结点，删除操作可通过下述两条语句完成：

① p->prior->next=p->next;

② p->next->prior=p->prior;

双链表删除操作如图 2-25 所示。

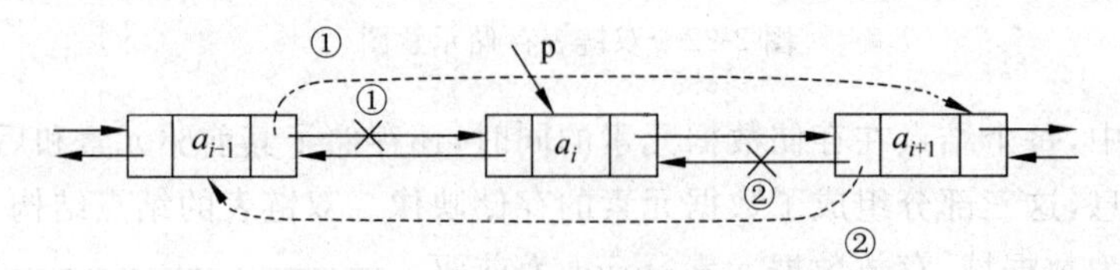


图 2-25　双链表删除操作示意图

这两个语句的顺序可以颠倒。另外，虽然执行上述语句后结点 p 的两个指针域仍指向其前驱结点和后继结点，但在双链表中已经找不到结点 p，而且执行删除操作后，还要将结点 p 所占的存储空间释放。

### 2.4.5　循环链表

在单链表中，如果将终端结点的指针由空指针改为指向头结点，就使整个单链表形成一个环，这种头尾相接的单链表称为**循环单链表**(circular singly linked list)，如图 2-26 所示。

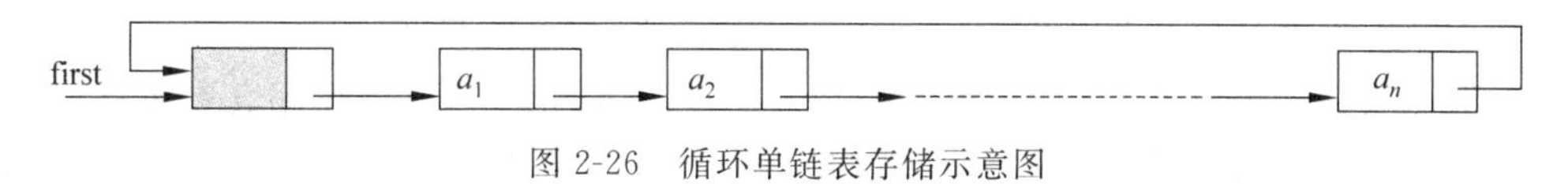


图 2-26　循环单链表存储示意图

在用头指针指示的循环单链表中，找到开始结点的时间是 $O(1)$，然而要找到终端结点，则需从头指针开始遍历整个链表，其时间是 $O(n)$。在很多实际问题中，操作是在表的首或尾两端进行，此时头指针指示的循环单链表就显得不够方便。如果改用指向终端结点的**尾指针**(rear pointer)来指示循环单链表(如图 2-27 所示)，则查找开始结点和终端结点都很方便，它们的存储地址分别是 rear->next->next 和 rear。显然，时间都是 $O(1)$。因此，实际应用中多采用尾指针指示的循环单链表。

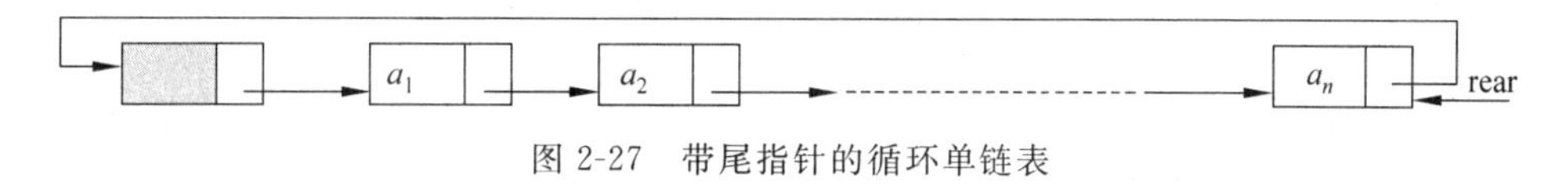


图 2-27　带尾指针的循环单链表

在双链表中，如果将终端结点的后继指针由空指针改为指向头结点，将头结点的前驱指针由空指针改为指向终端结点，就使整个双链表形成一个头尾相接的**循环双链表**(circular double linked list)，如图 2-28 所示。在由头指针指示的循环双链表中，查找开始结点和终端结点都很方便，它们的存储地址分别是 first->next 和 first->prior，显然，时间开销都是 $O(1)$。

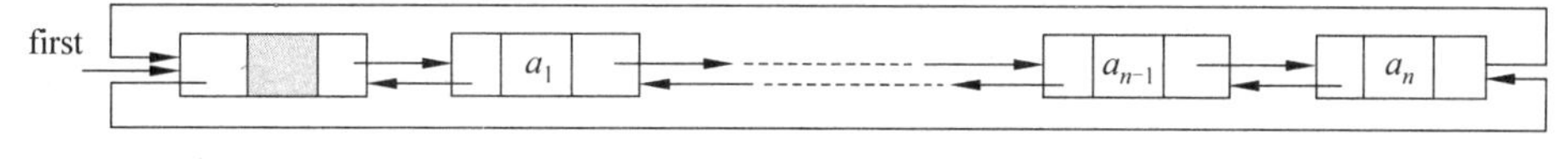


图 2-28　循环双链表存储示意图

循环链表没有增加任何存储量，仅对链表的链接方式稍作改变，因此，基本操作的实现与链表类似。从循环链表中任一结点出发，可扫描到其他结点，从而增加了链表操作的灵活性。但这种方法的危险在于循环链表中没有明显的尾端，可能会使循环链表的处理操作进入死循环，所以，需要格外注意循环条件。通常判断用作循环变量的工作指针是否等于某一指定指针(如头指针或尾指针)，以判定工作指针是否扫描了整个循环链表。例如，在循环链表的遍历算法中，用循环条件 p ！＝first 判断工作指针 p 是否扫描了整个链表。

# 2.5 顺序表和链表的比较

前面给出了线性表的两种截然不同的存储结构——顺序存储结构和链接存储结构，哪一种更好呢？如果实际问题需要采用线性表来解决，应该选择哪一种存储结构呢？线性表的顺序存储和链接存储各有其优缺点，应该根据实际问题的需要，比较不同存储结构的时间性能和空间性能并加以综合平衡，才能选定比较合适的存储结构。

**1. 时间性能比较**

所谓时间性能是指基于某种存储结构的基本操作（即算法）的时间复杂度。

像取出线性表中第 $i$ 个元素这样的按位置随机访问的操作，使用顺序表更快一些，时间性能为 $O(1)$；相比之下，链表中按位置访问只能从表头开始依次向后扫描，直至找到那个特定的位置，所需要的平均时间为 $O(n)$。

在链表中进行插入和删除操作不需要移动元素，在给出指向链表中某个合适位置的指针后，插入和删除操作所需的时间仅为 $O(1)$；在顺序表中进行插入和删除操作需移动元素，平均时间为 $O(n)$，当线性表中元素个数较多时，特别是当元素占用的存储空间较多时，移动元素的时间开销很大。

作为一般规律，若线性表需频繁查找却很少进行插入和删除操作，或者操作和"数据元素在线性表中的位置"密切相关时，宜采用顺序表作为存储结构；若线性表需频繁进行插入和删除操作，则宜采用链表作为存储结构。

**2. 空间性能比较**

所谓空间性能是指某种存储结构所占用的存储空间的大小。

顺序表中每个结点（即数组元素）只存储数据元素；链表的每个结点除了存储数据元素，还要存储指示元素之间逻辑关系的指针。如果数据域占据的空间较小，则指针的结构性开销就占去了整个结点的大部分，因而从结点的存储密度上讲，顺序表的存储空间利用率较高。

由于顺序表需要分配一定长度的存储空间，如果事先不知道线性表的大致长度，则有可能对存储空间分配得过大，致使存储空间得不到充分利用，造成浪费；若估计得过小，则会发生上溢。链表不需要固定长度的存储空间，只要有内存空间可以分配，链表中的元素个数就没有限制。

作为一般规律，当线性表中元素个数变化较大或者未知时，最好使用链表实现；如果事先知道线性表的大致长度，使用顺序表的空间效率会更高。

# 2.6 扩展与提高

## 2.6.1 线性表的静态链表存储

**1. 静态链表的存储结构定义**

**静态链表**（static linked list）用数组来表示链表，用数组元素的下标来模拟链表的指针。最常用的是静态单链表，在不致混淆的情况下，将静态单链表简称为静态链表，存储示意图如图 2-29 所示，其中，avail 是空闲链表（所有空闲数组单元组成的单链表）头指针，first 是静态链表头指针。为了运算方便，通常静态链表也带头结点。

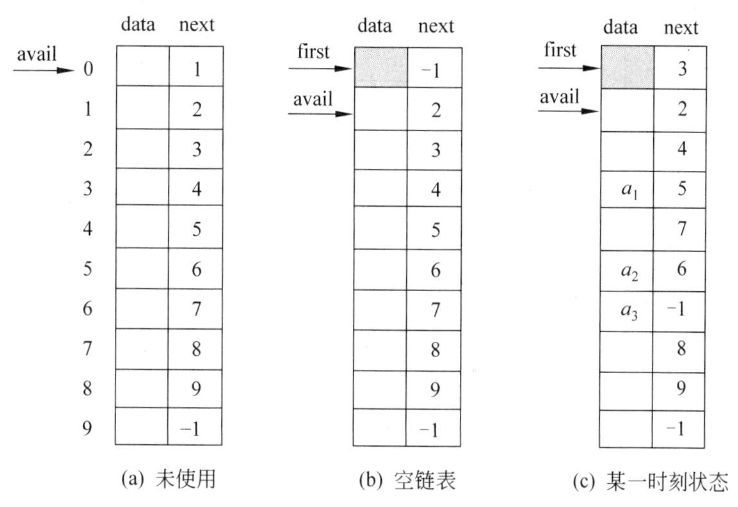


图 2-29　静态链表的存储示意图

静态链表的每个数组元素由两个域构成：data 域存放数据元素，next 域存放该元素的后继元素所在的数组下标。由于它是利用数组定义的，属于静态存储分配，因此叫作静态链表。静态链表的存储结构定义如下：

```
#define MaxSize 100                  /* 假定线性表最多有 100 个元素 */
typedef int DataType;                /* 定义线性表的数据类型,假设为 int 型 */
typedef struct
{
    DataType data;
    int next;                        /* 指针域(也称游标),注意不是指针 */
} SNode;
SNode SList[MaxSize];                /* 定义数组存储静态链表 */
```

**2. 静态链表的实现**

在静态链表中求表长、按位查找、按值查找、遍历等操作的实现与单链表基本相同，下面讨论插入和删除操作。

(1) 插入操作

在静态链表中进行插入操作，首先从空闲链的最前端摘下一个结点，将该结点插入静态链表中，如图 2-30 所示。假设新结点插在结点 p 的后面，则修改指针的操作为：

```
s = avail;                           /* 不用申请新结点,利用空闲链的第一个结点 */
avail = SList[avail].next;           /* 空闲链的头指针后移 */
SList[s].data = x;                   /* 将 x 填入下标为 s 的结点 */
SList[s].next = SList[p].next;      /* 将下标为 s 的结点插入到下标为 p 的结点后面 */
SList[p].next = s;
```

(a) 插入前

| 指针 | 下标 | data | next |
|---|---|---|---|
| first | 0 | | 3 |
| avail | 1 | | 2 |
| | 2 | | 4 |
| p | 3 | $a_1$ | 5 |
| | 4 | | 7 |
| | 5 | $a_2$ | 6 |
| | 6 | $a_3$ | -1 |
| | 7 | | 8 |
| | 8 | | 9 |
| | 9 | | -1 |

(b) 从空闲链摘下第一个结点

| 指针 | 下标 | data | next |
|---|---|---|---|
| first | 0 | | 3 |
| s | 1 | $x$ | 2 |
| avail | 2 | | 4 |
| p | 3 | $a_1$ | 5 |
| | 4 | | 7 |
| | 5 | $a_2$ | 6 |
| | 6 | $a_3$ | -1 |
| | 7 | | 8 |
| | 8 | | 9 |
| | 9 | | -1 |

(c) 将结点s插入到结点p的后面

| 指针 | 下标 | data | next |
|---|---|---|---|
| first | 0 | | 3 |
| s | 1 | $x$ | ~~2~~5 |
| avail | 2 | | 4 |
| p | 3 | $a_1$ | ~~5~~1 |
| | 4 | | 7 |
| | 5 | $a_2$ | 6 |
| | 6 | $a_3$ | -1 |
| | 7 | | 8 |
| | 8 | | 9 |
| | 9 | | -1 |

图 2-30　静态链表插入操作示意图

(2) 删除操作

在静态链表中进行删除操作，首先将被删除结点从静态链表中摘下，再插入空闲链的最前端，如图 2-31 所示。假设要删除结点 p 的后继结点，则修改指针的操作为：

```
q = SList[p].next;                   /* 暂存被删结点的下标 */
SList[p].next = SList[q].next;       /* 摘链 */
SList[q].next = avail;               /* 将结点 q 插在空闲链 avail 的最前端 */
avail = q;                           /* 空闲链头指针 avail 指向结点 q */
```

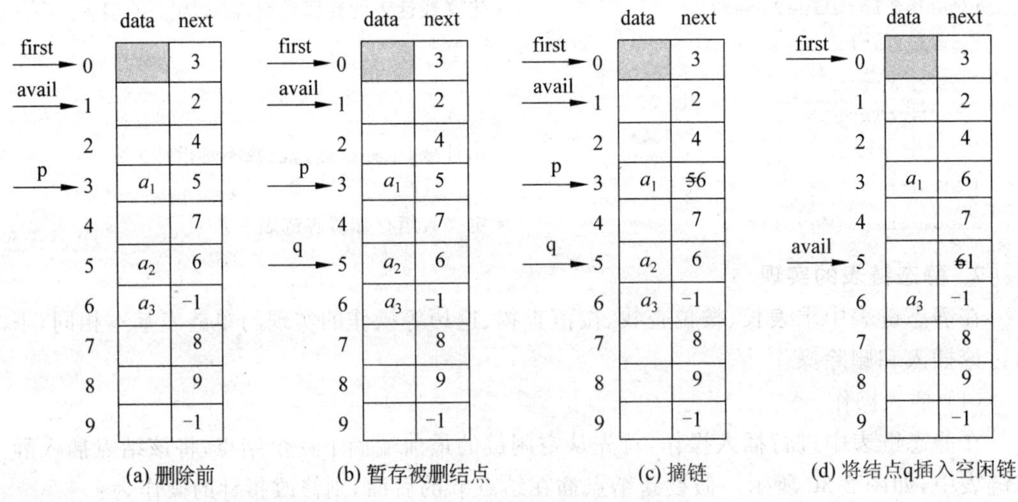

(a) 删除前　(b) 暂存被删结点　(c) 摘链　(d) 将结点q插入空闲链

图 2-31　静态链表删除操作示意图

静态链表虽然用数组来存储线性表，但在执行插入和删除操作时，只需修改游标，无须移动表中的元素，从而避免了在顺序表中插入和删除操作需要移动大量元素的缺点。

## 2.6.2　顺序表的动态分配方式

2.3 节中介绍的顺序表采用静态存储方式，在生成顺序表时分配固定长度的存储空间。由于存储空间不能扩充，一旦数组空间占满，再执行插入操作会发生上溢。顺序表的动态分配方式是在程序执行过程中通过动态存储分配，一旦数组空间占满，可以另外再分配一块更大的的存储空间，用来替换原来的存储空间，从而达到扩充数组空间的目的。顺序表动态分配方式的存储结构定义如下：

```
const int InitSize = 100;                /* 顺序表的初始长度 */
const int IncreSize = 10;                /* 顺序表存储空间每次扩展的长度 */
typedef int DataType;                    /* 定义线性表的数据类型,假设为 int 型 */
typedef struct
{
    DataType * data;                     /* 动态申请数组空间的首地址 */
    int maxSize;                         /* 当前数组空间的最大长度 */
    int length;                          /* 线性表的长度 */
}SeqList;
```

在顺序表的动态分配方式下，求线性表的长度、按位查找、按值查找、删除、判空和遍历等基本操作的算法，与顺序表的静态分配方式相同。下面讨论其他基本操作的实现。

(1) 初始化顺序表

初始化顺序表需要创建顺序表的存储空间，将顺序表的当前最大长度初始化为初始长度 InitSize，将顺序表的长度初始化为 0，C 语言实现如下：

```
void InitList(SeqList * L)
{
    L->data = (DataType *)malloc(InitSize * sizeof(DataType));
    L->maxSize = InitSize;
    L->length = 0;
}
```

(2) 建立顺序表

建立一个长度为 $n$ 的顺序表需要申请长度大于 $n$ 的存储空间，C 语言实现如下：

```
void Creat(SeqList * L,DataType a[ ],int n)
{
    L->data = (DataType * )malloc(InitSize * sizeof(DataType));
    L->maxSize = InitSize;
    while (n < L->maxSize)                /* 申请长度大于 n 的存储空间 */
    {
        L->maxSize = L->maxSize+IncreSize;
        L->data = (DataType * ) realloc(L->data,L->maxSize * sizeof(DataType));
    }
    for (int i = 0; i < n; i++)
```

```
        L->data[i] = a[i];
    L->length = n;
}
```

(3) 销毁顺序表

在顺序表的动态分配方式下，由于顺序表的存储空间是在程序执行过程中动态申请的，因此，需要释放其存储单元，C语言实现如下：

```
void InitList(SeqList * L)
{
    free(L->data);
}
```

(4) 插入操作

在顺序表的动态分配方式下执行插入操作，当数组空间都占满时，需要扩充数组空间，再执行插入操作。C语言实现如下：

```
int Insert(SeqList * L,int i,DataType x)
{
    if (i < 1 || i >L->length+1) {printf("位置"); return 0;}
    if (L->length >= L->maxSize) {        /* 发生上溢，扩充存储空间 */
        L->maxSize = L->maxSize+ IncreSize;
        L->data = (DataType * ) realloc(L->data,L->maxSize * sizeof(DataType));
    }
    for (int j = L->length; j >= i; j--) /* j 表示元素序号 */
        L->data[j] = L->data[j-1];
    L->data[i-1] = x;
    L->length++;
    return 1;
}
```

# 2.7 应用实例

## 2.7.1 约瑟夫环问题

本章的引言部分给出了约瑟夫环问题及其数据模型，下面考虑算法设计与程序实现。

**【算法】** 由于约瑟夫环问题本身具有循环性质，考虑采用循环单链表。求解约瑟夫环问题的基本思想是：设置一个计数器 count 和工作指针 p，当计数器累加到 $m$ 时删除结点 p。为了统一对链表中任意结点进行计数和删除操作，循环单链表不带头结点；为了便于删除操作，设两个工作指针 pre 和 p，指针 pre 指向结点 p 的前驱结点；为了使计数器从 1 开始计数，采用尾指针指示的循环单链表，将指针 pre 初始化为指向终端结点，将指针 p 初始化为指向开始结点，如图 2-32 所示。

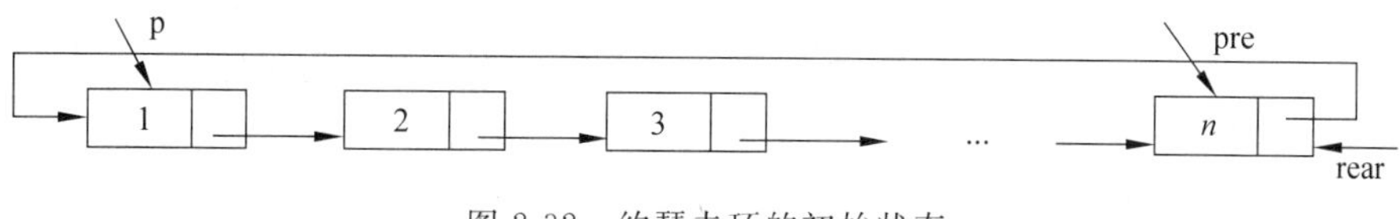


图 2-32　约瑟夫环的初始状态

设函数 Joseph 求解约瑟夫环问题，算法用伪代码描述如下：

```
算法：Joseph(rear,m)
输入：尾指针指示的循环单链表 rear,密码 m
输出：约瑟夫环的出环顺序
    1. 初始化：pre=rear; p=rear->next; count=1;
    2. 重复下述操作，直到链表中只剩一个结点：
       2.1  如果 count 小于 m，则
            2.1.1  工作指针 pre 和 p 后移；
            2.1.2  count++；
       2.2  否则，执行下述操作：
            2.2.1  输出结点 p 的数据域；
            2.2.2  删除结点 p；
            2.2.3  p 指向 pre 的后继结点；count =1 重新开始计数；
    3. 输出结点 p 的数据域，删除结点 p；
```

**【程序】** 主函数首先输入约瑟夫环的长度 $n$ 和密码 $m$，然后调用函数 Creat 建立由尾指针 rear 指示的循环单链表，最后调用函数 Joseph 输出出环的顺序。程序如下：

```
#include <stdio.h>
#include <malloc.h>
typedef struct Node                     /* 定义单链表的结点 Node */
{
    int data;
    struct Node * next;
} Node;
Node * Creat(int n);                    /* 函数声明，构造尾指针指示的约瑟夫环 */
void Joseph(Node * rear,int m);         /* 函数声明，打印出环的顺序 */

int main( )
{
    int n,m;
    Node * rear = NULL;                 /* 定义尾指针 rear 并初始化为空 */
    printf("请输入约瑟夫环的长度：");
    scanf("%d",&n);
    printf("请输入密码：");
    scanf("%d",&m);
```

```
    rear = Creat(n);                    /* 函数调用,返回的尾指针赋给 rear */
    Joseph(rear,m);                     /* 函数调用,实参 rear 是尾指针 */
    return 0;
}

Node *Creat(int n)                      /* 函数定义,返回循环单链表的尾指针 */
{
    Node *rear = NULL, *s;              /* 定义尾指针 rear 并初始化为空 */
    int i;
    rear = (Node *)malloc(sizeof(Node));    /* 建立长度为 1 的循环单链表 */
    rear->data = 1;
    rear->next = rear;
    for (i = 2; i <= n; i++)            /* 依次插入数据域为 2、3、…、n 的结点 */
    {
        s = (Node *)malloc(sizeof(Node));
        s->data = i;
        s->next = rear->next;           /* 将结点 s 插入尾结点 rear 的后面 */
        rear->next = s;
        rear = s;                       /* 指针 rear 指向当前的尾结点 */
    }
    return rear;                        /* 结束函数,将尾指针 rear 返回到调用处 */
}
void Joseph(Node *rear,int m)
{       /* 函数定义,形参 rear 为循环单链表的尾指针,形参 m 为密码 */
    Node *pre = rear, *p = rear->next;      /* 初始化工作指针 p 和 pre */
    int count = 1;                      /* 初始化计数器 count */
    printf("出环的顺序是: ");
    while (p->next != p)                /* 循环直到循环链表中只剩一个结点 */
    {
        if (count <m) {                 /* 计数器未累加到密码值 */
            pre = p; p = p->next;       /* 将工作指针 pre 和 p 分别后移 */
            count++;
        }
        else {                          /* 计数器已经累加到密码值 */
            printf("%-3d",p->data);     /* 宽度 3 位左对齐输出出环的编号 */
            pre->next = p->next;        /* 将结点 p 摘链 */
            free(p);
            p = pre->next;              /* 工作指针 p 后移,但 pre 不动 */
            count = 1;                  /* 计数器从 1 开始重新计数 */
        }
    }
    printf("%-3d\n",p->data);           /* 宽度 3 位左对齐输出最后一个结点的编号 */
    free(p);                            /* 释放最后一个结点 */
}
```

### 2.7.2 一元多项式求和

**【问题】** 设 $A(x)=a_0+a_1x+a_2x^2+\cdots+a_nx^n$，$B(x)=b_0+b_1x+b_2x^2+\cdots+b_mx^m$，并且多项式的指数可能很高且变化很大，例如，$A(x)=7+12x^3-2x^8+5x^{12}$，$B(x)=4x+6x^3+2x^8+5x^{20}+7x^{28}$，求两个一元多项式的和，即求 $A(x)+B(x)$。

**【想法】** 由于一元多项式 $A(x)=a_0+a_1x+a_2x^2+\cdots+a_nx^n$ 由 $n+1$ 个系数唯一确定，因此，可以用一个线性表$(a_0,a_1,a_2,\cdots,a_n)$来表示，每一项的指数 $i$ 隐含在其系数 $a_i$ 的序号里。如果多项式的指数可能很高且变化很大，则一元多项式对应的线性表中就会存在很多零元素。一个较好的存储方法是只存储非零项，但是需要在存储非零系数的同时存储相应的指数。这样，一元多项式的每一个非零项可由系数和指数唯一表示。例如，一元多项式 $A(x)=7+12x^3-2x^8+5x^{12}$ 就可以用线性表((7,0),(12,3),(−2,8),(5,12))来表示。

一元多项式求和实质上是合并同类项的过程，也就是将两个一元多项式对应的线性表进行合并的过程。例如，$A(x)=7+12x^3-2x^8+5x^{12}$ 和 $B(x)=4x+6x^3+2x^8+5x^{20}+7x^{28}$ 的求和即是将线性表((7,0),(12,3),(−2,8),(5,12))和((4,1),(6,3),(2,8),(5,20),(7,28))进行合并，结果为((7,0),(4,1),(18,3),(5,12),(5,20),(7,28))。

**【算法】** 如何存储多项式对应的线性表呢？对于指数相差很多的两个一元多项式，相加会改变多项式的系数和指数。若相加的某两项的指数不等，则两项应分别加在结果中，将引起线性表的插入；若某两项的指数相等，则系数相加，若相加结果为零，将引起线性表的删除。由于在线性表的合并过程中需要频繁地执行插入和删除操作，因此考虑采用单链表存储。

在表示一元多项式的单链表中，每一个非零项对应单链表中的一个结点，且单链表应按指数递增有序排列。结点结构如图 2-33 所示。其中，coef 为系数域，存放非零项的系数；exp 为指数域，存放非零项的指数；next 为指针域，存放指向下一结点的指针。

| coef | exp | next |
|---|---|---|

图 2-33 一元多项式链表的结点结构

下面分析一元多项式求和的执行过程。设单链表 A 和 B 分别存储两个多项式，求和结果存储在单链表 A 中，设两个工作指针 p 和 q 分别指向两个单链表的开始结点。两个多项式求和实质上是对结点 p 的指数域和结点 q 的指数域进行比较，有下列三种情况：

(1) 若 p-> exp 小于 q-> exp，则结点 p 应为结果链表中的一个结点，将指针 p 后移，如图 2-34 所示。

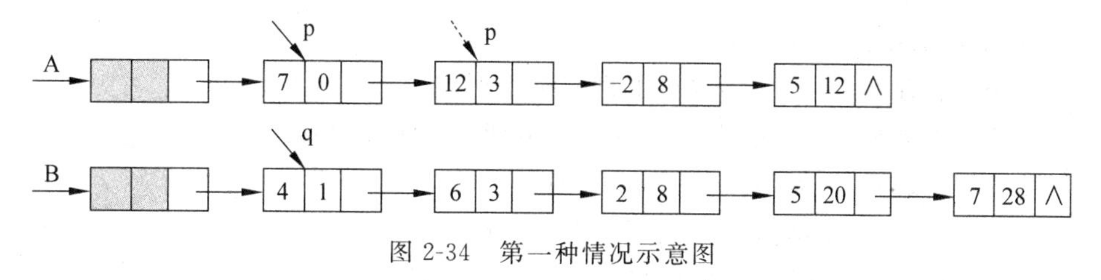


图 2-34 第一种情况示意图

(2) 若 p->exp 大于 q->exp,则结点 q 应为结果中的一个结点,将 q 插入到第一个单链表中结点 p 之前,并将指针 q 指向单链表 B 中的下一个结点,如图 2-35 所示。为此,在单链表 A 中应该设置两个工作指针 pre 和 p,使得 pre 指向 p 的前驱结点。

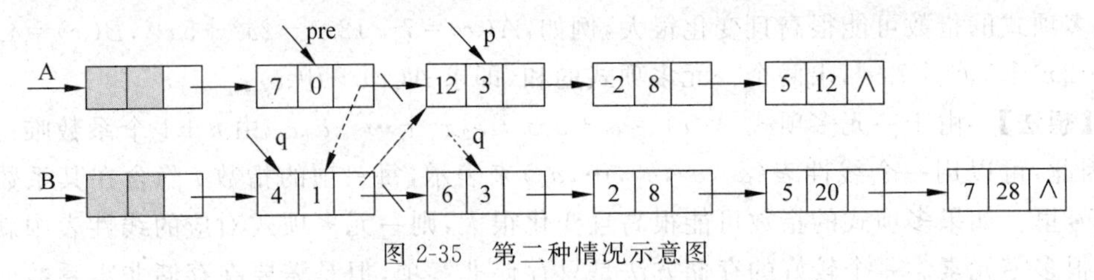


图 2-35 第二种情况示意图

(3) 若 p->exp 等于 q->exp,则 p 与 q 所指为同类项,将 q 的系数加到 p 的系数上。若相加结果不为 0,则将指针 p 后移,并删除结点 q,为此,在单链表 B 中应该设置两个工作指针 qre 和 q,使得 qre 指向 q 的前驱结点,如图 2-36(a)所示。若相加结果为 0,则表明结果中无此项,删除结点 p 和结点 q,并将指针 p 和指针 q 分别后移,如图 2-36(b)所示。

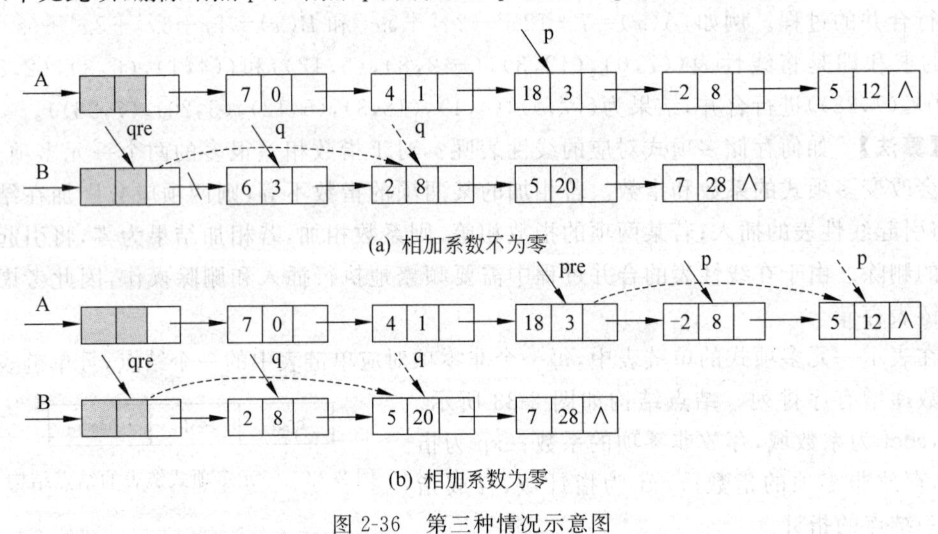


图 2-36 第三种情况示意图

综合上述三种情况,一元多项式相加算法用伪代码描述如下:

```
算法: AddPolynomial(A,B)
输入: 两个单链表 A 和 B
输出: 单链表 A 和 B 的合并结果
    1. 初始化工作指针 pre、p、qre、q;
    2. while(p 存在且 q 存在)执行下列三种情形之一:
        2.1  如果 p->exp 小于 q->exp,则指针 pre 和 p 后移;
        2.2  如果 p->exp 大于 q->exp,则
             2.2.1  将结点 q 插入到结点 p 之前;
             2.2.2  指针 q 指向原指结点的下一个结点;
```

2.3 如果 p->exp 等于 q->exp，则
    2.3.1 p->coef=p->coef+q->coef；
    2.3.2 如果 p->coef 等于 0，则执行下列操作，否则，指针 p 后移；
        2.3.2.1 删除结点 p；
        2.3.2.2 使指针 p 指向它原指结点的下一个结点；
    2.3.3 删除结点 q；
    2.3.4 使指针 q 指向它原指结点的下一个结点；
3. 如果 q 不为空，将结点 q 链接在第一个单链表的后面；

**【程序】** 主函数首先接收从键盘输入的一元多项式各项的系数和指数，分别建立多项式 A(x)和 B(x)，然后调用函数 AddPolynomial 实现两个一元多项式相加，最后调用函数 Print 打印相加结果。程序如下：

```
#include <stdio.h>
#include <malloc.h>
typedef struct Node                        /* 定义单链表结点 */
{
    int coef,exp;                          /* coef 表示系数,exp 表示指数 */
    struct Node * next;
} Node;
Node * AddPolynomial(Node * A,Node * B);      /* 函数声明,多项式相加 */
Node * Creat( );                           /* 函数声明,建立单链表表示一元多项式 */
void Print(Node * first);                  /* 函数声明,打印一元多项式 */

int main( )
{
    Node * A = NULL, * B = NULL;
    A = Creat( ); Print(A);                /* 输入多项式 A(x)建立单链表,头指针为 A */
    B = Creat( ); Print(B);                /* 输入多项式 B(x)建立单链表,头指针为 B */
    A = AddPolynomial(A,B);                /* 相加结果为头指针 A 指示的单链表 */
    printf("结果是: ");
    Print(A);                              /* 输出单链表 A,即相加结果 */
    return 0;
}

Node * Creat( )                            /* 建立单链表,返回头指针 */
{
    Node * first = NULL, * r = NULL, * s = NULL;
    int coef,exp;
    first = (Node * )malloc(sizeof(Node));     /* 申请头结点 */
    r = first;                             /* 尾插法建立单链表 */
    printf("请输入系数和指数: ");
    scanf("%d %d",&coef,&exp);             /* 输入第一项的系数和指数 */
```

```
    while (coef != 0)                         /* 循环结束的条件是输入系数为 0 */
    {
        s = (Node *)malloc(sizeof(Node));
        s->coef = coef; s->exp = exp;
        r->next = s; r = s;                   /* 将结点 s 插入单链表的尾部 */
        printf("请输入系数和指数：");
        scanf("%d %d",&coef,&exp);
    }
    r->next = NULL;                           /* 置单链表的尾标志 */
    return first;                             /* 结束函数的执行并返回头指针 */
}
Node * AddPolynomial(Node * A,Node * B)
{                                             /* 多项式相加,头指针分别为 A 和 B */
    Node * pre = A, * p = pre->next;          /* 工作指针 pre 和 p 初始化 */
    Node * qre = B, * q = qre->next;          /* 工作指针 qre 和 q 初始化 */
    Node * qtemp = NULL;
    while (p != NULL && q != NULL)
    {
        if (p->exp < q->exp) {                /* 第 1 种情况 */
            pre = p; p = p->next;
        }
        else if (p->exp >q->exp) {            /* 第 2 种情况 */
            qtemp = q->next;
            pre->next = q;                    /* 将结点 q 插入到结点 p 之前 */
            q->next = p;
            q = qtemp;
        }
        else {                                /* 第 3 种情况 */
            p->coef = p->coef+q->coef;        /* 系数相加 */
            if (p->coef == 0) {               /* 系数为 0 */
                pre->next = p->next;          /* 则删除结点 p */
                free(p);
                p = pre->next;
            }
            else {                            /* 系数不为 0 */
                pre = p; p = p->next;
            }
            qre->next = q->next;              /* 第 3 种情况都要删除结点 q */
                free(q);
            q = qre->next;
        }
    }
    if (q != NULL) pre->next = q;             /* 将结点 q 链接在第一个单链表的后面 */
    free(B);                                  /* 释放第二个单链表的头结点所占的内存 */
```

```
    return A;
}
void Print(Node * first)
{
    Node * p = first->next;
    if (p ! = NULL)                    /* 输出第一项 */
        printf("%dx%d",p->coef,p->exp);
    p = p->next;
    while (p ! = NULL)
    {
        if (p->coef > 0)               /* 输出系数的正号或负号 */
            printf("+%dx%d",p->coef,p->exp);
        else
            printf("%dx%d",p->coef,p->exp);
        p = p->next;
    }
    printf("\n");
}
```

# 习 题 2

1. 选择题

(1) 线性表的顺序存储结构是一种(　　)的存储结构,线性表的链接存储结构是一种(　　)的存储结构。

A. 随机存取　　B. 顺序存取　　C. 索引存取　　D. 散列存取

(2) 线性表采用链接存储时,其地址(　　)。

A. 必须是连续的　　B. 部分地址必须是连续的

C. 一定是不连续的　　D. 连续与否均可以

(3) 循环单链表的主要优点是(　　)。

A. 不再需要头指针了

B. 从表中任一结点出发都能扫描到整个链表

C. 已知某个结点的位置后,能够容易找到它的直接前趋

D. 在进行插入、删除操作时,能更好地保证链表不断开

(4) 链表不具有的特点是(　　)。

A. 可随机访问任一元素　　B. 插入、删除不需要移动元素

C. 不必事先估计存储空间　　D. 所需空间与线性表长度成正比

(5) 若某线性表中最常用的操作是取第 $i$ 个元素和找第 $i$ 个元素的前趋,则采用(　　)存储方法最节省时间。

A. 顺序表　　B. 单链表　　C. 双链表　　D. 单循环链表

(6) 若线性表中最常用的操作是在最后一个元素之后插入一个元素和删除第一个元

素，则采用(　　)存储方法最节省时间。

A. 单链表　　　　B. 带头指针的单循环链表

C. 双链表　　　　D. 带尾指针的单循环链表

(7) 若链表中最常用的操作是在最后一个结点之后插入一个结点和删除最后一个结点，则采用(　　)存储方法最节省运算时间。

A. 单链表　　　　B. 循环双链表

C. 单循环链表　　　　D. 带尾指针的单循环链表

(8) 在具有 $n$ 个结点的有序单链表中插入一个新结点并仍然有序的时间复杂度是(　　)。

A. $O(1)$　　B. $O(n)$　　C. $O(n^2)$　　D. $O(n\log_2 n)$

(9) 对于 $n$ 个元素组成的线性表，建立一个有序单链表的时间复杂度是(　　)。

A. $O(1)$　　B. $O(n)$　　C. $O(n^2)$　　D. $O(n\log_2 n)$

(10) 使用双链表存储线性表，其优点是可以(　　)。

A. 提高检索速度　　　　B. 更方便数据的插入和删除

C. 节约存储空间　　　　D. 很快回收存储空间

(11) 在一个单链表中，已知 q 所指结点是 p 所指结点的直接前驱，若在 q 和 p 之间插入 s 所指结点，则执行(　　)操作。

A. `s->next = p->next; p->next = s;`

B. `q->next = s; s->next = p;`

C. `p->next = s->next; s->next = p;`

D. `p->next = s; s->next = q;`

(12) 在循环双链表的 p 所指结点后插入 s 所指结点的操作是(　　)。

A.
```
p->next = s;
s->prior = p;
p->next->prior = s;
s->next = p->next;
```

B.
```
p->next = s;
p->next->prior = s;
s->prior = p;
s->next = p->next;
```

C.
```
s->prior = p;
s->next = p->next;
p->next = s;
p->next->prior = s;
```

D.
```
s->prior = p;
s->next = p->next;
p->next->prior = s;
p->next = s
```

(13) 用数组 $r$ 存储静态链表，结点的 next 域指向后继，工作指针 j 指向链中某结点，则 j 后移的操作语句为(　　)。

A. j=r[j]. next　　B. j=j+1　　C. j=j->next　　D. j=r[j]-> next

(14) 设线性表有 $n$ 个元素，以下操作中，(　　)在顺序表上实现比在链表上实现的效率更高。

A. 输出第 $i(1\leqslant i\leqslant n)$ 个元素值

B. 交换第 1 个和第 2 个元素的值

C. 顺序输出所有 $n$ 个元素

D. 查找与给定值 $x$ 相等的元素在线性表中的序号

(15) 假设线性表只有4种基本操作：删除第一个元素；删除最后一个元素；在第一个元素前插入新元素；在最后一个元素之后插入新元素，则最好使用(　　)。

A. 只设尾指针的循环单链表

B. 只设尾指针的非循环双链表

C. 只设头指针的循环双链表

D. 同时设置头指针和尾指针的循环单链表

2. 解答下列问题

(1) 请说明顺序表和单链表有何优缺点，并分析下列情况采用何种存储结构更好些。

① 若线性表的总长度基本稳定，且很少进行插入和删除，但要求以最快的速度存取线性表中的元素。

② 如果 $n$ 个线性表同时并存，并且在处理过程中各表的长度会动态发生变化。

(2) 举例说明对于相同的逻辑结构在不同的存储方式下，基本操作的效率不同。

(3) 如果某线性表中数据元素的类型不一致，但是希望能根据下标随机存取每个元素，请为这个线性表设计一个合适的存储结构。

(4) 设 $n$ 表示线性表中的元素个数，$E$ 表示存储数据元素所需的存储单元大小，$D$ 表示可以在数组中存储线性表的最大元素个数($D \geqslant n$)，则使用顺序存储方式存储该线性表需要多少存储空间？

(5) 设 $n$ 表示线性表中的元素个数，$P$ 表示指针所需的存储单元大小，$E$ 表示存储数据元素所需的存储单元大小，则使用单链表存储方式存储该线性表需要多少存储空间(不考虑头结点)？

3. 算法设计

(1) 已知顺序表L中的元素递增有序排列，设计算法将元素 $x$ 插入到表L中并保持表L仍递增有序。

(2) 在顺序表中删除所有元素值为 $x$ 的元素，要求空间复杂度为 $O(1)$。

(3) 试分别以顺序表和单链表作存储结构，各写一实现线性表就地逆置的算法。

(4) 设计算法判断非空单链表是否递增有序。

(5) 给定一个带头结点的单链表，设计算法按递增次序输出单链表中各结点的数据元素，并释放结点所占的存储空间。(要求：不允许使用数组作辅助空间。)

(6) 设单链表以非递减有序排列，设计算法实现在单链表中删去值相同的多余结点。

(7) 已知单链表中各结点的元素值为整型且递增有序，设计算法删除链表中大于mink且小于maxk的所有元素，并释放被删结点的存储空间。

(8) 有两个整数序列 $A=(a_1,a_2,\cdots,a_m)$ 和 $B=(b_1,b_2,\cdots,b_n)$ 已经存入两个单链表中，设计算法判断序列 $B$ 是否是序列 $A$ 的子序列。

(9) 假设在长度大于1的循环链表中，即无头结点也无头指针，s为指向链表中某个结点的指针，试编写算法删除结点s的前趋结点。

(10) 判断带头结点的双循环链表是否对称。

(11) 设计算法实现在双链表中第 $i$ 个结点的后面插入一个值为 $x$ 的结点。

(12) 假设用不带头结点的单链表表示八进制数,例如八进制数 536 表示成如图 2-37 所示单链表。要求写一个函数 Add,该函数有两个参数 A 和 B,分别指向表示八进制数的单链表,执行函数调用 Add(A,B)后,得到表示八进制数 A 加八进制数 B 所得结果的单链表。

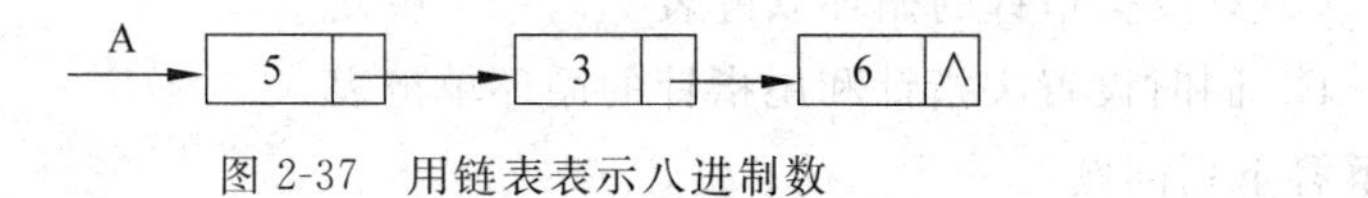


图 2-37 用链表表示八进制数

# 第3章 栈和队列

CHAPTER

| | | | | | |
|---|---|---|---|---|---|
| 教学重点 | 栈和队列的操作特性;栈和队列基本操作的实现 | | | | |
| 教学难点 | 循环队列的存储方法;循环队列中队空和队满的判定条件 | | | | |
| 教学内容和目标 | 知识点 | 教学要求 | | | |
| | | 了解 | 理解 | 掌握 | 熟练掌握 |
| | 栈的逻辑结构及操作特性 | | | | √ |
| | 顺序栈 | | | | √ |
| | 链栈 | | | √ | |
| | 顺序栈和链栈的比较 | | √ | | |
| | 队列的逻辑结构及操作特性 | | | | √ |
| | 顺序队列 | | | √ | |
| | 循环队列 | | | | √ |
| | 链队列 | | | √ | |
| | 循环队列和链队列的比较 | | √ | | |
| 教学提示 | 对于栈要抓住一条明线：栈的逻辑结构→栈的存储结构→算法实现→时间性能,从栈的定义入手,在与线性表的定义和操作比较的基础上,得出栈的操作特性和存储方法。注意将顺序栈与顺序表、链栈与单链表、顺序栈与链栈在存储方法、算法实现、时间性能等方面进行比较。<br>对于队列要抓住一条明线：队列的逻辑结构→队列的存储结构→算法实现→时间性能,从队列的定义出发,在与线性表的定义和操作比较的基础上,得出队列的操作特性和存储方法。注意不要直接给出循环队列存储方法,要贯彻分析问题、提出问题、解决问题的方式逐渐引入循环队列,一方面训练学生的逻辑思维能力,另一方面深刻理解存储结构的含义。此外,还要将栈和队列在操作特性、存储结构、算法实现、时间性能等方面进行比较,在比较过程中加深对栈和队列的理解。<br>本章的算法非常简单,但要求熟练掌握,在树结构和图结构中会使用栈和队列作为辅助数据结构实现遍历等复杂操作。 | | | | |

## 3.1 引　　言

栈和队列是两种常用的数据结构，广泛应用在操作系统、编译程序等各种软件系统中。在实际问题的处理过程中，有些数据具有后到先处理或先到先处理的特点，请看下面几个例子。

**【例 3-1】** 括号匹配问题。C语言对于算术表达式中括号的配对原则是：右括号)与其前面最近的尚未配对的左括号(相配对。如何判断给定表达式中所含括号是否正确配对呢？如果顺序扫描表达式，当扫描到右括号)时，需要查找已经扫描过的最后一个尚未配对的左括号(，对于(具有最后扫描到最先配对的特点。那么，如何保存已经扫描过的尚未配对的左括号(，并对其实施配对操作呢？

**【例 3-2】** 函数的嵌套调用。函数的嵌套调用是在函数的执行过程中再调用其他函数，如图3-1所示，在函数A尚未执行结束时调用函数B，在函数B尚未执行结束时又调用函数C，那么，当函数C执行结束时，应该返回到什么位置呢？为保证函数嵌套调用的正确执行，系统自动设立了工作栈保存函数的调用次序。那么，系统工作栈是如何保证调用次序的正确性呢？

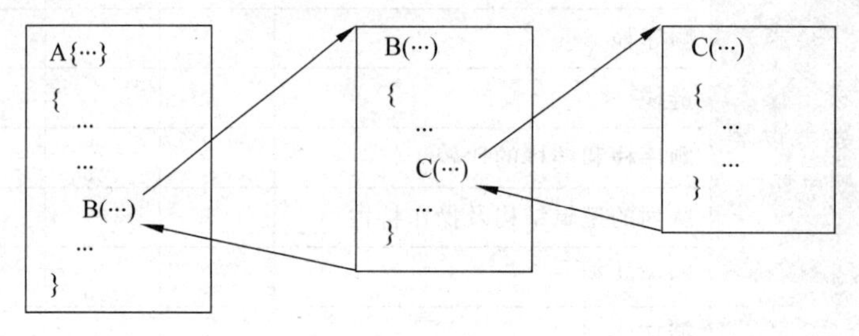


图 3-1　函数的嵌套调用

**【例 3-3】** 银行排队问题。在需要顺序操作但人群众多的场合，排队是现代文明的一种体现。例如，储户到银行办理个人储蓄业务，需要领取一张排队单，在排队单上打印了储户的顺序号以及前面的人数，储户只需坐在椅子上等待，储蓄窗口会按照先来先服务的原则顺次叫号。那么，如何实现这种先来先服务的功能呢？

**【例 3-4】** 打印缓冲区。在计算机系统中，经常会遇到两个设备在处理数据时速度不匹配的问题。例如，将计算机中的数据传送到打印机上打印输出，显然，打印机的打印速度远远小于计算机处理数据的速度，如果将数据直接送到打印机上，就会导致计算机处理完一批数据就要等待打印输出。为了提高计算机的效率，通常设置一个缓冲区，计算机将处理完的数据送到打印缓冲区中，打印机从打印缓冲区取出数据进行打印。由于打印机的速度比较慢，来不及打印的数据就在缓冲区排队等待，为了保证正确打印，这个缓冲区必须按照先来先服务的原则，从而解决了计算机处理速度与打印机输出速度不匹配的矛盾。

# 3.2 栈

## 3.2.1 栈的逻辑结构

### 1. 栈的定义

**栈**(stack)是限定仅在表的一端进行插入和删除操作的线性表,允许插入和删除的一端称为**栈顶**,另一端称为**栈底**,不含任何数据元素的栈称为**空栈**。

如图 3-2 所示,栈中有三个元素,插入元素(也称入栈、进栈、压栈)的顺序是 $a_1$、$a_2$ 和 $a_3$,当需要删除元素(也称出栈、弹栈)时只能删除 $a_3$,换言之,任何时刻出栈的元素都只能是栈顶元素,即最后入栈者最先出栈,所以栈中元素除了具有线性关系外,还具有**后进先出**(last in first out)[①]的特性。

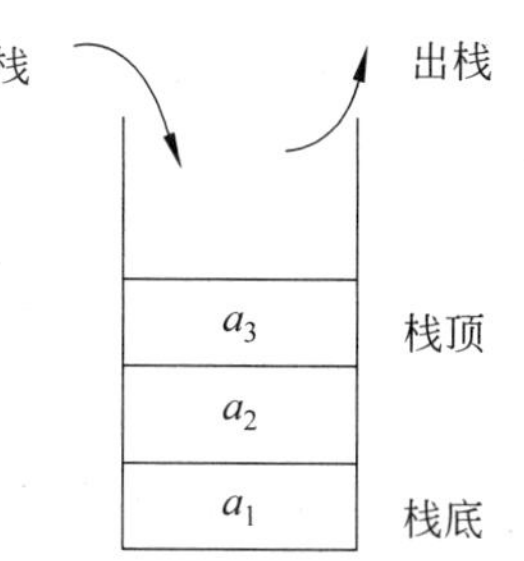

图 3-2　栈的示意图

在日常生活中有很多栈的例子,例如,一叠摞在一起的盘子,要从这叠盘子中取出或放入一个盘子,只有在其顶部操作才是最方便的;早在计算机出现之前,会计就使用栈来记账;再如,火车扳道站、单车道死胡同等。

### 2. 栈的抽象数据类型定义

虽然对插入和删除操作的位置限制减少了栈操作的灵活性,但同时也使得栈的操作更有效更容易实现。其抽象数据类型定义为:

```
ADT Stack
DataModel
    栈中元素具有后进先出特性,相邻元素具有前驱和后继关系
Operation
    InitStack
        输入:无
        功能:栈的初始化
        输出:一个空栈
    DestroyStack
        输入:无
        功能:栈的销毁
        输出:释放栈的存储空间
    Push
        输入:元素值 x
        功能:入栈操作,在栈顶插入一个元素 x
        输出:如果插入成功,栈顶增加了一个元素,否则返回插入失败信息
```

① 需要注意的是,栈只是对线性表的插入和删除操作的位置进行了限制,并没有限定插入和删除操作进行的时间。也就是说,出栈可随时进行,只要某个元素位于栈顶就可以出栈。例如,假定三个元素按 $a$、$b$、$c$ 的次序依次进栈,且每个元素只允许进一次栈,则所有元素都出栈后,可能的出栈序列有 $abc$、$acb$、$bac$、$bca$、$cba$ 五种。

```
    Pop
        输入：无
        功能：出栈操作，删除栈顶元素
        输出：如果删除成功，返回被删元素值，否则返回删除失败信息
    GetTop
        输入：无
        功能：取栈顶元素，读取当前的栈顶元素
        输出：若栈不空，返回当前的栈顶元素值，否则返回取栈顶失败信息
    Empty
        输入：无
        功能：判空操作，判断栈是否为空
        输出：如果栈为空，返回 1，否则返回 0
endADT
```

### 3.2.2 栈的顺序存储结构及实现

**1. 顺序栈的存储结构定义**

栈的顺序存储结构称为**顺序栈**(sequential stack)。

顺序栈本质上是顺序表的简化，唯一需要确定的是用数组的哪一端表示栈底。通常把数组中下标为 0 的一端作为栈底，同时附设变量 top 指示栈顶元素在数组中的位置[①]。设存储栈的数组长度为 StackSize，则栈空时栈顶位置 top＝－1；栈满时栈顶位置 top＝StackSize－1。入栈时，栈顶位置 top 加 1；出栈时，栈顶位置 top 减 1。栈操作的示意图如图 3-3 所示。

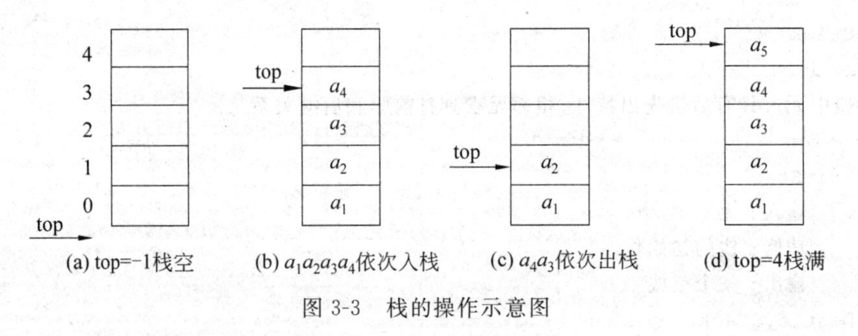


图 3-3 栈的操作示意图

下面给出顺序栈的存储结构定义：

```
#define StackSize 100              /* 假定栈元素最多 100 个 */
typedef int DataType;              /* 定义栈元素的数据类型，假设为 int 型 */
typedef struct
{
    DataType data[StackSize];      /* 存放栈元素的数组 */
    int top;                       /* 栈顶位置，栈顶元素在数组中的下标 */
```

① 在有些教材中，将 top 指向栈中第一个空闲位置，如果这样的话，空栈应该表示为 top＝0。

```
} SeqStack;
```

**2. 顺序栈的实现**

根据栈的操作定义，容易写出顺序栈基本操作的算法，且时间复杂度均为 $O(1)$。

(1) 顺序栈的初始化

初始化一个空的顺序栈只需将栈顶位置 top 置为 −1，C 语言实现如下：

```
void InitStack(SeqStack * S)
{
    S->top = -1;
}
```

(2) 顺序栈的销毁

顺序栈是静态存储分配，在顺序栈变量退出作用域时自动释放顺序栈所占存储单元，因此，顺序栈无须销毁。

(3) 入栈操作

在栈中插入元素 $x$ 只需将栈顶位置 top 加 1，然后在 top 的位置填入元素 $x$。函数 Push 的返回值表示插入操作是否成功，C 语言实现如下：

```
int Push(SeqStack * S,DataType x)
{
    if (S->top == StackSize-1) {printf("上溢错误,插入失败\n"); return 0;}
    S->data[++S->top] = x; return 1;
}
```

(4) 出栈操作

出栈操作只需取出栈顶元素，然后将栈顶位置 top 减 1。函数 Pop 的返回值表示删除操作是否成功，如果删除成功，被删元素通过指针参数 ptr 返回，C 语言实现如下：

```
int Pop(SeqStack * S,DataType * ptr)
{
    if (S->top == -1) {printf("下溢错误,删除失败\n"); return 0;}
    *ptr = S->data[S->top--]; return 1;
}
```

(5) 取栈顶元素

取栈顶元素只是将 top 位置的栈顶元素取出，并不修改栈顶位置。C 语言实现如下：

```
int GetTop(SeqStack * S,DataType * ptr)
{
    if (S->top == -1) {printf("下溢错误,取栈顶失败\n"); return 0;}
    *ptr = S->data[S->top]; return 1;
}
```

(6) 判空操作

顺序栈的判空操作只需判断 top 是否等于－1,C 语言实现如下：

```
int Empty(SeqStack * S)
{
    if (S->top == -1) return 1;              /* 栈空则返回 1 */
    else return 0;
}
```

**3. 顺序栈的使用**

在定义了顺序栈的存储结构 SeqStack 并实现了基本操作后，程序中就可以使用 SeqStack 类型来定义变量，可以调用实现基本操作的函数来完成相应功能。范例程序如下：

```
#include <stdio.h>
#include <stdlib.h>
/* 将顺序栈的存储结构定义和各个函数定义放到这里 */

int main( )
{
    DataType x;
    SeqStack S;                              /* 定义结构体变量 S 为顺序栈类型 */
    InitStack(&S);                           /* 初始化顺序栈 S */
    printf("对 15 和 10 执行入栈操作,");
    Push(&S,15);
    Push(&S,10);
    if (GetTop(&S,&x) == 1)
        printf("当前栈顶元素为: %d\n",x);     /* 输出当前栈顶元素 10 */
    if (Pop(&S,&x) == 1)
        printf("执行一次出栈操作,删除元素: %d\n ",x);     /* 输出出栈元素 10 */
    if (GetTop(&S,&x) == 1)
        printf("当前栈顶元素为: %d\n",x);     /* 输出当前栈顶元素 15 */
    printf("请输入待入栈元素: ");
    scanf("%d",&x);
    Push(&S,x);
    if (Empty(&S) == 1)
        printf("栈为空\n");
    else
        printf("栈非空\n");                   /* 栈有 2 个元素,输出栈非空 */
    return 0;
}
```

### 3.2.3 栈的链接存储结构及实现

**1. 链栈的存储结构定义**

栈的链接存储结构称为**链栈**(linked stack)，通常用单链表表示，其结点结构与单链表的结点结构相同，请参见2.4.1节。因为只能在栈顶执行插入和删除操作，显然以单链表的头部做栈顶是最方便的，而且没有必要像单链表那样为了运算方便附加头结点。通常将链栈表示成如图3-4的形式。

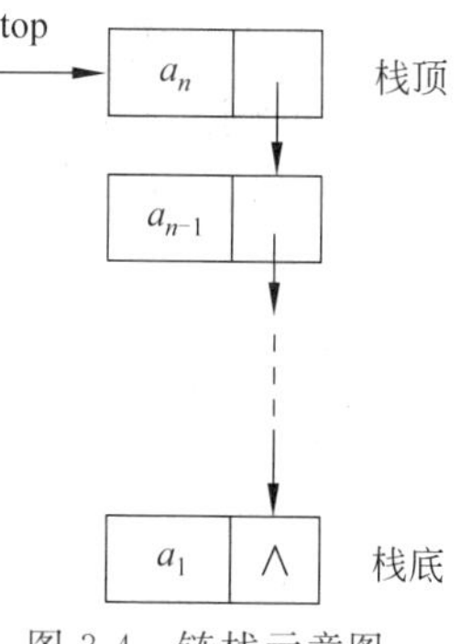


图3-4　链栈示意图

**2. 链栈的实现**

链栈的基本操作本质上是单链表基本操作的简化，由于插入和删除操作仅在单链表的头部进行，因此，算法的时间复杂度均为$O(1)$。

(1) 链栈的初始化

由于链栈不带头结点，初始化一个空链栈只需将栈顶指针top置为空，算法如下：

```
void InitStack(Node * top)
{
    top = NULL;
}
```

(2) 链栈的销毁

链栈是动态存储分配，在链栈变量退出作用域前要释放链栈的存储空间。C语言实现如下：

```
void DestroyStack(Node * top)
{
    Node * p = top;
    while (top ! = NULL)              /* 依次释放链栈的每一个结点 */
    {
        top = top->next;
        free(p);
        p = top
    }
}
```

(3) 入栈操作

链栈的插入操作只需处理栈顶的情况，其操作示意图如图3-5所示，C语言实现如下：

```
void Push(Node * top,DataType x)
{
    Node * s = (Node *)malloc(sizeof(Node));          /* 申请一个结点 s */
    s->data = x;
    s->next = top; top = s;                           /* 将结点 s 插在栈顶 */
}
```

(4) 出栈操作

链栈的删除操作只需处理栈顶的情况，其操作示意图如图3-6所示。函数Pop的返回值表示出栈操作是否正确执行，如果出栈正确，被删元素通过指针参数ptr返回，C语言实现如下：

```
int Pop(Node * top,DataType * ptr)
{
    Node * p = top;
    if (top == NULL) {printf("下溢错误,删除失败\n"); return 0; }
    * ptr = top->data;                    /* 存储栈顶元素 */
    top = top->next;                      /* 将栈顶结点摘链 */
    free(p);
    return 1;
}
```

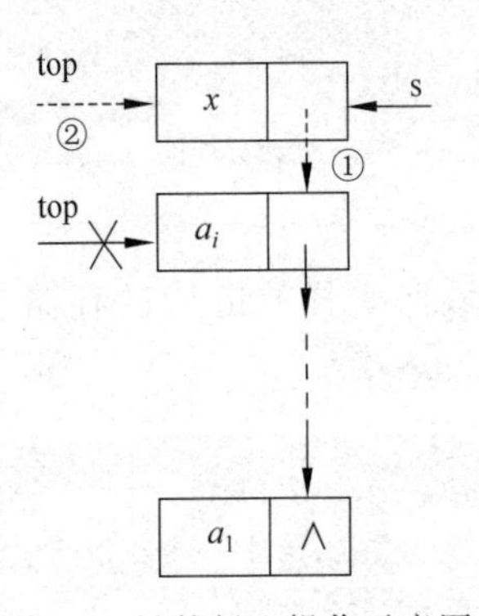


图3-5 链栈插入操作示意图

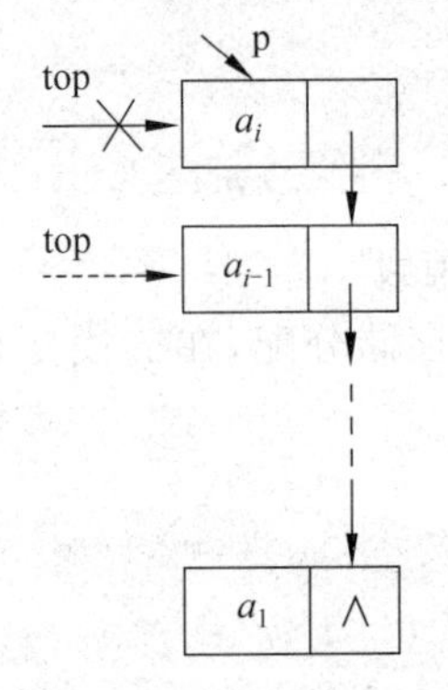


图3-6 链栈删除操作示意图

(5) 取栈顶元素

取栈顶元素只需返回栈顶指针top所指结点的数据域，C语言实现如下：

```
int GetTop(Node * top,DataType * ptr)
{
    if (top == NULL) {printf("下溢错误,取栈顶失败\n"); return 0; }
    * ptr = top->data; return 1;
}
```

(6) 判空操作

链栈的判空操作只需判断top是否等于NULL，C语言实现如下：

```
int Empty(Node * top)
{
    if (top == NULL) return 1;          /* 栈空则返回1 */
    else return 0;
}
```

**3. 链栈的使用**

在定义了单链表的结点结构 Node 并实现了链栈的基本操作后，就可以定义指向 Node 的栈顶指针来操作链栈，可以调用实现基本操作的函数来完成相应功能。范例程序如下：

```
#include <stdio.h>
#include <stdlib.h>
#include <malloc.h>
/*将单链表的结点结构定义和链栈的各个函数定义放到这里*/

int main( )
{
    DataType x;
    Node *top = NULL;                          /*定义链栈的栈顶指针并初始化*/
    InitStack(top);                            /*初始化链栈*/
    printf("对 15 和 10 执行入栈操作,");
    Push(top,15);
    Push(top,10);
    if (GetTop(top,&x) == 1)
        printf("当前栈顶元素为: %d\n",x);        /*输出当前栈顶元素 10*/
    if(Pop(top,&x) == 1)
        printf("执行一次出栈操作,删除元素: %d\n",x);  /*输出出栈元素 10*/
    if (GetTop(top,&x) == 1)
        printf("当前栈顶元素为: %d\n",x);        /*输出当前栈顶元素 15*/
    printf("请输入待插入元素: ");
    scanf("%d",&x);
    Push(&S,x);
    if(Empty(top) == 1)
        printf("栈为空\n");
    else
        printf("栈非空\n");                     /*栈有 2 个元素,输出栈非空*/
    DestroyStack(top);
    return 0;
}
```

### 3.2.4 顺序栈和链栈的比较

顺序栈和链栈基本算法的时间复杂度均为 $O(1)$，因此唯一可以比较的是空间性能。初始时顺序栈必须确定一个固定的长度，所以有存储元素个数的限制和浪费空间的问题。链栈没有栈满的问题，只有当内存没有可用空间时才会出现栈满，但是每个元素都需要一个指针域，从而产生了结构性开销。所以当栈的使用过程中元素个数变化较大时，应该采用链栈，反之，应该采用顺序栈。

# 3.3 队 列

## 3.3.1 队列的逻辑结构

**1. 队列的定义**

**队列**(queue)是只允许在一端进行插入操作,在另一端进行删除操作的线性表,允许插入(也称入队、进队)的一端称为**队尾**,允许删除(也称出队)的一端称为**队头**。图3-7所示是一个有5个元素的队列,入队的顺序为 $a_1$、$a_2$、$a_3$、$a_4$、$a_5$,出队的顺序依然是 $a_1$、$a_2$、$a_3$、$a_4$、$a_5$,即最先入队者最先出队。所以队列中的元素除了具有线性关系外,还具有**先进先出**(first in first out)的特性。

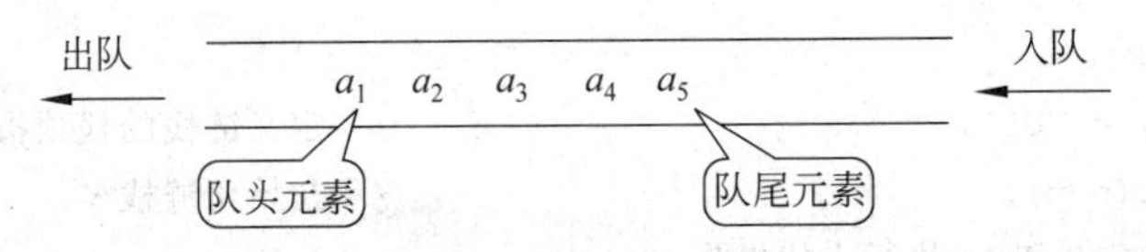


图3-7 队列的示意图

现实世界中有许多问题可以用队列描述,例如,对顾客服务部门(例如银行、电信等)的工作往往是按队列方式进行的,这类系统称作排队系统。在程序设计中,经常使用队列保存按先进先出方式处理的数据,例如键盘缓冲区、操作系统中的作业调度等。

**2. 队列的抽象数据类型定义**

```
ADT Queue
DataModel
    队列中元素具有先进先出特性,相邻元素具有前驱和后继关系
Operation
  InitQueue
      输入:无
      功能:队列的初始化
      输出:一个空队列
  DestroyQueue
      输入:无
      功能:队列的销毁
      输出:释放队列占用的存储空间
  EnQueue
      输入:元素值 x
      功能:入队操作,在队尾插入元素 x
      输出:如果插入成功,队尾增加了一个元素,否则返回插入失败信息
  DeQueue
      输入:无
      功能:出队操作,删除队头元素
      输出:如果删除成功,队头减少了一个元素,否则返回删除失败信息
  GetHead
```

```
        输入：无
        功能：读取队头元素
        输出：若队列不空，返回队头元素，否则返回取队头失败信息
    Empty
        输入：无
        功能：判空操作，判断队列是否为空
        输出：如果队列为空，返回 1，否则返回 0
endADT
```

### 3.3.2 队列的顺序存储结构及实现

**1. 顺序队列**

队列的顺序存储结构称为**顺序队列**(sequential queue)。

假设队列有 $n$ 个元素，顺序队列把队列的所有元素存储在数组的前 $n$ 个单元。如果把队头元素放在数组中下标为 0 的一端，则入队操作相当于追加，不需要移动元素，其时间性能为 $O(1)$；但是出队操作的时间性能为 $O(n)$，因为要保证剩下的 $n-1$ 个元素仍然存储在数组的前 $n-1$ 个单元，所有元素都要向前移动一个位置，如图 3-8(c)所示。

如果放宽队列的所有元素必须存储在数组的前 $n$ 个单元这一条件，就可以得到一种更为有效的存储方法，如图 3-8(d)所示。此时入队和出队操作的时间性能都是 $O(1)$，因为没有移动任何元素，但是队列的队头和队尾都是活动的，因此，需要设置队头、队尾两个位置变量 front 和 rear，并且约定：front 指向队头元素的前一个位置，rear 指向队尾元素①。

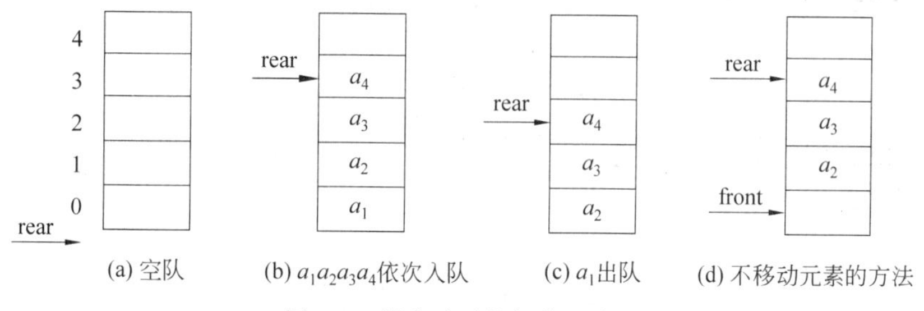


图 3-8 顺序队列的操作示意图

**2. 循环队列的存储结构定义**

在顺序队列中，随着队列的插入和删除操作，整个队列向数组中下标较大的位置移过去，从而产生了队列的"单向移动性"。当元素被插入到数组中下标最大的位置之后，数组空间就用尽了，尽管此时数组的低端还有空闲空间，这种现象叫作"假溢出"，如图 3-9(a)所示。

解决假溢出的方法是将存储队列的数组看成是头尾相接的循环结构，即允许队列直

① 这样约定的目的是为了方便运算，比如队尾指针减去队头指针正好等于队列的长度。有些参考书约定队头指针 front 指向队头元素，队尾指针 rear 指向队尾元素；或队头指针 front 指向队头元素，队尾指针 rear 指向队尾元素的后一个位置。

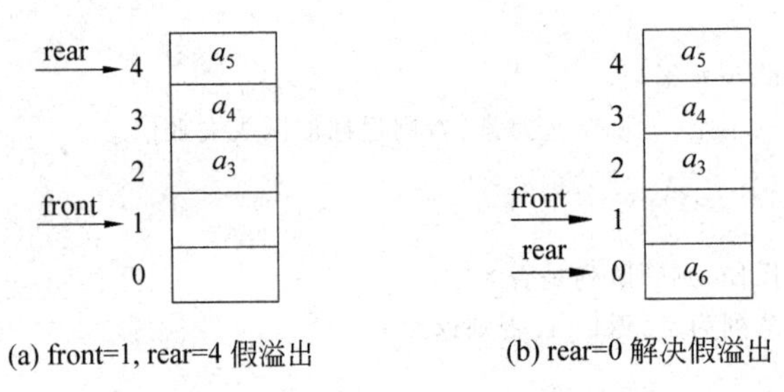


图 3-9　循环队列的假溢出及其解决

接从数组中下标最大的位置延续到下标最小的位置，如图 3-9(b)所示，这可以通过取模操作来实现。队列的这种头尾相接的顺序存储结构称为**循环队列**(circular queue)。

下面给出循环队列的存储结构定义：

```
#define QueueSize 100                /* 定义数组的最大长度 */
typedef int DataType;                /* 定义队列元素的数据类型，假设为 int 型 */
typedef struct
{
    DataType data[QueueSize];        /* 存放队列元素的数组 */
    int front,rear;                  /* 下标，队头元素和队尾元素的位置 */
} CirQueue;
```

**3. 循环队列的实现**

在循环队列中，如何判定队空和队满呢？如图 3-10(a)和(c)所示，队列中只有一个元素，执行出队操作，则队头位置加 1 后与队尾位置相等，即队空的条件是 front＝rear，如图 3-10(b)所示。

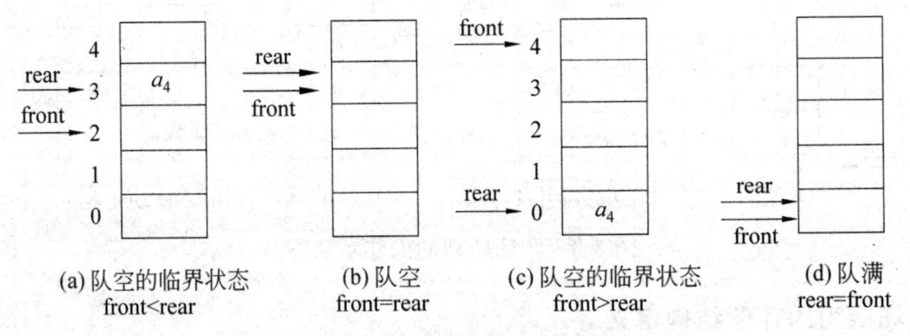


图 3-10　循环队列队空的判定

图 3-11(a)和(c)所示数组中只有一个空闲单元，执行入队操作，则队尾位置加 1 后与队头位置相等，即队满的条件也是 front＝rear。如何将队空和队满的判定条件区分开呢？可以浪费一个数组元素空间①，把图 3-11(a)和(c)所示的情况视为队满，此时队尾位

---

①　算法设计有一个重要的原则：时空权衡原则，一般来说，牺牲空间或其他替代资源，通常可以减少时间代价。例如，在单链表的开始结点之前附设一个头结点，使得单链表的插入和删除等操作不用考虑表头的特殊情况；在双链表中，结点设置了指向前驱结点的指针和指向后继结点的指针，增加了指针的结构性开销，减少了查找前驱和后继的时间代价。

置和队头位置正好差1,即队满的条件是:(rear+1)%QueueSize=front。

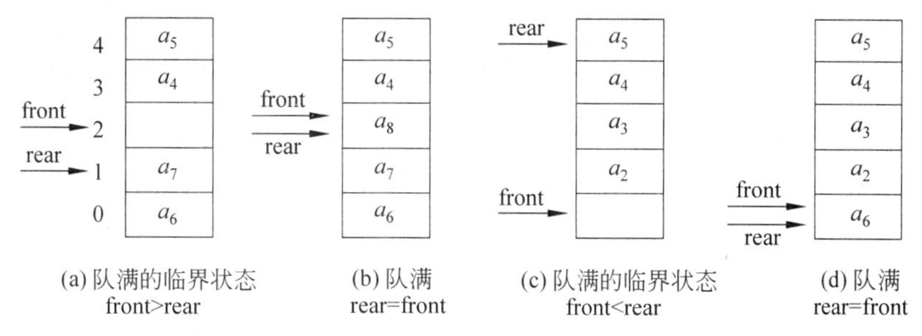


图 3-11 循环队列队满的判定

根据队列的操作定义,容易写出循环队列基本操作的算法,其时间复杂度均为$O(1)$。

(1) 循环队列的初始化

初始化一个空的循环队列只需将队头 front 和队尾 rear 同时指向数组的某一个位置,一般是数组的高端,C语言实现如下:

```
void InitQueue(CirQueue * Q)
{
    Q->front = Q->rear = QueueSize-1;
}
```

(2) 循环队列的销毁

循环队列是静态存储分配,在循环队列变量退出作用域时自动释放所占内存单元,因此,循环队列无须销毁。

(3) 入队操作

循环队列的入队操作只需将队尾位置 rear 在循环意义下加1,然后将待插元素 x 插入队尾位置。函数 EnQueue 的返回值表示入队操作是否正确执行,C语言实现如下:

```
int EnQueue(CirQueue * Q,DataType x)
{
    if((Q->rear+1)%QueueSize == Q->front) {
        printf("上溢错误,插入失败\n"); return 0;
    }
    Q->rear = (Q->rear+1) %QueueSize;      /* 队尾位置在循环意义下加 1 */
    Q->data[Q->rear] = x;                  /* 在队尾处插入元素 */
    return 1;
}
```

(4) 出队操作

循环队列的出队操作只需将队头位置 front 在循环意义下加1,然后读取并返回队头元素。函数 DeQueue 的返回值表示出队操作是否正确执行,如果正确出队,被删元素通过指针参数 ptr 返回,C语言实现如下:

```
int DeQueue(CirQueue * Q,DataType * ptr)
{
    if (Q->rear == Q->front) {printf("下溢错误,删除失败\n"); return 0; }
    Q->front = (Q->front+1)%QueueSize;      /* 队头位置在循环意义下加1 */
    * ptr = Q->data[Q->front];              /* 读取出队前的队头元素 */
    return 1;
}
```

(5) 取队头元素

读取队头元素与出队操作类似,唯一的区别是不改变队头位置,C语言实现如下:

```
int GetHead(CirQueue * Q,DataType * ptr)
{
    int i;
    if (Q->rear == Q->front) {printf("下溢错误,取队头失败\n"); return 0; }
    i = (Q->front+1)%QueueSize;             /* 注意不改变队头位置 */
    * ptr = Q->data[i]; return 1;
}
```

(6) 判空操作

循环队列的判空操作只需判断 front 是否等于 rear,C语言实现如下:

```
int Empty(CirQueue * Q)
{
    if(Q->rear == Q->front) return 1;       /* 队列为空返回1 */
    else return 0;
}
```

**4. 循环队列的使用**

在定义了循环队列的存储结构 CirQueue 并实现了基本操作后,程序中就可以使用 CirQueue 类型来定义变量,可以调用实现基本操作的函数来完成相应功能。范例程序如下:

```
#include <stdio.h>
#include <stdlib.h>
/* 将循环队列的存储结构定义和各个函数定义放到这里 */

int main( )
{
    DataType x;
    CirQueue Q;                             /* 定义结构体变量Q为循环队列类型 */
    InitStack(&Q);                          /* 初始化循环队列Q */
    printf("对5和8执行入队操作,");
    EnQueue(&Q,5);
```

```
    EnQueue(&Q,8);
    if (GetHead(&Q,&x) == 1)
        printf("当前队头元素为: %d\n",x); /* 输出当前队头元素 5 */
    if (DeQueue(&Q,&x) == 1)
        printf("执行一次出队操作,出队元素是: %d\n ",x);    /* 输出出队元素 5 */
    if (GetHead(&Q,&x) == 1)
        printf("当前队头元素为: %d\n",x); /* 输出当前队头元素 8 */
    printf("请输入入队元素: ");
    scanf("%d",&x);
    EnQueue(&Q,x);
    if (Empty(&Q) == 1)
        printf("队列为空\n");
    else
        printf("队列非空\n");              /* 队列有 2 个元素,输出队列非空 */
    return 0;
}
```

### 3.3.3　队列的链接存储结构及实现

**1. 链队列的存储结构定义**

队列的链接存储结构称为**链队列**(linked queue),通常用单链表表示,其结点结构与单链表的结点结构相同,请参见 2.4.1 节。为了使空队列和非空队列的操作一致,链队列也加上头结点。根据队列的先进先出特性,为了操作上的方便,设置队头指针指向链队列的头结点,队尾指针指向终端结点,如图 3-12 所示。

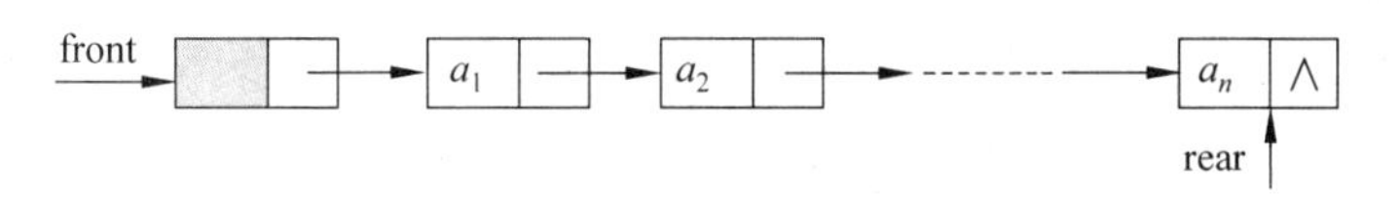


图 3-12　链队列示意图

下面给出链队列的存储结构定义:

```
typedef int DataType;                  /* 定义队列元素的数据类型,假设为 int 型 */
typedef struct Node                    /* 定义链队列的结点结构 */
{
    DataType data;
    struct Node *next;
} Node;
typedef struct                         /* 定义链队列 */
{
    Node *front, *rear;
} LinkQueue;
```

**2. 链队列的实现**

链队列基本操作的实现本质上是单链表操作的简化,且时间复杂度均为 $O(1)$。

(1) 链队列的初始化

初始化链队列只需申请头结点,然后让队头指针和队尾指针均指向头结点,C语言实现如下:

```
void InitQueue(LinkQueue * Q)
{
    Node * s = (Node *)malloc(sizeof(Node)); s->next = NULL;
    Q->front = Q->rear = s;                 /* 队头指针和队尾指针均指向头结点 */
}
```

(2) 链队列的销毁

链队列是动态存储分配,需要释放链队列的所有结点的存储空间。C语言实现如下:

```
void DestroyQueue(LinkQueue * Q)
{
    Node * p = Q->front,temp;
    while (p ! = NULL)                       /* 依次释放链队列的结点 */
    {
        temp = p->next;
        free(p);
        p = temp;
    }
}
```

(3) 入队操作

链队列的插入操作只考虑在链表的尾部进行,由于链队列带头结点,空链队列和非空链队列的插入操作语句一致,其操作示意图如图3-13所示。C语言实现如下:

```
void EnQueue(LinkQueue * Q,DataType x)
{
    Node * s = (Node *)malloc(sizeof(Node));
    s->data = x; s->next = NULL;            /* 申请一个数据域为 x 的结点 s */
    Q->rear->next = s;Q->rear = s;          /* 将结点 s 插入到队尾 */
}
```

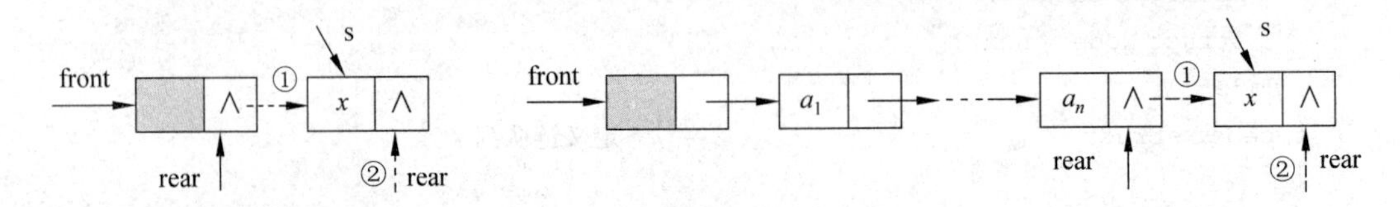


(a) 空链队列的入队操作　　　(b) 非空链队列的入队操作

图3-13　链队列的入队操作(① rear->next=s; ②rear=s;)

（4）出队操作

链队列的删除操作只考虑在链表的头部进行，注意队列长度等于 1 的特殊情况，其操作示意图如图 3-14 所示。函数 DeQueue 表示出队操作是否正确执行，如果正确出队，被删元素通过指针参数 ptr 返回，C 实现如下：

```
int DeQueue(LinkQueue * Q,DataType * ptr)
{
    Node * p;
    if (Q->rear == Q->front) {printf("下溢错误,删除失败\n"); return 0; }
    p = Q->front->next; * ptr = p->data;        /* 存储队头元素 * /
    Q->front->next = p->next;                   /* 将队头元素所在结点摘链 * /
    if (p->next == NULL)                        /* 判断出队前队列长度是否为 1 * /
        Q->rear = Q->front;
    free(p); return 1;
}
```

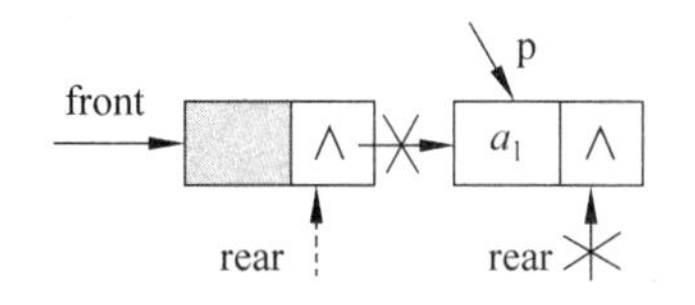

(a) 特殊情况：队列长度等于1

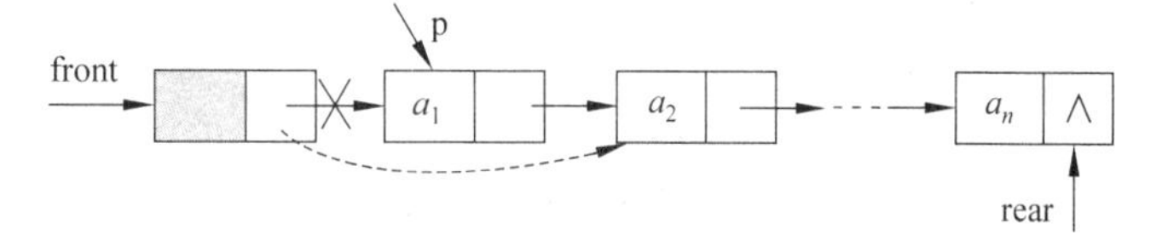

(b) 一般情况：队列长度大于1

图 3-14　链队列出队操作示意图

（5）取队头元素

取链队列的队头元素只需返回第一个元素结点的数据域，C 语言实现如下：

```
int GetHead(LinkQueue * Q,DataType * ptr)
{
    Node * p = NULL;
    if (Q->rear == Q->front) {printf("下溢错误,取队头失败\n"); return 0; }
    p = Q->front->next;
    * ptr = p->data; return 1;
}
```

（6）判空操作

链队列的判空操作只需判断 front 是否等于 rear，C 语言实现如下：

```
int Empty(LinkQueue * Q)
{
    if (Q->rear == Q->front) return 1;            /* 队列为空返回 1 * /
    else return 0;
}
```

**3. 链队列的使用**

在定义了链队列的存储结构 LinkList 并实现了基本操作后，就可以使用 LinkList 类型定义变量，可以调用实现基本操作的函数来完成相应功能。范例程序如下：

```
#include <stdio.h>
#include <stdlib.h>
#include <malloc.h>
/* 将链队列的存储结构定义和各个函数定义放到这里 */

int main( )
{
    DataType x;
    LinkQueue Q;                              /* 定义结构体变量 Q 为链队列类型 */
    InitQueue(&Q);                            /* 初始化链队列 Q */
    printf("对 5 和 8 执行入队操作,");
    EnQueue(&Q,5);
    EnQueue(&Q,8);
    if (GetHead(&Q,&x) == 1)
        printf("当前队头元素为: %d\n",x); /* 输出当前队头元素 5 */
    if (DeQueue(&Q,&x) == 1)
        printf("执行一次出队操作,出队元素是: %d\n ",x);    /* 输出出队元素 5 */
    if (GetHead(&Q,&x) == 1)
        printf("当前队头元素为: %d\n",x); /* 输出当前队头元素 8 */
    printf("请输入入队元素: ");
    scanf("%d",&x);
    EnQueue(&Q,x);
    if (Empty(&Q) == 1)
        printf("队列为空\n");
    else
        printf("队列非空\n");                 /* 队列有 2 个元素,输出队列非空 */
    DestroyQueue(&Q);
    return 0;
}
```

## 3.3.4 循环队列和链队列的比较

循环队列和链队列基本算法的时间复杂度均为 $O(1)$，因此，可以比较的只有空间性能。初始时循环队列必须确定一个固定的长度，所以有存储元素个数的限制和浪费空间的问题。链队列没有溢出的问题，只有当内存没有可用空间时才会出现溢出，但是每个元素都需要一个指针域，从而产生了结构性开销。所以当队列中元素个数变化较大时，应该采用链队列，反之，应该采用循环队列。如果确定不会发生溢出，也可以采用顺序队列。

# 3.4　扩展与提高

## 3.4.1　两栈共享空间

在一个程序中，如果同时使用具有相同数据类型的两个顺序栈，最直接的方法是为每个栈开辟一个数组空间，这样做的结果可能出现一个栈的空间已被占满而无法再进行插入操作，同时另一个栈的空间仍有大量剩余而没有得到利用的情况，从而造成存储空间的浪费。可以充分利用顺序栈单向延伸的特性，使用一个数组来存储两个栈，让一个栈的栈底位于该数组的始端，另一个栈的栈底位于该数组的末端，每个栈从各自的端点向中间延伸，如图 3-15 所示。其中，top1 和 top2 分别为栈 1 和栈 2 的栈顶位置，StackSize 为整个数组空间的大小，栈 1 的底位于下标为 0 的一端；栈 2 的底位于下标为 StackSize－1 的一端。

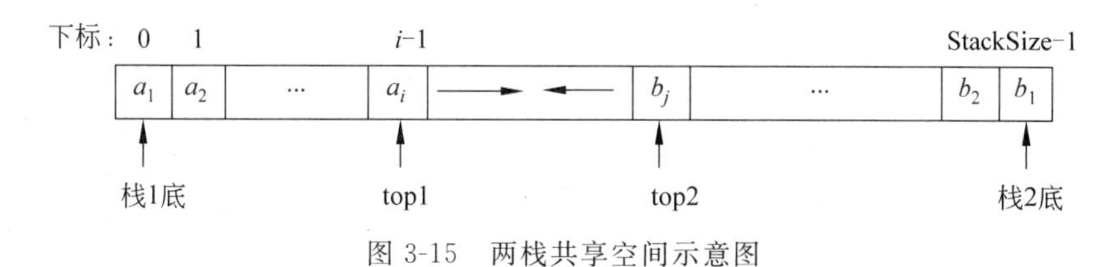


图 3-15　两栈共享空间示意图

在两栈共享空间中，由于两个栈相向增长，浪费的数组空间就会减少，同时发生上溢的概率也会减少。但是，只有当两个栈的空间需求有相反的关系时，这种方法才会奏效，也就是说，最好一个栈增长时另一个栈缩短。下面给出两栈共享空间的存储结构定义：

```
#define StackSize 100                        /* 假设两个栈最多 100 个元素 */
typedef int DataType;                        /* 定义两个栈的数据类型,假设为 int 型 */
typedef struct
{
    DataType data[StackSize];                /* 存放两个栈的数组 */
    int top1,top2;                   /* top1 和 top2 分别为各自栈顶元素在数组中的下标 */
} BothStack;
```

设整型变量 $i$ 只取 1 和 2 两个值，当 $i=1$ 时，表示对栈 1 操作，当 $i=2$ 时表示对栈 2 操作。下面讨论两栈共享空间的入栈和出栈操作。

（1）入栈操作

当存储栈的数组中没有空闲单元时为栈满，此时栈 1 的栈顶元素和栈 2 的栈顶元素位于数组中的相邻位置，即 top1＝top2－1（或 top2＝top1＋1）。另外，当新元素插入栈 2 时，栈顶位置 top2 不是加 1 而是减 1。C 语言实现如下：

```
void Push(BothStack * S,int i,DataType x)
{
    if(S->top1 == S->top2-1) {printf("上溢"); exit(-1);}    /* 判断是否栈满 */
    if(i == 1) S->data[++S->top1] = x;                        /* 在栈1插入 */
    if(i == 2) S->data[--S->top2] = x;                        /* 在栈2插入 */
}
```

（2）出栈操作

当 top1＝－1 时栈 1 为空；当 top2＝StackSize 时栈 2 为空。另外，当从栈 2 删除元素时，栈顶位置 top2 不是减 1 而是加 1。C 语言实现如下：

```
DataType Pop(BothStack * S,int i)
{
    if (i == 1) {                                              /* 在栈1删除 */
        if (S->top1 == -1) {printf("下溢"); exit(-1);}         /* 栈1为空 */
        return S->data[S->top1--];
    }
    if (i == 2) {                                              /* 在栈2删除 */
        if (S->top2 == StackSize) {printf("下溢"); exit(-1);}  /* 栈2为空 */
        return S->data[S->top2++];
    }
}
```

## 3.4.2 双端队列

**双端队列**（double-ended queue）是队列的扩展，如图 3-16 所示，如果允许在队列的两端进行插入和删除操作，则称为双端队列；如果允许在两端插入但只允许在一端删除，则称为二进一出队列，如果只允许在一端插入但允许在两端删除，则称为一进二出队列。

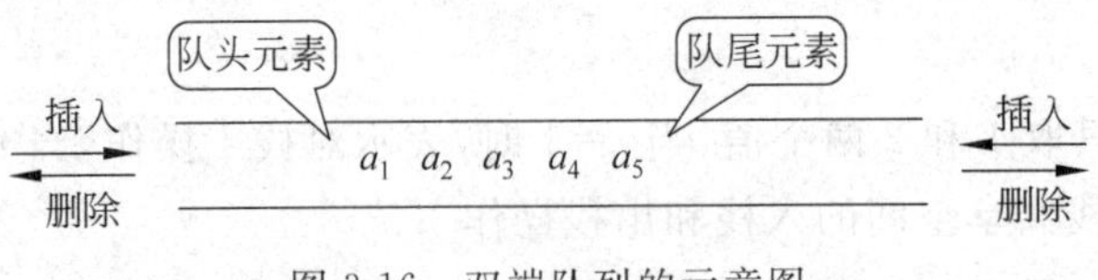


图 3-16 双端队列的示意图

双端队列和普通队列一样，具有入队、出队、取队头元素等基本操作，不同的是必须指明操作的位置，其抽象数据类型定义如下：

```
ADT DoubleQueue
DataModel
    队列中相邻元素具有前驱和后继关系，允许在队列的两端进行插入和删除操作
Operation
  InitQueue
```

```
        输入：无
        功能：初始化双端队列
        输出：一个空的双端队列
    EnQueueHead
        输入：元素值 x
        功能：入队操作，将元素 x 插入到双端队列的队头
        输出：如果插入成功，双端队列的队头增加了一个元素
    EnQueueTail
        输入：元素值 x
        功能：入队操作，将元素 x 插入到双端队列的队尾
        输出：如果插入成功，双端队列的队尾增加了一个元素
    DeQueueHead
        输入：无
        功能：出队操作，删除双端队列的队头元素
        输出：如果删除成功，将队头元素出队
    DeQueueTail
        输入：无
        功能：出队操作，删除双端队列的队尾元素
        输出：如果删除成功，将队尾元素出队
    GetHead
        输入：无
        功能：读取双端队列的队头元素
        输出：若双端队列不空，返回队头元素
    GetTail
        输入：无
        功能：读取双端队列的队尾元素
        输出：若双端队列不空，返回队尾元素
    Empty
        输入：无
        功能：判空操作，判断双端队列是否为空
        输出：如果双端队列为空，返回 1，否则返回 0
endADT
```

双端队列可以采用循环队列的存储方式，基本算法可以在循环队列的基础上修改而成，不同的是，在队头入队时，先将新元素插入到 front 处，再把队头位置 front 在循环意义下减 1，在队尾出队时，先将 rear 处的队尾元素暂存，再把队尾位置 rear 在循环意义下减 1。具体算法请读者自行设计。

## 3.5　应用举例

### 3.5.1　括号匹配问题

在本章的引言部分给出了括号匹配问题，下面讨论算法设计和程序实现。

**【算法】** 设函数 Match 实现括号匹配，算法用伪代码描述如下：

算法：Match(str)
输入：以字符串 str 存储的算术表达式
输出：匹配结果，0 表示匹配，1 表示多左括号，−1 表示多右括号

1. 栈 s 初始化；
2. 循环变量 i 从 0 开始依次读取 str[i]，直到字符串 str 结束：
   2.1 如果 str[i]等于'('，则将'('压入栈 s；
   2.2 如果 str[i]等于')'，且栈 s 非空，则从栈 s 中弹出一个'('与')'匹配；如果栈 s 为空，则多右括号，输出−1；
3. 如果栈 s 为空，则左右括号匹配，输出 0；否则说明多左括号，输出 1；

**【程序】** 主函数首先接收键盘输入的字符串，该字符串表示一个算术表达式，然后调用函数 Match 进行括号匹配。程序如下：

```
#include <stdio.h>
int Match(char * str);                    /* 函数声明,形参为字符串指针 */

int main( )
{
    char str[100];                        /* 定义尽可能大的字符数组以接收键盘的输入 */
    int k;                                /* k 接收调用函数 Match 的结果 */
    printf("请输入一个算术表达式: ");
    scanf("%s",str);                      /* 将表达式以字符串方式输入 */
    k = Match(str);                       /* 函数调用,实参为字符数组的首地址 */
    if (k == 0)
        printf("正确匹配\n");
    else if (k == 1)
            printf("多左括号\n");
        else
            printf("多右括号\n");
    return 0;
}
int Match(char * str)
{
    char s[100];                          /* 定义顺序栈,并假定不会发生溢出 */
    int i,top = -1;                       /* top 为栈 s 的栈顶指针 */
    for (i = 0; str[i] != '\0'; i++)      /* 依次对每一个字符 str[i]进行处理 */
    {
        if (str[i] == ')') {              /* 当前扫描的字符是右括号 */
            if (top > -1) top--;          /* 出栈前判断栈是否为空 */
            else return -1;
        }
        else if (str[i] == '(')           /* 当前扫描的字符是左括号 */
                s[++top] = str[i];        /* 执行入栈操作 */
```

```
    }
    if (top == -1) return 0;            /* 栈空则括号正确匹配 */
    else return 1;
}
```

## 3.5.2 表达式求值

**【问题】** 表达式求值是编译程序的一个基本问题。设运算符有+、−、*、/、# 和圆括号,其中 # 为表达式的定界符,对于任意给定的表达式进行求值运算,给出求值结果。

**【想法】** 表达式的求值过程需要两个栈:运算对象栈 OPND 和运算符栈 OPTR,例如,表达式(4+2)*3−5 的求值过程如表 3-1 所示。

**表 3-1　表达式的求值过程**

| 当前字符 | 运算对象栈 OPND | 运算符栈 OPTR | 说　明 |
| --- | --- | --- | --- |
| | | # | 初始化 |
| ( | | #,( | (的优先级比 # 高,(入栈 OPTR |
| 4 | 4 | #,( | 4 入栈 OPND |
| + | 4 | #,(,+ | +的优先级比(高,+入栈 OPTR |
| 2 | 4,2 | #,(,+ | 2 入栈 OPND |
| ) | 6 | #,( | )的优先级比+低,2 和 4 出栈,+出栈,执行+运算并将结果 6 入栈 OPND |
| ) | 6 | # | )的优先级与(相同,括号匹配,(出栈 |
| * | 6 | #,* | *的优先级比 # 高,*入栈 OPTR |
| 3 | 6,3 | #,* | 3 入栈 OPND |
| − | 18 | # | −的优先级比*低,3 和 6 出栈,*出栈,执行*运算并将结果 18 入栈 OPND |
| − | 18 | #,− | −的优先级比 # 高,−入栈 OPTR |
| 5 | 18,5 | #,− | 5 入栈 OPND |
| # | 13 | # | # 的优先级比−低,5 和 18 出栈,−出栈,执行−运算并将结果 13 入栈 OPND |
| # | 13 | # | # 的优先级与 # 相同,求值结束,栈 OPND 的栈顶元素即为运算结果 |

**【算法】** 设函数 Compute 实现表达式求值,简单起见,假设运算对象均为一位十进制数,且表达式不存在语法错误,算法用伪代码描述如下:

> 算法:Compute(str)
> 输入:以字符串 str 存储的算术表达式
> 输出:该表达式的值

1. 将栈 OPND 初始化为空，将栈 OPTR 初始化为表达式的定界符＃；
2. 从左至右扫描表达式的每一个字符执行下述操作：
   2.1 若当前字符是运算对象，则入栈 OPND；
   2.2 若当前字符是运算符且优先级比栈 OPTR 的栈顶运算符的优先级高，则入栈 OPTR，处理下一个字符；
   2.3 若当前字符是运算符且优先级比栈 OPTR 的栈顶运算符的优先级低，则从栈 OPND 出栈两个运算对象，从栈 OPTR 出栈一个运算符进行运算，并将运算结果入栈 OPND，继续处理当前字符；
   2.4 若当前字符是运算符且优先级与栈 OPTR 的栈顶运算符的优先级相同，则将栈 OPTR 的栈顶运算符出栈，处理下一个字符；
3. 输出栈 OPND 中的栈顶元素，即表达式的运算结果；

**【程序】** 主函数首先接收从键盘输入的表达式，将该表达式加上定界符'＃'后，调用函数 Compute 计算表达式的值，在函数 Compute 中需要调用函数 Comp 比较当前扫描到的运算符和运算符栈 OPTR 的栈顶元素的优先级，并根据比较结果进行相应处理。程序如下：

```
#include <stdio.h>
#include <string.h>
int Compute(char * str);                /* 函数声明,计算表达式 str 的值 */
int Comp(char str1,char str2);          /* 函数声明,比较 str1 的 str2 优先级 */

int main( )
{
    char str[100];                      /* 定义尽可能大的字符数组以接收键盘的输入 */
    int result;
    printf("请输入一个表达式: ");
    scanf("%s",str); strcat(str,"#");   /* 接收键盘输入并加上定界符 */
    result = Compute(str);              /* result 保存计算结果 */
    printf("表达式的值是: %d\n",result);
    return 0;
}

int Compute(char * str)
{
    char OPND[100],OPTR[100];           /* 定义两个顺序栈 */
    OPTR[0] = '#';                      /* 栈 OPTR 初始化为定界符 */
    int top1 = -1,top2 = 0;             /* 初始化栈 OPND 和 OPTR 的栈顶指针 */
    int i,k,x,y,z,op;
    for (i = 0; str[i] != '\0'; )       /* 依次扫描每一个字符 */
    {
        if (str[i] >= 48 && str[i] <= 57)   /* 数字 0 的 ASCII 码是 48 */
```

```
            OPND[++top1] = str[i++]-48; /* 将字符转换为数字压栈 */
        else {
            k = Comp(str[i],OPTR[top2]);
            if (k == 1)                        /* str[i]的优先级高 */
                OPTR[++top2] = str[i++];    /* 将 str[i]压入运算符栈 */
            else if (k == -1) {                /* str[i]的优先级低 */
                    y = OPND[top1--];       /* 从运算对象栈出栈两个元素 */
                    x = OPND[top1--];
                    op = OPTR[top2--];      /* 从运算符栈出栈一个元素 */
                    switch (op)             /* op 为字符型,进行相应运算 */
                    {
                        case '+': z = x + y; break;
                        case '-': z = x - y; break;
                        case '*': z = x * y; break;
                        case '/': z = x / y; break;
                        default: break;
                    }
                    OPND[++top1] = z;       /* 运算结果入运算对象栈 */
                }
                else {                      /* str[i]与运算符栈的栈顶元素优先级相同 */
                    top2--; i++;            /* 匹配 str[i],扫描下一个字符 */
                }
            }
        }
        return OPND[top1];                  /* 运算对象栈的栈顶元素即为运算结果 */
    }
    int Comp(char str1,char str2)
    {        /* 比较 str1 和 str2 的优先级,1: str1 高;0: 相同;-1: str1 低 */
        switch (str1)
        {
            case '+':
            case '-': if (str2 == '(' || str2 == '#') return 1; else return -1; break;
            case '*':
            case '/': if (str2 == '*' || str2 == '/') return -1; else return 1; break;
            case '(': return 1; break;
            case ')': if (str2 == '(') return 0; else return -1; break;
            case '#': if (str2 == '#') return 0; else return -1; break;
            default: break;
    }
}
```

运算符在两个运算对象的中间(如 4+2)称为中缀表达式,运算符在两个运算对象的后面(如 4 2+)称为后缀表达式,也称**逆波兰式**。例如,中缀表达式(4+2)*3-5 对应的后缀表达式为 4 2+3*5-。对表达式的后缀形式仅做一次扫描即可得到表达式的运算结果，而无须考虑优先级和括号等因素，因此，很多编译程序在对表达式进行语法检查的同时，将其转换为对应的后缀形式。将一个中缀表达式转换为对应的后缀表达式只需用一个栈存放运算符，中缀表达式(4+2)*3-5 转换对应的后缀表达式的过程如表 3-2 所示，具体算法请读者自行完成。

表 3-2 中缀表达式转换为后缀表达式的过程

| 当前字符 | 后缀表达式 | 栈 OPTR | 说明 |
|---|---|---|---|
| | | # | 初始化 |
| ( | | #,( | (的优先级比#高,(入栈 |
| 4 | 4 | #,( | 输出 4 |
| + | 4 | #,(,+ | +的优先级比(高,+入栈 |
| 2 | 4 2 | #,(,+ | 输出 2 |
| ) | 4 2 + | #,( | )的优先级比+低,+出栈并输出 |
| ) | 4 2 + | # | )的优先级与(相同,括号匹配,(出栈 |
| * | 4 2 + | #,* | *的优先级比#高,*入栈 |
| 3 | 4 2 + 3 | #,* | 输出 3 |
| — | 4 2 + 3 * | # | -的优先级比*低,*出栈并输出 |
| — | 4 2 + 3 * | #,- | -的优先级比#高,-入栈 |
| 5 | 4 2 + 3 * 5 | #,- | 输出 5 |
| # | 4 2 + 3 * 5 - | # | #的优先级比-低,-出栈并输出 |
| # | 4 2 + 3 * 5 - | # | #的优先级与#相同,转换结束 |

# 习 题 3

1. 选择题

(1) 一个栈的入栈序列是 1、2、3、4、5，则栈的不可能的输出序列是(　　)。

A. 54321　　B. 45321　　C. 43512　　D. 12345

(2) 若一个栈的输入序列是 1,2,3,…,$n$，输出序列的第一个元素是 $n$，则第 $i$ 个输出元素是(　　)。

A. 不确定　　B. $n-i$　　C. $n-i-1$　　D. $n-i+1$

(3) 若一个栈的输入序列是 1,2,3,…,$n$，其输出序列是 $p_1,p_2,\cdots,p_n$，若 $p_1=3$，则 $p_2$ 的值(　　)。

A. 一定是 2　　B. 一定是 1　　C. 不可能是 1　　D. 以上都不对

(4) 设计一个判别表达式中左右括号是否配对的算法，采用(　　)数据结构最佳。

A. 顺序表　　B. 栈　　C. 队列　　D. 链表

(5) 当字符序列 t3_依次通过栈，输出长度为 3 且可用作 C 语言标识符的序列有(　　)。

A. 4 个　　B. 5 个　　C. 3 个　　D. 6 个

(6) 从栈顶指针为 top 的链栈中删除一个结点，用 x 保存被删除结点的值，则执行(　　)。

A. x=top; top=top->next;　　B. x=top->data;

C. top=top->next; x=top->data;　　D. x=top->data; top=top->next;

(7) 在解决计算机主机与打印机之间速度不匹配问题时通常设置一个打印缓冲区，该缓冲区应该是一个(　　)结构。

A. 栈　　B. 队列　　C. 数组　　D. 线性表

(8) 一个队列的入队顺序是 1,2,3,4，则队列的输出顺序是(　　)。

A. 4321　　B. 1234　　C. 1432　　D. 3241

(9) 栈和队列的主要区别在于(　　)。

A. 逻辑结构不一样　　B. 存储结构不一样

C. 所包含的运算不一样　　D. 插入、删除运算的限定不一样

(10) 设数组 $S[n]$ 作为两个栈 S1 和 S2 的存储空间，对任何一个栈只有当 $S[n]$ 全满时才不能进行进栈操作。为这两个栈分配空间的最佳方案是(　　)。

A. S1 的栈底位置为 0，S2 的栈底位置为 $n-1$

B. S1 的栈底位置为 0，S2 的栈底位置为 $n/2$

C. S1 的栈底位置为 0，S2 的栈底位置为 $n$

D. S1 的栈底位置为 0，S2 的栈底位置为 1

(11) 设栈 S 和队列 Q 的初始状态为空，元素 e1、e2、e3、e4、e5、e6 依次通过栈 S，一个元素出栈后即进入队列 Q，若 6 个元素出列的顺序是 e2、e4、e3、e6、e5、e1，则栈 S 的容量至少应该是(　　)。

A. 6　　B. 4　　C. 3　　D. 2

(12) 表达式 3 * 2^(4+2 * 2-6 * 3)-5 求值过程中当扫描到 6 时，对象栈和算符栈为(　　)，其中^表示乘幂。

A. 3,2,4,1,1; # * ^(+ * -　　B. 3,2,8; # * ^-

C. 3,2,4,2,2; # * ^(-　　D. 3,2,8; # * ^(-

2. 解答下列问题。

(1) 设有一个栈，元素进栈的次序为 A,B,C,D,E，能否得到如下出栈序列，若能，请写出操作序列，若不能，请说明原因。

① C,E,A,B,D.　　② C,B,A,D,E

(2) 在操作序列 push(1)、push(2)、pop、push(5)、push(7)、pop、push(6)之后，栈顶元素和栈底元素分别是什么？(push(k)表示整数 k 入栈，pop 表示栈项元素出栈。)

(3) 在操作序列 EnQueue(1)、EnQueue(3)、DeQueue、EnQueue(5)、EnQueue(7)、DeQueue、EnQueue(9)之后，队头元素和队尾元素分别是什么？(EnQueue(k)表示整数 k 入队，DeQueue 表示队头元素出队)。

(4) 假设以 I 和 O 分别表示入栈和出栈操作，栈的初态和终态均为空，入栈和出栈的操作序列可表示为仅由 I 和 O 组成的序列，称可以操作的序列为合法序列，否则称为非法序列。下面序列中哪些是合法的？为什么？

① IOIIOIOO；② IOOIOIIO；③ IIIOIOIO；④ IIIOOIOO

3. 算法设计。

(1) 假设以不带头结点的循环链表表示队列，并且只设一个指针指向队尾结点，但不设头指针。试设计相应的入队和出队的算法。

(2) 设顺序栈 S 中有 $2n$ 个元素，从栈顶到栈底的元素依次为 $a_{2n}, a_{2n-1}, \cdots, a_1$，要求通过一个循环队列重新排列栈中元素，使得从栈顶到栈底的元素依次为 $a_{2n}, a_{2n-2}, \cdots, a_2, a_{2n-1}, a_{2n-3}, \cdots, a_1$，请设计算法实现该操作，要求空间复杂度和时间复杂度均为 $O(n)$。

(3) 设计算法，把十进制整数转换为二至九进制之间的任一进制输出。

(4) 在循环队列中设置一个标志 flag，当 front＝rear 且 flag＝0 时为队空，当 front＝rear 且 flag＝1 时为队满。编写相应的入队和出队算法。

(5) 优先队列是按照某种优先级进行排列的队列，优先级越高的元素出队越早，优先级相同者按照先进先出的原则进行处理。优先队列的基本算法可以在普通队列的基础上修改而成。例如，入队时可以将元素插入到队尾，但出队时必须遍历整个队列找出优先级最高的元素出队；或者入队时将元素按照优先级插入到合适的位置，出队时将排在最前面的元素取队头元素。对于最大优先队列，请设计算法实现优先队列。

CHAPTER

# 第4章 字符串和多维数组

<table>
<tr><td>教学重点</td><td colspan="5">串的模式匹配算法;数组的寻址方法;特殊矩阵的压缩存储和寻址方法</td></tr>
<tr><td>教学难点</td><td colspan="5">KMP 算法;稀疏矩阵的压缩存储</td></tr>
<tr><td rowspan="10">教学内容和目标</td><td rowspan="2">知 识 点</td><td colspan="4">教 学 要 求</td></tr>
<tr><td>了解</td><td>理解</td><td>掌握</td><td>熟练掌握</td></tr>
<tr><td>字符串的逻辑结构</td><td></td><td></td><td>√</td><td></td></tr>
<tr><td>字符串的存储结构</td><td></td><td>√</td><td></td><td></td></tr>
<tr><td>模式匹配 BF 算法</td><td></td><td></td><td>√</td><td></td></tr>
<tr><td>模式匹配 KMP 算法</td><td></td><td>√</td><td></td><td></td></tr>
<tr><td>数组的逻辑结构</td><td></td><td></td><td>√</td><td></td></tr>
<tr><td>数组的存储结构及其寻址</td><td></td><td></td><td></td><td>√</td></tr>
<tr><td>特殊矩阵的压缩存储</td><td></td><td></td><td>√</td><td></td></tr>
<tr><td>稀疏矩阵的压缩存储</td><td></td><td>√</td><td></td><td></td></tr>
<tr><td>教学提示</td><td colspan="5">对于字符串要抓住一条明线：串的逻辑结构→串的存储结构→串的模式匹配。对于串的模式匹配,根据学生的具体情况定位教学目标,注意关键部分要采用图示从不同角度进行讲解。KMP 算法的技巧性很强,思维过程很典型,学生如果能真正学懂这个算法,将会极大地增强学习兴趣。KMP 算法同时对教师的思维表达也是一个挑战。<br>对于多维数组要抓住一条明线：数组的逻辑结构→数组的存储结构→矩阵的压缩存储。对于数组的逻辑结构,要从数组的定义出发,把握数组的广义线性特征和基本操作的特点。对于数组的存储结构,要回顾顺序表和单链表存储表示的优缺点,基于数组的逻辑结构和操作特点,得出数组的顺序存储方法。<br>对于特殊矩阵的压缩存储,是根据矩阵的特点设计压缩存储方法,强调特殊矩阵在压缩存储下仍然具有随机存取特性,并注意把握二维数组的一般存储、对称矩阵的压缩存储、三角矩阵的压缩存储以及对角矩阵的压缩存储之间的关系。对于数组以及特殊矩阵的寻址,首先要回顾内存的绝对地址和相对地址的有关概念,再给出具体的寻址方法。</td></tr>
</table>

# 4.1 引 言

字符串(简称串)是以字符作为数据元素的线性表。在非数值问题的处理过程中,数据常常以字符串的形式出现,例如,顾客的姓名、货物的产地、文字的处理等都是以字符串的形式进行存储和处理的。矩阵是很多科学与工程计算问题中的处理对象,在高级程序设计语言中,一般采用二维数组来表示矩阵,方格游戏中的棋盘一般以二维数组来表示。下面请看两个例子。

**【例 4-1】** 发纸牌。假设纸牌的花色有梅花、方块、红桃和黑桃,纸牌的点数有 2、3、4、5、6、7、8、9、10、J、Q、K、A,要求根据用户输入的纸牌张数 $n$,随机发 $n$ 张纸牌。在发纸牌问题的求解过程中,计算机如何保存纸牌的花色和点数,以及随机选中的纸牌呢?如何输出随机发出的 $n$ 张纸牌呢?

**【例 4-2】** 八皇后问题。八皇后问题是数学家高斯于 1850 年提出的。问题是:在 8×8 的棋盘上摆放八个皇后,使其不能互相攻击,即任意两个皇后都不能处于同一行、同一列或同一斜线上。八皇后问题首先要解决的问题就是如何表示棋盘?如何获得每个皇后的位置信息进而判断是否互相攻击?

# 4.2 字 符 串

## 4.2.1 字符串的逻辑结构

### 1. 字符串的定义

**字符串**(string,简称串)是 $n(n\geqslant 0)$个字符组成的有限序列,串中所包含的字符个数称为串的**长度**,通常记作:

$$S="s_1\ s_2\cdots\ s_n"$$

其中,$S$ 是串名,双引号是定界符,不属于串的内容,双引号引起来的部分是串值,$s_i(1\leqslant i\leqslant n)$是一个任意字符,$s_i$ 在串中出现的序号称为该字符在串中的位置。

长度为 0 的串称为**空串**,记作 "",空串中不包含任何字符。由一个或多个空格组成的串称为**空格串**,其长度是串中包含的空格数。显然,在统计字符串的长度时需要包含其中的空格,例如,"primary string"的长度是 14。

字符串中任意个连续的字符组成的子序列称为该串的**子串**(substring),相应地,包含子串的串称为**主串**(primary string),子串的第一个字符在主串中的序号称为子串在主串中的**位置**(location)。例如,子串"str"在主串"primary string"中的位置是 9。

计算机系统能够表示的所有字符构成系统字符集,常用的标准字符集有 ASCII[①] 和

① 鲍勃·贝莫(Bob Bemer,1920 年出生)首先认识到标准信息编码的重要性,也是世界上最早提出千年虫问题的人。1960 年,Bemer 发布了关于 60 多种计算机编码的调查报告,从而说明了对标准编码的需要。2003 年 5 月,Bemer 荣获 IEEE-CS 颁发的计算机先驱奖,以表彰他"通过 ASCII 和转义符为满足世界对各种字符集和符号的需要"所做出的贡献。

Unicode 等。字符集中的每个字符都有一个唯一的数值表示——称为字符编码,字符间的大小关系就定义为对应字符编码之间的大小关系。例如,字符 $a$ 和字符 $b$ 的 ASCII 码分别为 97 和 98,则"$a$"<"$b$"。给定两个字符串:$X$="$x_1x_2\cdots x_n$",$Y$="$y_1y_2\cdots y_m$",则当 $n=m$ 且 $x_1=y_1,\cdots,x_n=y_m$ 时,称 $X=Y$;当下列条件之一成立时,称 $X<Y$:

(1) $n<m$,且 $x_i=y_i(i=1,2,\cdots,n)$;

(2) 存在某个 $k\leqslant\min(m,n)$,使得 $x_i=y_i(i=1,2,\cdots,k-1)$,$x_k<y_k$。

例如 "$abcd$"="$abcd$","$abc$"<"$abcd$","$abac$"<"$abaec$","$abafg$"<"$abc$"。

**2. 字符串的抽象数据类型定义**

字符串的逻辑结构与线性表的逻辑结构相同,但字符串的基本操作和线性表的基本操作有很大差别。线性表的基本操作大多以"单个元素"作为操作对象,例如,在线性表中查找某个元素、在某个位置插入一个元素或删除一个元素等;而字符串的基本操作通常以"字符串整体"作为操作对象,例如,在字符串中查找某个子串、在字符串的某个位置插入一个串以及删除一个子串等。下面给出字符串的抽象数据类型定义。

```
ADT String
DataModel
    串中的数据元素仅由一个字符组成,相邻元素具有前驱和后继关系
Operation
    StrAssign
        输入:串 S,串 T
        功能:串赋值,将 T 的串值赋值给串 S
        输出:串 S
    StrLength
        输入:串 S
        功能:求串 S 的长度
        输出:串 S 中的字符个数
    Strcat
        输入:串 S,串 T
        功能:串连接,将串 T 放在串 S 的后面连接成一个新串 S
        输出:连接之后的串 S
    StrSub
        输入:串 S,位置 i,长度 len
        功能:求子串,返回从串 S 的第 i 个字符开始长为 len 的子串
        输出:S 的一个子串
    StrCmp
        输入:串 S,串 T
        功能:串比较
        输出:若 S = T,返回 0;若 S < T,返回-1;若 S> T,返回 1
    StrIndex
        输入:串 S,串 T
        功能:子串定位
        输出:子串 T 在主串 S 中首次出现的位置
```

```
    StrInsert
        输入: 串 S,串 T,位置 i
        功能: 串插入,将串 T 插入到串 S 的第 i 个位置上
        输出: 插入之后的串 S
    StrDelete
        输入: 串 S,位置 i,长度 len
        功能: 串删除,删除串 S 中从第 i 个字符开始连续 len 个字符
        输出: 删除之后的串 S
endADT
```

由于字符串广泛应用在非数值处理领域,因此,程序设计语言大都有串变量的概念并实现了字符串的基本操作。例如,在 C 语言的 string.h 头文件中包含求字符串长度函数 strlen、字符串复制函数 strcpy、字符串比较函数 strcmp、字符串拼接函数 strcat 以及字符串查找函数 strchr,用户只需在程序中包含该头文件,即可在程序中直接调用相关函数。

### 4.2.2 字符串的存储结构

字符串是数据元素为单个字符的线性表,一般采用顺序存储,即用数组来存储串的字符序列。在 C/C++ 、Java 等语言中,字符串都是采用顺序存储。在字符串的顺序存储中,一般有以下三种方法表示串的长度。

(1) 用一个变量来表示串的长度,如图 4-1 所示。

| 0 | 1 | 2 | 3 | 4 | 5 | 6 | 7 | 8 | … | MaxSize-1 |
| --- | --- | --- | --- | --- | --- | --- | --- | --- | --- | --- |
| *a* | *b* | *c* | *d* | *e* | *f* | *g* | *h* | *i* | 空闲 | 9 |

图 4-1 串的顺序存储方式 1

(2) 用数组的 0 号单元存放串的长度,串值从 1 号单元开始存放,如图 4-2 所示。

| 0 | 1 | 2 | 3 | 4 | 5 | 6 | 7 | 8 | 9 | … | MaxSize-1 |
| --- | --- | --- | --- | --- | --- | --- | --- | --- | --- | --- | --- |
| 9 | *a* | *b* | *c* | *d* | *e* | *f* | *g* | *h* | *i* | 空闲 | |

图 4-2 串的顺序存储方式 3

(3) 在串尾存储一个不会在串中出现的特殊字符作为字符串的终结符,例如,在 C、C++ 和 Java 语言中用'\0'来表示串的结束,如图 4-3 所示。这种存储方法不能直接得到串的长度,而是通过判断当前字符是否为'\0'来确定串是否结束,从而求得串的长度。

| 0 | 1 | 2 | 3 | 4 | 5 | 6 | 7 | 8 | 9 | … | MaxSize-1 |
| --- | --- | --- | --- | --- | --- | --- | --- | --- | --- | --- | --- |
| *a* | *b* | *c* | *d* | *e* | *f* | *g* | *h* | *i* | \0 | 空闲 | |

图 4-3 串的顺序存储方式 2

### 4.2.3 模式匹配

给定两个字符串 $S=$"$s_1s_2\cdots s_n$" 和 $T=$"$t_1t_2\cdots t_m$",在主串 $S$ 中寻找子串 $T$ 的过程称

为**模式匹配**(pattern matching),$T$ 称为**模式**(pattern)。如果匹配成功,返回 $T$ 在 $S$ 中的位置,如果匹配失败,返回0。

**1. BF算法**

BF算法的基本思想是蛮力匹配,即从主串 $S$ 的第一个字符开始和模式 $T$ 的第一个字符进行比较,若相等,则继续比较二者的后续字符;否则,从主串 $S$ 的第二个字符开始和模式 $T$ 的第一个字符进行比较,重复上述过程,直至 $S$ 或 $T$ 中所有字符比较完毕。若 $T$ 中的字符全部比较完毕,则匹配成功,返回本趟匹配的开始位置;否则匹配失败,返回0。BF算法用伪代码描述如下:

```
算法:BF
输入:主串 S,模式 T
输出:T 在 S 中的位置
    1. 在串 S 和串 T 中设置比较的起始下标 i=0,j=0;
    2. 重复下述操作,直到 S 或 T 的所有字符均比较完毕:
       2.1  如果 S[i]等于 T[j],继续比较 S 和 T 的下一对字符;
       2.2  否则,下标 i 和 j 分别回溯,开始下一趟匹配;
    3. 如果 T 中所有字符均比较完,则匹配成功,返回本趟匹配的起始位置;否则匹
       配失败,返回 0;
```

**【例4-3】** 设主串 $S$="*abcabcacb*",模式 $T$="*abcac*",BF算法的匹配过程如图4-4所示。

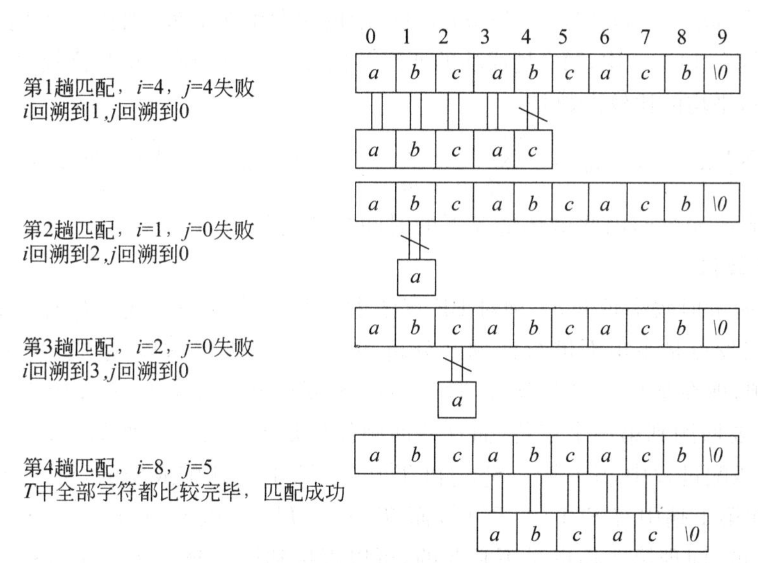


图4-4 BF算法的执行过程

设变量 start 记载主串 S 中每一趟比较的起始位置,BF算法的C语言实现如下:

```
int BF(char S[ ],char T[ ])
{
    int start = 0;                                  /* 主串从下标 0 开始第一趟匹配 */
    int i = 0; j = 0;                               /* 设置比较的起始下标 */
    while ((S[i] != '\0') && (T[j] != '\0'))
    {
        if (S[i] == T[j]) {i++; j++;}
        else { start++; i = start; j = 0; }         /* i 和 j 分别回溯 */
    }
    if (T[j] == '\0') return start+1;              /* 返回本趟匹配的起始位置 */
    else return 0;
}
```

设主串 $S$ 长度为 $n$，模式 $T$ 长度为 $m$，在匹配成功的情况下，考虑以下两种极端情况。

(1) 在最好情况下，每趟不成功的匹配都发生在模式 $T$ 的第一个字符。

例如 $S$="*aaaaaaaaaabc*"，$T$="*bc*"，设匹配成功发生在 $s_i$ 处，则在 $i-1$ 趟不成功的匹配中共比较了 $i-1$ 次，第 $i$ 趟成功的匹配共比较了 $m$ 次，所以总共比较了 $i-1+m$ 次，所有匹配成功的位置共有 $n-m+1$ 种，设从 $s_i$ 开始与模式 $T$ 匹配成功的概率为 $p_i$，在等概率情况下，平均的比较次数是：

$$\sum_{i=1}^{n-m+1} p_i \times (i-1+m) = \sum_{i=1}^{n-m+1} \frac{1}{n-m+1} \times (i-1+m) = \frac{n+m}{2} = O(n+m)$$

(2) 在最坏情况下，每趟不成功的匹配都发生在模式 $T$ 的最后一个字符。

例如 $S$="*aaaaaaaaaaab*"，$T$="*aaab*"，设匹配成功发生在 $s_i$ 处，则在 $i-1$ 趟不成功的匹配中共比较了 $(i-1)\times m$ 次，第 $i$ 趟成功的匹配共比较了 $m$ 次，所以总共比较了 $i\times m$ 次，在等概率情况下，平均的比较次数是：

$$\sum_{i=1}^{n-m+1} p_i \times (i \times m) = \sum_{i=1}^{n-m+1} \frac{1}{n-m+1} \times (i \times m) = \frac{m(n-m+2)}{2}$$

一般情况下，$m \ll n$，因此最坏情况下的时间复杂度是 $O(n\times m)$。

**2. KMP 算法**

BF 算法简单但效率较低，一种对 BF 算法做了很大改进的模式匹配算法是 KMP 算法①，改进的出发点是主串不进行回溯。分析 BF 算法的执行过程，造成 BF 算法效率低的原因是回溯，即在某趟匹配失败后，对于主串 $S$ 要回溯到本趟匹配开始字符的下一个字符，模式 $T$ 要回溯到第一个字符，而这些回溯往往是不必要的。如图 4-4 所示的匹配过程，在第 1 趟匹配过程中，$S[0] \sim S[3]$ 和 $T[0] \sim T[3]$ 是匹配成功的，$S[4] \neq T[4]$ 匹配失败。因为在第 1 趟中有 $S[1]=T[1]$，而 $T[0] \neq T[1]$，因此有 $T[0] \neq S[1]$，所以第 2 趟是不必要的，同理第 3 趟也是不必要的，可以直接到第 4 趟。进一步分析第 4 趟中的第一对字符 $S[3]$ 和 $T[0]$ 的比较是多余的，因为第 1 趟中已经比较了 $S[3]$ 和 $T[3]$，并且 $S[3]=T[3]$，而 $T[0]=T[3]$，因此必有 $S[3]=T[0]$，因此第 4 趟比较可以从第二对字符

① KMP 算法是克努思(Knuth)，莫里斯(Morris)和普拉特(Pratt)同时设计的。

$S[4]$和$T[1]$开始进行，这就是说，第1趟匹配失败后，下标$i$不回溯，而是将下标$j$回溯至第2个字符，用$T[1]$"对准"$S[4]$继续进行比较。

综上所述，希望某趟在$S[i]$和$T[j]$匹配失败后，下标$i$不回溯，下标$j$回溯至某个位置$k$，使得$T[k]$对准$S[i]$继续进行比较。显然，关键问题是如何确定位置$k$？

观察部分匹配成功时的特征，某趟在$S[i]$和$T[j]$匹配失败后，下一趟比较从$S[i]$和$T[k]$开始，则有$T[0]\sim T[k-1]=S[i-k]\sim S[i-1]$成立，如图4-5(a)所示；在部分匹配成功时，有$T[j-k]\sim T[j-1]=S[i-k]\sim S[i-1]$成立，如图4-5(b)所示。

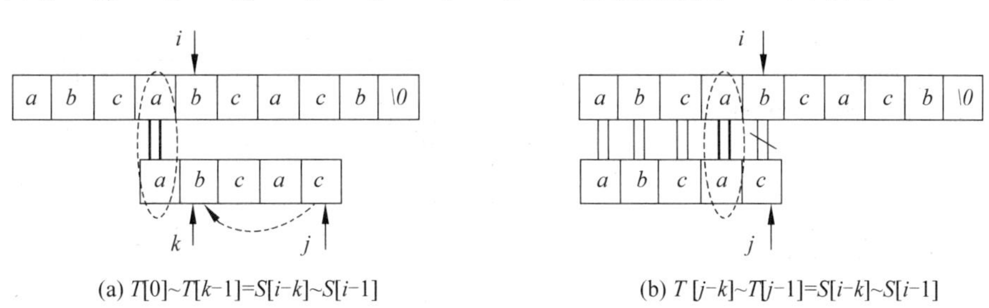


图4-5 部分匹配成功时的特征

由$T[0]\sim T[k-1]=S[i-k]\sim S[i-1]$和$T[j-k]\sim T[j-1]=S[i-k]\sim S[i-1]$，可得：

$$T[0]\sim T[k-1]=T[j-k]\sim T[j-1] \qquad (4\text{-}1)$$

式4-1说明，模式中的每一个字符$T[j]$都对应一个$k$值，这个$k$值仅依赖于模式本身，与主串无关。用next[$j$]表示$T[j]$对应的$k$值($0\leqslant j<m$)，其定义如下：

$$\text{next}[j]=\begin{cases}-1 & j=0\\ \max\{k \mid 1\leqslant k<j \quad 且 \quad T[0]\cdots T[k-1]=T[j-k]\ldots T[j-1]\} & 集合非空\\ 0 & 其他情况\end{cases}$$

**【例4-4】** 设模式$T=$"$ababc$"，求该模式的next值。

**解**：利用next[$j$]的定义，计算过程如下：

$j=0$时，next[0]=-1；

$j=1$时，next[1]=0；

$j=2$时，$T[0]\neq T[1]$，则next[2]=0；

$j=3$时，$T[0]T[1]\neq T[1]T[2]$，$T[0]=T[2]$，则next[3]=1；

$j=4$时，$T[0]T[1]T[2]\neq T[1]T[2]T[3]$，$T[0]T[1]=T[2]T[3]$，则next[4]=2。

在求得了模式$T$的next值后，KMP算法用伪代码描述如下：

```
算法：KMP
输入：主串 S,模式 T,模式 T 的 next 值
输出：T 在 S 中的位置
    1. 在串 S 和串 T 中分别设置比较的起始下标 i=0,j=0;
    2. 重复下述操作,直到 S 或 T 的所有字符均比较完毕:
```

2.1 如果S[i]等于T[j],继续比较S和T的下一对字符;
2.2 否则,将下标j回溯到next[j]位置,即j=next[j];
2.3 如果j等于-1,则将下标i和j分别加1,准备下一趟比较;
3. 如果T中所有字符均比较完毕,则返回本趟匹配的开始位置;否则返回0;

**【例4-5】** 设主串 $S$="*ababaababcb*",模式 $T$="*ababc*",模式 $T$ 的next值为{-1,0,0,1,2},KMP算法的匹配过程如图4-6所示。

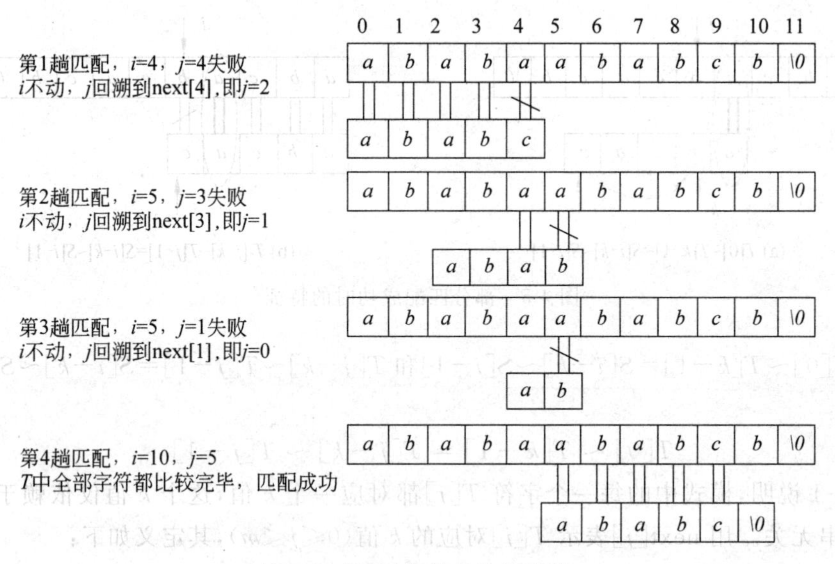


图4-6 KMP算法的执行过程

# 4.3 多维数组

## 4.3.1 数组的逻辑结构

**1. 数组的定义**

**数组**(array)是由类型相同的数据元素构成的有序集合,每个数据元素称为一个数组元素(简称元素),每个元素受 $n(n\geqslant1)$ 个线性关系的约束,每个元素在 $n$ 个线性关系中的序号 $i_1$、$i_2$、…、$i_n$ 称为该元素的下标,并称该数组为 $n$ 维数组。可以看出,数组的特点是数据元素本身可以具有某种结构,但属于同一数据类型。例如,一维数组可以看作一个线性表;二维数组可以看作元素是线性表的线性表;依此类推。所以,数组是线性表的推广,如图4-7所示。本章重点讨论二维数组。

**2. 数组的抽象数据类型定义**

数组是一个具有固定格式和数量的数据集合,在数组上一般不能执行插入或删除某个数组元素的操作。因此,数组中通常只有两种基本操作:

(1) 读操作:给定一组下标,读取相应的数组元素;

(2) 写操作:给定一组下标,存储或修改相应的数组元素。

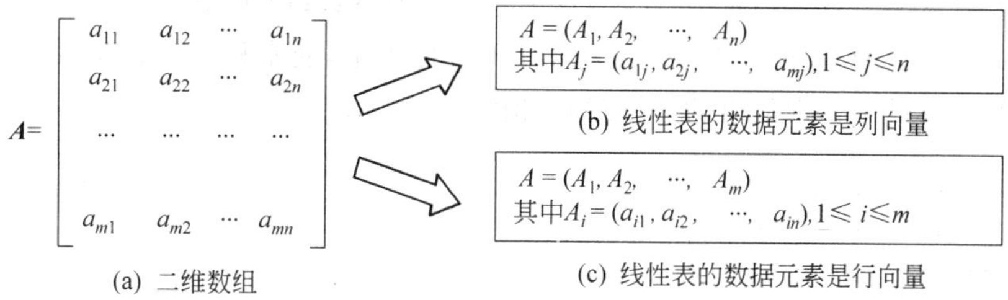

$$A=\begin{bmatrix} a_{11} & a_{12} & \cdots & a_{1n} \\ a_{21} & a_{22} & \cdots & a_{2n} \\ \cdots & \cdots & \cdots & \cdots \\ a_{m1} & a_{m2} & \cdots & a_{mn} \end{bmatrix}$$

(a) 二维数组

$A=(A_1, A_2, \cdots, A_n)$
其中$A_j=(a_{1j}, a_{2j}, \cdots, a_{mj}), 1\leqslant j\leqslant n$

(b) 线性表的数据元素是列向量

$A=(A_1, A_2, \cdots, A_m)$
其中$A_i=(a_{i1}, a_{i2}, \cdots, a_{in}), 1\leqslant i\leqslant m$

(c) 线性表的数据元素是行向量

图 4-7 数组是线性表的推广

这两种操作本质上对应一种操作——寻址，即根据一组下标定位相应的数组元素。下面给出数组的抽象数据类型定义。

```
ADT Matrix
DataModel
    相同类型的数据元素的有序集合
    每个数据元素受 n(n≥1)个线性关系的约束并由一组下标唯一标识
Operation
    InitMatrix
      输入：数组的维数 n 和各维的长度 l₁,l₂,…,lₙ
      功能：数组的初始化
      输出：一个空的 n 维数组
    GetMatrix
      输入：一组下标 i₁,i₂,…,iₙ
      功能：读操作，读取这组下标对应的数组元素
      输出：对应下标 i₁,i₂,…,iₙ的元素值
    SetMatrix
      输入：元素值 e,一组下标 i₁,i₂,…,iₙ
      功能：写操作，存储或修改这组下标对应的数组元素
      输出：对应下标 i₁,i₂,…,iₙ的元素值改为 e
endADT
```

### 4.3.2 数组的存储结构与寻址

由于数组一般不执行插入和删除操作，也就是说，一旦建立了数组，其元素个数和元素之间的关系就不再发生变动，而且，数组是一种特殊的数据结构，通常要求能够随机存取，因此，数组采用顺序存储。由于内存单元是一维结构，而多维数组是多维结构，所以，采用顺序存储结构存储数组首先需要将多维结构映射到一维结构。常用的映射方法有两种：**以行序为主序**（row major order，即按行优先）和**以列序为主序**（column major order，即按列优先）。例如，C 语言中的数组是按行优先存储的。

对于二维数组，按行优先存储的基本思想是：先行后列，先存储行号较小的元素，行号相同者先存储列号较小的元素。设二维数组行下标与列下标的范围分别为$[l_1,h_1]$与$[l_2,h_2]$，则元素 $a_{ij}$ 的存储地址可由下式确定：

$$\mathrm{LOC}(a_{ij}) = \mathrm{LOC}(a_{l_1 l_2}) + ((i-l_1)\times(h_2-l_2+1)+(j-l_2))\times c \qquad (4\text{-}2)$$

式4-2中，$i\in[l_1,h_1]$，$j\in[l_2,h_2]$，且$i$与$j$均为整数；$LOC(a_{ij})$是元素$a_{ij}$的存储地址；$LOC(a_{l_1l_2})$是二维数组中第一个元素$a_{l_1l_2}$的存储地址，通常称为基地址；$c$是每个元素所占存储单元数目。二维数组的寻址过程如图4-8所示。

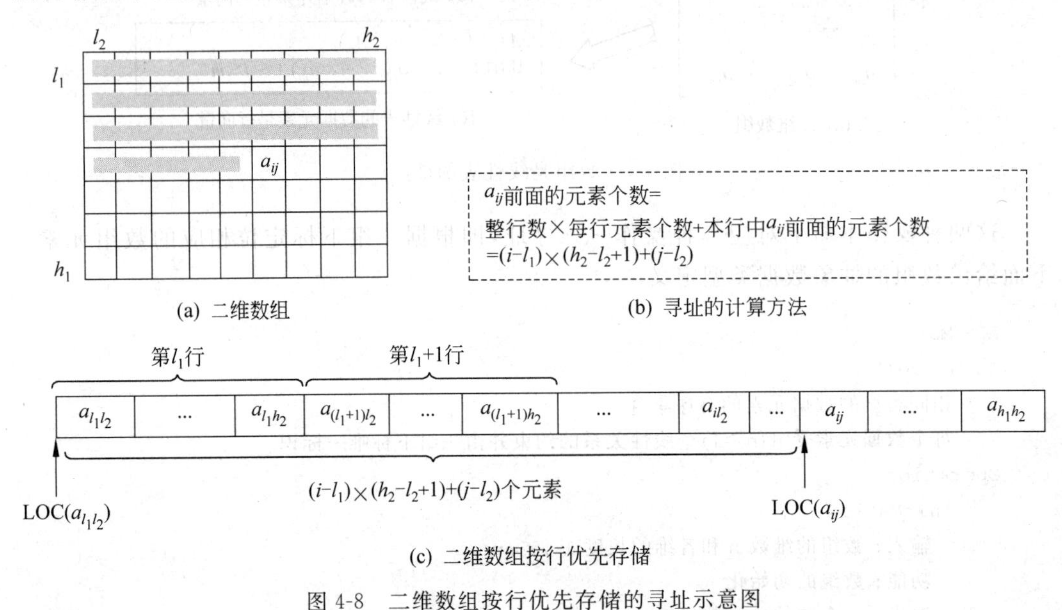


图4-8 二维数组按行优先存储的寻址示意图

二维数组按列优先存储的基本思想是：先列后行，先存储列号较小的元素，列号相同者先存储行号较小的元素。任一元素存储地址的计算与按行优先存储类似。

## 4.4 矩阵的压缩存储

在实际应用中，经常出现一些阶数很高的矩阵，同时在矩阵中有很多值相同的元素并且它们的分布有一定的规律——称为**特殊矩阵**(special matrix)，或者矩阵中有很多零元素——称为**稀疏矩阵**(sparse matrix)。可以对这类矩阵进行压缩存储，从而节省存储空间，并使矩阵的各种运算能有效地进行。

矩阵压缩存储的基本思想是：

(1) 为多个值相同的元素只分配一个存储空间；

(2) 对零元素不分配存储空间。

为了和C语言的数组保持一致，在下面的讨论中，存储矩阵的一维数组下标从0开始。

### 4.4.1 特殊矩阵的压缩存储

**1. 对称矩阵的压缩存储**

形如图4-9的矩阵称为对称矩阵。设对称矩阵是$n$阶方阵，则有$a_{ij}=a_{ji}(1\leqslant i,j\leqslant n)$。对称矩阵关于主对角线对称，因此只需存储下三角部分(包括主对角线)即可。这

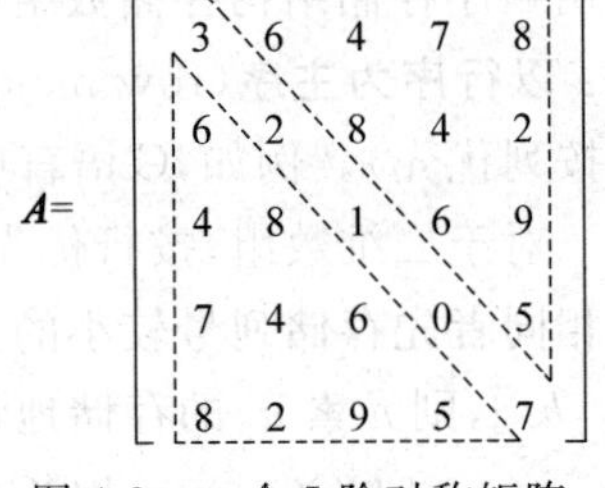


图4-9 一个5阶对称矩阵

样，原来需要 $n \times n$ 个存储单元，现在只需要 $n \times (n+1)/2$ 个存储单元，节约了大约一半的存储单元，当 $n$ 较大时，这是可观的一部分存储资源。

如何只存储下三角部分的元素呢？由于下三角中共有 $n \times (n+1)/2$ 个元素，可将这些元素按行存储到数组 SA[$n(n+1)/2$]中，如图 4-10 所示。这样，下三角中的元素 $a_{ij}(i \geqslant j)$ 存储到 SA[$k$]中，在数组 SA 中的下标 $k$ 与 $i$、$j$ 的关系为：$k = i \times (i-1)/2 + j - 1$。对于上三角中的元素 $a_{ij}(i < j)$，因为 $a_{ij} = a_{ji}$，则访问和它对应的下三角中的元素 $a_{ji}$ 即可，即 $k = j \times (j-1)/2 + i - 1$。寻址的计算方法如图 4-11 所示。

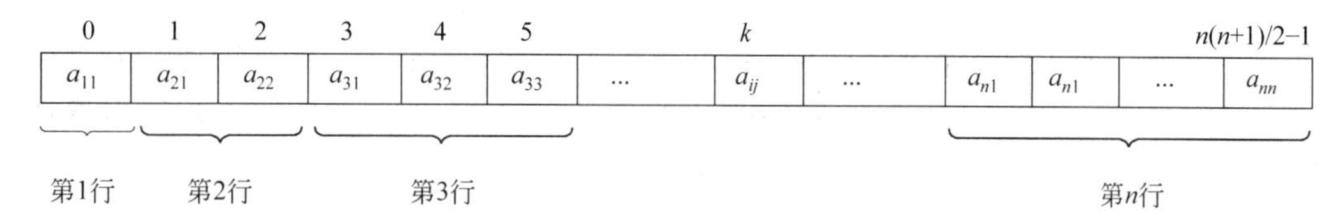


图 4-10　对称矩阵的压缩存储

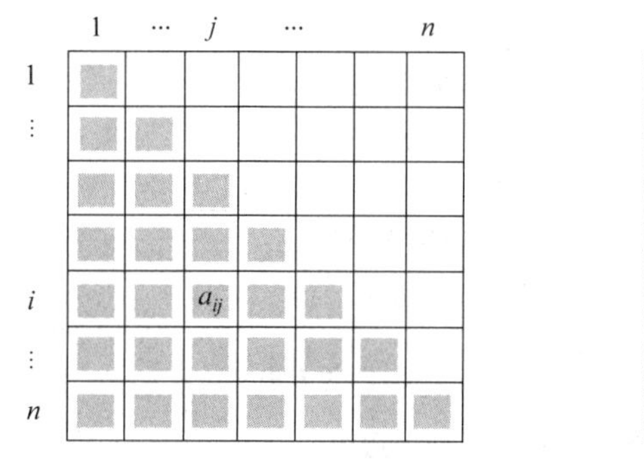


(a) 存储下三角部分

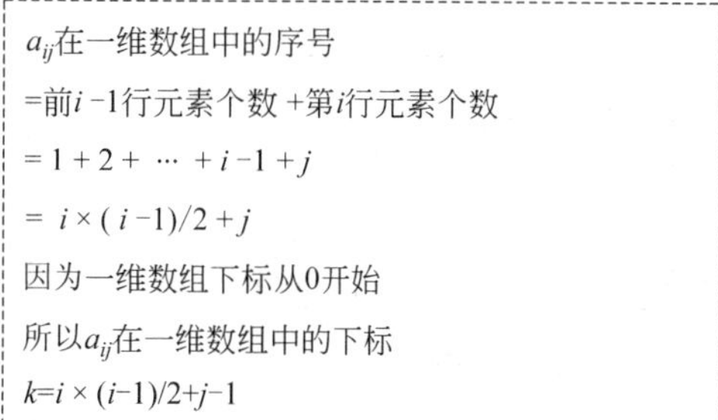


(b) 计算方法

图 4-11　对称矩阵按行优先存储的寻址示意图

**2. 三角矩阵的压缩存储**

形如图 4-12 所示的矩阵称为三角矩阵，其中(a)为下三角矩阵，主对角线以上均为常数 $c$；(b)为上三角矩阵，主对角线以下均为常数 $c$。

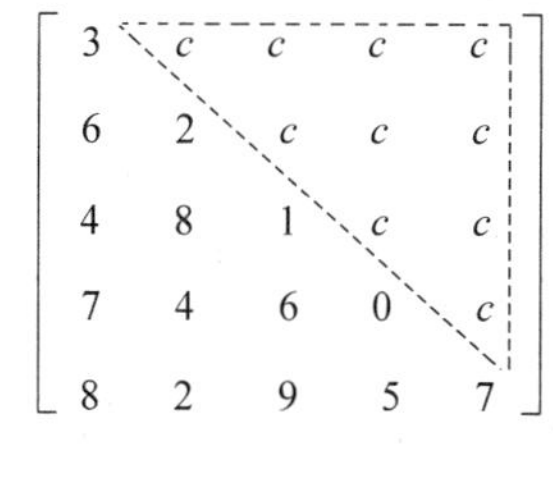


(a) 下三角矩阵

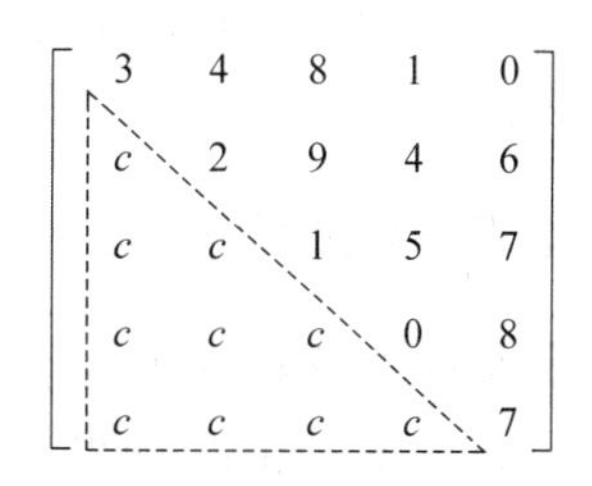


(b) 上三角矩阵

图 4-12　三角矩阵

下三角矩阵的压缩存储与对称矩阵类似，不同之处仅在于除了存储下三角中的元素以外，还要存储对角线上方的常数。因为是同一个常数，所以只存储一个值即可。这样，

共存储 $n\times(n+1)/2+1$ 个元素，将其按行优先存入数组 SA[$n\times(n+1)/2+1$]中，如图 4-13 所示。

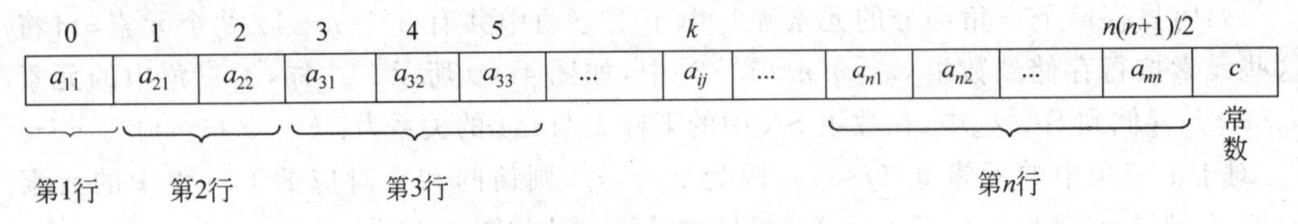


图 4-13 下三角矩阵的压缩存储

上三角矩阵的压缩存储思想与下三角矩阵类似，即按行存储上三角部分，最后存储对角线下方的常数，元素 $a_{ij}(i\leqslant j)$在 SA 中的下标 $k=(i-1)\times(2n-i+2)/2+j-i$，其寻址的计算方法如图 4-14 所示。

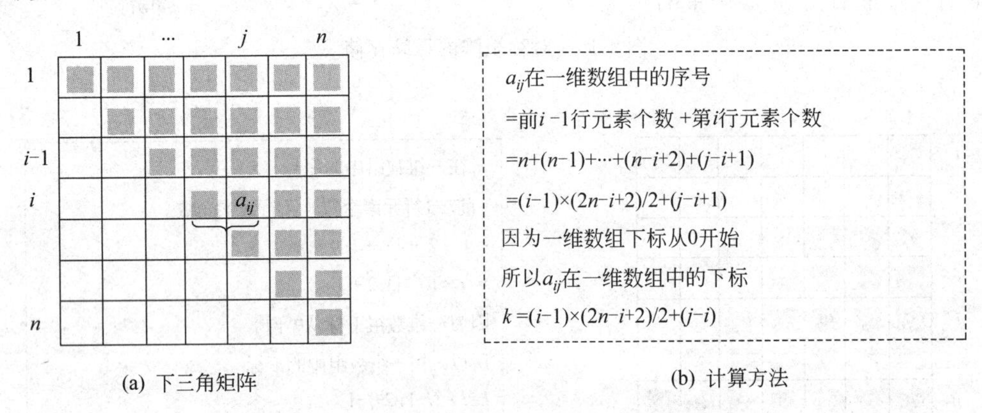


图 4-14 上三角矩阵按行优先存储的寻址示意图

**3. 对角矩阵的压缩存储**

在对角矩阵中，所有非零元素都集中在以主对角线为中心的带状区域，除了主对角线和若干条次对角线的元素外，所有其他元素都为零。因此，对角矩阵也称为带状矩阵，图 4-15 所示为一个三对角矩阵。

对角矩阵的压缩存储方法是将对角矩阵的非零元素按行存储到一维数组中，例如，三对角矩阵的压缩存储及其寻址方法如图 4-16 所示。

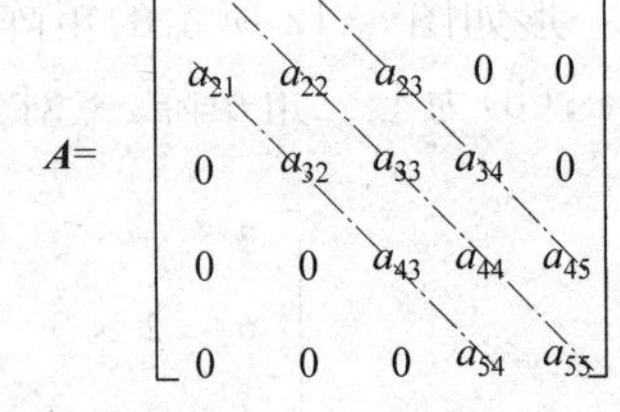


图 4-15 三对角矩阵

## 4.4.2 稀疏矩阵的压缩存储

稀疏矩阵是零元素居多的矩阵[①]。在工程应用中，经常会遇到阶数很高的大型稀疏矩阵，如果按常规方法存储，则会存储大量的零元素，造成存

① 对于稀疏矩阵无法给出确切的概念，只要非零元素的个数远远小于矩阵元素的总数，就可认为该矩阵是稀疏的。可以用稀疏因子来描述矩阵的稀疏程度，设在一个 $m$ 行 $n$ 列的矩阵中有 $t$ 个非零元素，则稀疏因子 $\delta=\frac{t}{m\times n}$。通常在 $\delta<0.05$ 时，就可以认为是稀疏的。Allen Weiss 等认为，对于一个 $n\times n$ 的矩阵，只要非零元素个数小于 $n^2/3$ 就是稀疏矩阵。

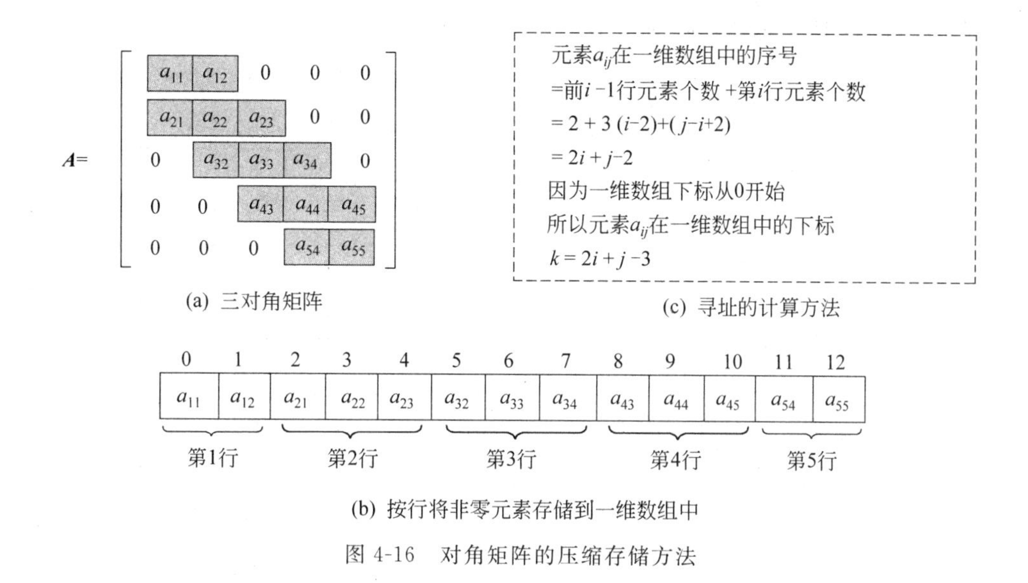


图 4-16　对角矩阵的压缩存储方法

储浪费。一个显然的存储方法是仅存非零元素。但对于这类矩阵，通常非零元素的分布没有规律，为了能够找到相应的非零元素，仅存储非零元素的值是不够的，还要存储该元素所在的行号和列号，即将非零元素表示为三元组（行号，列号，非零元素值）。三元组的存储结构定义如下：

```
typedef int DataType;              /* 定义矩阵元素的数据类型 */
typedef struct
{
    int row,col;                   /* 行号 row,列号 col */
    DataType item;                 /* 非零元素值 item */
} Element;
```

将稀疏矩阵的非零元素对应的三元组所构成的集合，按行优先排列成一个线性表，称为**三元组表**(list of 3-tuples)，则稀疏矩阵的压缩存储转化为三元组表的存储。例如，图 4-17 所示稀疏矩阵对应的三元组表是((1,1,3),(1,4,7),(2,3,−1),(3,1,2),(5,4,−8))。

**1. 三元组顺序表**

三元组表的顺序存储结构称为**三元组顺序表**(sequential list of 3-tuples)。

显然，要唯一表示一个稀疏矩阵，还需要在存储三元组表的同时存储该矩阵的行数、列数和非零元素的个数，其存储结构定义如下：

```
#define MaxTerm 100                /* 最多 100 个非零元素 */
typedef struct
{
    Element data[MaxTerm];
    int mu,nu,tu;                  /* 行数、列数、非零元个数 */
} SparseMatrix;
```

例如，图 4-17 所示稀疏矩阵对应的三元组顺序表如图 4-18 所示。

$$
A=\begin{bmatrix} 3 & 0 & 0 & 7 \\ 0 & 0 & -1 & 0 \\ 2 & 0 & 0 & 0 \\ 0 & 0 & 0 & 0 \\ 0 & 0 & 0 & -8 \end{bmatrix}
$$

图 4-17　稀疏矩阵 **A**

| | row | col | item |
|---|---|---|---|
| 0 | 1 | 1 | 3 |
| 1 | 1 | 4 | 7 |
| 2 | 2 | 3 | -1 |
| 3 | 3 | 1 | 2 |
| 4 | 5 | 4 | -8 |
| | 空闲 | 空闲 | 空闲 |
| MaxTerm-1 | | | |
| | 5（矩阵的行数） | | |
| | 4（矩阵的列数） | | |
| | 5（非零元个数） | | |

图 4-18　矩阵 **A** 的三元组顺序表

**2. 十字链表**

采用三元组顺序表存储稀疏矩阵，对于矩阵的加法、乘法等操作，非零元素的个数及位置都会发生变化，则在三元组顺序表中就要进行插入和删除操作，顺序存储就十分不便。稀疏矩阵的链接存储结构称为**十字链表**（orthogonal list），其基本思想是：将每个非零元素对应的三元组存储为一个链表结点，结点由 5 个域组成，其结构如图 4-19 所示。其中，data 为存储非零元素对应的三元组；right 指向同一行中的下一个三元组结点；down 指向同一列中的下一个三元组结点。十字链表的结点结构定义如下：

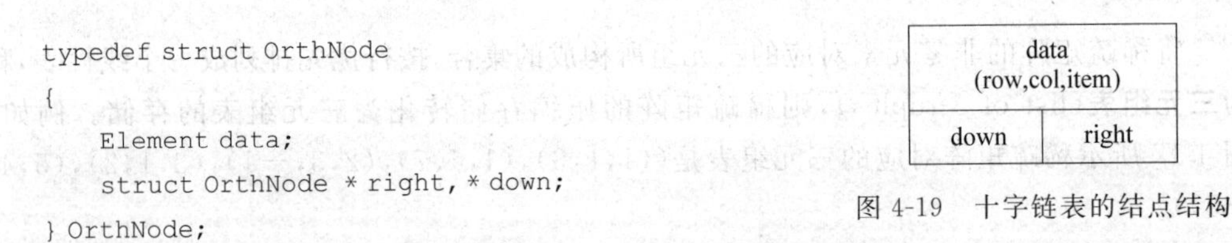

```
typedef struct OrthNode
{
    Element data;
    struct OrthNode * right, * down;
} OrthNode;
```



图 4-19　十字链表的结点结构

稀疏矩阵每一行的非零元素按其列号从小到大由 right 域链成一个行链表，每一列的非零元素按其行号从小到大由 down 域链成一个列链表，每个非零元素 $a_{ij}$ 既是第 $i$ 行链表中的一个结点，又是第 $j$ 列链表中的一个结点，故称之为十字链表。为了实现对某一行链表的头指针进行快速查找，将这些头指针存储在一个数组 HA 中，同样道理，为了实现对某一列链表的头指针进行快速查找，将这些头指针存储在一个数组 HB 中。图 4-17 所示稀疏矩阵的十字链表存储如图 4-20 所示。

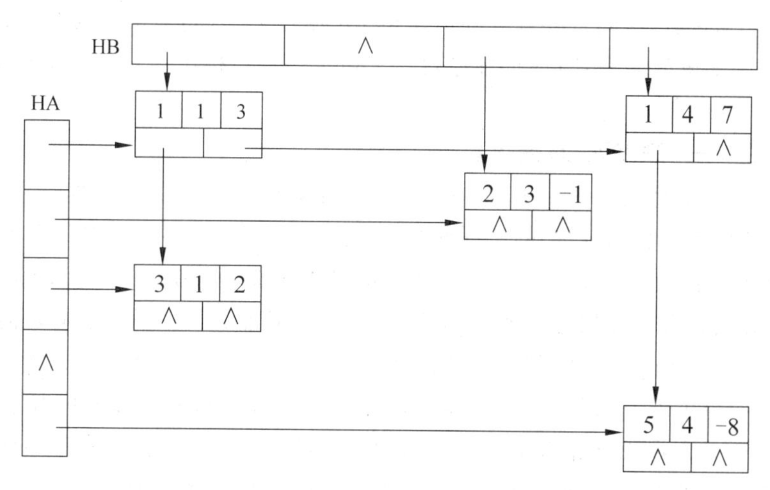


图 4-20　稀疏矩阵的十字链表存储

# 4.5　扩展与提高

## 4.5.1　稀疏矩阵的转置运算

稀疏矩阵的压缩存储节约了存储空间，但失去了可以按下标直接存取的特性，使得矩阵的某些运算可能变得复杂。设稀疏矩阵采用三元组顺序表存储，将稀疏矩阵 **A** 转置为稀疏矩阵 **B**，下面讨论稀疏矩阵压缩存储下的转置运算。

**【转置算法 1——直接取，顺序存】**

假设对稀疏矩阵 $\boldsymbol{A}_{ij}(1\leqslant i\leqslant n, 1\leqslant j\leqslant m)$ 进行转置运算，算法 1 的基本思想是：在 **A** 的三元组顺序表中依次查找第 1 列、第 2 列、…、直到最后一列的三元组，并将找到的每个三元组的行、列交换后顺序存储到 **B** 的三元组顺序表中。算法用 C 语言描述如下：

```
void Trans1(SparseMatrix A,SparseMatrix * B)
{
    int pa,pb,col;
    B->mu = A.nu; B->nu = A.mu; B->tu = A.tu;        /* 行数、列数、非零元个数 */
    pb = 0;
    for (col = 1; col <= A.nu; col++)                 /* 依次考察矩阵 A 的每一列 */
      for (pa = 0; pa < A.tu; pa++)                   /* 扫描 A 的三元组顺序表 */
        if (A.data[pa].col == col ) {                 /* 处理 col 列元素 */
          B->data[pb].row = A.data[pa].col;
          B->data[pb].col = A.data[pa].row;
          B->data[pb].item = A.data[pa].item;
          pb++;
        }
}
```

转置算法1的执行时间主要耗费在嵌套的for循环上，时间复杂度为$O(nu\times tu)$。与常规存储方式下矩阵转置算法(时间复杂度为$O(nu\times mu)$)相比，当$tu>mu$时，算法的时间性能较差。

**【转置算法2——顺序取，直接存】**

转置算法1效率低的原因是从$A$的三元组顺序表中依次寻找第1列、第2列、…、最后一列的三元组，要反复扫描$A$的三元组顺序表。若能直接确定$A$中每个三元组在$B$中的位置，则对$A$扫描一次即可。转置算法2的基本思想是：在$A$的三元组顺序表中依次取三元组，交换其行号和列号放到$B$中适当位置。显然，算法的关键是如何确定当前从$A$中取出的三元组在$B$中的位置。注意到$A$中第1列的第一个非零元素一定存储在$B$中下标为0的位置上，该列中其他非零元素应存放在$B$中后面连续的位置上，那么第2列的第一个非零元素在$B$中的位置便等于第1列的第一个非零元素在$B$中的位置加上第1列的非零元素的个数，依此类推。为此，需引入两个数组作为辅助数据结构：

num[$nu$]：矩阵**A**中某列的非零元素的个数。

cpot[$nu$]：初值表示矩阵**A**中某列第一个非零元素在$\boldsymbol{B}$中的位置，并有如下递推关系：

$$\begin{cases}\text{cpot}[1]=0\\ \text{cpot}[\text{col}]=\text{cpot}[\text{col}-1]+\text{num}[\text{col}-1]; \quad 2\leqslant \text{col}\leqslant nu\end{cases} \tag{4-3}$$

对于图4-17中稀疏矩阵**A**的num和cpot的值如图4-21所示，num和cpot之间的关系如图4-22所示。

| col | 1 | 2 | 3 | 4 | 5 |
|---|---|---|---|---|---|
| num[col] | 2 | 1 | 1 | 0 | 1 |
| cpot[col] | 0 | 2 | 3 | 4 | 4 |

图4-21 稀疏矩阵**A**的num与cpot值

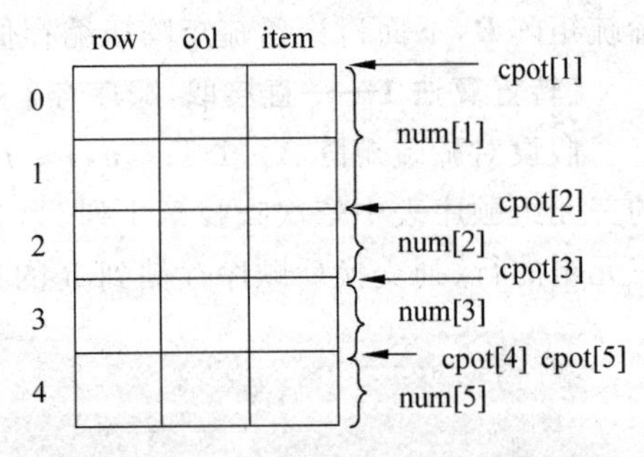


图4-22 num与cpot之间关系示意图

在求出cpot[nu]后只需扫描一遍$A$的三元组顺序表，当扫描到一个col列的元素时，直接将其存放在$B$中下标为cpot[col]的位置上，然后将cpot[col]加1，即cpot[col]是下一个col列元素(如果有的话)在$B$中的位置。转置算法2用伪代码描述如下：

> 算法：Trans2
> 输入：三元组顺序表存储的稀疏矩阵A
> 输出：矩阵A的转置矩阵B，矩阵B采用三元组顺序表存储
> 1. 设置转置后矩阵B的行数、列数和非零元素的个数；
> 2. 计算A中每一列的非零元素个数；

3. 计算 A 中每一列的第一个非零元素在 B 中的下标；
4. 依次取 A 中的每一个非零元素对应的三元组；
   4.1　确定该元素在 B 中的下标 pb；
   4.2　将该元素的行号列号交换后存入 B 中 pb 的位置；
   4.3　预置该元素所在列的下一个元素的存放位置；

下面给出转置算法 2 的 C 语言实现。

```
void Trans2(SparseMatrix A,SparseMatrix *B)
{
    int i,j,k,num[n],cpot[n];
    B->mu = A.nu; B->nu = A.mu; B->tu = A.tu;
    for (i = 0; i < A.nu; i++)              /*初始化A中每一列非零元素的个数*/
        num[i] = 0;
    for (i = 0; i < A.tu; i++)              /*求A中每一列非零元素的个数*/
    {
        j = A.data[i].col;                  /*取三元组的列号*/
        num[j]++;
    }
    cpot[1] = 0;
    for (i = 2; i <= A.nu; i++)
        cpot[i] = cpot[i-1] +num[i-1];
    for (i = 0; i < A.tu; i++)              /*扫描三元组表A*/
    {
        j = A.data[i].col;                  /*取当前三元组的列号*/
        k = cpot[j];                        /*当前三元组在B中的下标*/
        B->data[k].row = A.data[i].col;
        B->data[k].col = A.data[i].row;
        B->data[k].item = A.data[i].item;
        cpot[j]++;                          /*预置同一列下一个三元组的下标*/
    }
}
```

转置算法 2 有 4 个循环，分别执行 $nu$、$tu$、$nu$ 和 $tu$ 次，因此时间复杂度是 $O(nu+tu)$。该算法需要的存储空间比转置算法 1 多了两个数组，同时，算法本身也较复杂一些。

### 4.5.2　广义表

线性表中每个数据元素被限定为具有相同类型，有时这种限制需要放宽。例如，中国举办的某体育项目国际邀请赛，假设韩国队应排在美国队的后面，但由于某种原因未参加，成为空表，国家队、河北队、四川队作为东道主的参赛队参加，构成一个小的线性表，成为原线性表的一个数据元素，则参赛队清单可采用如下的表示形式：((国家，河北，四川)，古巴，美国，( )，日本)，这种放宽了的线性表就是广义表。

**1. 广义表的定义**

**广义表**(generalized lists)是$n(n\geqslant 0)$个数据元素的有限序列,每个数据元素可以是单个的数据元素,也可以是一个广义表,分别称为广义表的单元素和子表。通常用大写字母表示广义表,用小写字母表示单元素。

当广义表非空时,称第一个元素为广义表的**表头**;除去表头后其余元素组成的广义表称为广义表的**表尾**。广义表中数据元素的个数称为广义表的**长度**;广义表中括号的最大嵌套层数称为广义表的**深度**。下面是一些广义表的例子:

$A=(\ )$　　空表,长度为0,深度为1

$B=(e)$　　只有一个单元素,长度为1,深度为1

$C=(a,(b,c,d))$　　有一个单元素和一个子表,长度为2,深度为2

$D=(A,B,C)$　　有三个子表,长度为3,深度为3

$E=(a,E)$　　递归表,长度为2,深度为无穷大

$F=((\ ))$　　只有一个空表,长度为1,深度为2

可以用逻辑结构图来描述广义表,具体方法为:广义表的数据元素$x$用一个结点来表示,若$x$为单元素,则用矩形结点表示,若$x$为广义表,则用圆形结点表示,结点之间的边表示元素之间的包含关系。对于上面列举的广义表,其逻辑结构图如图4-23所示。

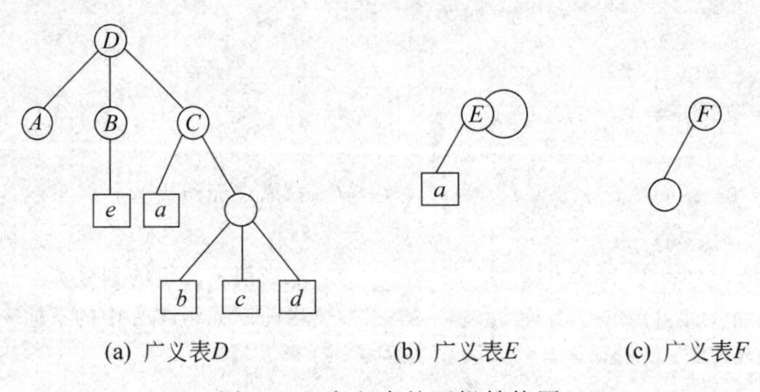


图4-23　广义表的逻辑结构图

从上述广义表的定义和例子可以看出,广义表具有以下特性:

(1) 广义线性性:对任意广义表,若不考虑其数据元素的内部结构,则是一个线性表,数据元素之间是线性关系。

(2) 元素复合性:广义表的数据元素分为两种,即单元素和子表,因此,广义表中元素的类型不统一。一个子表在某一层上被当作元素,但就本身结构而言,也是广义表。

(3) 元素递归性:广义表可以是递归的。广义表的定义并没有限制元素的递归,即广义表也可以是其自身的子表。这种递归性使得广义表具有较强的表达能力。

(4) 元素共享性:广义表以及广义表的元素可以为其他广义表所共享。例如,表$A$、表$B$、表$C$是表$D$的共享子表。

广义表的上述特性使得广义表具有很大的使用价值,广义表可以兼容线性表、数组、树和有向图等各种常用的数据结构。例如,当二维数组的每行(或每列)作为子表处理时,二维数组即为一个广义表;如果限制广义表中元素的共享和递归,广义表和树对应;如果

限制广义表的递归并允许元素共享，则广义表和图对应。

**2. 广义表的抽象数据类型定义**

广义表有两个重要的基本操作：取表头和取表尾。通过取表头和取表尾操作，可以按递归方法处理广义表。人工智能语言 Lisp 和 Prolog 就是以广义表为数据结构，通过取表头和取表尾实现各种操作。此外，在广义表上还可以定义与线性表类似的一些基本操作，如插入、删除、遍历等。下面给出广义表的抽象数据类型定义。

```
ADT GLists
DataModel
    数据元素的有限序列，数据元素可以是单元素也可以是广义表
Operation
    InitLists
      输入：无
      功能：初始化广义表
      输出：空的广义表
    DestroyLists
      输入：无
      功能：销毁广义表
      输出：无
    Length
      输入：无
      功能：求广义表的长度
      输出：广义表含有的数据元素的个数
    Depth
      输入：无
      功能：求广义表的深度
      输出：广义表括号嵌套的最大层数
    Head
      输入：无
      功能：求广义表的表头
      输出：广义表中第一个元素
    Tail
      输入：无
      功能：求广义表的表尾
      输出：广义表的表尾
endADT
```

**3. 广义表的存储结构**

由于广义表中数据元素的类型不统一，因此难以用顺序存储结构来存储。而链接存储结构较为灵活，可以解决广义表的共享与递归问题，所以通常采用链接存储结构来存储广义表。若广义表不空，则可分解为表头和表尾；反之，一对确定的表头和表尾可唯一地确定一个广义表。根据这一性质可采用**头尾表示法**(head tail express)来存储广义表。

由于广义表中的数据元素既可以是广义表也可以是单元素，相应地在头尾表示法中

链表的结点结构有两种：一种是表结点，用以存储广义表；另一种是元素结点，用以存储单元素。为了区分这两类结点，在结点中还要设置一个标志域，如果标志为1，则表示该结点为表结点；如果标志为0，则表示该结点为元素结点。其结点结构如图4-24所示。

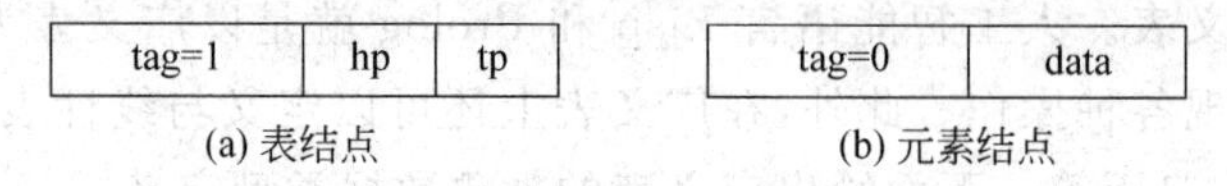


图4-24　头尾表示法的结点结构

其中，tag为区分表结点和元素结点的标志；

hp为指向表头的指针；

tp为指向表尾的指针；

data为存放单元素的数据域。

用C语言中的结构体类型和联合类型来定义上述结点结构。

```
enum Elemtag {Atom,List};                    /* Atom = 0 为单元素;List = 1 为子表 */
typedef int DataType;
struct GLNode
{
    Elemtag tag;                             /* 标志域,用于区分元素结点和表结点 */
    union
    {                                        /* 元素结点和表结点的联合部分 */
        DataType data;
        struct
        {
            struct GLNode * hp, * tp;        /* hp 和 tp 分别指向表头和表尾 */
        } ptr;
    };
};
```

对于图4-23所示广义表，采用头尾表示法的存储示意图如图4-25所示。

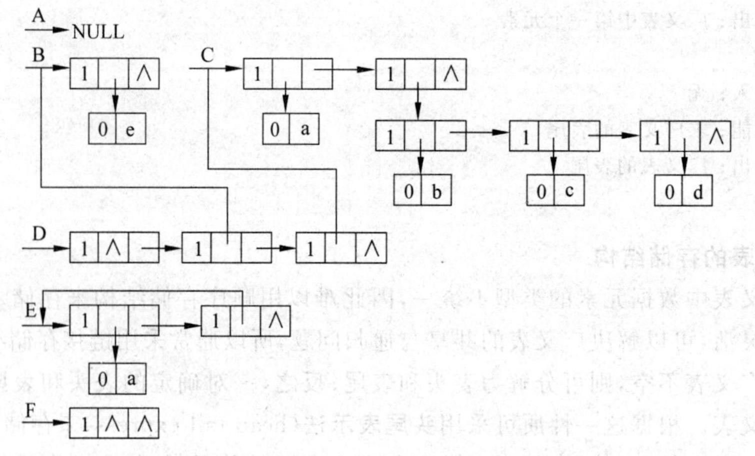


图4-25　广义表头尾表示法的存储示意图

# 4.6 应用实例

## 4.6.1 发纸牌

在本章的引言部分给出了发纸牌问题，下面讨论算法设计和程序实现。

**【算法】** 为避免重复发牌，设二维数组 sign[4][13]记载是否发过某张牌，其中行下标表示花色，列下标表示点数。设字符串指针数组 card[$n$]存储随机发的 $n$ 张纸牌，例如 card[0]="梅花 2"。按以下方法依次发每一张牌：首先产生一个 0～3 的随机数 $i$ 表示花色，再产生一个 0～12 的随机数 $j$ 表示点数，如果这张牌尚未发出，则将 sign[$i$][$j$]置 1，并将这张牌存储到数组 card[$n$]中。算法用伪代码描述如下：

```
算法：SendCards
输入：牌数 n
输出：存储 n 张牌的数组 card[n]
    1. 循环变量 k 从 0～n－1 重复执行下述操作：
       1.1  i＝产生 0～3 的随机数；
       1.2  j＝产生 0～12 的随机数；
       1.3  如果 sign[i][j]等于 1，转 1.1 重新生成第 k 张牌；否则执行下述操作：
            1.3.1  sign[i][j]＝1；
            1.3.2  将第 k 张牌存储到数组 card[k]中；k＋＋；
    2. 输出数组 card[n]；
```

**【程序】** 设字符串指针数组 str1[4]和 str2[13]分别存储一副纸牌的花色和点数，字符串指针数组 card[13]存储随机产生的 $n$ 张纸牌，为避免在函数之间传递大量参数，将数组 str1[4]、str2[13]和 card[13]设为全局变量。程序如下：

```
#include <stdio.h>
#include <stdlib.h>                /* 使用库函数 srand 和 rand */
#include <time.h>                  /* 使用库函数 time */
#include <string.h>
#include <malloc.h>                /* 使用 malloc 等库函数实现动态存储分配 */
char *str1[4] = {"梅花","黑桃","红桃","方块"};      /* 全局变量存储花色和点数 */
char *str2[13] = {"2","3","4","5","6","7","8","9","10","J","Q","K","A"};
char *card[13];                    /* 全局变量存储随机产生的纸牌,假设最多发 13 张牌 */
void SendCards(int n);             /* 函数声明,随机产生并存储 n 张牌 */
void Printcards(int n);            /* 函数声明,输出产生的 n 张牌 */

int main( )
{
    int n;
    printf("请输入发牌张数: ");
```

```
    scanf("%d",&n);
    SendCards(n);                     /* 函数调用,随机产生 n 张牌存储到数组 card */
    Printcards(n);                    /* 函数调用,输出数组 card 中保存的 n 张牌 */
    return 0;
}

void SendCards(int n)
{
    int i,j,k,sign[4][13] = {0};      /* 初始化标志数组,所有牌均未发出 */
    srand(time(NULL));                /* 初始化随机种子为当前系统时间 */
    for (k = 0; k < n; )              /* 省略表达式 3,发第 k 张牌 */
    {
        i = rand( ) %4 ;              /* 随机生成花色的下标 */
        j = rand( ) %13;              /* 随机生成点数的下标 */
        if (sign[i][j] == 1)          /* 这张牌已发出 */
            continue;                 /* 跳过循环体余下语句,注意 k 的值不变 */
        else
        {
            card[k] = (char *)malloc(6);    /* 存储一张牌需要 6 个字节 */
            strcpy(card[k],str1[i]); /* 赋值,即 card[k] = str1[i] */
            strcat(card[k],str2[j]); /* 连接,即 card[k] = card[k]+str2[j] */
            sign[i][j] = 1;           /* 标识这张牌已发出 */
            k++;                      /* 准备发下一张牌 */
        }
    }
}
void Printcards(int n)
{
    for (int k = 0; k < n; k++)
        printf("%-10s",card[k]);     /* 宽度 10 位左对齐输出第 k 张牌 */
    printf("\n");
}
```

### 4.6.2 八皇后问题

在本章的引言部分给出了八皇后问题,下面讨论算法设计和程序实现。

**【算法】** 由于棋盘的每一行可以并且必须摆放一个皇后,可以用向量$(x_1,x_2,\cdots,x_n)$表示 $n$ 皇后问题的解,即第 $i$ 个皇后摆放在第 $i$ 行第 $x_i$ 列的位置($1\leqslant i\leqslant n$ 且 $1\leqslant x_i\leqslant n$)。由于两个皇后不能位于同一列,所以,$n$ 皇后问题的解向量必须满足约束条件 $x_i\neq x_j$。

可以将 $n$ 皇后问题的 $n\times n$ 棋盘看成是矩阵,设皇后 $i$ 和皇后 $j$ 的摆放位置分别是$(i,x_i)$和$(j,x_j)$,则在棋盘上斜率为$-1$的同一条斜线上,满足条件 $i-x_i=j-x_j$,如图 4-26(a)所示;在棋盘上斜率为 1 的同一条斜线上,满足条件 $i+x_i=j+x_j$,如图 4-26(b)所示。综合上述两种情况,$n$ 皇后问题的解必须满足约束条件:$|i-j|\neq|x_i-x_j|$。

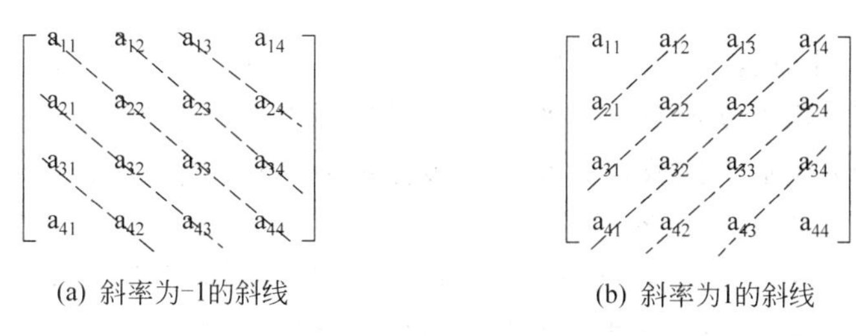

(a) 斜率为-1的斜线
(b) 斜率为1的斜线


图 4-26　不在同一斜线上的约束条件

为了简化问题，下面讨论四皇后问题的求解过程。如图 4-27 所示，从空棋盘开始，首先把皇后 1 摆放到第 1 行第 1 列；对于皇后 2，在经过第 1 列和第 2 列的失败尝试后，把它摆放到第 2 行第 3 列；皇后 3 摆放到第 3 行的哪列都会引起冲突，所以，回溯到皇后 2，把皇后 2 摆放到下一个可能的位置，也就是第 2 行第 4 列；继续下去，皇后 4 摆放到第 4 行的哪列都会引起冲突，回溯到皇后 3 再回溯到皇后 2，但此时皇后 2 位于棋盘的最后一列，继续回溯，回到皇后 1，把皇后 1 摆放到下一个可能的位置，也就是第 1 行第 2 列，接下来，把皇后 2 摆放第 2 行第 4 列的位置，把皇后 3 摆放到第 3 行第 1 列的位置，把皇后 4 摆放到第 4 行第 3 列的位置，这就是四皇后问题的一个解。

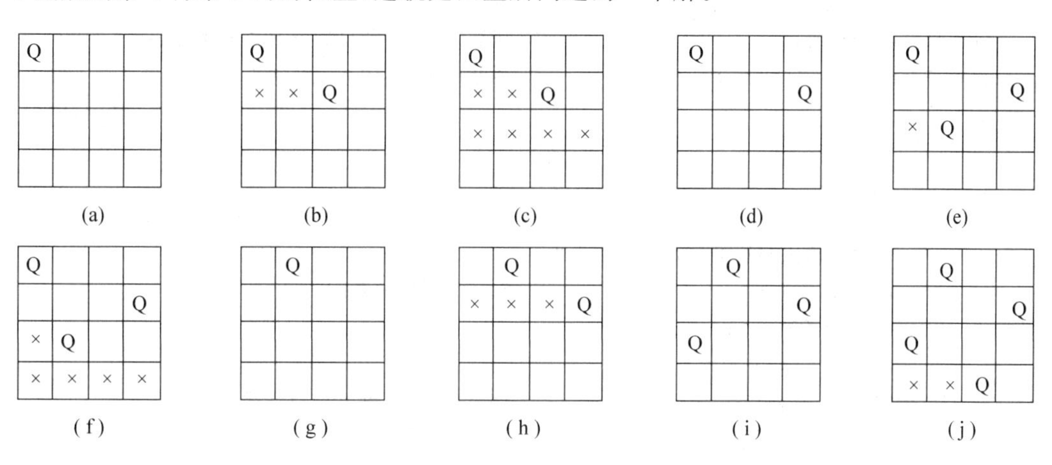

图 4-27　四皇后问题的求解过程
（×表示失败的尝试，Q 表示放置皇后）

设函数 Queen 实现任意 $n$ 皇后问题，皇后 $k$ 摆放在 $k$ 行 $x[k]$ 列的位置，注意数组下标从 0 开始，则 $0 \leqslant k < n$ 且 $0 \leqslant x[k] < n$。算法用伪代码描述如下：

```
算法：Queue(n)
输入：皇后的个数 n
输出：n 皇后问题的解 x[n]
    1. 初始化 k=0，初始化解向量 x[n]={-1}；
```

2. 重复执行下述操作，摆放皇后k：
   2.1 把皇后k摆放在下一列的位置，即x[k]++；
   2.2 如果皇后k摆放在x[k]位置发生冲突，则x[k]++试探下一列，直到不冲突或x[k]出界；
   2.3 如果x[k]没出界且所有皇后都摆放完毕，则输出一个解；
   2.4 如果x[k]没出界但尚有皇后没摆放，则k++，转2.1摆放下一个皇后；
   2.5 如果x[k]出界，则回溯，x[k]=-1，k--，转2.1重新摆放皇后k；

**【程序】** 设函数Place判断皇后k摆放在x[k]是否与前k-1个皇后的摆放发生冲突，函数PrintQueen打印n皇后问题的一个解，为避免在函数间传递参数，将数组x[k]设为全局变量。由于数组下标从0开始，将数组x[N]初始化为-1程序如下：

```
#include <stdio.h>
#include <math.h>
#define N 100                          /* 假定最多求 100 皇后问题 */
int x[N];                              /* 存放 n 皇后问题的解 */
void Queen(int n);                     /* 函数声明,填写 n 皇后 */
int Place(int k);                      /* 函数声明,判断皇后 k 是否发生冲突 */
void PrintQueen(int n);                /* 函数声明,打印 n 皇后 */

int main( )
{
    int i,n;
    printf("请输入皇后的个数(n≥4): ");
    scanf("%d",&n);                    /* 输入皇后的个数 */
    for (i = 0; i < n; i++)
        x[i] = -1;
    Queen(n);                          /* 函数调用,求解 n 皇后问题 */
    return 0;
}

void Queen(int n)
{
    int k = 0,num = 0;                 /* num 存储解的个数 */
    while (k >= 0)                     /* 摆放皇后 k,注意 0≤k<n */
    {
        x[k]++;                        /* 在下一列摆放皇后 k */
        while (x[k] < n && Place(k) == 1)   /* 发生冲突 */
            x[k]++;                    /* 皇后 k 试探下一列 */
        if (x[k] < n && k == n-1 )     /* 得到一个解,输出 */
        {
            printf("第 %d 个解是: ",++num);
            PrintQueen(n);
```

```
        }
        else if (x[k] < n && k < n-1)       /* 尚有皇后未摆放 */
            k = k+1;                        /* 准备摆放下一个皇后 */
        else
            x[k--] = -1;                    /* 重置 x[k],回溯,重新摆放皇后 k */
    }
}
int Place(int k)                            /* 考察皇后 k 放置在 x[k]列是否发生冲突 */
{
    for (int i = 0; i < k; i++)
        if (x[i] == x[k] || abs(i-k) == abs( x[i]-x[k]))     /* 违反约束条件 */
            return 1;                       /* 冲突,返回 1 */
    return 0;                               /* 不冲突,返回 0 */
    }
    void PrintQueen(int n)                  /* 打印 n 皇后问题的一个解(x1,x2,…,xn) */
    {
        for (int i = 0; i < n; i++)
            printf("%5d",x[i]+1);           /* 数组下标从 0 开始,打印的列号从 1 开始 */
        printf("\n");
    }
```

# 习　题　4

1. 选择题

(1) 设有两个字符串 p 和 q,求 q 在 p 中首次出现的位置的运算称作(　　)。

A. 连接　　B. 模式匹配　　C. 求子串　　D. 求串长

(2) 设模式 $T$="*abcabc*",则该模式的 next 值为(　　)。

A. {−1,0,0,1,2,3}　　B. {−1,0,0,0,1,2}

C. {−1,0,0,1,1,2}　　D. {−1,0,0,0,2,3}

(3) 二维数组 $A$ 的每个元素是由 6 个字符组成的字符串,行下标的范围从 0~8,列下标的范围是从 0~9,则存放数组 $A$ 至少需要(　　)个字节,若 $A$ 按行优先方式存储,元素 $A$[8][5]的起始地址与当 $A$ 按列优先方式存储时的(　　)元素的起始地址一致。

A. 90　　B. 180　　C. 240　　D. 540

E. $A$[8][5]　　F. $A$[3][10]　　G. $A$[5][8]　　H. $A$[4][9]

(4) 将数组称为随机存取结构是因为(　　)。

A. 数组元素是随机的　　B. 对数组任一元素的存取时间是相等的

C. 随时可以对数组进行访问　　D. 数组的存储结构是不定的

(5) 下面的说法中,不正确的是(　　)。

A. 数组是一种线性结构

B. 数组是一种定长的线性结构

C. 除了插入与删除操作外,数组的基本操作还有存取、修改、检索和排序等

D. 数组的基本操作有存取、修改、检索和排序等，没有插入与删除操作

(6) 对特殊矩阵采用压缩存储的目的主要是为了(　　)。

A. 表达变得简单　　B. 对矩阵元素的存取变得简单

C. 去掉矩阵中的多余元素　　D. 减少不必要的存储空间

(7) 下面(　　)不属于特殊矩阵。

A. 对角矩阵　　B. 三角矩阵　　C. 稀疏矩阵　　D. 对称矩阵

(8) 下面的说法中，不正确的是(　　)。

A. 对称矩阵只须存放包括主对角线元素在内的下(或上)三角的元素即可

B. 对角矩阵只须存放非零元素即可

C. 稀疏矩阵中值为零的元素较多，因此可以采用三元组表方法存储

D. 稀疏矩阵中大量值为零的元素分布有规律，因此可以采用三元组表方法存储

2. 解答下列问题

(1) 对于一个 $n$ 行 $m$ 列的上三角矩阵 $\mathbf{A}$，如果以列优先的方式用一维数组 $B$ 从 0 号位置开始存储，求元素 $a_{ij}$ $(1\leqslant i\leqslant n, 1\leqslant j\leqslant m)$ 在数组 $B$ 中的存储位置。

(2) 设有三对角矩阵 $\mathbf{A}_{n\times n}$，将其三条对角线上的元素逐行存于数组 $B[3n-2]$ 中，使得 $B[k]=a_{ij}$ $(1\leqslant i,j\leqslant n)$，求：

①用 $i,j$ 表示 $k$ 的下标变换公式；②用 $k$ 表示 $i,j$ 的下标变换公式。

(3) 一个稀疏矩阵如图 4-28 所示，写出对应的三元组顺序表和十字链表存储表示。

(4) 对于给定的数组 $a[n][2n-1]$，将 3 个顶点分别为 $a[0][n-1]$、$a[n-1][0]$ 和 $a[n-1][2n-2]$ 的三角形上的所有元素按行序存放在一维数组 $B[n\times n]$ 中，且元素 $a[0][n-1]$ 存放在 $B[0]$ 中。例如当 $n=3$ 时，数组 $a[3][5]$ 中三角形如图 4-29 所示。如果位于三角形上的元素 $a[i][j]$ 存放于 $B[k]$ 中，请给出元素 $a[i][j]$ 的下标 $i,j$ 与 $k$ 的对应关系。

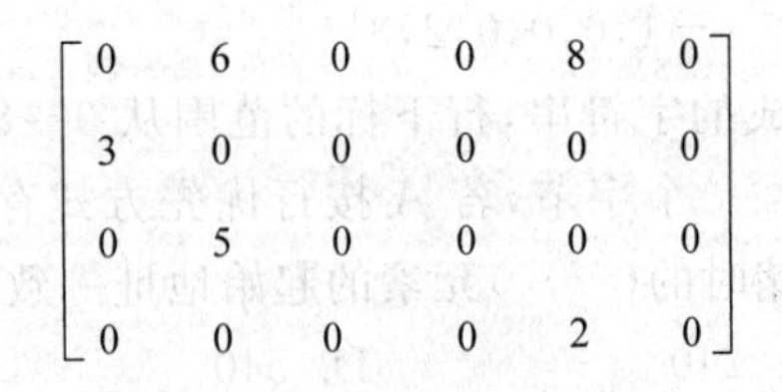


图 4-28　稀疏矩阵

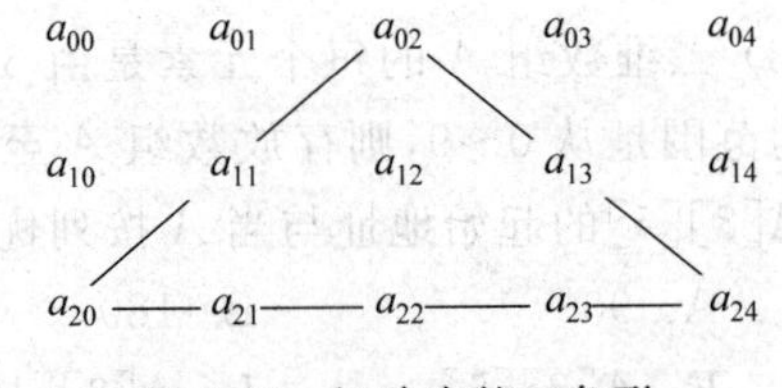


图 4-29　矩阵中的三角形

(5) 设有五对角矩阵 $\boldsymbol{B}=(b_{ij})_{20\times 20}$，将其五条对角线上的元素存在一维数组 $A[m]$ 中，请计算 $m$ 的值以及元素 $b_{15,16}$ 在数组 $A$ 中的存储位置 $k$。

3. 算法设计

(1) 模式匹配是严格的匹配，即强调模式在主串中的连续性，例如，模式"bc"是主串"abcd"的子串，而"ac"就不是主串"abcd"的子串。但在实际应用中，有时不需要模式的连续性，例如，模式"哈工大"与主串"哈尔滨工业大学"是非连续匹配的，称模式"哈工大"是

主串"哈尔滨工业大学"的子序列。要求设计算法，判断给定的模式是否为两个主串的公共子序列。

(2) 若在矩阵 **A** 中存在一个元素 $a_{ij}$ ($1 \leqslant i \leqslant n, 1 \leqslant j \leqslant m$)，该元素是第 $i$ 行的最小值元素且又是第 $j$ 列的最大值元素，则称此元素为该矩阵的一个鞍点。假设以二维数组存储矩阵，设计算法求矩阵 **A** 的所有鞍点，并分析最坏情况下的时间复杂度。

(3) 给定 $n \times m$ 矩阵 **A** 满足 $A[i,j] \leqslant A[i,j+1]$ ($0 \leqslant i \leqslant n, 0 \leqslant j \leqslant m-1$) 和 $A[i,j] \leqslant A[i+1,j]$ ($0 \leqslant i \leqslant n-1, 0 \leqslant j \leqslant m$)。设计算法判定 $x$ 是否在 $A$ 中，要求时间复杂度为 $O(m+n)$。

# 第5章 树和二叉树

CHAPTER

<table>
<tr><td>教学重点</td><td colspan="5">二叉树的性质；二叉树和树的存储表示；二叉树的遍历及算法实现；树与二叉树的转换关系；哈夫曼树</td></tr>
<tr><td>教学难点</td><td colspan="5">二叉树的层序遍历算法；二叉树的建立算法；哈夫曼算法</td></tr>
<tr><td rowspan="16">教学内容和目标</td><td rowspan="2">知识点</td><td colspan="4">教学要求</td></tr>
<tr><td>了解</td><td>理解</td><td>掌握</td><td>熟练掌握</td></tr>
<tr><td>树的定义和基本术语</td><td></td><td></td><td>√</td><td></td></tr>
<tr><td>树和二叉树的抽象数据类型定义</td><td></td><td>√</td><td></td><td></td></tr>
<tr><td>树和二叉树的遍历</td><td></td><td></td><td></td><td>√</td></tr>
<tr><td>树的存储结构</td><td></td><td></td><td>√</td><td></td></tr>
<tr><td>二叉树的定义</td><td></td><td></td><td></td><td>√</td></tr>
<tr><td>二叉树的基本性质</td><td></td><td></td><td></td><td>√</td></tr>
<tr><td>二叉树的顺序存储结构</td><td></td><td>√</td><td></td><td></td></tr>
<tr><td>二叉链表</td><td></td><td></td><td></td><td>√</td></tr>
<tr><td>三叉链表</td><td>√</td><td></td><td></td><td></td></tr>
<tr><td>二叉树遍历的递归算法</td><td></td><td></td><td></td><td>√</td></tr>
<tr><td>二叉树的层序遍历算法</td><td></td><td>√</td><td></td><td></td></tr>
<tr><td>二叉树的建立算法</td><td></td><td></td><td>√</td><td></td></tr>
<tr><td>树、森林和二叉树之间的转换</td><td></td><td></td><td>√</td><td></td></tr>
<tr><td>哈夫曼树及哈夫曼编码</td><td></td><td></td><td>√</td><td></td></tr>
<tr><td>教学提示</td><td colspan="5">本章的内容由树和二叉树两部分组成，并且由二叉链表存储结构，使得树和二叉树之间具有一一对应关系。对于树的逻辑结构，要从树的定义出发，在与线性表定义比较的基础上，把握要点理解其逻辑特征，通过具体实例识记树的基本术语。对于二叉树的逻辑结构，要从二叉树的定义出发，在与树的定义比较的基础上，理解树和二叉树是两种树结构。对于树和二叉树的存储结构，要以如何表示结点之间的逻辑关系为出发点，掌握不同存储方法以及他们之间的关系。<br>二叉树的遍历是本章的重点，首先从逻辑上掌握二叉树的遍历操作，然后给出二叉树遍历的递归算法，在理解二叉树遍历执行过程的基础上给出对应的非递归算法。</td></tr>
</table>

# 5.1 引　　言

前面讨论的数据结构都属于线性结构，主要描述具有单一的前驱和后继关系的数据。树结构是一种比线性结构更复杂的数据结构，比较适合描述具有层次关系的数据，如祖先——后代、上级——下属、整体——部分以及其他类似的关系。许多问题抽象出的数据模型具有层次关系，请看下面两个例子。

**【例 5-1】** 文件系统。Windows 操作系统的文件目录结构如图 5-1 所示，其中，/表示文件夹，括号内的数字表示文件的大小，单位是 KB，假设文件夹本身的大小是 1KB，如果要统计每个文件和文件夹的大小，即输出如图 5-2 所示的结果，应该如何存储这个文件目录结构并进行统计呢？

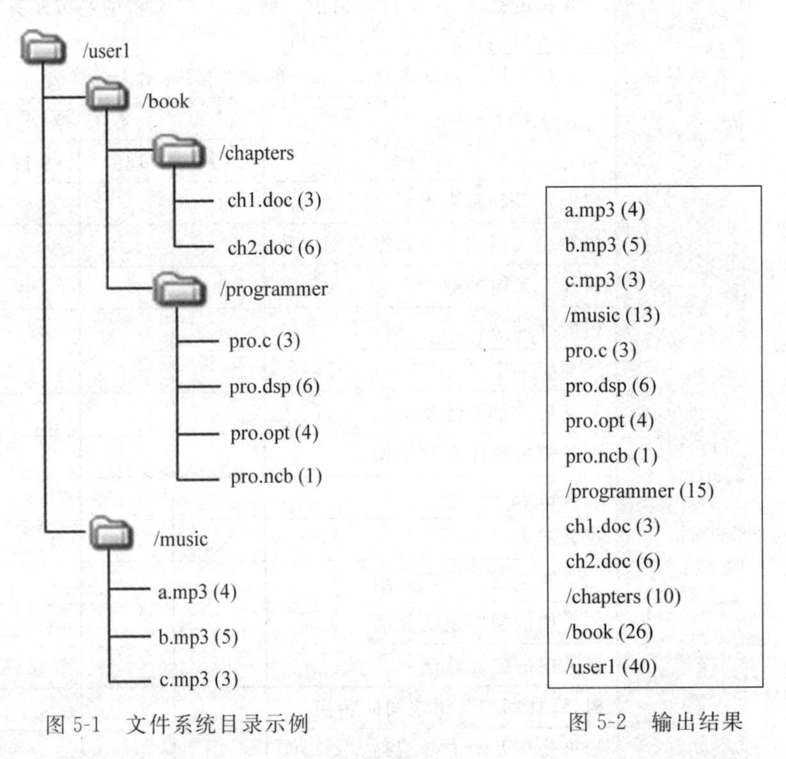


图 5-1　文件系统目录示例　　　　图 5-2　输出结果

**【例 5-2】** 二叉表示树。一个算术表达式可以用二叉树来表示，这样的二叉树称为二叉表示树。二叉表示树具有以下两个特点：

(1) 叶子结点一定是操作数；

(2) 分支结点一定是运算符。

将一个算术表达式转化为二叉表示树基于如下规则：

(1) 考虑运算符的优先顺序，将表达式结合成(左操作数 运算符 右操作数)的形式；

(2) 由外层括号开始，运算符作为二叉表示树的根结点，左操作数作为根结点的左子树，右操作数作为根结点的右子树；

(3) 如果某子树对应的操作数为一个表达式，则重复第(2)步的转换，直到该子树对应的操作数不能再分解。

例如，将表达式$(A+B)*(C+D*E)$结合成$((A+B)*(C+(D*E)))$，则二叉表示树的根结点是运算符$*$，左操作数即左子树是$(A+B)$，右操作数即右子树是$(C+(D*E))$。对于左子树$(A+B)$，其根结点是运算符$+$，左子树是$A$，右子树是$B$。对于右子树$(C+(D*E))$，其根结点是运算符$+$，左子树是$C$，右子树是$(D*E)$，依此类推。二叉表示树的构造过程如图5-3所示。

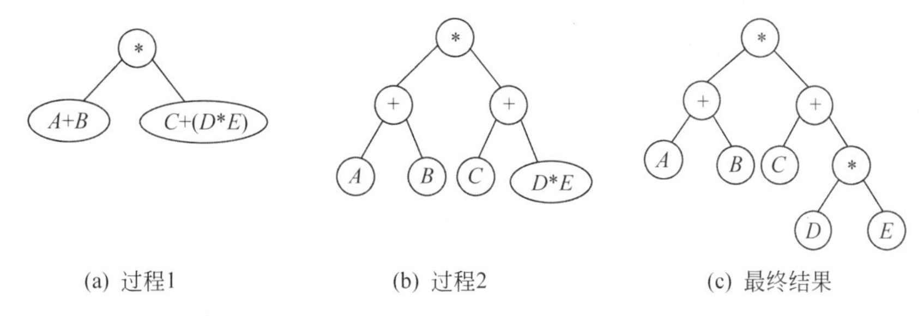


图5-3 二叉表示树的构造过程

将算术表达式转换为二叉表示树后，就可以通过遍历二叉树来判断算术表达式是否存在语法错误，并将算术表达式转换为后缀形式(也称逆波兰式)。例如，图5-3(c)所示二叉表示树的后序遍历序列是$AB+CDE*+*$，该序列对应算术表达式的后缀形式。

# 5.2 树的逻辑结构

## 5.2.1 树的定义和基本术语

### 1. 树的定义

在树中通常将数据元素称为**结点**(node)。

**树**(tree)是$n(n\geqslant 0)$个结点的有限集合[①]。当$n=0$时，称为空树；任意一棵非空树满足以下条件：

(1) 有且仅有一个特定的称为**根**(root)的结点；

(2) 当$n>1$时，除根结点之外的其余结点被分成$m(m>0)$个**互不相交**的有限集合$T_1$、$T_2$、…、$T_m$，其中每个集合又是一棵树[②]，并称为这个根结点的**子树**(subtree)。

图5-4(a)是一棵具有9个结点的树，$T=\{A,B,C,D,E,F,G,H,I\}$，结点$A$为树$T$的根结点。除根结点$A$之外的其余结点分为两个不相交的集合：$T_1=\{B,D,E,F,I\}$和$T_2=\{C,G,H\}$，$T_1$和$T_2$构成了根结点$A$的两棵子树。子树$T_1$的根结点为$B$，其余结点又分为三个不相交的集合：$T_{11}=\{D\}$，$T_{12}=\{E,I\}$和$T_{13}=\{F\}$，$T_{11}$、$T_{12}$和$T_{13}$构成了根结点$B$的三棵子树。依此类推，直到每棵子树只有一个根结点为止。

---

① 这里定义的树，在数学上属于有根树(rooted tree)。从数学角度讲，树结构是图的特例，无回路的连通图就是树，称为自由树(free tree)。本章讨论的是有根有序树，所谓有序树是指根结点的子树从左到右是有顺序的。

② 显然，树的定义是递归的。由于树结构本身具有递归特性，因此，对树的操作通常采用递归方法。

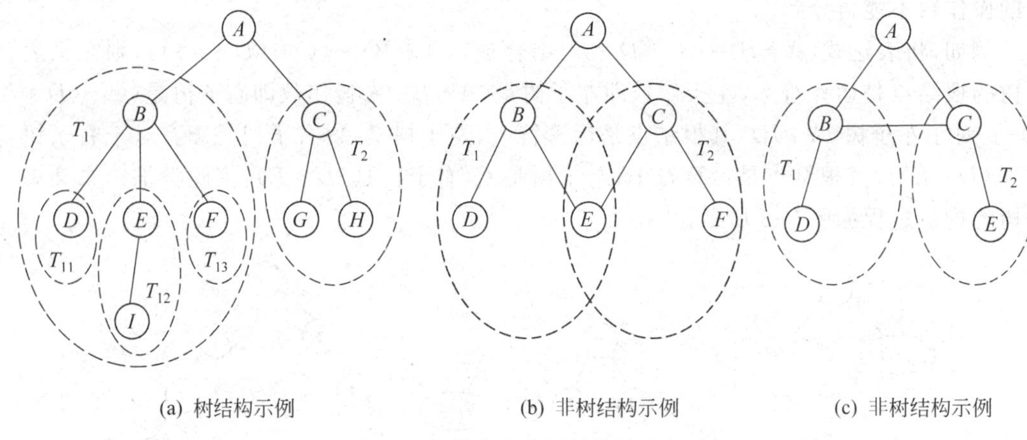


图 5-4 树结构和非树结构的示意图

需要强调的是，树中根结点的子树之间是互不相交的。例如，图 5-4(b)由于根结点 $A$ 的两个子树之间存在交集，结点 $E$ 既属于集合 $T_1$ 又属于集合 $T_2$，所以不是树；图 5-4(c)中根结点 $A$ 的两个子树之间也存在交集，边$(B,C)$依附的两个结点属于根结点 $A$ 的两个子集 $T_1$ 和 $T_2$，所以也不是树。

**2. 树的基本术语**

(1) 结点的度、树的度

某结点所拥有的子树的个数称为该**结点的度**(degree)；树中各结点度的最大值称为**该树的度**。如图 5-4(a)所示的树中，结点 $A$ 的度为 2，结点 $B$ 的度为 3，该树的度为 3。

(2) 叶子结点、分支结点

度为 0 的结点称为**叶子结点**(leaf node)，也称为终端结点；度不为 0 的结点称为**分支结点**(branch node)，也称为非终端结点。如图 5-4(a)所示的树中，结点 $D$、$I$、$F$、$G$ 和 $H$ 是叶子结点，其余结点都是分支结点。

(3) 孩子结点、双亲结点、兄弟结点

某结点的子树的根结点称为该结点的**孩子结点**(children node)；反之，该结点称为其孩子结点的**双亲结点**(parent node)；具有同一个双亲的孩子结点互称为**兄弟结点**(brother node)。如图 5-4(a)所示的树中，结点 $B$ 是结点 $A$ 的孩子，结点 $A$ 是结点 $B$ 的双亲，结点 $B$ 和 $C$ 互为兄弟，结点 $I$ 没有兄弟。

(4) 路径、路径长度

如果树的结点序列 $n_1 n_2 \cdots n_k$ 满足如下关系：结点 $n_i$ 是结点 $n_{i+1}$ 的双亲($1 \leqslant i < k$)，则 $n_1 n_2 \cdots n_k$ 称为一条由 $n_1$ 至 $n_k$ 的**路径**(path)；路径上经过的边数称为**路径长度**(path length)。显然，在树中路径是唯一的。如图 5-4(a)所示的树中，从结点 $A$ 到结点 $I$ 的路径是 $ABEI$，路径长度为 3。

(5) 祖先、子孙

如果从结点 $x$ 到结点 $y$ 有一条路径，那么 $x$ 就称为 $y$ 的**祖先**(ancestor)，$y$ 称为 $x$ 的**子孙**(descendant)。显然，以某结点为根的子树中的任一结点都是该结点的子孙。如图 5-4(a)所示的树中，结点 $A$、$B$、$E$ 均为结点 $I$ 的祖先，结点 $B$ 的子孙有 $D$、$E$、$F$、$I$。

(6) 结点的层数、树的深度(高度)、树的宽度

规定根结点的**层数**(level)为 1,对其余任何结点,若某结点在第 $k$ 层,则其孩子结点在第 $k+1$ 层;树中所有结点的最大层数称为**树的深度**(depth),也称为树的高度。树中每一层结点个数的最大值称为**树的宽度**(breadth)。如图 5-4(a)所示的树中,结点 $D$ 的层数为 3,树的深度为 4,树的宽度为 5。

### 5.2.2　树的抽象数据类型定义

树的应用很广泛,在不同的实际应用中,树的基本操作不尽相同。下面给出一个树的抽象数据类型定义的例子,简单起见,基本操作只包含树的遍历,针对具体应用,需要重新定义其基本操作。

```
ADT Tree
DataModel
  树由一个根结点和若干棵子树构成,树中结点具有层次关系
Operation
  InitTree
    输入:无
    功能:初始化一棵树
    输出:一个空树
  DestroyTree
    输入:无
    功能:销毁一棵树
    输出:释放该树占用的存储空间
  PreOrder
    输入:无
    功能:前序遍历树
    输出:树的前序遍历序列
  PostOrder
    输入:无
    功能:后序遍历树
    输出:树的后序遍历序列
  LeverOrder
    输入:无
    功能:层序遍历树
    输出:树的层序遍历序列
endADT
```

### 5.2.3　树的遍历操作

树结构的最基本操作是**遍历**(traverse)。树的遍历是指从根结点出发,按照某种次序访问树中所有结点,使得每个结点被访问一次且仅被访问一次。“访问”的含义很广,是一种抽象操作,在实际应用中,可以是对结点进行的各种处理,比如输出结点的信息、修改结点的某些数据等,对应到算法上,访问可以是一条简单语句,可以是一个复合语句,也可以是一个模块。不失一般性,在此将访问定义为输出结点的数据信息。树的遍历次序通常

有前序(根)遍历和后序(根)遍历两种方式，此外，如果按树的层序依次访问各结点，则可得到另一种遍历次序：层序遍历。

树的前序遍历操作定义为：若树为空，则空操作返回；否则执行以下操作：

① 访问根结点；

② 按照从左到右的顺序前序遍历根结点的每一棵子树。

树的后序遍历操作定义为：若树为空，则空操作返回；否则执行以下操作：

① 按照从左到右的顺序后序遍历根结点的每一棵子树；

② 访问根结点。

树的层序遍历也称树的广度遍历，其操作定义为从树的根结点开始，自上而下逐层遍历，在同一层中，按从左到右的顺序对结点逐个访问。

例如，图5-4(a)所示树的前序遍历序列为：*A B D E I F C G H*，后序遍历序列为：*D I E F B G H C A*，层序遍历序列为：*A B C D E F G H I*。

# 5.3 树的存储结构

在大量的实际应用中，人们使用多种存储方法来表示树。无论采用何种存储方法，都要求存储结构不仅能存储树中各结点的数据信息，还要表示结点之间的逻辑关系——父子关系。下面介绍几种基本的存储方法。

## 5.3.1 双亲表示法

由树的定义可知，除根结点外，树中每个结点都有且仅有一个双亲结点，根据这一特性，可以用一维数组来存储树的各个结点(一般按层序存储)，数组中的一个元素对应树中的一个结点，数组元素包括树中结点的数据信息以及该结点的双亲在数组中的下标。树的这种存储方法称为**双亲表示法**(parent express)，数组元素的结构如图5-5所示。其中，data存储树中结点的数据信息；parent存储该结点的双亲在数组中的下标。

例如，图5-4(a)所示树采用双亲表示法的存储示意图如图5-6所示，图中parent域的值为-1表示该结点无双亲，即该结点是根结点。

| data | parent |
|---|---|

图5-5 双亲表示法的数组元素

| 下标 | data | parent |
|---|---|---|
| 0 | A | -1 |
| 1 | B | 0 |
| 2 | C | 0 |
| 3 | D | 1 |
| 4 | E | 1 |
| 5 | F | 1 |
| 6 | G | 2 |
| 7 | H | 2 |
| 8 | I | 4 |

图5-6 双亲表示法的存储示意图

下面给出双亲表示法的存储结构定义：

```
#define MaxSize 100                /* 假设树中最多有 100 个结点 */
typedef char DataType;             /* 定义树结点的数据类型,假设为 char 型 */
typedef struct
{
    DataType data;                 /* 树结点的数据信息 */
    int parent;                    /* 该结点的双亲在数组中的下标 */
} PNode;
typedef struct                     /* 定义双亲表示法存储结构 */
{
    PNode tree[MaxSize];
    int treeNum;                   /* 树的结点个数 */
} PTree;
```

## 5.3.2　孩子表示法

树的**孩子表示法**(child express)是一种基于链表的存储方法，即把每个结点的孩子排列起来，看成是一个线性表，且以单链表存储，称为该结点的孩子链表，则 $n$ 个结点共有 $n$ 个孩子链表(叶子结点的孩子链表为空表)。$n$ 个孩子链表共有 $n$ 个头指针，这 $n$ 个头指针又构成了一个线性表，为了便于进行查找操作，可采用顺序存储。最后，将存放 $n$ 个头指针的数组和存放 $n$ 个结点数据信息的数组结合起来，构成孩子链表的表头数组。所以在孩子表示法中，存在两类结点：孩子结点和表头结点，其结点结构如图 5-7 所示。

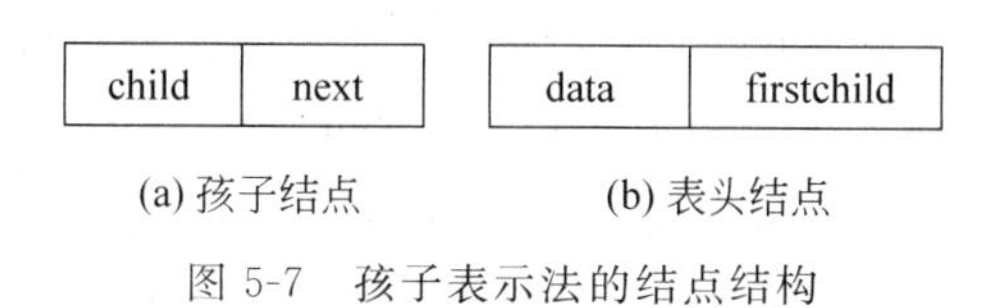


图 5-7　孩子表示法的结点结构

例如，图 5-8 是图 5-4(a)所示树采用孩子表示法的存储示意图。孩子表示法不仅表示了孩子结点的信息，而且链在同一个孩子链表中的结点具有兄弟关系。

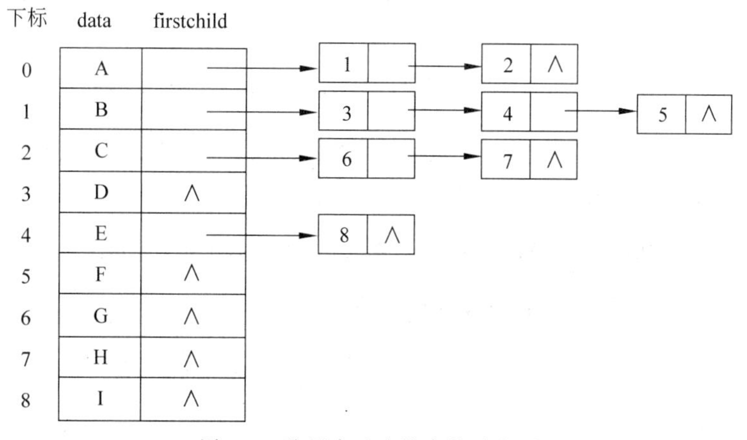


图 5-8　孩子表示法的存储示意图

下面给出孩子表示法的存储结构定义：

```
#define MaxSize 100                   /* 假设树中最多有 100 个结点 */
typedef char DataType;                /* 定义树结点的数据类型,假设为 char 型 */
typedef struct ChildNode              /* 定义孩子结点 */
{
    int child;                        /* 该结点在表头数组中的下标 */
    struct ChildNode *next;
} ChildNode;
typedef struct                        /* 定义表头结点 */
{
    DataType data;
    ChildNode *first;                 /* 指向孩子链表的头指针 */
} TreeNode;
typedef struct                        /* 定义孩子表示法存储结构 */
{
    TreeNode tree[Maxsize];
    int treeNum;                      /* 树的结点个数 */
} CTree;
```

### 5.3.3 孩子兄弟表示法

树的**孩子兄弟表示法**(children brother express)又称为二叉链表表示法，其方法是链表中的每个结点除数据域外，还设置了两个指针分别指向该结点的第一个孩子和右兄弟，链表的结点结构如图 5-9 所示。其中，data 存储该结点的数据信息；firstchild 存储该结点的第一个孩子结点的存储地址；rightsib 存储该结点的右兄弟结点的存储地址。

例如，图 5-10 是图 5-4(a)所示树采用孩子兄弟表示法的存储示意图，这种存储方法便于实现树的各种操作。例如，若要访问某结点 $x$ 的第 $i$ 个孩子，只需从该结点的第一个孩子指针找到第 1 个孩子后，沿着孩子结点的右兄弟域连续走 $i-1$ 步，便可找到结点 $x$ 的第 $i$ 个孩子。

| firstchild | data | rightsib |
|---|---|---|

图 5-9　孩子兄弟表示法的结点结构

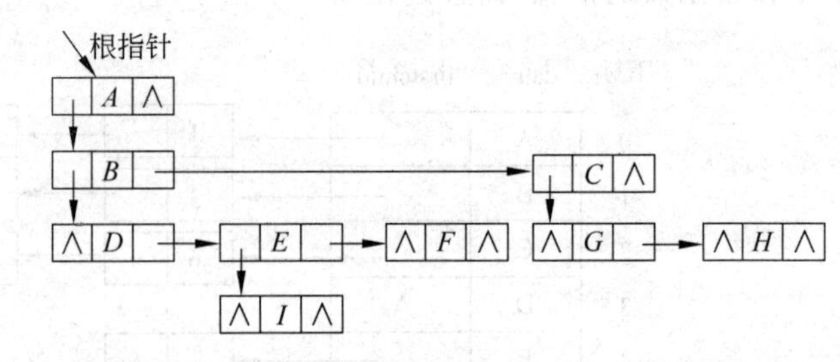


图 5-10　树的孩子兄弟表示法的存储示意图

下面给出孩子兄弟表示法的存储结构定义：

```
typedef char DataType;                /* 定义树结点的数据类型,假设为 char 型 */
typedef struct CSNode                 /* 定义孩子兄弟表示法的结点结构 */
{
```

```
    DataType data;
    struct CSNode * firstchild, * rightsib;
} CSNode;
CSNode * root;                     /* 定义根指针 */
```

# 5.4　二叉树的逻辑结构

二叉树是一种最简单的树结构，而且任何树都可以简单地转换为对应的二叉树。所以，二叉树是本章的重点。

## 5.4.1　二叉树的定义

**二叉树**(binary tree)是$n(n\geqslant 0)$个结点的有限集合，该集合或者为空集(称为空二叉树)，或者由一个根结点和两棵互不相交的、分别称为根结点的**左子树**(left subtree)和**右子树**(right subtree)的二叉树组成。观察图5-11所示的一棵二叉树，可以发现二叉树具有如下特点：

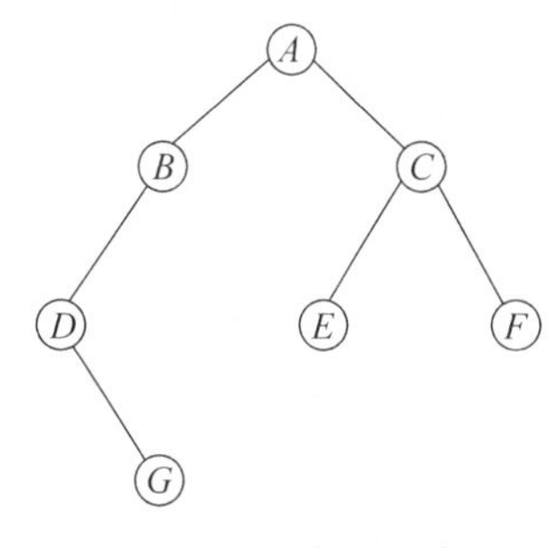

图5-11　一棵二叉树

(1) 每个结点最多有两棵子树，所以二叉树中不存在度大于2的结点；

(2) 二叉树的左右子树不能任意颠倒，如果某结点只有一棵子树，一定要指明它是左子树还是右子树。

需要强调的是，二叉树和树是两种不同的树结构。首先，二叉树不是度为2的树。例如图5-12(a)所示是一棵二叉树，但这棵二叉树的度是1；假设图5-12(b)是一棵度为2的树，则结点$B$是结点$A$的第一个孩子，结点$C$是结点$A$的第二个孩子，并且可以为结点$A$再增加孩子。其次，树的孩子只有序的关系，即第1个孩子，第2个孩子，…，第$i$个孩子，但二叉树的孩子却有左右之分，即使二叉树中某结点只有一个孩子，也要区分它是左孩子还是右孩子。例如，假设图5-12(c)所示是二叉树，则它们是两棵不同的二叉树，假设图5-12(d)所示是树，则它们是同一棵树。

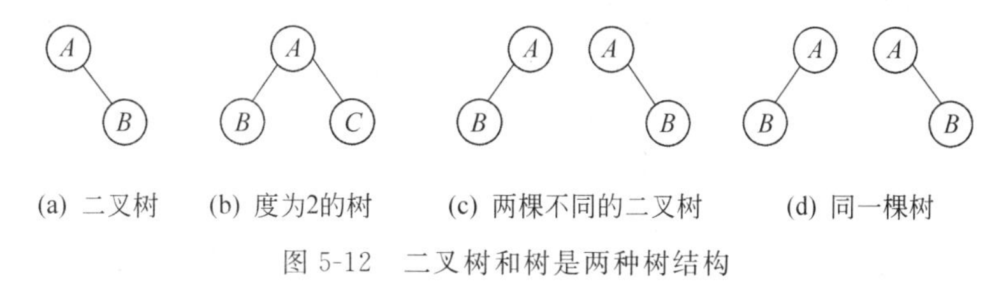

图5-12　二叉树和树是两种树结构

实际应用中，经常用到如下几种特殊的二叉树。

(1) 斜树

所有结点都只有左子树的二叉树称为**左斜树**(left oblique tree)；所有结点都只有右子树的二叉树称为**右斜树**(right oblique tree)；左斜树和右斜树统称为**斜树**(oblique tree)。斜树的特点是：①每一层只有一个结点；②斜树的结点个数与其深度相同。斜树示例如图 5-13 所示。

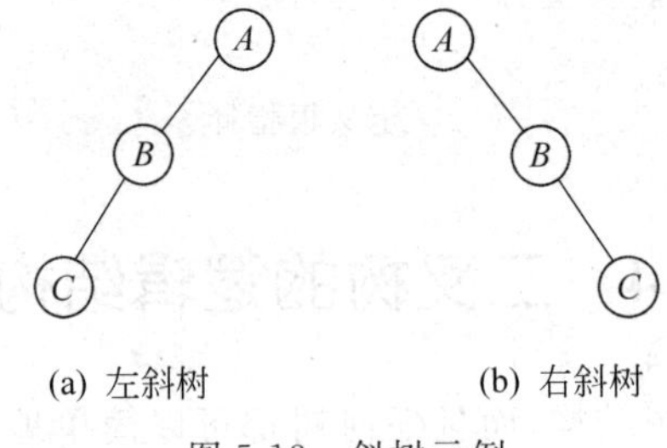


(a) 左斜树　　(b) 右斜树

图 5-13　斜树示例

(2) 满二叉树

在一棵二叉树中，如果所有分支结点都存在左子树和右子树，并且所有叶子都在同一层上，这样的二叉树称为**满二叉树**(full binary tree)。图 5-14(a)是一棵满二叉树，(b)不是满二叉树，因为，虽然所有分支结点都存在左右子树，但叶子不在同一层上。满二叉树的特点是：①叶子只能出现在最下一层；②只有度为 0 和度为 2 的结点。

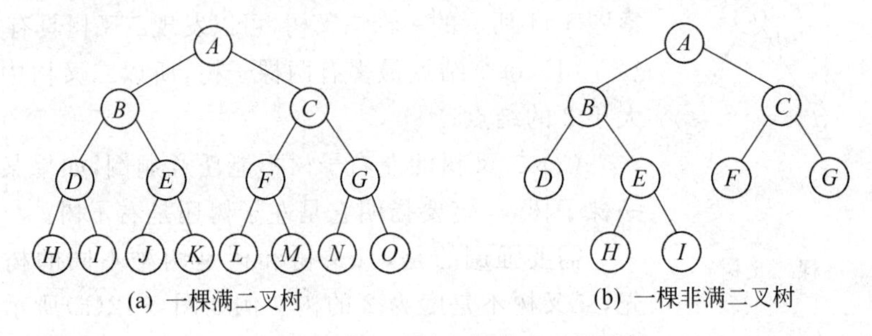


(a) 一棵满二叉树　　(b) 一棵非满二叉树

图 5-14　满二叉树和非满二叉树示例

(3) 完全二叉树

对一棵具有 $n$ 个结点的二叉树按层序编号，如果编号为 $i(1 \leqslant i \leqslant n)$ 的结点与同样深度的满二叉树中编号为 $i$ 的结点在二叉树中的位置完全相同，则这棵二叉树称为**完全二叉树**(complete binary tree)，如图 5-15(a)所示。显然，一棵满二叉树必定是一棵完全二叉树。完全二叉树的特点是：①深度为 $k$ 的完全二叉树在 $k-1$ 层是满二叉树；②叶子结点只能出现在最下两层，且最下层的叶子结点都集中在左侧连续的位置；③如果有度为 1 的结点，只可能有一个，且该结点只有左孩子。显然，图 5-15(b)中的树是非完全二叉树。

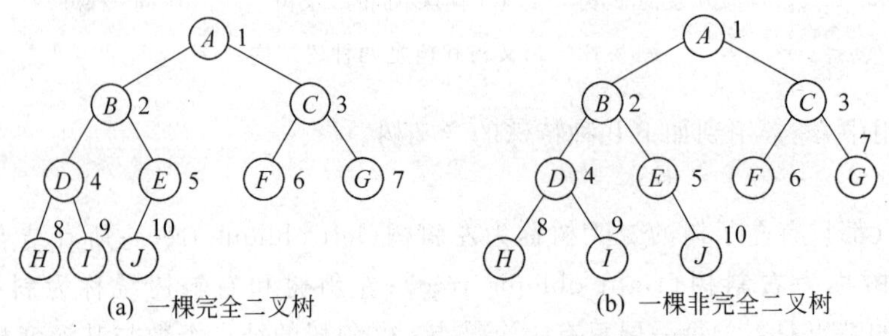


(a) 一棵完全二叉树　　(b) 一棵非完全二叉树

图 5-15　完全二叉树和非完全二叉树示例

## 5.4.2　二叉树的基本性质

**【性质 5-1】**　在一棵二叉树中，如果叶子结点的个数为 $n_0$，度为 2 的结点个数为 $n_2$，则 $n_0=n_2+1$。

**证明**：设 $n$ 为二叉树的结点总数，$n_1$ 为二叉树中度为 1 的结点个数，因为二叉树中所有结点的度均小于或等于 2，则有：

$$n = n_0 + n_1 + n_2 \tag{5-1}$$

考虑二叉树中的分枝数。除了根结点外，其余结点都有唯一的一个分枝进入，因此，对于有 $n$ 个结点的二叉树，其分枝数为 $n-1$。这些分枝是由度为 1 和度为 2 的结点射出的，一个度为 1 的结点射出一个分枝，一个度为 2 的结点射出两个分枝，所以有：

$$n - 1 = n_1 + 2n_2 \tag{5-2}$$

由式(5-1)和(5-2)可以得到：

$$n_0 = n_2 + 1$$

**【性质 5-2】**　二叉树的第 $i$ 层上最多有 $2^{i-1}$ 个结点($i\geqslant 1$)。

**证明**：采用归纳法证明。

当 $i=1$ 时，只有一个根结点，而 $2^{i-1}=2^0=1$，结论显然成立。

假设 $i=k$ 时结论成立，即第 $k$ 层上最多有 $2^{k-1}$ 个结点。

考虑 $i=k+1$ 时的情形。由于第 $k+1$ 层上的结点是第 $k$ 层上结点的孩子，而二叉树中每个结点最多有两个孩子，故在第 $k+1$ 层上的最大结点个数为第 $k$ 层上的最大结点个数的两倍，即第 $k+1$ 层最多有 $2\times 2^{k-1}=2^k$ 个结点，则在 $i=k+1$ 时结论也成立。

由此，结论成立。

**【性质 5-3】**　在一棵深度为 $k$ 的二叉树中，最多有 $2^k-1$ 个结点。

**证明**：设深度为 $k$ 的二叉树中最多有 $n$ 个结点，由性质 1 可知：

$$n = \sum_{i=1}^{k}(\text{第 } i \text{ 层上结点的最大个数}) = \sum_{i=1}^{k} 2^{i-1} = 2^k - 1$$

显然，具有 $2^k-1$ 个结点的二叉树是满二叉树，且满二叉树的深度 $k=\log_2(n+1)$。设深度为 $k$ 的二叉树中有 $n$ 个结点，则 $n\leqslant 2^k-1$。

**【性质 5-4】**　具有 $n$ 个结点的完全二叉树的深度为$\lfloor \log_2 n \rfloor+1$。

**证明**：设具有 $n$ 个结点的完全二叉树的深度为 $k$，如图 5-16 所示，根据完全二叉树的定义和性质 2，完全二叉树的结点个数满足如下不等式：

$$2^{k-1} \leqslant n < 2^k \tag{5-3}$$

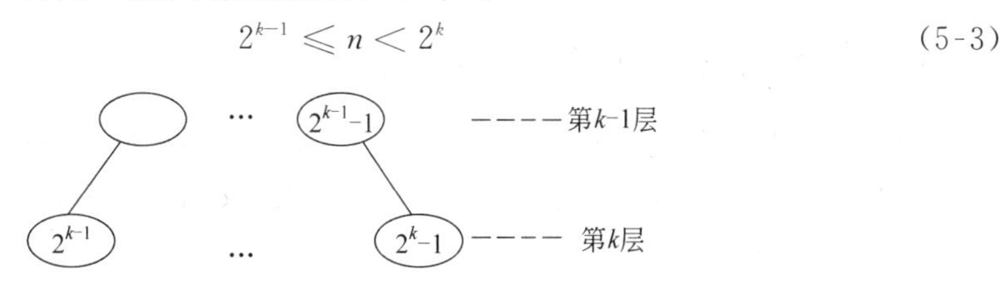


图 5-16　深度为 $k$ 的完全二叉树中结点个数的范围

对不等式(5-3)取对数，有：

$$k-1 \leqslant \log_2 n < k$$

即：

$$\log_2 n < k \leqslant \log_2 n + 1$$

由于 $k$ 是整数，故必有 $k=\lfloor \log_2 n \rfloor+1$。

**【性质 5-5】** 对一棵具有 $n$ 个结点的完全二叉树从 1 开始按层序编号，则对于编号为 $i(1\leqslant i\leqslant n)$ 的结点（简称为结点 $i$），有：

(1) 如果 $i>1$，则结点 $i$ 的双亲的编号为 $\lfloor i/2 \rfloor$；否则结点 $i$ 是根结点，无双亲。

(2) 如果 $2i\leqslant n$，则结点 $i$ 的左孩子的编号为 $2i$；否则结点 $i$ 无左孩子。

(3) 如果 $2i+1\leqslant n$，则结点 $i$ 的右孩子的编号为 $2i+1$；否则结点 $i$ 无右孩子。

**证明**：在证明过程中，可以从(2)和(3)推出(1)，所以先证明(2)和(3)。采用归纳法证明。

当 $i=1$ 时，结点 $i$ 就是根结点，因此无双亲；由完全二叉树的定义，其左孩子是结点 2，若 $2>n$，即不存在结点 2，此时，结点 $i$ 无左孩子；结点 $i$ 的右孩子是结点 3，若结点 3 不存在，即 $3>n$，此时结点 $i$ 无右孩子。

假设 $i=k$ 时结论成立，下面讨论 $i=k+1$ 的情形。设第 $j(1\leqslant j\leqslant \lfloor \log_2 n \rfloor)$ 层上某个结点编号为 $i(2^{j-1}\leqslant i\leqslant 2^j-1)$，其左孩子为 $2i$，右孩子为 $2i+1$，如果结点 $i$ 不是第 $j$ 层最后一个结点，则结点 $i+1$ 是结点 $i$ 的右兄弟或堂兄弟；如果结点 $i$ 是第 $j$ 层最后一个结点，则结点 $i+1$ 是第 $j+1$ 层的第一个结点。若结点 $i+1$ 有左孩子，则左孩子的编号必定为 $2i+2=2\times(i+1)$；若结点 $i+1$ 有右孩子，则右孩子的编号必定为 $2i+3=2\times(i+1)+1$，如图 5-17 所示。

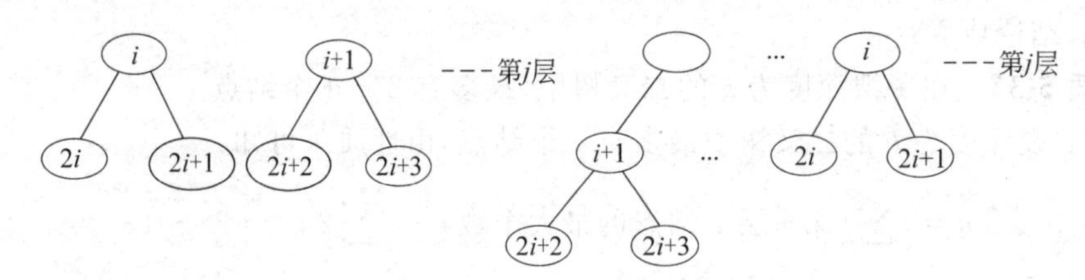


图 5-17 归纳情况的证明

当 $i>1$ 时，如果 $i$ 为左孩子，即 $2\times(i/2)=i$，则 $i/2$ 是 $i$ 的双亲；如果 $i$ 为右孩子，则 $i=2j+1$，即结点 $i$ 的双亲应为 $j$，而 $j=(i-1)/2=\lfloor i/2 \rfloor$。

## 5.4.3 二叉树的抽象数据类型定义

同树类似，在不同的应用中，二叉树的基本操作不尽相同。下面给出一个二叉树抽象数据类型定义的例子，简单起见，基本操作只包含二叉树的遍历，在实际应用中，应根据具体需要重新定义其基本操作。

```
ADT BiTree
DataModel
    二叉树由一个根结点和两棵互不相交的左右子树构成，二叉树中的结点具有层次关系
```

```
Operation
  InitBiTree
    输入：无
    功能：初始化一棵二叉树
    输出：一个空的二叉树
  CreatBiTree
    输入：n个结点的数据信息
    功能：建立一棵二叉树
    输出：含有n个结点的二叉树
  DestroyBiTree
    输入：无
    功能：销毁一棵二叉树
    输出：释放二叉树占用的存储空间
  PreOrder
    输入：无
    功能：前序遍历二叉树
    输出：二叉树的前序遍历序列
  InOrder
    输入：无
    功能：中序遍历二叉树
    输出：二叉树的中序遍历序列
  PostOrder
    输入：无
    功能：后序遍历二叉树
    输出：二叉树的后序遍历序列
  LevelOrder
    输入：无
    功能：层序遍历二叉树
    输出：二叉树的层序遍历序列
endADT
```

### 5.4.4 二叉树的遍历操作

遍历是二叉树最基本的操作。二叉树的遍历是指从根结点出发，按照某种次序访问[①]二叉树中的所有结点，使得每个结点被访问一次且仅被访问一次。通常有三种遍历方式，分别是前序(根)遍历、中序(根)遍历和后序(根)遍历[②]。如果按二叉树的层序依次访问各结点，则可得到另一种遍历次序：层序遍历。

前序遍历二叉树的操作定义为：若二叉树为空，则空操作返回；否则执行下述操作：

---

① 此处访问的含义同树的遍历中访问的含义。

② 二叉树由根结点(D)、根结点的左子树(L)和根结点的右子树(R)三部分组成。因此，只要依次遍历这三部分，就可以遍历整个二叉树。这三部分共有6种全排列，分别是DLR、LDR、LRD、DRL、RDL和RLD，不失一般性，约定先左子树后右子树，则有前序、中序和后序三种遍历次序。

(1) 访问根结点;

(2) 前序遍历根结点的左子树;

(3) 前序遍历根结点的右子树。

中序遍历二叉树的操作定义为:若二叉树为空,则空操作返回;否则执行下述操作:

(1) 中序遍历根结点的左子树;

(2) 访问根结点;

(3) 中序遍历根结点的右子树。

后序遍历二叉树的操作定义为:若二叉树为空,则空操作返回;否则执行下述操作:

(1) 后序遍历根结点的左子树;

(2) 后序遍历根结点的右子树;

(3) 访问根结点。

层序遍历二叉树是从二叉树的根结点开始,从上至下逐层遍历,同一层按从左到右的顺序对结点逐个访问。

例如,图 5-11 所示二叉树的前序遍历序列为 *ABDGCEF*,中序遍历序列为 *DGBAECF*,后序遍历序列为 *GDBEFCA*,层序遍历序列为 *ABCDEFG*。

任意一棵二叉树的遍历序列都是唯一的,反过来,前序、中序和后序遍历序列中的任何一个都不能唯一确定这棵二叉树,但是,前序遍历序列和中序遍历序列能唯一确定这棵二叉树。例如,已知一棵二叉树的前序遍历序列和中序遍历序列分别为 *ABCDEFGH* 和 *CDBAFEHG*,首先,由前序序列可知,结点 *A* 是二叉树的根结点。其次,根据中序序列,在 *A* 之前的所有结点都是结点 *A* 的左子树的结点,在 *A* 之后的所有结点都是结点 *A* 的右子树的结点,如图 5-18(a)所示,由此得到图 5-18(b)的状态。结点 *A* 的左子树的前序序列是 *BCD*,所以结点 *B* 是左子树的根结点,结点 *A* 的左子树的中序序列是 *CDB*,则 *B* 之前的结点 *CD* 是 *B* 的左子树的结点,*B* 的右子树为空,依此类推,分别对左右子树进行分解,得到图 5-18(c)的二叉树。

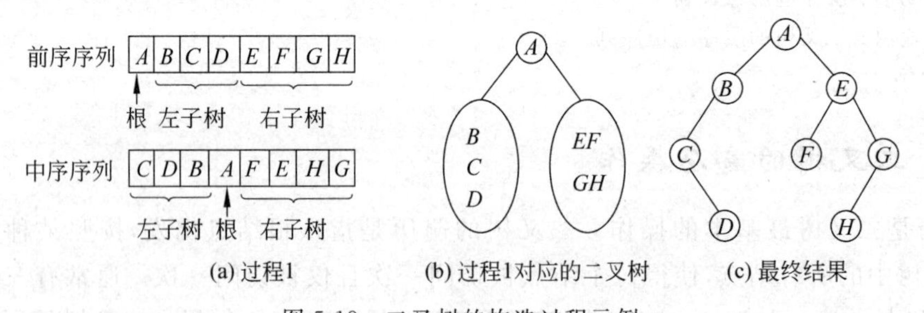


图 5-18 二叉树的构造过程示例

显然,由二叉树的后序遍历序列和中序遍历序列也能唯一确定这棵二叉树,例如,已知一棵二叉树的后序遍历序列和中序遍历序列分别为 *ABCDEFGH* 和 *CDBAFEHG*,请读者参照图 5-18 构造这棵二叉树。

# 5.5　二叉树的存储结构

存储二叉树的关键是如何表示结点之间的逻辑关系，也就是双亲和左右孩子之间的关系。在具体应用中，可能要求从任一结点能够直接访问它的孩子，或直接访问它的双亲，或同时访问其双亲和孩子。

## 5.5.1　顺序存储结构

二叉树的顺序存储结构是用一维数组存储二叉树中的结点，用结点的存储位置（下标）表示结点之间的逻辑关系——父子关系。由于二叉树本身不具有顺序关系，所以二叉树的顺序存储结构要解决的关键问题是如何利用数组下标来反映结点之间的父子关系。由二叉树的性质5可知，完全二叉树中结点的层序编号可以唯一地反映结点之间的逻辑关系，对于一般的二叉树，可以按照完全二叉树进行层序编号，然后再用一维数组顺序存储。具体步骤如下：

（1）将二叉树按完全二叉树编号。根结点的编号为1，若某结点 $i$ 有左孩子，则其左孩子的编号为 $2i$；若某结点 $i$ 有右孩子，则其右孩子的编号为 $2i+1$。

（2）将二叉树中的结点按照编号顺序存储到一维数组中[①]。

图5-19给出了一棵二叉树的顺序存储示意图。显然，这种存储方法的缺点是浪费存储空间，最坏情况是右斜树，一棵深度为 $k$ 的右斜树，只有 $k$ 个结点，却需分配 $2^k-1$ 个存储单元。事实上，二叉树的顺序存储结构一般仅适合于存储完全二叉树。

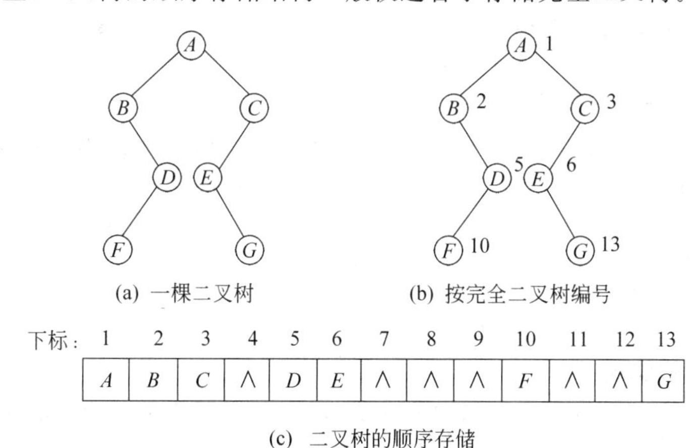


| 下标： | 1 | 2 | 3 | 4 | 5 | 6 | 7 | 8 | 9 | 10 | 11 | 12 | 13 |
|---|---|---|---|---|---|---|---|---|---|---|---|---|---|
| | A | B | C | ∧ | D | E | ∧ | ∧ | ∧ | F | ∧ | ∧ | G |

(c)　二叉树的顺序存储

图5-19　二叉树及其顺序存储示意图

下面给出二叉树的顺序存储结构定义：

```
#define MaxSize 100                /* 假设二叉树的最大编号为 99 */
typedef char DataType;             /* 定义二叉树结点的数据类型,假设为 char 型 */
```

① 这种存储方法浪费了下标为0的数组单元，但结点编号和数组下标具有一一对应关系。如果从数组下标0开始存储，则编号为 $i$ 的结点存储到下标为 $i-1$ 的位置。

```
typedef struct
{
    DataType data[MaxSize];
    int biTreeNum;                    /* 二叉树的结点个数 */
} SeqBiTree;
```

## 5.5.2 二叉链表

### 1. 二叉链表的存储结构定义

二叉树一般采用**二叉链表**(binary linked list)存储,其基本思想是：令二叉树的每个结点对应一个链表结点,链表结点除了存放二叉树结点的数据信息外,还要设置指示左右孩子的指针。二叉链表的结点结构如图 5-20 所示,其中,data 存放该结点的数据信息;lchild 存放指向左孩子的指针;rchild 存放指向右孩子的指针。图 5-11 所示二叉树的二叉链表存储如图 5-21 所示。

| lchild | data | rchild |
|---|---|---|

图 5-20 二叉树的结点结构

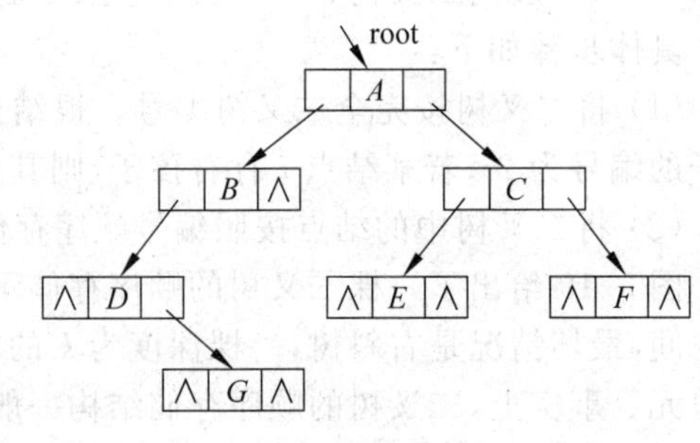


图 5-21 二叉链表的存储示意图

下面给出二叉链表的存储结构定义：

```
typedef char DataType;             /* 定义二叉树结点的数据类型,假设为 char 型 */
typedef struct BiNode              /* 定义二叉链表的结点类型 */
{
    DataType data;
    struct BiNode * lchild, * rchild;
} BiNode;
```

### 2. 二叉链表的实现

(1) 前序遍历。由二叉树前序遍历的操作定义,容易写出前序遍历的递归算法。

```
void PreOrder(BiNode * root)
{
    if (root == NULL) return;           /* 递归调用的结束条件 */
    else {
        printf("%c ",root->data);       /* 访问根结点的数据域,为 char 型 */
        PreOrder(root->lchild);         /* 前序递归遍历 root 的左子树 */
        PreOrder(root->rchild);         /* 前序递归遍历 root 的右子树 */
    }
}
```

(2) 中序遍历。根据二叉树中序遍历的操作定义，容易写出中序遍历的递归算法。

```
void InOrder (BiNode * root)
{
    if (root == NULL) return;                /* 递归调用的结束条件 */
    else {
        InOrder(root->lchild);               /* 中序递归遍历 root 的左子树 */
        printf("%c",root->data);             /* 访问根结点的数据域，为 char 型 */
        InOrder(root->rchild);               /* 中序递归遍历 root 的右子树 */
    }
}
```

(3) 后序遍历。根据二叉树后序遍历的操作定义，容易写出后序遍历的递归算法。

```
void PostOrder(BiNode * root)
{
    if (root == NULL) return;                /* 递归调用的结束条件 */
    else {
        PostOrder(root->lchild);             /* 后序递归遍历 root 的左子树 */
        PostOrder(root->rchild);             /* 后序递归遍历 root 的右子树 */
        printf("%c",root->data);             /* 访问根结点的数据域，为 char 型 */
    }
}
```

(4) 层序遍历。在进行层序遍历时，访问某一层的结点后，再对各个结点的左孩子和右孩子顺序访问，这样一层一层进行，先访问的结点其左右孩子也要先访问，这符合队列的操作特性。因此，在进行层序遍历时，设置一个队列存放已访问的结点。算法用伪代码描述如下：

算法：LevelOrder
输入：二叉链表的根指针 root
输出：层序遍历序列
  1. 队列 Q 初始化；
  2. 如果二叉树非空，将根指针入队；
  3. 循环直到队列 Q 为空
    3.1 q=队列 Q 的队头元素出队；
    3.2 访问结点 q 的数据域；
    3.3 若结点 q 存在左孩子，则将左孩子指针入队；
    3.4 若结点 q 存在右孩子，则将右孩子指针入队；

简单起见，队列采用顺序队列，并且假定不会发生假溢出，二叉树层序遍历算法的 C 语言实现如下：

```
void LevelOrder(BiNode * root)
{
    BiNode * q = NULL, * Q[MaxSize];                /* 采用顺序队列 */
    int front = rear = -1;                          /* 初始化顺序队列 */
    if (root == NULL) return;                       /* 二叉树为空,算法结束 */
    Q[++rear] = root;                               /* 根指针入队 */
    while (front != rear)                           /* 当队列非空时 */
    {
        q = Q[++front];                             /* 出队 */
        printf("%c ",q->data);                      /* 访问结点,为 char 型 */
        if (q->lchild != NULL) Q[++rear] = q->lchild;
        if (q->rchild != NULL) Q[++rear] = q->rchild;
    }
}
```

(5) 建立二叉树。建立二叉树可以有多种方法,一种较为简单的方法是根据一个结点序列来建立二叉树。由于前序、中序和后序序列中的任何一个都不能唯一确定一棵二叉树,因此不能直接使用。可以对二叉树做如下处理:将二叉树中每个结点的空指针引出一个虚结点,其值为一特定值,如#,以标识其为空,把这样处理后的二叉树称为原二叉树的**扩展二叉树**(extended binary tree)。图5-22给出了一棵二叉树的扩展二叉树,以及该扩展二叉树的前序遍历序列。

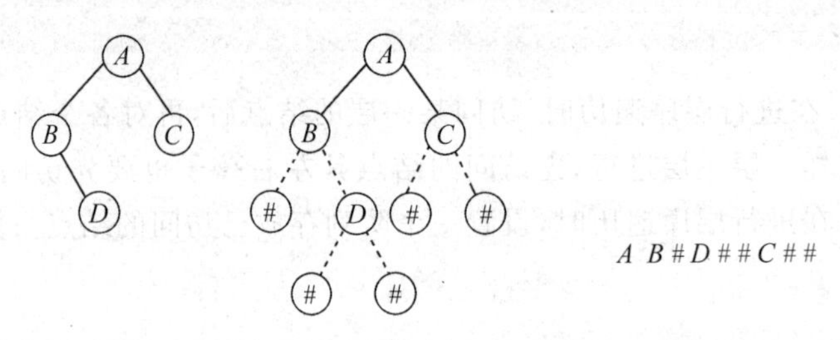


(a) 一棵二叉树　(b) 扩展二叉树　(c) 扩展二叉树的前序遍历序列

图5-22　扩展二叉树及其遍历序列

扩展二叉树的一个遍历序列就能唯一确定一棵二叉树。为简化问题,设二叉树中的结点均为一个字符,扩展二叉树的前序遍历序列由键盘输入,root为指向根结点的指针,二叉链表的建立过程是:首先输入根结点,若输入的是#字符,则表明该二叉树为空树,即root=NULL;否则输入的字符应该赋给bt->data,之后依次递归建立它的左子树和右子树。建立二叉链表的递归算法如下:

```
BiNode * CreatBiTree(BiNode * root)
{
    char ch;
    cin >> ch;                                      /* 输入结点的数据信息 *
    if (ch == '# ') root = NULL;                    /* 递归结束,建立一棵空树 */
```

```
    else {
        root = (BiNode *)malloc(sizeof(BiNode));      /*生成新结点*/
        root->data = ch;                              /*新结点的数据域为ch*/
        root->lchild = Creat(root->lchild);           /*递归建立左子树*/
        root->rchild = Creat(root->rchild);           /*递归建立右子树*/
    }
    return root;
}
```

(6) 销毁二叉树

二叉链表是动态存储分配，二叉链表的结点是在程序运行过程中动态申请的，在二叉链表变量退出作用域前，要释放二叉链表的存储空间。可以对二叉链表进行后序遍历，在访问结点时进行释放处理。算法如下：

```
void DestroyBiTree(BiNode * root)
{
    if (root == NULL) return;
    DestroyBiTree(root->lchild);
    DestroyBiTree(root->rchild);
    free(root);
}
```

**3. 二叉链表的使用**

在定义了二叉链表的结点结构 BiNode 并实现了二叉树的基本操作后，就可以使用 BiNode 类型定义根指针，可以调用实现基本操作的函数来完成相应功能，范例程序如下：

```
#include <stdio.h>
#include <stdlib.h>
#include <malloc.h>
/*将二叉链表的结点结构定义和各个函数定义放到这里*/

int main( )
{
    BiNode * root = NULL;           /*定义二叉树的根指针变量*/
    root = CreatBiTree(root);       /*建立一棵二叉树*/
    printf("该二叉树的根结点是: %c\n",root->data);
    printf("\n 该二叉树的前序遍历序列是: ");
    PreOrder(root);
    printf("\n 该二叉树的中序遍历序列是: ");
    InOrder(root);
    printf("\n 该二叉树的后序遍历序列是: ");
    PostOrder(root);
    DestroyBiTree(root);
    return 0;
}
```

### 5.5.3 三叉链表

在二叉链表存储方式下，从某结点出发可以直接访问到它的孩子结点，但要找到它的双亲结点，则需要从根结点开始搜索，最坏情况需要遍历整个二叉链表。此时，应该采用**三叉链表**(trident linked list)存储二叉树。在三叉链表中，每个结点由4个域组成，结点结构如图5-23所示，其中，data、lchild和rchild三个域的含义同二叉链表的结点结构；parent域为指向该结点的双亲结点的指针。

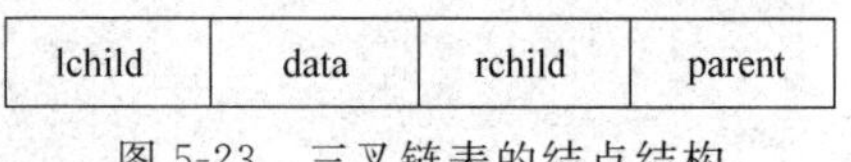


图 5-23 三叉链表的结点结构

例如，图5-24给出了图5-11所示二叉树的三叉链表示。这种存储结构既便于查找孩子结点，又便于查找双亲结点。但是，相对于二叉链表而言，它增加了空间开销。

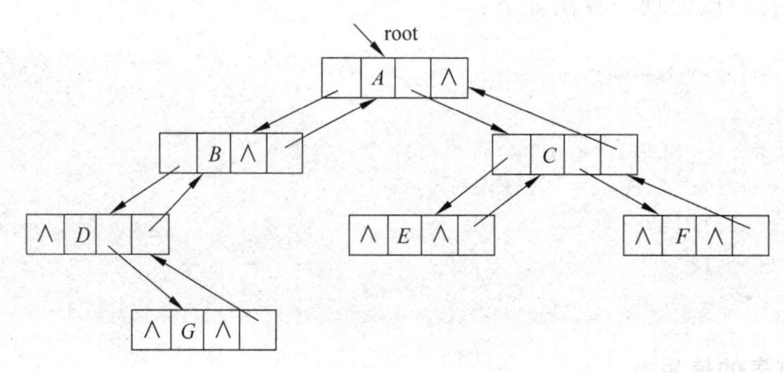


图 5-24 三叉链表的存储示意图

## 5.6 森 林

### 5.6.1 森林的逻辑结构

**森林**(forest)是 $m(m\geqslant 0)$ 棵互不相交的树的集合。图5-25所示是一个由三棵树构成的森林。需要强调的是，森林是由树构成的，图5-25中的第三棵树是度为2的树而不是二叉树。任何一棵树，删去根结点就变成了森林。例如图5-4(a)所示的树中，删去根结点 $A$ 就变成了由两棵树构成的森林。反之，若增加一个根结点，将森林中的每一棵树作为这个根结点的子树，则森林就变成了一棵树。

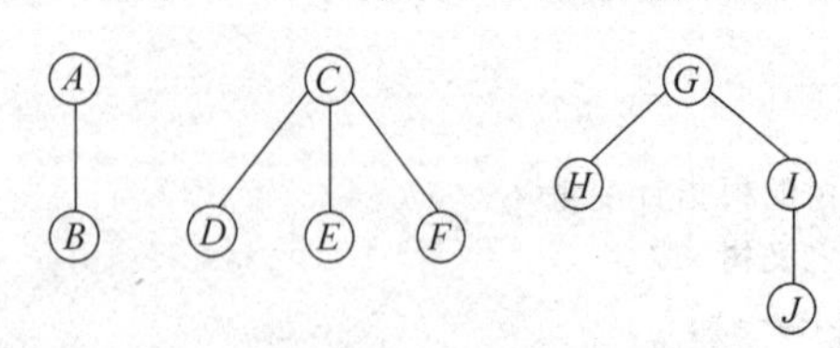


图 5-25 由三棵树构成的森林

如何遍历一个森林呢？由于森林由 $m$ 棵树构成，因此，只要依次遍历这 $m$ 棵树就可以遍历整个森林。通常有前序(根)遍历和后序(根)遍历两种方式。前序遍历森林的操作定义是：前序遍历森林中的每一棵树。后序遍历森林的操作定义是：后序遍历森林中的每一棵树。例如，图5-25所示森林的前序遍历序列是 $ABCDEFGHIJ$，后序遍历序列是 $BADEFCHJIG$。

### 5.6.2　树、森林与二叉树的转换

从物理结构上看，树的孩子兄弟表示法和二叉树的二叉链表是相同的，树的孩子兄弟表示法的第一个孩子指针和右兄弟指针分别相当于二叉链表的左孩子指针和右孩子指针。换言之，给定一棵树，可以找到唯一的一棵二叉树与之对应。

**1. 树转换为二叉树**

将一棵树转换为二叉树的方法是：

(1) **加线**——树中所有相邻兄弟结点之间加一条连线；

(2) **去线**——对树中的每个结点，只保留它与第一个孩子结点之间的连线，删去它与其他孩子结点之间的连线；

(3) **层次调整**——按照二叉树结点之间的关系进行层次调整。

图 5-26 给出了树转换为二叉树的过程。可以看出，在二叉树中，左分支上的各结点在原来的树中是父子关系，而右分支上的各结点在原来的树中是兄弟关系。由于树的根结点没有兄弟，所以转换后，二叉树根结点的右子树必为空。

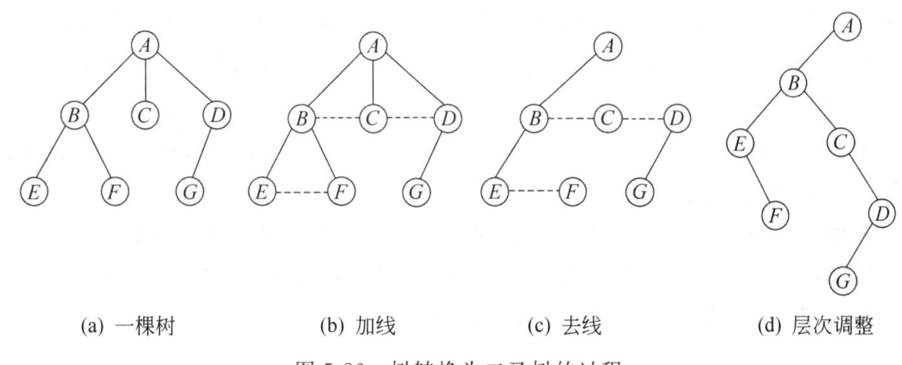


(a) 一棵树　(b) 加线　(c) 去线　(d) 层次调整

图 5-26　树转换为二叉树的过程

树的遍历序列与对应二叉树的遍历序列之间具有如下对应关系：树的前序遍历序列等于对应二叉树的前序遍历序列，树的后序遍历序列等于对应二叉树的中序遍历序列。例如，图 5-26(a)所示树的前序遍历序列是 $ABEFCDG$，后序遍历序列是 $EFBCGDA$；图 5-26(d)所示二叉树的前序遍历序列是 $ABEFCDG$，中序遍历序列是 $EFBCGDA$。

**2. 森林转换为二叉树**

将一个森林转换为二叉树的方法是：

(1) 将森林中的每棵树转换为二叉树；

(2) 将每棵树的根结点视为兄弟，在所有根结点之间加上连线；

(3) 按照二叉树结点之间的关系进行层次调整。

图 5-27 给出了森林转换为二叉树的过程。可以看出，转换后，二叉树根结点的右子树不空，并且根结点及其右分支上的根结点个数就是原来森林中树的个数。

森林的遍历序列与对应二叉树的遍历序列之间具有如下对应关系：森林的前序遍历序列等于对应二叉树的前序遍历序列，森林的后序遍历序列等于对应二叉树的中序遍历序列。例如，图 5-27(a)所示森林的前序遍历序列是 $ABCDEFGHIJ$，后序遍历序列是

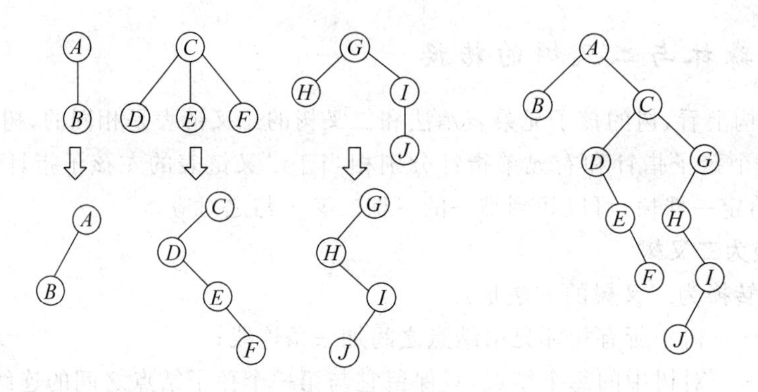


(a) 将森林中的每棵树转换为二叉树　　(b) 将所有二叉树连接起来

图 5-27　森林转换为二叉树的过程

*BADEFCHJIG*；图 5-27(b)所示二叉树的前序遍历序列是 *ABCDEFGHIJ*，中序遍历序列是 *BADEFCHJIG*。

**3. 二叉树转换为树或森林**

树和森林都可以转换为二叉树，二者不同的是树转换成的二叉树，其根结点无右子树，而森林转换后的二叉树，其根结点有右子树。显然这一转换过程是可逆的，即可以将一棵二叉树还原为树或森林，具体转换方法如下：

(1) **加线**——若某结点 $x$ 是其双亲 $y$ 的左孩子，则把结点 $x$ 的右孩子、右孩子的右孩子……都与结点 $y$ 用线连起来；

(2) **去线**——删去原二叉树中所有的双亲结点与右孩子结点的连线；

(3) **层次调整**——整理由(1)、(2)两步所得到的树或森林，使之层次分明。

图 5-28 给出了一棵二叉树还原为森林的过程。

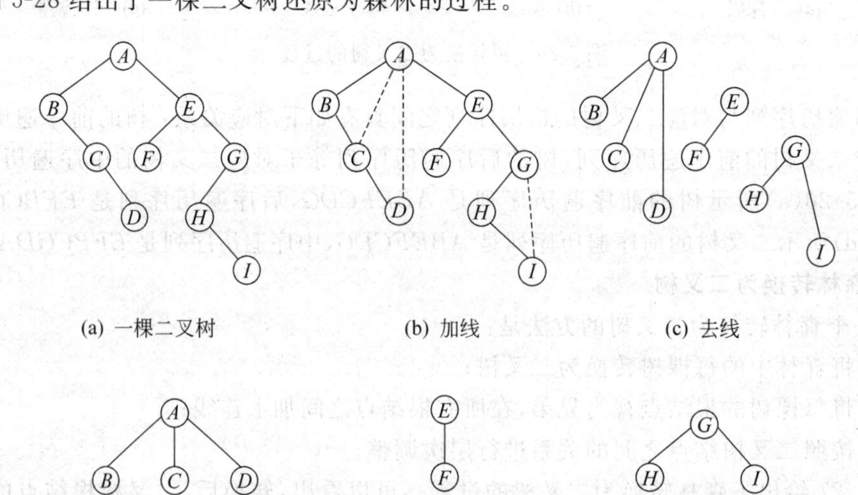


图 5-28　二叉树转换为森林的过程

# 5.7 最优二叉树

## 5.7.1 哈夫曼算法

叶子结点的**权值**(weight)是对叶子结点赋予的一个有意义的数值量。设二叉树具有 $n$ 个带权值的叶子结点，从根结点到各个叶子结点的路径长度与相应叶子结点权值的乘积之和称为二叉树的**带权路径长度**(weighted path length)，记为：

$$\mathrm{WPL}=\sum_{k=1}^{n} w_k l_k \tag{5-4}$$

其中，$w_k$ 为第 $k$ 个叶子结点的权值；$l_k$ 为从根结点到第 $k$ 个叶子结点的路径长度。

给定一组具有确定权值的叶子结点，可以构造出形状不同的多个二叉树。例如，给定 4 个叶子结点，其权值分别为{2，3，4，5}，图 5-29 给出了 3 个不同形状的二叉树，它们具有不同的带权路径长度。带权路径长度最小的二叉树称为**最优二叉树**(optimal binary tree)，也称**哈夫曼树**[①](Huffman tree)。

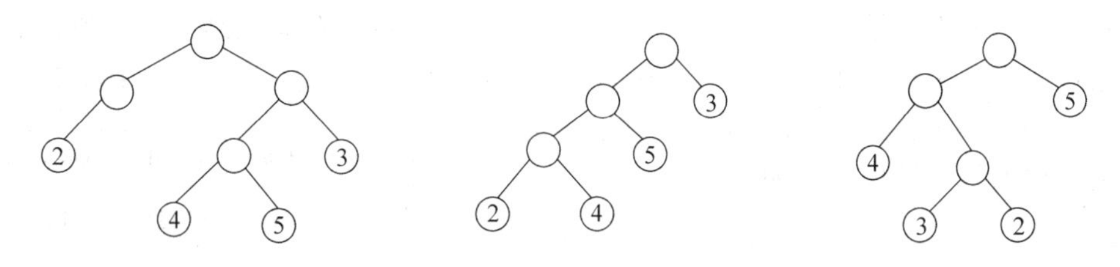

(a) WPL=2×2+4×3+5×3+3×2=37　(b) WPL=2×3+4×3+5×2+3×1=31　(c) WPL=4×2+3×3+2×3+5×1=28

图 5-29 具有 4 个叶子结点和不同带权路径长度的二叉树

根据哈夫曼树的定义，一棵二叉树要使其带权路径长度最小，必须使权值越大的叶子结点越靠近根结点，而权值越小的叶子结点越远离根结点，而且不存在度为 1 的结点。哈夫曼依据这一特点提出了哈夫曼算法，其基本思想是：

(1) 初始化：由给定的 $n$ 个权值$\{w_1, w_2, \cdots, w_n\}$构造 $n$ 棵只有一个根结点的二叉树，从而得到一个二叉树集合 $F=\{T_1, T_2, \cdots, T_n\}$。

(2) 选取与合并：在 $F$ 中选取根结点的权值最小的两棵二叉树分别作为左、右子树[②]构造一棵新的二叉树，这棵新二叉树的根结点的权值为其左、右子树根结点的权值之和。

(3) 删除与加入：在 $F$ 中删除作为左、右子树的两棵二叉树，并将新建立的二叉树加入到 $F$ 中。

① 哈夫曼(David Huffman，1925 出生)于 1944 年和 1949 年从俄亥俄州立大学获得学士和硕士学位，1953 年在麻省理工学院获得博士学位。1962 年在麻省理工学院任教授，1967 年到加州大学圣克鲁斯分校创办计算机系。1982 年获得 IEEE 计算机先驱奖，提出的哈夫曼编码方法被广泛应用于数据的压缩和传输。

② 哈夫曼算法并没有要求左右子树的顺序，另外，在选取的过程中可能有权值相同的根结点，因此，哈夫曼树可能不唯一，但它们具有相同的带权路径长度。

(4) 重复(2)、(3)两步，当集合 $F$ 中只剩下一棵二叉树时，这棵二叉树便是哈夫曼树。

对于给定权值集合 $W=\{2,3,4,5\}$，图5-30给出了哈夫曼树的构造过程。

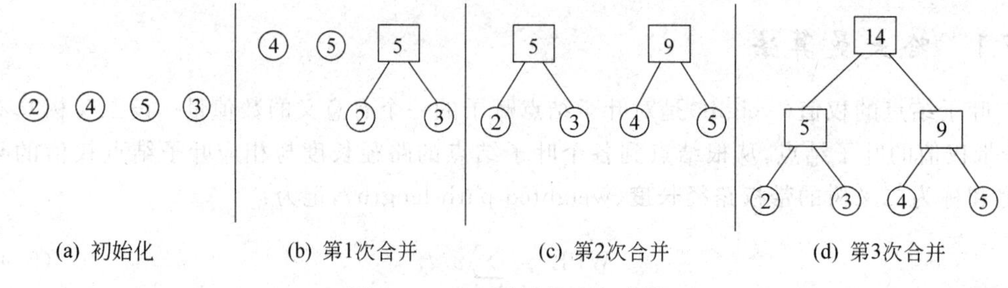


图5-30　哈夫曼树的建立过程

由上述构造过程可以看出，具有 $n$ 个叶子结点的哈夫曼树中有 $n-1$ 个分支结点，它们是在 $n-1$ 次的合并过程中生成的，因此，哈夫曼树共有 $2n-1$ 个结点。可以设置一个数组 huffTree[$2n-1$]保存哈夫曼树中各结点的信息，为了便于选取根结点权值最小的二叉树以及合并操作，数组元素除了存储结点的权值外，还应存储该结点的双亲以及左右孩子的信息。数组元素的结点结构如图5-31所示。其中，weight 存储该结点的权值；lchild 存储该结点的左孩子结点在数组中的下标；rchild 存储该结点的右孩子结点在数组中的下标；parent 存储该结点的双亲结点在数组中的下标。哈夫曼树的结点结构定义如下：

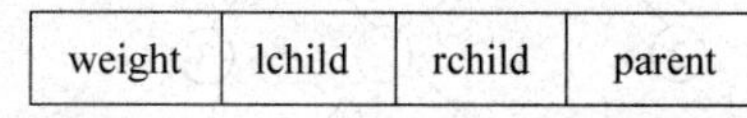


图5-31　哈夫曼树的结点结构

```
typedef struct
{
    int weight;                          /*假定权值为整数*/
    int parent,lchild,rchild;
} ElemType;
```

首先将 $n$ 个权值的叶子结点存放到数组 huffTree 的前 $n$ 个分量中，然后不断将两棵子树合并为一棵子树，并将新子树的根结点顺序存放到数组 huffTree 的前 $n$ 个分量的后面。哈夫曼算法用伪代码描述如下：

```
算法：HuffmanTree
输入：n个权值 w[n]
输出：哈夫曼树 huffTree[2n－1]
    1. 数组 huffTree 初始化，所有数组元素的双亲、左右孩子都置为－1；
    2. 数组 huffTree 的前 n 个元素的权值置给定权值；
    3. 循环变量 k 从 n～2n－2 进行 n－1 次合并：
       3.1  选取两个权值最小的根结点，其下标分别为 i1,i2；
       3.2  将二叉树 i1 和 i2 合并为一棵新的二叉树 k；
```

Select 函数用来在数组 huffTree 中选取两个权值最小的根结点，哈夫曼算法的C语言实现如下：

```
void HuffmanTree(element huffTree[ ],int w[ ],int n )
{
    int i,k,i1,i2;
    for (i = 0; i < 2 * n-1; i++)          /* 初始化,所有结点均没有双亲和孩子 */
    {
        huffTree[i].parent = -1;
        huffTree[i].lchild = -1;
        huffTree[i].rchild = -1;
    }
    for (i = 0; i < n; i++)                /* 构造 n 棵只含有根结点的二叉树 */
        huffTree[i].weight = w[i];
    for (k = n; k < 2 * n-1; k++)          /* n-1 次合并 */
    {
        Select(huffTree,&i1,&i2);          /* 权值最小的两个根结点下标为 i1 和 i2 */
        huffTree[k].weight = huffTree[i1].weight +huffTree[i2].weight;
        huffTree[i1].parent = k; huffTree[i2].parent = k;
        huffTree[k].lchild = i1; huffTree[k].rchild = i2;
    }
}
```

根据哈夫曼算法,图 5-30 所示的哈夫曼树的构造过程中存储空间的初始状态和最后状态如图 5-32 所示。

| | weight | parent | lchild | rchild |
|---|---|---|---|---|
| 0 | 2 | -1 | -1 | -1 |
| 1 | 3 | -1 | -1 | -1 |
| 2 | 4 | -1 | -1 | -1 |
| 3 | 5 | -1 | -1 | -1 |
| 4 | | -1 | -1 | -1 |
| 5 | | -1 | -1 | -1 |
| 6 | | -1 | -1 | -1 |

(a) 初始状态

| | weight | parent | lchild | rchild |
|---|---|---|---|---|
| 0 | 2 | 4 | -1 | -1 |
| 1 | 3 | 4 | -1 | -1 |
| 2 | 4 | 5 | -1 | -1 |
| 3 | 5 | 5 | -1 | -1 |
| 4 | 5 | 6 | 0 | 1 |
| 5 | 9 | 6 | 2 | 3 |
| 6 | 14 | -1 | 4 | 5 |

(b) 最后状态

图 5-32　哈夫曼树构造过程存储空间的状态

### 5.7.2　哈夫曼编码

表示字符集的简单方法是列出所有字符,给每个字符赋予一个二进制位串,称为**编码**(coding)。假设所有编码都等长,则表示 $n$ 个不同的字符需要$\lceil \log_2 n \rceil$位,这称为**等长编码**(equal-length code)。如果每个字符的使用频率相等,等长编码是空间效率最高的方法。例如,标准 ASCII 码把每个字符分别用一个 7 位二进制数表示,这种方法使用最少的位表示了所有 ASCII 码中的 128 个字符。如果字符出现的频率不等,可以让频率高的字符采用尽可能短的编码,频率低的字符采用稍长的编码,来构造一种**不等长编码**

(unequal-length code),则会获得更好的空间效率,这也是文件压缩技术的核心思想。

对不等长编码,如果设计得不合理,会给**解码**(decoding)带来困难。例如{$A,B,C,D,E$}五个字符,使用频率分别为{35,25,15,15,10},采用如下编码方案{0,1,01,10,11},对于字符串"$AABACD$",编码为"00100110",则可以有多种解码方法,它可以解码为"$ACAAEA$",也可以解码为"$AADCD$"。因此,设计不等长编码时,还必须考虑解码的唯一性。如果一组编码中任一编码都不是其他任何一个编码的前缀,我们称这组编码为**前缀编码**(prefix code),前缀编码保证了解码时不会有多种可能。

哈夫曼树可用于构造最短的不等长编码方案,具体做法如下:设需要编码的字符集合为{$d_1,d_2,\cdots,d_n$},它们在字符串中出现的频率为{$w_1,w_2,\cdots,w_n$},以$d_1,d_2,\cdots,d_n$作为叶子结点,$w_1,w_2,\cdots,w_n$作为叶子结点的权值,构造一棵哈夫曼编码树,规定哈夫曼编码树的左分支代表0,右分支代表1,则从根结点到每个叶子结点所经过的路径组成的0和1的序列便为该叶子结点对应字符的编码,称为**哈夫曼编码**(Huffman code)。对于{$A$、$B$、$C$、$D$、$E$}五个字符,使用的频率分别为{35,25,15,15,10},图5-33给出了哈夫曼编码树及哈夫曼编码。

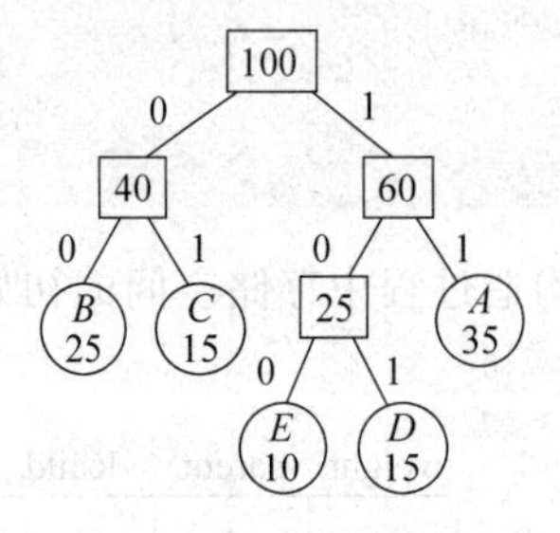


(a) 哈夫曼编码树

| 字符 | 频率 | 编码 |
|---|---|---|
| $A$ | 35 | 11 |
| $B$ | 25 | 00 |
| $C$ | 15 | 01 |
| $D$ | 15 | 101 |
| $E$ | 10 | 100 |

(b) 字符编码表

图5-33　哈夫曼编码示例

哈夫曼解码将编码串从左到右逐位判别,直到确定一个字符。具体地,在哈夫曼编码树中,从根结点开始,根据每一位的值是'0'还是'1'确定选择左分支还是右分支——直到到达一个叶子结点,然后再从根出发,开始下一个字符的翻译。如对编码串"110100101"进行解码,根据图5-32所示哈夫曼编码树,从根结点开始,由于第一位是'1',所以选择右分支,下一位是'1',选择右分支,到达叶子结点对应的字符$A$;再从根结点起,下一位是'0',选择左分支,下一位是'1',选择右分支,到达叶子结点对应的字符$C$。

在哈夫曼编码树中,树的带权路径长度的含义是各个字符的码长与其出现次数的乘积之和,所以采用哈夫曼树构造的编码是一种能使字符串的编码总长度最短的不等长编码。由于哈夫曼编码树的每个字符结点都是叶子结点,它们不可能在根结点到其他字符结点的路径上,所以一个字符的哈夫曼编码不可能是另一个字符的哈夫曼编码的前缀,从而保证了解码的唯一性。

# 5.8　扩展与提高

## 5.8.1　二叉树遍历的非递归算法

递归算法虽然简洁，但一般而言，其执行效率不高。因此，有时需要把递归算法转化为非递归算法。对于二叉树的遍历操作，可以仿照递归算法执行过程中工作栈的状态变化得到非递归算法。

**1. 前序遍历非递归算法**

二叉树前序遍历非递归算法的关键是：在前序遍历过某结点的整个左子树后，如何找到该结点的右子树的根指针。对于图5-34所示的二叉树，在前序遍历过程中，工作栈 *S* 和当前根指针 *bt* 的变化情况以及树中各结点的访问次序如表5-1所示。

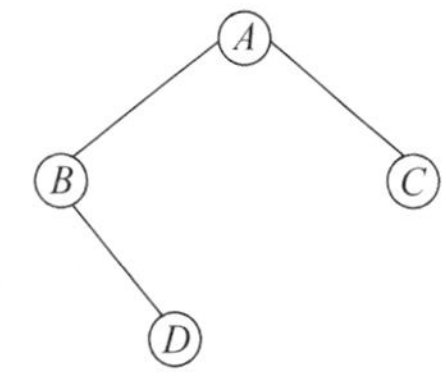

图5-34　一棵二叉树

**表5-1　二叉树前序遍历算法的执行过程**

| 步骤 | 访问结点 | 栈 *S* 内容 | 指针 bt | 解　　释 |
|---|---|---|---|---|
| 初始 | | 空 | *A* | 栈初始化，准备遍历以 *A* 为根结点的二叉树 |
| 1 | *A* | *A* | *B* | 访问结点 *A*，*A* 压栈，准备遍历 *A* 的左子树 *B* |
| 2 | *B* | *A*，*B* | ∧ | 访问结点 *B*，*B* 压栈，准备遍历 *B* 的左子树∧ |
| 3 | | *A*， | *D* | 遍历过 *B* 的左子树，弹出栈顶元素 *B*，找到 *B* 的右子树 *D*，准备遍历 *B* 的右子树 *D* |
| 4 | *D* | *A*，*D* | ∧ | 访问结点 *D*，*D* 压栈，准备遍历 *D* 的左子树∧ |
| 5 | | *A*， | ∧ | 遍历过 *D* 的左子树，弹出栈顶元素 *D*，找到 *D* 的右子树∧，准备遍历 *D* 的右子树∧ |
| 7 | | 空 | *C* | *D* 的右子树为空；遍历过 *A* 的左子树，弹出栈顶元素 *A*，找到 *A* 的右子树 *C*，准备遍历 *A* 的右子树 *C* |
| 8 | *C* | *C* | ∧ | 访问结点 *C*，*C* 压栈，准备遍历 *C* 的左子树∧ |
| 9 | | 空 | ∧ | 遍历过 *C* 的左子树，弹出栈顶元素 *C*，找到 *C* 的右子树∧，准备遍历 *C* 的右子树∧ |
| 10 | | 空 | ∧ | 此时，栈为空并且根指针也为空，遍历结束 |

分析二叉树前序遍历的执行过程可以看出，在访问某结点后，应将该结点的指针保存在栈中，以便以后能通过它找到该结点的右子树。一般地，在前序遍历中，设要遍历二叉树的根指针为bt，可能有两种情况：

（1）若bt≠NULL，则表明当前的二叉树不空，此时，应输出根结点bt的值并将bt保存到栈中，准备继续遍历bt的左子树。

（2）若bt=NULL，则表明以bt为根指针的二叉树遍历完毕，并且bt是栈顶指针所指结点的左子树，若栈不空，则应根据栈顶指针所指结点找到待遍历右子树的根指针并赋予bt，以继续遍历下去；若栈空，则表明整个二叉树遍历完毕，应结束。

二叉树前序遍历的非递归算法用伪代码描述如下：

算法：PreOrder
输入：二叉链表的根指针 root
输出：前序遍历序列
  1. 栈S初始化；工作指针 bt 初始化：bt=root；
  2. 循环直到 bt 为空且栈S为空
    2.1 当 bt 不空时循环
      2.1.1 输出 bt->data；
      2.1.2 将指针 bt 保存到栈中；
      2.1.3 遍历 bt 的左子树；
    2.2 如果栈S不空，则
      2.2.1 将栈顶元素弹出至 bt；
      2.2.2 准备遍历 bt 的右子树；

下面给出二叉树前序遍历非递归算法的C语言实现。

```
void PreOrder(BiNode * root)
{
    BiNode * S[MaxSize], * bt= root;        /* 定义顺序栈,工作指针 bt 初始化 */
    int top = -1;                           /* 初始化顺序栈 */
    while (bt != NULL || top != -1)         /* 两个条件都不成立才退出循环 */
    {
        while (bt != NULL)
        {
            printf("%c ",bt->data);
            S[++top] = bt;                  /* 将根指针 bt 入栈 */
            bt = bt->lchild;
        }
        if (top != -1) {                    /* 栈非空 */
            bt = S[top--];
            bt = bt->rchild;
        }
    }
}
```

**2. 中序遍历非递归算法**

在二叉树的中序遍历中，访问结点的操作发生在该结点的左子树遍历完毕并准备遍历右子树时，所以，在遍历过程中遇到某结点时并不能立即访问它，而是将它压栈，等到它的左子树遍历完毕后，再从栈中弹出并访问之。中序遍历的非递归算法只需将前序遍历非递归算法中的输出语句 printf("%c ",bt->data)移到出栈操作 bt=s[top--]之后即可。

**3. 后序遍历非递归算法**

后序遍历与前序遍历和中序遍历不同，在后序遍历过程中，当遍历完左子树，由于右子树尚未遍历，因此栈顶结点不能出栈，通过栈顶结点找到它的右子树，准备遍历它的右子树；当遍历完右子树，将栈顶结点出栈，并访问它。

为了区别对栈顶结点的不同处理，设置标志变量 flag，flag=1 表示遍历完左子树，栈顶结点不能出栈；flag=2 表示遍历完右子树，栈顶结点可以出栈并访问。可以用C语言中的结构体类型来定义栈元素类型。

```
typedef struct
{
    BiNode * ptr;
    int flag;
} ElemType;
```

设要遍历二叉树的根指针为 bt，则有以下两种情况：

(1) 若 bt 不等于 NULL，则 bt 及标志 flag(置为1)入栈，遍历其左子树。

(2) 若 bt 等于 NULL，此时若栈空，则整个遍历结束；若栈不空，则表明栈顶结点的左子树或右子树已遍历完毕。若栈顶结点的标志 flag=1，则表明栈顶结点的左子树已遍历完毕，将 flag 修改为2，并遍历栈顶结点的右子树；若栈顶结点的标志 flag=2，则表明栈顶结点的右子树也遍历完毕，出栈并输出栈顶结点。

二叉树后序遍历的非递归算法用伪代码描述如下：

算法：PostOrder
输入：二叉链表的根指针 root
输出：后序遍历序列
　1. 栈S初始化；工作指针 bt 初始化：bt =root；
　2. 循环直到 bt 为空且栈S为空
　　2.1　当 bt 非空时循环
　　　2.1.1　将 bt 连同标志 flag=1 入栈；
　　　2.1.2　继续遍历 bt 的左子树；
　　2.2　当栈S非空且栈顶元素的标志为2时，出栈并输出栈顶结点；
　　2.3　若栈非空，将栈顶元素的标志改为2，准备遍历栈顶结点的右子树；

下面给出二叉树后序遍历非递归算法的C语言实现。

```
void PostOrder(BiNode * root)
{
    ElemType S[MaxSize];                 /* 定义顺序栈 */
    int top = -1;                        /* 初始化顺序栈 */
    BiNode * bt = root;                  /* 工作指针 bt 初始化 */
    while (bt != NULL || top != -1)      /* 两个条件都不成立才退出循环 */
    {
```

```
        while (bt ! = NULL)
        {
            top++;
            S[top].ptr = bt; S[top].flag = 1;          /* root连同标志flag入栈 */
            bt = bt->lchild;
        }
        while (top ! = -1 && S[top].flag == 2)       /* 注意是循环,可能连续出栈 */
        {
            bt = S[top--].ptr;
            printf("%c ",bt->data);
        }
        if (top ! = -1) {
            S[top].flag = 2;
            bt = s[top].ptr->rchild;
        }
    }
}
```

### 5.8.2 线索二叉树

**1. 线索链表的存储结构定义**

在具体应用中,有时需要访问二叉树的结点在某种遍历序列中的前驱和后继,此时,在存储结构中应保存结点在某种遍历序列中的前驱和后继信息。考虑到一个具有 $n$ 个结点的二叉链表,在 $2n$ 个指针域中只有 $n-1$ 个指针域用来存储孩子结点的地址,存在 $n+1$ 个空指针域,可以利用这些空指针指向该结点在某种遍历序列中的前驱和后继结点。这些指向前驱和后继结点的指针称为**线索**(thread),加上线索的二叉链表称为**线索链表**(thread linked list),相应地,加上线索的二叉树称为**线索二叉树**(thread binary tree)。

在线索链表中,对任意结点,若左指针域为空,则用左指针域存放该结点的前驱线索;若右指针域为空,则用右指针域存放该结点的后继线索。为了区分某结点的指针域存放的是指向孩子的指针还是指向前驱或后继的线索,每个结点再增设两个标志位 ltag 和 rtag,线索链表的结点结构如图 5-35 所示。

$$\text{ltag}=\begin{cases}0 & \text{lchild 指向该结点的左孩子}\\1 & \text{lchild 指向该结点的前驱}\end{cases}\qquad \text{rtag}=\begin{cases}0 & \text{rchild 指向该结点的右孩子}\\1 & \text{rchild 指向该结点的后继}\end{cases}$$

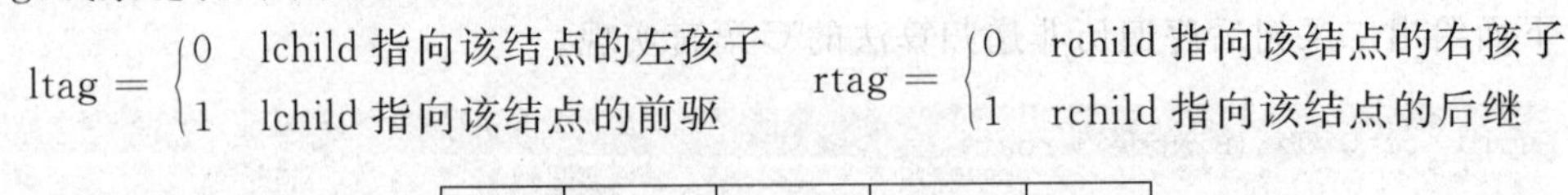

| ltag | lchild | data | rchild | rtag |
|---|---|---|---|---|

图 5-35 线索链表的结点结构

由于二叉树的遍历次序有 4 种,故有 4 种意义下的前驱和后继,相应的有 4 种线索链表:前序线索链表、中序线索链表、后序线索链表、层序线索链表。图 5-36 所示是一棵中序线索链表,图中实线表示指向孩子结点的指针,虚线表示指向前驱或后继的线索,例如,$G$ 的中序前驱是 $D$,$G$ 的中序后继是 $B$,$B$ 的中序后继是 $A$,$E$ 的中序前驱是 $A$,$E$ 的中序

后继是 $C$，$F$ 的中序前驱是 $C$。

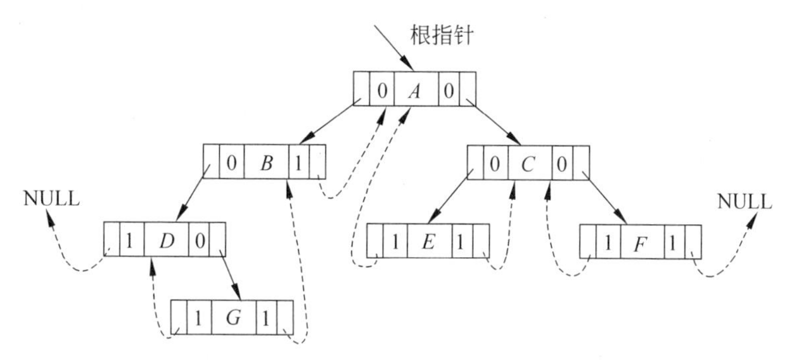


图 5-36　中序线索链表的存储示意图

下面给出线索链表的存储结构定义：

```
enum flag {Child,Thread};            /* 枚举类型，枚举常量 Child = 0,Thread = 1 */
typedef char DataType;               /* 定义二叉树的数据类型，假设为 char 型 */
typedef struct ThrNode               /* 定义线索链表的结点类型 */
{
    DataType data;
    struct ThrNode * lchild, * rchild;
    flag ltag,rtag;
} ThrNode;
```

**2. 线索链表的实现**

下面的讨论以中序线索链表为例，其他线索链表与此类似，请读者自行给出。

(1) 建立线索链表

建立线索链表实质上就是将二叉链表中的空指针改为指向前驱或后继的线索，而前驱或后继的信息只有在遍历二叉树时才能得到。因此，建立线索链表首先要建立二叉链表，同时将每个结点的左右标志置为 0；然后在遍历的过程中修改空指针及相应标志。具体地，在遍历的过程中，访问当前结点 root 的操作为：

① 检查结点 root 的左、右指针域，如果为空，则将相应标志置 1。

② 由于结点 root 的前驱刚被访问过，所以若左指针为空，则可令其指向它的前驱；但由于 root 的后继尚未访问到，所以它的右指针不能建立线索，要等到访问结点 root 的后继结点时才能进行。为实现这一过程，设指针 pre 始终指向刚刚访问过的结点，即若指针 root 指向当前结点，则 pre 指向它的前驱，显然 pre 的初值为 NULL，如图 5-37 所示。

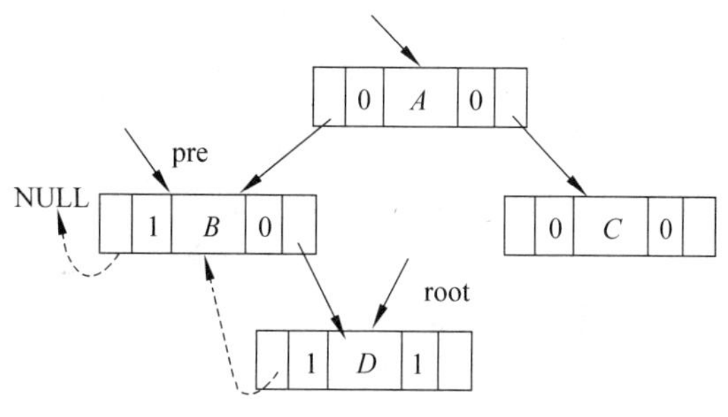


图 5-37　访问结点 root 的操作示意图

③ 令 pre 指向刚刚访问过的结点 root。

建立中序线索链表的算法用伪代码

描述如下：

算法：inThrBiTree
输入：二叉链表(带标志)的根指针 root
输出：无
1. 如果二叉链表 root 为空,则空操作返回；
2. 对 root 的左子树建立线索；
3. 访问根结点 root,执行下列操作
  3.1 如果 root 没有左孩子,则为 root 加上前驱线索；
  3.2 如果 root 没有右孩子,则将 root 的右标志置为 1；
  3.3 如果结点 pre 的右标志为 1,则为其加上后继线索；
  3.4 令 pre 指向刚访问的结点 root；
4. 对 root 的右子树建立线索；

建立中序线索链表算法的C语言实现如下：

```
void inThrBiTree(ThrNode * root)                    /* pre是全局变量,已初始化为空 */
{
    if (root == NULL) return;
    inThrBiTree(root->lchild);                      /* 递归处理 root 的左子树 */
    if (root->lchild == NULL) {                     /* 处理 root 的左指针 */
        root->ltag = 1;
        root->lchild = pre;                         /* 设置 pre 的前驱线索 */
    }
    if (root->rchild == NULL) root->rtag = 1;       /* 处理 root 的右标志 */
    if (pre->rtag == 1) pre->rchild = root;         /* 设置 pre 的后继线索 */
    pre = root;
    inThrBiTree(root->rchild);                      /* 递归处理 root 的右子树 */
}
```

(2) 查找后继结点

对于中序线索链表的任意结点 p,其后继结点有以下两种情况：

① 如果结点 p 的右标志为 1,表明该结点的右指针是线索,则其右指针所指向的结点便是它的后继结点。例如,在图 5-36 所示中序线索链表上,结点 $B$ 的右标志为 1,则结点 $B$ 的右指针指向的结点 $A$ 即是结点 $B$ 的后继结点。

② 如果结点 p 的右标志为 0,表明该结点有右孩子,无法直接找到其后继结点。然而,根据中序遍历的操作定义,它的后继结点应该是遍历其右子树时第一个访问的结点,即右子树中的最左下结点。这只需沿着其右孩子的左指针向下查找,当某结点的左标志为 1 时,就是所要找的后继结点。例如,在图 5-36 所示中序线索链表上,结点 $A$ 的右标志为 0,则结点 $A$ 的右子树的最左下结点 $E$ 即是结点 $A$ 的后继结点。

在中序线索链表上查找结点 p 的后继结点算法的C语言实现如下：

```
ThrNode *Next(ThrNode *p)
{
    ThrNode *q;
    if (p->rtag == 1) q = p->rchild;          /* 右标志为 1,可直接得到后继结点 */
    else {
        q = p->rchild;                        /* 工作指针 q 指向结点 p 的右孩子 */
        while (q->ltag == 0)                  /* 查找最左下结点 */
            q = q->lchild;
    }
    return q;
}
```

(3) 在中序线索链表上进行遍历

在中序线索链表上进行遍历,只需要找到中序遍历序列中的第一个结点,然后依次找每个结点的后继结点,直至某结点无后继为止。具体实现如下:

```
void InOrder(ThrNode *root)
{
    ThrNode *p = root;
    if (root == NULL) return;                 /* 如果线索链表为空,则空操作返回 */
    while (p->ltag == 0)                      /* 查找中序序列的第一个结点并访问 */
        p = p->lchild;
    printf("%c",p->data);
    while (p->rchild != NULL)                 /* 依次访问 p 的后继结点 */
    {
        p = Next(p);
        printf("%c ",p->data);
    }
}
```

在中序线索链表上进行遍历,虽然时间复杂度亦为 $O(n)$,但常数因子比在二叉链表上进行的递归与非递归遍历算法小,且不需要设工作栈。因此,若某问题中所用的二叉树需经常遍历或查找结点在某种遍历序列中的前驱和后继,则应采用线索链表作为存储结构。

# 5.9 应用实例

## 5.9.1 堆与优先队列

### 1. 堆的定义

**优先队列**(priority queue)是按照某种优先级进行排列的队列,优先级越高的元素出队越早,优先级相同者按照先进先出的原则进行处理。优先队列的基本算法可以在普通队列的基础上修改而成。例如,入队时将元素插入到队尾,出队时找出优先级最高的元素出队;或者入队时将元素按照优先级插入到合适的位置,出队时将队头元素出队。这两种实现方法,入队或出队总有一个时间复杂度为 $O(n)$。采用堆来实现优先队列,入队和出队的时间复杂度均为 $O(\log_2 n)$。

**堆**(heap)是具有下列性质的完全二叉树①:每个结点的值都小于或等于其左右孩子结点的值(称为**小根堆**);或者每个结点的值都大于或等于其左右孩子结点的值(称为**大根堆**)。如果将堆按层序从1开始编号,则结点之间满足如下关系:

$$\begin{cases} k_i \leqslant k_{2i} \\ k_i \leqslant k_{2i+1} \end{cases} \quad 或 \quad \begin{cases} k_i \geqslant k_{2i} \\ k_i \geqslant k_{2i+1} \end{cases} \quad (1 \leqslant i \leqslant \lfloor n/2 \rfloor)$$

从堆的定义可以看出,一个完全二叉树如果是堆,则根结点(称为堆顶)一定是当前堆中所有结点的最大者(大根堆)或最小者(小根堆)。图5-38给出了堆的示例,用小根堆实现的优先队列称为极小队列,用大根堆实现的优先队列称为极大队列,不失一般性,下面仅讨论极大队列。

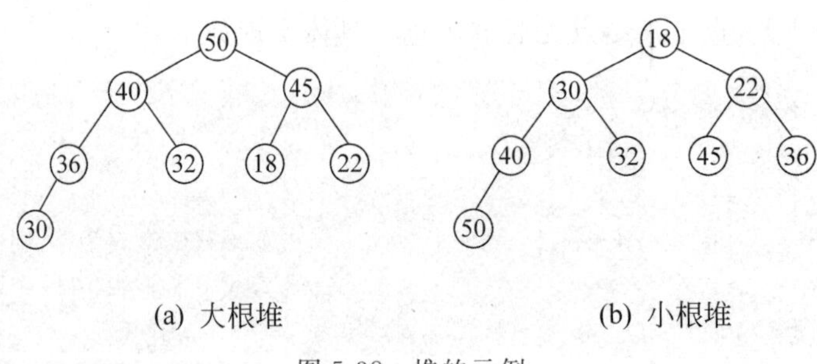


图5-38 堆的示例

**2. 极大队列的存储结构定义**

由于堆是完全二叉树,因此采用顺序存储,即将大根堆按层序从1开始连续编号,将结点以编号为下标存储到一维数组data中。用大根堆实现极大队列,队头元素存储在data[1]中,因此不用表示队头位置。存储结构定义如下:

```
#define MaxSize 100              /* 假设优先队列最多99个元素 */
typedef int DataType;            /* 定义优先队列的数据类型,假设为int型 */
typedef struct
{
    DataType data[MaxSize];
    int rear;                    /* 优先队列的队尾位置 */
} PriQueue;
```

**3. 极大队列基本操作的实现**

由于大根堆按层序编号存储到一维数组data中,由完全二叉树的性质,元素data[$i$]的双亲是data[$i/2$]、左孩子是data[$2i$]、右孩子是data[$2i+1$]。由于rear指示队尾元素的位置,则队空时rear=0。初始化一个空的优先队列只需将队尾位置rear置为0,优先

① 有些参考书将堆直接定义为序列,但是,从逻辑结构上讲,还是将堆定义为完全二叉树更好。虽然堆的典型实现方法是使用数组,但是从逻辑的角度来看,堆实际上是一种树结构。

队列的判空操作只需判断 rear 是否等于 0，取队头元素只需返回 data[1]。下面讨论优先队列的入队和出队操作。

(1) 入队操作

优先队列的入队操作先将待插元素 $x$ 插入队尾位置，然后将新插入元素从叶子向根方向进行调整，若新插入元素比双亲大，则进行交换，这个过程一直进行到根结点或新插入元素小于其双亲结点的值。操作示意图如图 5-39 所示，C 语言实现如下：

```
void EnQueue(PriQueue * Q,DataType x)
{
    int i,temp;
    if (Q->rear == MaxSize -1) {printf("上溢"); exit(-1); }
    i = Q->rear++ ;                   /* i 记载新插入元素在数组中的下标 */
    Q-> data[i] = x;
    while (i/2 > 0 && Q->data[i/2] < x)
    {
        temp = Q->data[i]; Q->data[i] = Q->data[i/2]; Q->data[i/2] = temp;
        i = i/2;                      /* 新插入元素的位置 */
    }
}
```

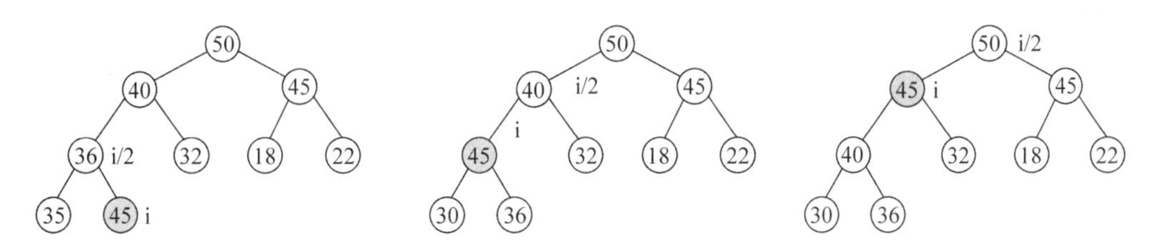


(a) 插入元素45，36<45　　(b) 交换45和36，40<45　　(c) 交换45和40，50>45,结束

图 5-39　优先队列入队操作的过程示例

(2) 出队操作

由于优先队列的队头元素位于堆顶，因此出队操作直接输出堆顶元素，为维持堆的性质，将队尾元素放到根结点，然后调整根结点重新建堆。操作示意图如图 5-40 所示，C 语言实现如下：

```
DataType DeQueue(PriQueue * Q)
{
    int i,j,x,temp;
    if (Q->rear == 0) {printf("下溢"); exit(-1); }
    x = Q->data[1];
    Q->data[1] = Q->data[Q->rear--];
    i = 1; j = 2 * i;                          /* i 是被调整的结点，j 是 i 的左孩子 */
```

```
    while (j <= Q->rear)                          /*调整要进行到叶子*/
    {
        if (j < Q->rear && Q->data[j] < Q->data[j+1]) j++;
        if (Q->data[i] > Q->data[j]) break;   /*根结点大于左右孩子中的较大者*/
        else {
            temp = Q->data[i]; Q->data[i] = Q->data[j]; Q->data[j] = temp;
            i = j; j = 2 * i;                     /*被调整结点位于原来结点 j 的位置*/
        }
    }
    return x;
}
```

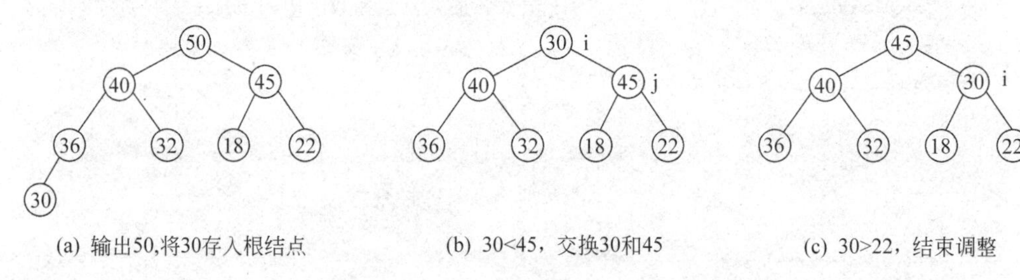


图 5-40　优先队列出队操作的过程示例

## 5.9.2　并查集

不相交集合是对集合的一种划分，将集合 S 划分为若干个子集，这些子集之间没有交集，且所有子集的并即为集合 S。不相交集合的两个基本操作是查找和合并，查找是找出某个元素属于哪个子集，合并是把两个子集合并成一个子集。由于不相交集合的两个基本操作是并和查，因此不相交集合也被称为**并查集**(union find set)。

可以用树结构来实现并查集，将每个子集表示为一棵树，子集中的每个元素是树上的一个结点。如图 5-41 所示，查找操作给出待查元素所在树的根结点，这需要从该结点沿着双亲结点进行回溯，直到根结点。合并操作将两棵树合并为一棵树，由于并查集只关心哪些元素在同一棵树上，并不关心树的形状，因此可以将一棵树作为另一棵树根结点的子

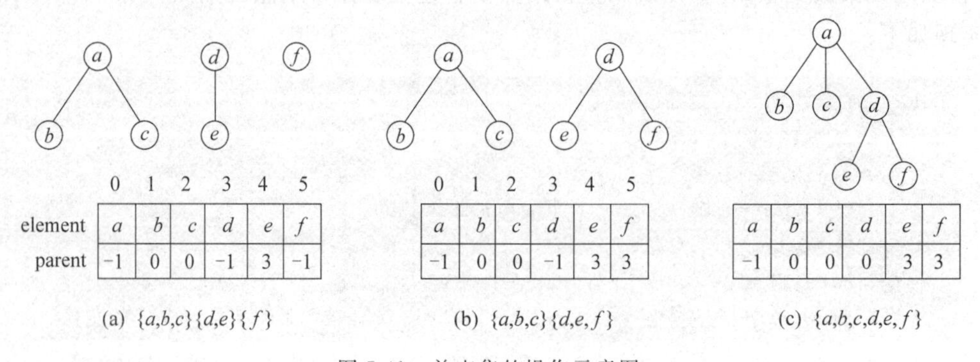


图 5-41　并查集的操作示意图

树。由于查和并都只涉及某结点的双亲，因此，树可以采用双亲表示法存储。

下面给出并查集的存储结构定义：

```
typedef struct
{
    char element;                          /* 假设集合元素为字符 */
    int parent;                            /* 该元素的双亲在数组中的下标 */
} ElemType;
```

查找某元素所在子集即是返回该元素所在树的根结点的下标，C语言实现如下：

```
int Find(ElemType S[ ],int k)              /* k是待查元素在数组中的下标 */
{
    while (S[k].parent != -1)
      k = S[k].parent;
    return k
}
```

合并两个元素所在集合需要查找两个集合所在树的根结点，然后进行合并，C语言实现如下：

```
void Find(ElemType S[ ],int k1,int k2)     /* 合并 k1 和 k2 两个元素所在树 */
{
    int vex1 = Find(S,k1);
    int vex2 = Find(S,k2);
    if (vex1 != vex2) S[vex2].parent = vex1;
}
```

# 习　题　5

1. 选择题

(1) 一个高度为 $h$ 的满二叉树共有 $n$ 个结点，其中有 $m$ 个叶子结点，则有(　　)成立。

A. $n=h+m$　　B. $h+m=2n$　　C. $m=h-1$　　D. $n=2m-1$

(2) 设二叉树有 $n$ 个结点，则其深度为(　　)。

A. $n-1$　　B. $n$　　C. $\lfloor \log_2 n \rfloor+1$　　D. 不能确定

(3) 二叉树的前序序列和后序序列正好相反，则该二叉树一定是(　　)的二叉树。

A. 空或只有一个结点　　B. 高度等于其结点数

C. 任一结点无左孩子　　D. 任一结点无右孩子

(4) 线索二叉树中某结点R没有左孩子的充要条件是(　　)。

A. R.lchild=NULL　　B. R.ltag=0

C. R.ltag=1　　D. R.rchild=NULL

(5) 深度为$k$的完全二叉树至少有(　　)个结点，至多有(　　)个结点。

A. $2^{k-2}+1$　　B. $2^{k-1}$　　C. $2^{k}-1$　　D. $2^{k-1}-1$

(6) 任何一棵二叉树的叶子结点在前序、中序、后序遍历序列中的相对次序(　　)。

A. 肯定不发生改变　　B. 肯定发生改变

C. 不能确定　　D. 有时发生变化

(7) 设森林中有4棵树，树中结点的个数依次为$n_1$、$n_2$、$n_3$和$n_4$，则把森林转换成二叉树后，其根结点的右子树上有(　　)个结点。根结点的左子树上有(　　)个结点。

A. $n_1-1$　　B. $n_1$　　C. $n_1+n_2+n_3$　　D. $n_2+n_3+n_4$

(8) 讨论树、森林和二叉树的关系，目的是为了(　　)。

A. 借助二叉树上的运算方法去实现对树的一些运算

B. 将树、森林按二叉树的存储方式进行存储并利用二叉树的算法解决树的有关问题

C. 将树、森林转换成二叉树

D. 体现一种技巧，没有什么实际意义

(9) 为5个使用频率不等的字符设计哈夫曼编码，不可能的方案是(　　)。

A. 111,110,10,01,00　　B. 000,001,010,011,1

C. 100,11,10,1,0　　D. 001,000,01,11,10

(10) 为5个使用频率不等的字符设计哈夫曼编码，不可能的方案是(　　)。

A. 000,001,010,011,1　　B. 0000,0001,001,01,1

C. 000,001,01,10,11　　D. 00,100,101,110,111

2. 解答下列问题

(1) 在孩子表示法中查找双亲比较困难，把双亲表示法和孩子表示法结合起来，就形成了双亲孩子表示法，即在孩子表示法的表头结点中增设一个域存储该结点的双亲结点在数组中的下标。请画出图5-4(a)所示树采用双亲孩子表示法的存储示意图。

(2) 证明：对任一满二叉树中的分枝数$B=2(n_0-1)$。(其中，$n_0$为终端结点数。)

(3) 证明：已知一棵二叉树的前序序列和中序序列，则可唯一确定该二叉树。

(4) 已知一棵度为$m$的树中有：$n_1$个度为1的结点，$n_2$个度为2的结点，…，$n_m$个度为$m$的结点，问该树中共有多少个叶子结点？

(5) 已知二叉树的中序和后序序列分别为$CBEDAFIGH$和$CEDBIFHGA$，试构造该二叉树。

(6) 假设用于通信的电文由字符集{a,b,c,d,e,f,g}中的字符构成，它们在电文中出现的频率分别为{0.31,0.16,0.10,0.08,0.11,0.20,0.04}。请为这7个字符设计哈夫曼编码。

3. 算法设计

(1) 设计算法求二叉树的结点个数。

(2) 设计算法按前序次序打印二叉树中的叶子结点。

(3) 设计算法求二叉树的深度。

(4) 一棵具有$n$个结点的二叉树采用顺序存储结构，编写算法对该二叉树进行前序

遍历。

(5) 已知深度为 $h$ 的二叉树以一维数组 BT[1..$2^h-1$]作为其存储结构。试编写算法,求该二叉树中叶子结点的个数。为简单起见,设二叉树中元素结点为非零整数。

(6) 设一棵有 $n(n\leqslant 100)$个结点的二叉树按顺序存储方式存储在 bt[1..$n$]中,编写算法,求二叉树中编号为 $i$ 和 $j$ 的两个结点的最近公共祖先结点。

(7) 以二叉链表为存储结构,编写算法求二叉树中结点 $x$ 的双亲。

(8) 以二叉链表为存储结构,在二叉树中删除以值 $x$ 为根结点的子树。

(9) 编写算法交换二叉树中所有结点的左右子树。

(10) 以孩子兄弟表示法做存储结构,求树中结点 $x$ 的第 $i$ 个孩子。

# 第6章 图

CHAPTER

| 教学重点 | 图的基本术语;图的存储表示;图的遍历;图的经典应用 | | | | |
|---|---|---|---|---|---|
| 教学难点 | 图的遍历;最小生成树;最短路径;拓扑排序;关键路径 | | | | |
| 教学内容和目标 | 知识点 | 教学要求 | | | |
| | | 了解 | 理解 | 掌握 | 熟练掌握 |
| | 图的定义和基本术语 | | | √ | |
| | 图的抽象数据类型定义 | √ | | | |
| | 图的邻接矩阵存储及实现 | | | | √ |
| | 图的邻接表存储及实现 | | | √ | |
| | 邻接矩阵和邻接表的比较 | | √ | | |
| | Prim 算法 | | | √ | |
| | Kruskal 算法 | | √ | | |
| | Dijkstra 算法 | | | √ | |
| | Floyd 算法 | | √ | | |
| | AOV 网与拓扑排序 | | | √ | |
| | AOE 网与关键路径 | | √ | | |
| 教学提示 | 对于本章的教学要抓住一条明线:图的逻辑结构→图的存储结构→图的遍历→图的经典应用。对于图的逻辑结构,要从图的定义出发,在与线性表和树的定义进行比较的基础上,深刻理解图结构的逻辑特征。对于图的存储结构,以如何表示图中顶点之间的逻辑关系为出发点,掌握图的不同存储结构以及它们之间的关系,并学会在实际问题中修改存储结构。<br>图的遍历是本章的重点和难点,注意讲授思路。首先从逻辑上(即不涉及存储结构)掌握图的遍历操作,理解伪代码算法;其次在与树的遍历进行比较的基础上,提出图遍历的关键问题和解决办法;最后基于邻接矩阵和邻接表存储结构实现图的遍历操作。<br>对于本章的经典算法(Prim 算法、Kruskal 算法、Dijkstra 算法、Floyd 算法和拓扑排序算法等),首先要理解算法的基本思想,并将算法思想用顶层伪代码进行描述,然后在分析算法执行过程的基础上得出算法采用的存储结构,最后才能掌握具体的算法。 | | | | |

# 6.1 引　言

在线性结构中,数据元素之间仅具有线性关系,每个数据元素最多只有一个前驱和一个后继;在树结构中,结点之间具有层次关系,每个结点最多只有一个双亲,但可以有多个孩子;在图结构中,任意两个顶点之间都可能有关系,每个顶点都可以有多个邻接点。图结构具有极强的表达能力,很多问题抽象出的数据模型是图结构。下面请看两个例子。

**【例6-1】** 七巧板涂色问题。假设有如图6-1(a)所示七巧板,使用至多4种不同颜色对七巧板涂色,要求每个区域涂一种颜色,相邻区域的颜色互不相同。如何求得涂色方案呢?为了识别不同区域的相邻关系,可以将七巧板的每个区域看成一个顶点,如果两个区域相邻,则这两个顶点之间有边相连,从而将七巧板抽象为图结构,如图6-1(b)所示。

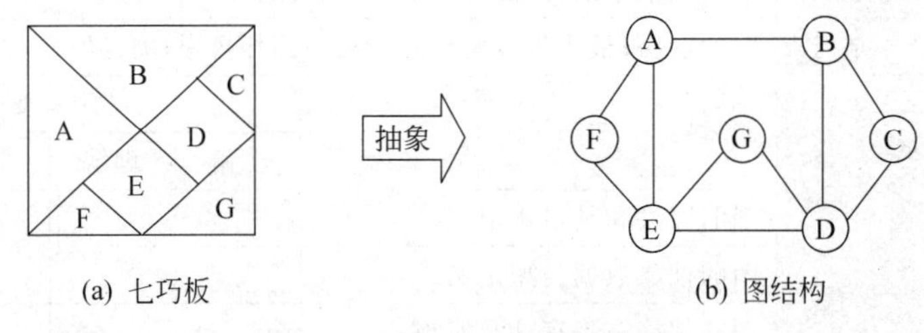


图6-1　七巧板及其数据模型

**【例6-2】** 农夫过河问题。一个农夫带着一只狼、一只羊和一筐菜,想从河一边(左岸)乘船到另一边(右岸),由于船太小,农夫每次只能带一样东西过河,但是如果没有农夫看管,则狼会吃羊,羊会吃菜。农夫怎样过河才能把每样东西安全地送过河呢?在某一时刻,农夫、狼、羊和菜或者在河的左岸,或者在河的右岸,可以用0表示在河的左岸,用1表示在河的右岸,如图6-2(a)所示,例如1010表示农夫和羊在河的右岸、狼和菜在河的左岸。将每一个可能的状态抽象为一个顶点,边表示状态转移发生的条件,从而将农夫过河问题抽象为一个图模型,如图6-2(b)所示。

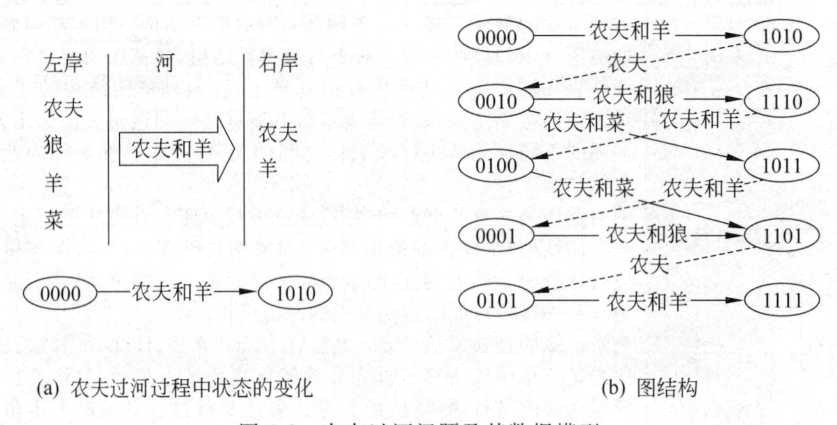


图6-2　农夫过河问题及其数据模型

# 6.2　图的逻辑结构

## 6.2.1　图的定义和基本术语

在图中常常将数据元素称为**顶点**(vertex)。

**1. 图的定义**

**图**(graph)是由顶点的**有穷非空**集合和顶点之间边的集合组成，通常表示为：

$$G=(V,E)$$

其中，$G$ 表示一个图，$V$ 是 $G$ 中顶点的集合，$E$ 是 $G$ 中顶点之间边的集合。例如，在图 6-3(a)所示 $G1$ 中，顶点集合 $V=\{v_0,v_1,v_2,v_3,v_4\}$，边的集合 $E=\{(v_0,v_1),(v_0,v_3),(v_1,v_2),(v_1,v_4),(v_2,v_3),(v_2,v_4)\}$。

在图中，若顶点 $v_i$ 和 $v_j$ 之间的边没有方向，则称这条边为**无向边**，用无序偶对 $(v_i,v_j)$ 表示；若从顶点 $v_i$ 到 $v_j$ 的边有方向，则称这条边为**有向边**(也称为弧，以区别于无向边)，用有序偶对 $<v_i,v_j>$ 表示，$v_i$ 称为弧尾，$v_j$ 称为弧头。如果图的任意两个顶点之间的边都是无向边，则称该图为**无向图**(undirected graph)，否则称该图为**有向图**(directed graph)。例如，图 6-3(a)所示是一个无向图，(b)所示是一个有向图。

在图中，**权**(weight)通常是指对边赋予的有意义的数值量[①]。在实际应用中，权可以有具体的含义。比如，对于城市交通线路图，边上的权表示该条线路的长度或者等级；对于工程进度图，边上的权表示活动所需要的时间等。边上带权的图称为带权图或**网图**(network graph)。例如，图 6-3(c)所示是一个无向网图，(d)所示是一个有向网图。

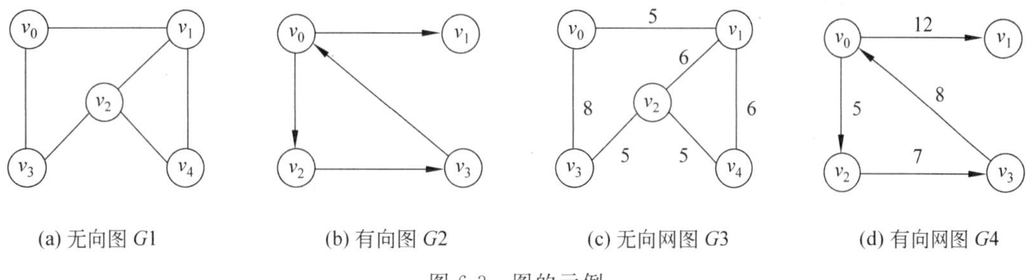


(a) 无向图 $G1$　(b) 有向图 $G2$　(c) 无向网图 $G3$　(d) 有向网图 $G4$

图 6-3　图的示例

**2. 图的基本术语**

(1) 邻接、依附

在无向图中，对于任意两个顶点 $v_i$ 和 $v_j$，若存在边 $(v_i,v_j)$，则称顶点 $v_i$ 和 $v_j$ 互为邻接点[②](adjacent)，同时称边 $(v_i,v_j)$ **依附**(adhere)于顶点 $v_i$ 和 $v_j$。

在有向图中，对于任意两个顶点 $v_i$ 和 $v_j$，若存在弧 $<v_i,v_j>$，则称顶点 $v_i$ 邻接到 $v_j$，顶点 $v_j$ 邻接自 $v_i$，同时称弧 $<v_i,v_j>$ 依附于顶点 $v_i$ 和 $v_j$。在不致混淆的情况下，通常称

① 本书只讨论边上带权的图，且权值是非负整数的情况。

② 在线性结构中，数据元素之间的逻辑关系表现为前驱——后继；在树结构中，结点之间的逻辑关系表现为双亲——孩子；在图结构中，顶点之间的逻辑关系表现为邻接。

$v_j$ 是 $v_i$ 的邻接点。

(2) 顶点的度、入度、出度

在无向图中，顶点 $v$ 的**度**(degree)是指依附于该顶点的边的个数，记为 $TD(v)$。在具有 $n$ 个顶点 $e$ 条边的无向图中，有下式成立：

$$\sum_{i=0}^{n-1} TD(v_i) = 2e \tag{6-1}$$

在有向图中，顶点 $v$ 的**入度**(in-degree)是指以该顶点为弧头的弧的个数，记为 $ID(v)$；顶点 $v$ 的**出度**(out-degree)是指以该顶点为弧尾的弧的个数，记为 $OD(v)$。在具有 $n$ 个顶点 $e$ 条边的有向图中，有下式成立：

$$\sum_{i=0}^{n-1} ID(v_i) = \sum_{i=0}^{n-1} OD(v_i) = e \tag{6-2}$$

(3) 无向完全图、有向完全图

在无向图中，如果任意两个顶点之间都存在边，则称该图为**无向完全图**(undirected complete graph)。含有 $n$ 个顶点的无向完全图有 $n\times(n-1)/2$ 条边。

在有向图中，如果任意两顶点之间都存在方向互为相反的两条弧，则称该图为**有向完全图**(directed complete graph)。含有 $n$ 个顶点的有向完全图有 $n\times(n-1)$条边。

(4) 稠密图、稀疏图

称边数很少的图为**稀疏图**(sparse graph)，反之，称为**稠密图**[①](dense graph)。

(5) 路径、路径长度、回路

在无向图 $G=(V,E)$中，顶点 $v_p$ 到 $v_q$ 之间的**路径**(path)是一个顶点序列 $v_p=v_{i0}v_{i1}\cdots v_{im}=v_q$，其中，$(v_{ij-1},v_{ij})\in E(1\leqslant j\leqslant m)$；如果 $G$ 是有向图，则 $<v_{ij-1},v_{ij}>\in E(1\leqslant j\leqslant m)$。路径上边的数目称为**路径长度**(path length)。第一个顶点和最后一个顶点相同的路径称为**回路**(circuit)。显然，在图中路径可能不唯一，回路也可能不唯一。

(6) 简单路径、简单回路

在路径序列中，顶点不重复出现的路径称为**简单路径**(simple path)。除了第一个顶点和最后一个顶点之外，其余顶点不重复出现的回路称为**简单回路**(simple circuit)。通常情况下，路径指的都是简单路径，回路指的都是简单回路。

(7) 子图

对于图 $G=(V,E)$和 $G'=(V',E')$，如果 $V'\subseteq V$ 且 $E'\subseteq E$，则称图 $G'$是 $G$ 的**子图**[②](subgraph)。图 6-4 给出了子图的示例，显然，一个图可以有多个子图。

(8) 连通图、连通分量

在无向图中，若顶点 $v_i$ 和 $v_j(i\neq j)$之间有路径，则称 $v_i$ 和 $v_j$ 是连通的。若任意顶点 $v_i$ 和 $v_j(i\neq j)$之间均有路径，则称该图是**连通图**(connected graph)。例如，图 6-4(a)是连通图，图 6-5(a)是非连通图。非连通图的极大连通子图称为**连通分量**(connected component)，极大的含义是指在满足连通的条件下，包括所有连通的顶点以及和这些顶

① 稀疏和稠密本身就是模糊的概念，稀疏图和稠密图常常是相对而言的。显然，最稀疏图的边数是 0，最稠密图是完全图，边数达到最多。

② 通俗地说，子图是原图的一部分，是由原图中一部分顶点和这些顶点之间的一部分边构成的图。

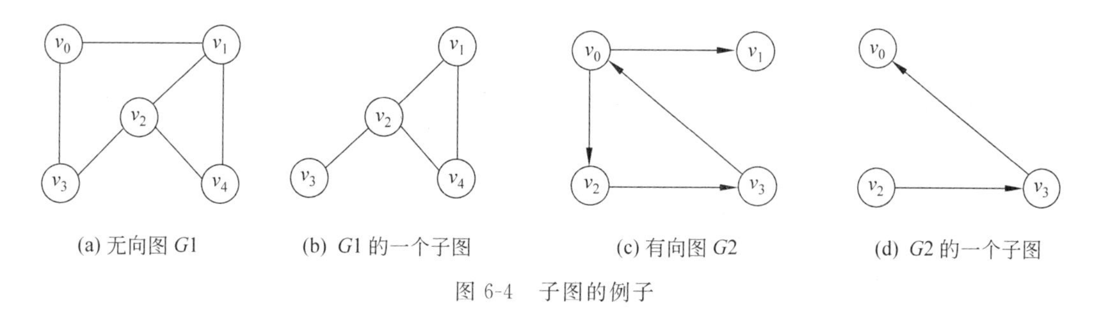


图 6-4　子图的例子

点相关联的所有边。图 6-5(a)所示非连通图有两个连通分量，如图 6-5(b)所示。

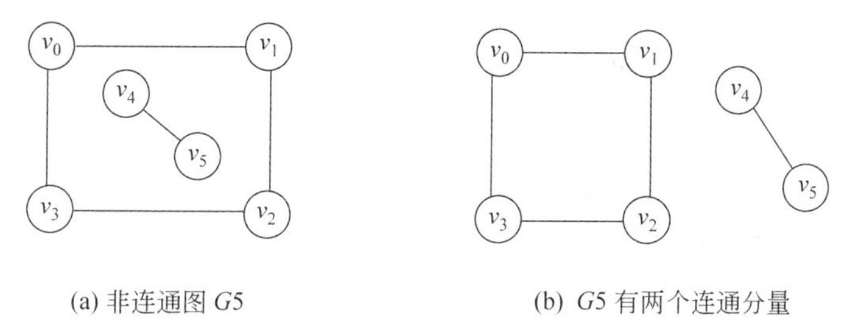


图 6-5　非连通图及连通分量

（9）强连通图、强连通分量

在有向图中，对任意顶点 $v_i$ 和 $v_j(i \neq j)$，若从顶点 $v_i$ 到 $v_j$ 均有路径，则称该有向图是**强连通图**[①](strongly connected graph)。图 6-6(a)是强连通图，(b)是非强连通图。非强连通图的极大强连通子图[②]称为**强连通分量**(strongly connected component)。图 6-6(b)所示非强连通图有两个强连通分量，如图 6-6(c)所示。

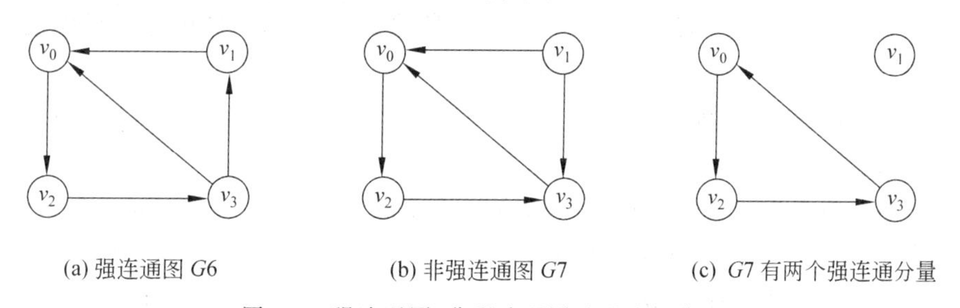


图 6-6　强连通图、非强连通图及强连通分量

## 6.2.2　图的抽象数据类型定义

图是一种与具体应用密切相关的数据结构，它的基本操作往往随应用不同而有很大差别。下面给出一个图的抽象数据类型定义的例子，简单起见，基本操作仅包含图的遍历，针对具体应用，需要重新定义其基本操作。

---

① 在有向图中，若顶点 $v_i$ 和 $v_j$ 是连通的，则顶点 $v_i$ 和 $v_j$ 必在同一条回路上。

② 此处极大的含义同连通分量。

```
ADT  Graph
DataModel
    顶点的有穷非空集合和顶点之间边的集合
Operation
  CreatGraph
    输入：n个顶点e条边
    功能：图的建立
    输出：构造一个含有n个顶点e条边的图
  DestroyGraph
    输入：无
    功能：图的销毁
    输出：释放图占用的存储空间
  DFTraverse
    输入：遍历的起始顶点v
    功能：从顶点v出发深度优先遍历图
    输出：图的深度优先遍历序列
  BFTraverse
    输入：遍历的起始顶点v
    功能：从顶点v出发广度优先遍历图
    输出：图的广度优先遍历序列
endADT
```

### 6.2.3 图的遍历操作

图的遍历是指从图中某顶点出发，对图中所有顶点访问[①]一次且仅访问一次。图的遍历操作和树的遍历操作类似，但由于图结构本身的复杂性，所以图的遍历操作也比较复杂。在图的遍历中要解决的关键问题是：

(1) 在图中，没有一个确定的开始顶点，任意一个顶点都可作为遍历的起始顶点，那么，如何选取遍历的起始顶点？

(2) 从某个顶点出发可能到达不了所有其他顶点，例如非连通图，从一个顶点出发，只能访问它所在连通分量上的所有顶点，那么，如何才能遍历图的所有顶点？

(3) 由于图中可能存在回路，某些顶点可能会被重复访问，那么，如何避免遍历不会因回路而陷入死循环？

(4) 在图中，一个顶点可以和其他多个顶点相邻接，当这样的顶点访问过后，如何选取下一个要访问的顶点？

问题(1)的解决：既然图中没有确定的开始顶点，那么可从图中任一顶点出发，不妨将顶点进行编号，先从编号小的顶点开始。在图中，由于任何两个顶点之间都可能存在边，顶点没有确定的先后次序，所以，顶点的编号不唯一。在图的存储实现上，一般采用一维数组存储图的顶点信息，因此，可以用顶点的存储位置(即下标)表示该顶点的编号。为

① 此处访问的含义同树的遍历中访问的含义。不失一般性，在此将访问定义为输出顶点的数据信息。

了和C语言中的数组保持一致，图的编号从0开始。

问题(2)的解决：要遍历图中所有顶点，只需多次重复从某一顶点出发进行图的遍历。以下仅讨论从某一顶点出发遍历图的问题。

问题(3)的解决：为了在遍历过程中便于区分顶点是否已被访问，设置一个访问标志数组 visited[$n$]($n$ 为图中顶点的个数)，其初值为未被访问标志0，如果某顶点 $i$ 已被访问，则将该顶点的访问标志 visited[$i$]置为1。

问题(4)的解决：这就是遍历次序的问题。图的遍历通常有深度优先遍历和广度优先遍历两种方式，这两种遍历次序对无向图和有向图都适用。

**深度优先遍历**[①](depth-first traverse)类似于树的前序遍历。从图中某顶点 $v$ 出发进行深度优先遍历的基本思想是：

(1) 访问顶点 $v$；

(2) 从 $v$ 的未被访问的邻接点中选取一个顶点 $w$，然后从 $w$ 出发进行深度优先遍历；

(3) 重复上述两步，直至图中所有和 $v$ 有路径相通的顶点都被访问到。

显然，深度优先遍历图是一个递归过程，算法思想用伪代码描述如下[②]：

```
算法：DFTraverse
输入：顶点的编号 v
输出：无
    1. 访问顶点 v；修改标志 visited[v]=1；
    2. w =顶点 v 的第一个邻接点；
    3. while (w 存在)
       3.1  if(w 未被访问)从顶点 w 出发递归执行该算法；
       3.2  w=顶点 v 的下一个邻接点；
```

图6-7给出了对无向图进行深度优先遍历的过程示例，在访问 $v_0$ 后选择未曾访问的邻接点 $v_1$，访问 $v_1$ 后选择未曾访问的邻接点 $v_4$，由于 $v_4$ 没有未曾访问的邻接点，递归返回到顶点 $v_1$，选择未曾访问的邻接点 $v_2$，从 $v_2$ 出发进行深度优先遍历，依此类推，得到深度优先遍历序列为 $v_0 v_1 v_4 v_2 v_3 v_5$。

**广度优先遍历**(breadth-first traverse)类似于树的层序遍历。从图中某顶点 $v$ 出发进行广度优先遍历的基本思想是：

(1) 访问顶点 $v$；

(2) 依次访问 $v$ 的各个未被访问的邻接点 $v_1, v_2, \cdots, v_k$；

(3) 分别从 $v_1, v_2, \cdots, v_k$ 出发依次访问它们未被访问的邻接点，直至图中所有与顶点 $v$ 有路径相通的顶点都被访问到。

---

① 深度优先遍历算法由约翰·霍普克洛夫特和罗伯特·陶尔扬发明。当他们的研究成果在ACM上发表以后，引起学术界很大的轰动，深度优先遍历算法在信息检索、人工智能等领域得到成功应用。

② 深度优先遍历的顶层算法不依赖于图的存储结构，不涉及具体的实现细节，仅描述算法的基本思路。读者要学习并掌握这种用伪代码描述顶层算法的方法。

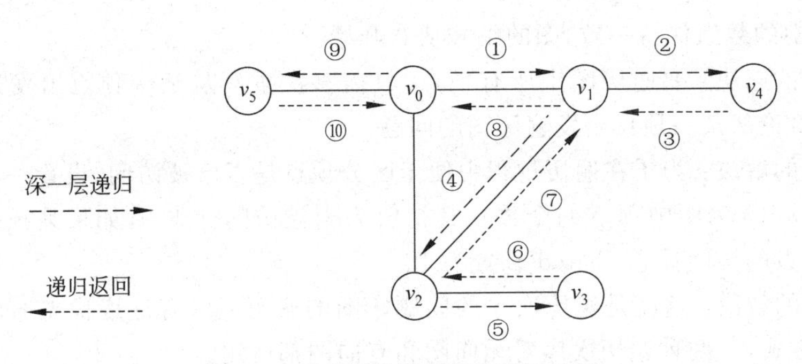


图 6-7　无向图的深度优先遍历示例

广度优先遍历图是以顶点 $v$ 为起始点，由近至远，依次访问和 $v$ 有路径相通且路径长度为 1，2，…的顶点。为了使“先被访问顶点的邻接点”先于“后被访问顶点的邻接点”被访问，设置队列存储已被访问的顶点。例如，对图 6-8 所示有向图进行广度优先遍历，访问 $v_0$ 后将 $v_0$ 入队；将 $v_0$ 出队并依次访问 $v_0$ 的未曾访问的邻接点 $v_1$ 和 $v_2$，将 $v_1$ 和 $v_2$ 入队；将 $v_1$ 出队并访问 $v_1$ 的未曾访问的邻接点 $v_4$，将 $v_4$ 入队；重复上述过程，得到顶点访问序列 $v_0$ $v_1$ $v_2$ $v_4$ $v_3$，图 6-9 给出了广度优先遍历过程中队列的变化。

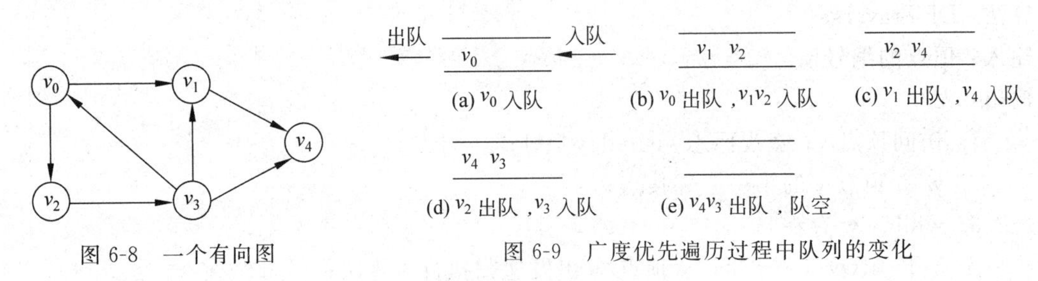


图 6-8　一个有向图

图 6-9　广度优先遍历过程中队列的变化

广度优先遍历的算法思想用伪代码描述如下：

算法：BFTraverse
输入：顶点的编号 v
输出：无
  1. 队列 Q 初始化；
  2. 访问顶点 v；修改标志 visited [v]=1；顶点 v 入队列 Q；
  3. while（队列 Q 非空）
    3.1　v=队列 Q 的队头元素出队；
    3.2　w=顶点 v 的第一个邻接点；
    3.3　while(w 存在)
      3.3.1　如果 w 未被访问，则
        访问顶点 w；修改标志 visited[w]=1；顶点 w 入队列 Q；
      3.3.2　w=顶点 v 的下一个邻接点；

# 6.3　图的存储结构及实现

图是一种复杂的数据结构，表现在顶点之间的逻辑关系（即邻接关系）错综复杂。从图的定义可知，一个图包括两部分：顶点的信息以及顶点之间边的信息。无论采用什么方法存储图，都要完整、准确地反映这两方面的信息。

在图中，任意两个顶点之间都可能存在边，所以无法通过顶点的存储位置反映顶点之间的邻接关系，因此图没有顺序存储结构。一般来说，图的存储结构应根据具体问题的要求来设计，下面介绍两种常用的存储结构——邻接矩阵和邻接表。

## 6.3.1　邻接矩阵

### 1. 邻接矩阵的存储结构定义

图的**邻接矩阵**（adjacency matrix）存储也称数组表示法，是用一个一维数组存储图中的顶点，用一个二维数组存储图中的边（即各顶点之间的邻接关系），存储顶点之间邻接关系的二维数组称为邻接矩阵。设图 $G=(V,E)$ 有 $n$ 个顶点，则邻接矩阵是一个 $n \times n$ 的方阵，定义为：

$$\text{edge}[i][j]=\begin{cases}1 & 若(v_i,v_j)\in E 或 <v_i,v_j>\in E \\ 0 & 否则\end{cases} \tag{6-3}$$

若 $G$ 是网图，则邻接矩阵定义为：

$$\text{edge}[i][j]=\begin{cases}w_{ij} & 若(v_i,v_j)\in E 或 <v_i,v_j>\in E \\ 0 & 否 i=j \\ \infty & 否则\end{cases} \tag{6-4}$$

其中，$w_{ij}$ 表示边 $(v_i,v_j)$ 或弧 $<v_i,v_j>$ 上的权值；$\infty$ 表示一个计算机允许的、大于所有边上权值的数。图 6-10 所示为一个无向图及其邻接矩阵存储示意图，图 6-11 所示为一个有向网图及其邻接矩阵存储示意图。

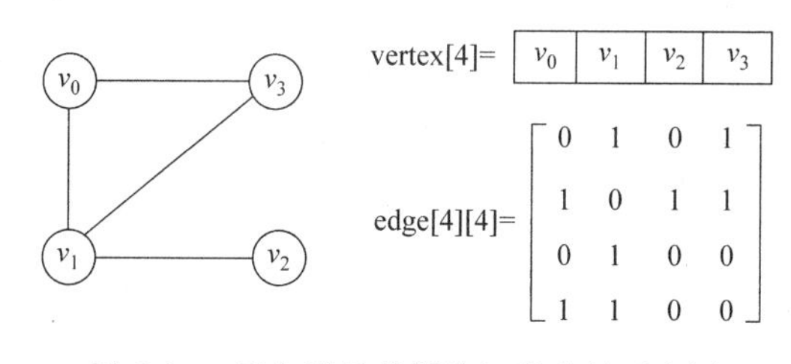


图 6-10　无向图及其邻接矩阵存储示意图

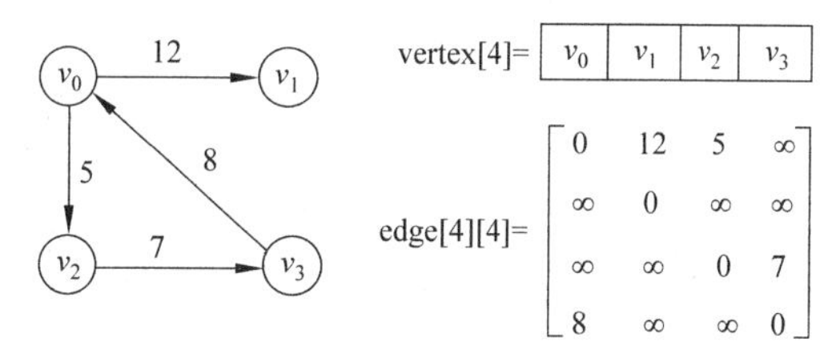


图 6-11　有向网图及其邻接矩阵存储示意图

显然，无向图的邻接矩阵一定是对称矩阵，而有向图的邻接矩阵则不一定对称。下面给出邻接矩阵的存储结构定义：

```
#define MaxSize 10                    /* 假设图中最多顶点个数 */
typedef char DataType;                /* 图中顶点的数据类型,假设为 char 型 */
typedef struct                        /* 定义邻接矩阵存储结构 */
{
    DataType vertex[MaxSize];         /* 存放顶点的一维数组 */
```

```
    int edge[MaxSize][MaxSize];       /*存放边的二维数组*/
    int vertexNum,edgeNum;            /*图的顶点数和边数*/
} MGraph;
```

**2. 邻接矩阵的实现**

在图的邻接矩阵存储中容易实现下述基本操作：

(1) 对于无向图，顶点 $i$ 的度等于邻接矩阵中第 $i$ 行(或第 $i$ 列)非零元素的个数。对于有向图，顶点 $i$ 的出度等于邻接矩阵中第 $i$ 行非零元素的个数；顶点 $i$ 的入度等于邻接矩阵中第 $i$ 列非零元素的个数。

(2) 判断顶点 $i$ 和 $j$ 之间是否存在边，只需测试邻接矩阵中相应位置的元素 edge[$i$][$j$]，若其值为1，则有边；否则，顶点 $i$ 和 $j$ 之间不存在边。

(3) 找顶点 $i$ 的所有邻接点，可依次判别顶点 $i$ 与其他顶点之间是否有边(无向图)或顶点 $i$ 到其他顶点是否有弧(有向图)。

下面讨论邻接矩阵存储的其他基本操作。

(1) 图的建立

建立一个含有 $n$ 个顶点 $e$ 条边的图，假设建立无向图，算法用伪代码描述如下：

算法：CreatGraph(a[n],n,e)
输入：顶点的数据信息 a[n]，顶点个数 n，边的个数 e
输出：图的邻接矩阵
1. 存储图的顶点个数和边的个数；
2. 将顶点信息存储在一维数组 vertex 中；
3. 初始化邻接矩阵 edge；
4. 依次输入每条边并存储在邻接矩阵 edge 中：
    4.1 输入边依附的两个顶点的编号 i 和 j；
    4.2 将 edge[i][j]和 edge[j][i]的值置为1；

下面给出建立一个无向图的邻接矩阵算法的C语言实现。

```
void CreatGraph(MGraph *G,DataType a[ ],int n,int e)
{
    int i,j,k;
    G->vertexNum = n; G->edgeNum = e;
    for (i = 0; i < G->vertexNum; i++)           /*存储顶点信息*/
      G->vertex[i] = a[i];
    for (i = 0; i < G->vertexNum; i++)           /*初始化邻接矩阵*/
      for (j = 0; j < G->vertexNum; j++)
        G->edge[i][j] = 0;
    for (k = 0; k < G->edgeNum; k++)             /*依次输入每一条边*/
    {
        scanf("%d%d",&i,&j);                     /*输入边依附的顶点编号*/
        G->edge[i][j] = 1; G->edge[j][i] = 1;    /*置有边标志*/
    }
}
```

(2) 图的销毁

图的邻接矩阵存储是静态存储分配,在图变量退出作用域时自动释放所占内存单元,因此,图的邻接矩阵存储无须销毁。

(3) 深度优先遍历

在邻接矩阵存储结构下实现 6.2.3 节深度优先遍历算法,C 语言实现如下:

```
void DFraverse(MGraph * G,int v)        /* 全局数组变量 visited[n]已初始化为 0 */
{
    printf("%c ",G->vertex[v]); visited[v] = 1;
    for (int j = 0; j <G->vertexNum; j++)
        if (G->edge[v][j] == 1 && visited[j] == 0)
            DFSTraverse(G,j);
}
```

(4) 广度优先遍历

在邻接矩阵存储结构下实现 6.2.3 节广度优先遍历算法,C 语言实现如下:

```
void BFTraverse(MGraph * G,int v)       /* 全局数组变量 visited[n]已初始化为 0 */
{
    int i,j,Q[MaxSize];                 /* 采用顺序队列,存储顶点编号 */
    int front = rear = -1;              /* 初始化顺序队列 */
    printf("%c ",G->vertex[v]); visited[v] = 1; Q[++rear] = v;
    while (front != rear)               /* 当队列非空时 */
    {
        i = Q[++front];                 /* 将队头元素出队并送到 v 中 */
        for (j = 0; j <G-> vertexNum; j++)
            if (G->edge[i][j] == 1 && visited[j] == 0 ) {
                printf("%c ",G->vertex[j]); visited[j] = 1; Q[++rear] = j;
            }
    }
}
```

在遍历过程中,对图中每个顶点至多调用一次遍历算法,因为一旦某个顶点被标志成已被访问,就不再从它出发进行遍历。因此,遍历图的过程实质上是对每个顶点查找其邻接点的过程。图采用邻接矩阵存储,查找每个顶点的邻接点所需时间为 $O(n^2)$,所以,深度优先和广度优先遍历图的时间复杂度均为 $O(n^2)$,其中 $n$ 为图中顶点个数。

**3. 邻接矩阵的使用**

在定义了图的邻接矩阵存储结构 MGraph 并实现了基本操作后,程序中就可以使用 MGraph 类型定义图变量,可以调用实现基本操作的函数完成相应功能。范例程序如下:

```
#include <stdio.h>
#include <stdlib.h>
int visited[MaxSize] = {0};             /* 全局数组变量 visited 初始化 */
```

```
/* 把邻接矩阵的存储结构定义和各个函数定义放到这里 */

int main( )
{
    int i;
    char ch[ ] = {'A','B','C','D','E'};
    MGraph MG;
    CreatGraph(&MG,ch,5,6);                /* 建立具有5个顶点6条边的无向图 */
    for (i = 0; i < MaxSize; i++)
        visited[i] = 0;
    printf("深度优先遍历序列是：");
    DFTraverse(&MG,0);                      /* 从顶点0出发进行深度优先遍历 */
    for (i = 0; i < MaxSize; i++)
        visited[i] = 0;
    printf("广度优先遍历序列是：");          /* 从顶点0出发进行广度优先遍历 */
    BFTraverse(&MG,0);
    return 0;
}
```

## 6.3.2 邻接表

### 1. 邻接表的存储结构定义

**邻接表**(adjacency list)是一种顺序存储与链接存储相结合的存储方法，类似于树的孩子表示法。对于图的每个顶点 $v$，将 $v$ 的所有邻接点链成一个单链表，称为顶点 $v$ 的边表(有向图则称为出边表)，为了方便对所有边表的头指针进行存取操作，可以采取顺序存储。存储边表头指针的数组和存储顶点的数组构成了邻接表的表头数组，称为顶点表。所以，在邻接表中存在两种结点结构：顶点表结点和边表结点，如图6-12所示。其中，vertex为数据域，存放顶点信息；first为指针域，指向边表中第一个结点；adjvex为邻接点域，存放该顶点的邻接点在顶点表中的下标[①]；next为指针域，指向边表中的下一个结点。对于网图，在边表结点上还需增设一个存储边上信息(如权值info)的域。图6-13给出了无向图的邻接表存储示意图，图6-14给出了有向网图的邻接表存储示意图。

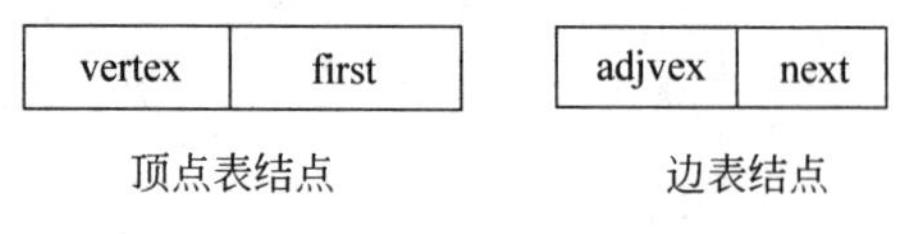

图6-12 邻接表的结点结构

下面给出图的邻接表存储结构定义：

```
#define MaxSize 10                    /* 图的最大顶点数 */
typedef char DataType;                /* 定义图中顶点的数据类型，假设为char型 */
typedef struct EdgeNode               /* 定义边表结点 */
{
```

① 注意不能存储邻接点的数据信息，否则会产生重复存储浪费存储空间，更严重的后果是可能出现修改不一致的错误。

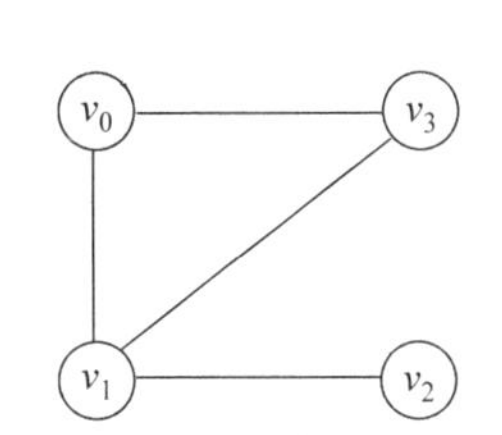

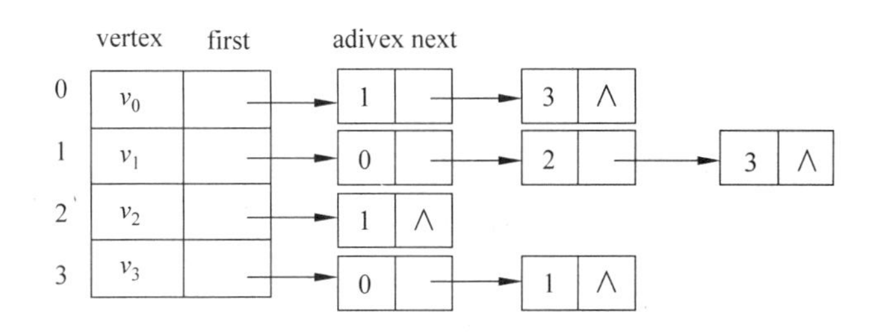


图 6-13　无向图的邻接表存储示意图

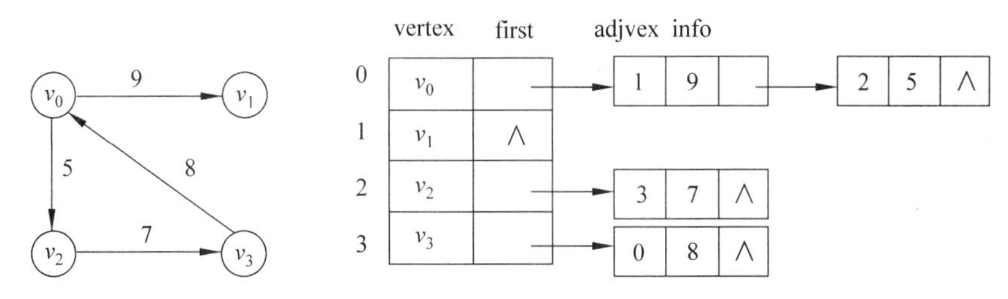


图 6-14　有向网图的邻接表存储示意图

```
    int adjvex;
    struct EdgeNode * next;
} EdgeNode;
typedef struct                              /* 定义顶点表结点 */
{
    DataType vertex;
    EdgeNode * first;
} VertexNode;
typedef struct                              /* 定义邻接表存储结构 */
{
    VertexNode adjlist[MaxSize];            /* 存放顶点表的数组 */
    int vertexNum,edgeNum;                  /* 图的顶点数和边数 */
} ALGraph;
```

**2. 邻接表的实现**

在图的邻接表存储结构中容易实现下述基本操作：

（1）对于无向图，顶点 $i$ 的度等于顶点 $i$ 的边表中的结点个数。对于有向图，顶点 $i$ 的出度等于顶点 $i$ 的出边表中的结点个数；顶点 $i$ 的入度等于所有出边表中以顶点 $i$ 为邻接点的结点个数。

（2）判断从顶点 $i$ 到顶点 $j$ 是否存在边，只需测试顶点 $i$ 的边表中是否存在邻接点域为 $j$ 的结点。

（3）找顶点 $i$ 的所有邻接点，只需遍历顶点 $i$ 的边表，该边表中的所有结点都是顶点 $i$ 的邻接点。

下面讨论邻接表存储的其他基本操作。

（1）图的建立

建立一个含有 $n$ 个顶点 $e$ 条边的图，假设建立有向图，算法用伪代码描述如下：

算法：CreatGraph(a[n],n,e)
输入：顶点的数据信息a[n]，顶点个数n，边的个数e
输出：图的邻接表
1. 存储图的顶点个数和边的个数；
2. 将顶点信息存储在顶点表中，将该顶点边表的头指针初始化为NULL；
3. 依次输入边的信息并存储在边表中：
   3.1 输入边所依附的两个顶点的编号i和j；
   3.2 生成边表结点s，其邻接点的编号为j；
   3.3 将结点s插入到第i个边表的表头；

下面给出建立有向图的邻接表算法的C语言实现。

```
void CreatGraph(ALGraph * G,DataType a[ ],int n,int e)
{
    int i,j,k;
    EdgeNode * s = NULL;
    G->vertexNum = n; G->edgeNum = e;
    for (i = 0; i < G->vertexNum; i++)
    {
        G->adjlist[i].vertex = a[i];                /* 存储顶点信息 */
        G->adjlist[i].first = NULL;                 /* 初始化边表的头指针 */
    }
    for (k = 0; k < G->edgeNum; k++)
    {
        scanf("%d%d",&i,&j);                        /* 输入边所依附的顶点编号 */
        s = (EdgeNode * )malloc(sizeof(EdgeNode));
        s->adjvex = j;
        s->next = G->adjlist[i].first;              /* 将s插入到第i个边表的表头 */
        G->adjlist[i].first = s;
    }
}
```

(2) 图的销毁

在图的邻接表存储中，所有的边表结点都是在程序运行过程中申请的，因此，需要释放这部分存储空间。算法如下：

```
void DestroyGraph(ALGraph * G)
{
    EdgeNode * p = NULL, * q = NULL;
    for (int i = 0; i < G->vertexNum; i++)
    {
        p = q = G->adjlist[v].first;
```

```
        while (p ! = NULL)
        {
            p = p->next;
            free(q); q = p;
        }
    }
}
```

(3) 深度优先遍历

在邻接表存储结构下实现6.2.3节深度优先遍历算法,C语言实现如下:

```
void DFTraverse(ALGraph * G,int v)
{
    EdgeNode * p = NULL;
    int j;
    printf("%c ",G->adjlist[v].vertex); visited[v] = 1;
    p = G->adjlist[v].first;            /* 工作指针 p 指向顶点 v 的边表 */
    while (p ! = NULL)                  /* 依次搜索顶点 v 的邻接点 j */
    {
        j = p->adjvex;
        if(visited[j] == 0) DFSTraverse(G,j);
        p = p->next;
    }
}
```

(4) 广度优先遍历算法

在邻接表存储结构下实现6.2.3节广度优先遍历算法,C语言实现如下:

```
void BFTraverse(ALGraph * G,int v)
{
    EdgeNode * p = NULL;
    int Q[MaxSize],front = -1,rear = -1,j;        /* 队列采用顺序存储 */
    printf("%c",G->adjlist[v].vertex); visited[v] = 1; Q[++rear] = v;
    while (front ! = rear)                         /* 当队列非空时 */
    {
        v = Q[++front];
        p = G->adjlist[v].first;                  /* 工作指针 p 指向顶点 v 的边表 */
        while (p ! = NULL)
        {
            j = p->adjvex;                         /* j 为顶点 v 的邻接点 */
            if (visited[j] == 0) {
                printf("%c ",G->adjlist[j].vertex); visited[j] = 1; Q[++rear] = j;
            }
```

```
            p = p-> next;
        }
    }
}
```

如前所述,遍历图的过程实质上是对每个顶点查找其邻接点的过程,其耗费的时间取决于所采用的存储结构。图采用邻接表作为存储结构,遍历需要访问所有 $n$ 个顶点,找邻接点所需时间为 $O(e)$,所以,深度优先和广度优先遍历图的时间复杂度均为 $O(n+e)$。

**3. 邻接表的使用**

在定义了邻接表的存储结构 ALGraph 并实现了基本操作后,程序中就可以使用 ALGraph 类型定义图变量,可以调用实现基本操作的函数完成相应功能,范例程序如下:

```
#include <stdio.h>
#include <stdlib.h>
int visited[MaxSize] = {0};
/* 把邻接表的存储结构定义和各个函数定义放到这里 */

int main( )
{
    char ch[ ] = {'A','B','C','D','E'};
    int i;
    ALGraph ALG
    CreatGraph(&ALG,ch,5,6);            /* 建立具有 5 个顶点 6 条边的有向图 */
    for (i = 0; i < MaxSize; i++)
        visited[i] = 0;
    printf("深度优先遍历序列是: ");
    DFTraverse(&ALG,0);                 /* 从顶点 0 出发进行深度优先遍历 */
    for (i = 0; i < MaxSize; i++)
        visited[i] = 0;
    printf("广度优先遍历序列是: ");
    BFTraverse(&ALG,0);                 /* 从顶点 0 出发进行广度优先遍历 */
    DestroyGraph(&ALG);
    return 0;
}
```

### 6.3.3 邻接矩阵和邻接表的比较

邻接矩阵和邻接表是图的两种常用存储结构,均可用于存储有向图和无向图,也均可用于存储网图。设图 $G$ 含有 $n$ 个顶点 $e$ 条边,下面比较邻接矩阵和邻接表存储结构。

(1) 空间性能比较

图的邻接矩阵是一个 $n\times n$ 的矩阵,所以其空间代价是 $O(n^2)$。邻接表的空间代价与图的边数及顶点数有关,每个顶点在顶点表中都要占据一个数组元素,且每条边必须出现在某个顶点的边表中,所以邻接表的空间代价是 $O(n+e)$。

邻接表仅存储实际出现在图中的边，而邻接矩阵则需要存储所有可能的边，但是，邻接矩阵不需要指针的结构性开销。一般情况下，图越稠密，邻接矩阵的空间效率相应地越高，而对稀疏图使用邻接表存储，则能获得较高的空间效率。

（2）时间性能比较

在图的算法中访问某个顶点的所有邻接点是较常见的操作。如果使用邻接表，只需要检查此顶点的边表，即只检查与它相关联的边，平均需要查找 $O(e/n)$ 次；如果使用邻接矩阵，则必须检查所有可能的边，需要查找 $O(n)$ 次。从这个操作角度来讲，邻接矩阵比邻接表的时间代价高。

（3）唯一性比较

当图中每个顶点的编号确定后，图的邻接矩阵表示是唯一的；但图的邻接表表示不是唯一的，边表中结点的次序与边的输入次序和结点在边表的插入算法有关。

（4）对应关系

图的邻接矩阵和邻接表虽然存储方法不同，但存在着对应关系。邻接表中顶点 $i$ 的边表对应邻接矩阵的第 $i$ 行，整个邻接表可看作是邻接矩阵的带行指针的链接存储。

## 6.4　最小生成树

连通图的**生成树**（spanning tree）是包含图中全部顶点的一个极小连通子图[①]。在生成树中添加任意一条属于原图中的边必定会产生回路，因为新添加的边使其依附的两个顶点之间有了第二条路径；在生成树中减少任意一条边，则必然成为非连通，所以一棵具有 $n$ 个顶点的生成树有且仅有 $n-1$ 条边。图 6-15 给出了连通图的生成树示例，显然，生成树可能不唯一。

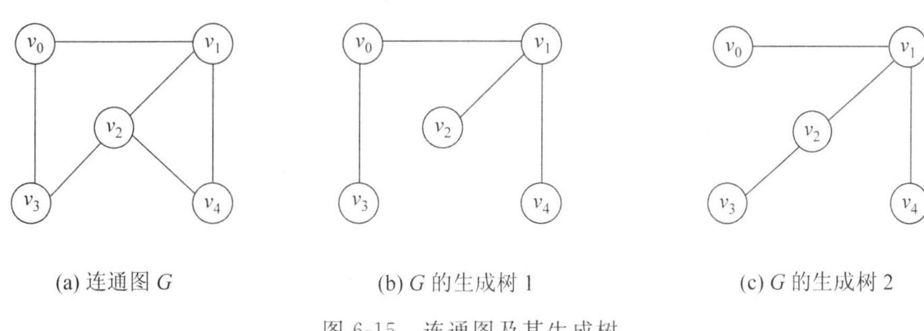


图 6-15　连通图及其生成树

无向连通网的生成树上各边的权值之和称为该生成树的代价，在图的所有生成树中，代价最小的生成树称为**最小生成树**（minimal spanning tree）。最小生成树的概念可以应用到许多实际问题中。例如，在 $n$ 个城市之间建造通信网络，至少需要架设 $n-1$ 条通信线路，每两个城市之间架设通信线路的造价是不一样的，那么如何设计才能使得总造价最小？如果用图的顶点表示城市，用边 $(u,v)$ 上的权表示建造城市 $u$ 和 $v$ 之间的通信线路所

① 极小的含义是包含全部顶点的连通子图中，生成树的边数是最少的。

需的费用，则最小生成树给出了建造通信网络的最优方案。

### 6.4.1 Prim 算法

设 $G=(V,E)$ 是无向连通网，$T=(U,TE)$ 是 $G$ 的最小生成树，Prim 算法①的基本思想是：从初始状态 $U=\{v\}(v\in V)$、$TE=\{\ \}$ 开始，重复执行下述操作：在所有 $i\in U$、$j\in V-U$ 的边中找一条代价最小的边 $(i,j)$ 并入集合 $TE$，同时 $j$ 并入 $U$，直至 $U=V$，此时 $TE$ 中有 $n-1$ 条边，$T$ 是一棵最小生成树。Prim 算法的基本思想用伪代码描述如下：

```
算法：Prim
输入：无向连通网 G=(V,E)
输出：最小生成树 T=(U,TE)
    1. 初始化：U={v}; TE={ };
    2. 重复下述操作直到 U=V:
       2.1  在 E 中寻找最短边(i,j)，且满足 i∈U,j∈V-U;
       2.2  U=U+{j};
       2.3  TE=TE+{(i,j)};
```

显然，Prim 算法的关键是如何找到连接 $U$ 和 $V-U$ 的最短边来扩充生成树 $T$。设当前 $T$ 中有 $k$ 个顶点，则所有满足 $i\in U$ 且 $j\in V-U$ 的边最多有 $k\times(n-k)$ 条，从如此之大的边集中选取最短边是不太经济的。可以用下述方法构造候选最短边集：对应 $V-U$ 中的每个顶点，只保留从该顶点到 $U$ 中某顶点的最短边，即候选最短边集为 $V-U$ 中 $n-k$ 个顶点所关联的 $n-k$ 条最短边的集合。

对于图 6-16(a)所示连通网，图 6-16(b)～(f)给出了从顶点 $v_0$ 出发，用 Prim 算法构造最小生成树的过程，其中粗线的顶点属于顶点集 $U$，粗边属于边集 $TE$，cost 表示候选最短边集，cost 中的黑体表示将要加入 $TE$ 的最短边。

下面讨论 Prim 算法基于的存储结构。

(1) 图的存储结构：由于在算法执行过程中，需要不断读取任意两个顶点之间边的权值，所以，图采用邻接矩阵存储。

(2) 候选最短边集：设数组 adjvex[$n$]和 lowcost[$n$]分别表示候选最短边的邻接点和权值，元素 adjvex[$i$]和 lowcost[$i$]的值如式 6-5 所示，其含义是候选最短边 $(i,j)$ 的权值为 $w$，其中 $i\in V-U$，$j\in U$。

$$\begin{cases}\text{adjvex}[i]=j\\ \text{lowcost}[i]=w\end{cases}\tag{6-5}$$

初始时，$U=\{v\}$，则 lowcost[$v$]$=0$，表示顶点 $v$ 已加入集合 $U$ 中，数组元素

① 普里姆(Robert Clay Prim，1921 年出生)1941 年获得电气工程学士学位，1949 年获得普林斯顿大学硕士学位。1941 年到 1944 年任通用电器公司的工程师，1944 年到 1949 年任美国海军军械实验室的工程师，1948 年到 1949 年任普林斯顿大学的副研究员，1958 年到 1961 年任贝尔电话实验室的数学与力学研究部主任，以及圣地亚公司的研究副总裁。

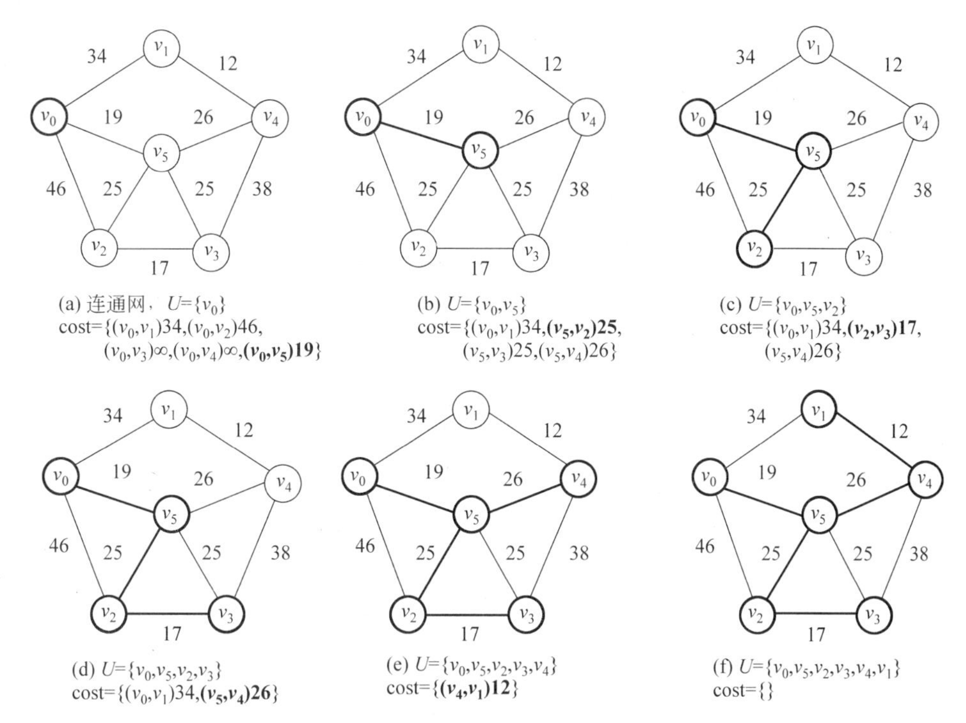


图 6-16　Prim 算法构造最小生成树的过程

adjvex[$i$]=v，lowcost[$i$]=边($v,i$)的权值($1\leqslant i\leqslant n-1$)。然后在数组 lowcost[$n$]中选取最小权值 lowcost[$j$]，将 lowcost[$j$]置为 0，表示将顶点 $j$ 加入集合 $U$ 中。由于顶点 $j$ 从集合 $V-U$ 进入集合 $U$ 后，候选最短边集发生了变化，依据式 6-6 对数组 adjvex[$n$]和 lowcost[$n$]进行更新：

$$\begin{cases}\text{lowcost}[i]=\min\{\text{lowcost}[i]\},\text{边}(i,j)\text{ 的权值}\}\\ \text{adjvex}[i]=j(\text{如果边}(i,j)\text{ 的权值}<\text{lowcost}[i])\end{cases}\tag{6-6}$$

表 6-1 给出了 Prim 算法对图 6-16 所示无向连通网构造最小生成树的过程中，数组 adjvex 和 lowcost 及集合 $U$ 的变化情况，阴影表示此边已加入 TE 中，黑体表示将要加入 TE 中的最短边。

**表 6-1　Prim 算法构造最小生成树过程中各参数的变化**

| 顶点集 V<br>shortEdge | $v_0$ | $v_1$ | $v_2$ | $v_3$ | $v_4$ | $v_5$ | U | 输　出 |
|---|---|---|---|---|---|---|---|---|
| adjvex<br>lowcost | 0<br>0 | 0<br>34 | 0<br>46 | 0<br>∞ | 0<br>∞ | 0<br>**19** | $\{v_0\}$ | $(v_0,v_5)19$ |
| adjvex<br>lowcost | 0<br>0 | 0<br>34 | 5<br>**25** | 5<br>25 | 5<br>26 | 0<br>0 | $\{v_0,v_5\}$ | $(v_5,v_2)25$ |
| adjvex<br>lowcost | 0<br>0 | 0<br>34 | 5<br>0 | 2<br>**17** | 5<br>26 | 0<br>0 | $\{v_0,v_5,v_2\}$ | $(v_2,v_3)17$ |
| adjvex<br>lowcost | 0<br>0 | 0<br>34 | 5<br>0 | 2<br>0 | 5<br>**26** | 0<br>0 | $\{v_0,v_5,v_2,v_3\}$ | $(v_5,v_4)26$ |

续表

| 顶点集V / shortEdge | $v_0$ | $v_1$ | $v_2$ | $v_3$ | $v_4$ | $v_5$ | U | 输　出 |
|---|---|---|---|---|---|---|---|---|
| adjvex<br>lowcost | 0<br>0 | 4<br>**12** | 5<br>0 | 2<br>0 | 5<br>0 | 0<br>0 | $\{v_0, v_5, v_2, v_3, v_4\}$ | $(v_4, v_1)12$ |
| adjvex<br>lowcost | 0<br>0 | 4<br>0 | 5<br>0 | 2<br>0 | 5<br>0 | 0<br>0 | $\{v_0, v_5, v_2, v_3, v_4, v_1\}$ | |

下面给出Prim算法的C语言实现。

```
void Prim(MGraph * G,int v)                      /* 假设从顶点 v 出发 */
{
    int i,j,k;
    int adjvex[MaxSize],lowcost[MaxSize];
    for (i = 0; i < G->vertexNum; i++)           /* 初始化辅助数组 shortEdge */
    {
        lowcost[i] = G->edge[v][i]; adjvex[i] = v;
    }
    lowcost[v] = 0;                              /* 将顶点 v 加入集合 U */
    for (k = 1; k < G->vertexNum; i++)           /* 迭代 n-1 次 */
    {
        j = MinEdge(lowcost,G->vertexNum)        /* 寻找最短边的邻接点 j */
        printf("(%d,%d)%d ",j,adjvex[j],lowcost[j]);
        lowcost[j] = 0;                          /* 将顶点 j 加入集合 U */
        for (i = 0; i < G->vertexNum; i++)       /* 调整数组 shortEdge[n] */
            if G->edge[i][j] < lowcost[i] {
                lowcost[i] = G->edge[i][j]; adjvex[i] = j;
            }
    }
}
```

MinEdge函数实现在数组lowcost中查找最小权值并返回其下标，请读者自行完成。

分析Prim算法，设连通网中有$n$个顶点，则第一个进行初始化的循环语句需要执行$n$次，第二个循环共执行$n-1$次，内嵌两个循环，其一是在长度为$n$的数组中求最小值，需要执行$n-1$次，其二是调整辅助数组，需要执行$n-1$次，所以，Prim算法的时间复杂度为$O(n^2)$，与网中的边数无关，因此适用于求稠密网的最小生成树。

## 6.4.2 Kruskal算法

设$G=(V,E)$是无向连通网，$T=(U,TE)$是$G$的最小生成树，Kruskal算法[①]的基本思想是：初始状态为$U=V$、$TE=\{\ \}$，这样$T$中的顶点各自构成一个连通分量，然后按照

① 克鲁斯卡尔(Joseph Bernard Kruskal，1928年出生)，1954年获得普林斯顿大学博士学位。当克鲁斯卡尔还是二年级的研究生时，发明了最小生成树算法，当时他甚至不能肯定关于这个题目的2页半的论文是否值得发表。除了最小生成树之外，克鲁斯卡尔还因对多维分析的贡献而著名。

边的权值由小到大的顺序，依次考察边集 $E$ 中的各条边。若被考察边的两个顶点属于两个不同的连通分量，则将此边加入到 $TE$ 中，同时把两个连通分量连接为一个连通分量；若被考察边的两个顶点属于同一个连通分量，则舍去此边，以免造成回路，如此下去，当 $T$ 中的连通分量个数为 1 时，此连通分量便为 $G$ 的一棵最小生成树。Kruskal 算法的基本思想用伪代码描述如下：

```
算法：Kruskal 算法
输入：无向连通网 G=(V,E)
输出：最小生成树 T=(U,TE)
    1. 初始化：U=V;TE={ };
    2. 重复下述操作直到所有顶点位于一个连通分量：
       2.1  在 E 中选取最短边(u,v)；
       2.2  如果顶点 u、v 位于两个连通分量，则
            2.2.1  将边(u,v)并入 TE；
            2.2.2  将这两个连通分量合成一个连通分量；
       2.3  在 E 中标记边(u,v)，使得(u,v)不参加后续最短边的选取；
```

显然，实现 Kruskal 算法的关键是：如何判断被考察边的两个顶点是否位于两个连通分量(即是否与生成树中的边形成回路)。可以将同一个连通分量的顶点放入一个集合中，则 Kruskal 算法需要判断被考察边的两个顶点是否位于两个集合，以及将两个集合进行合并等操作。对于图 6-16(a)所示无向连通网，图 6-17 给出了用 Kruskal 算法构造最小生成树的过程。

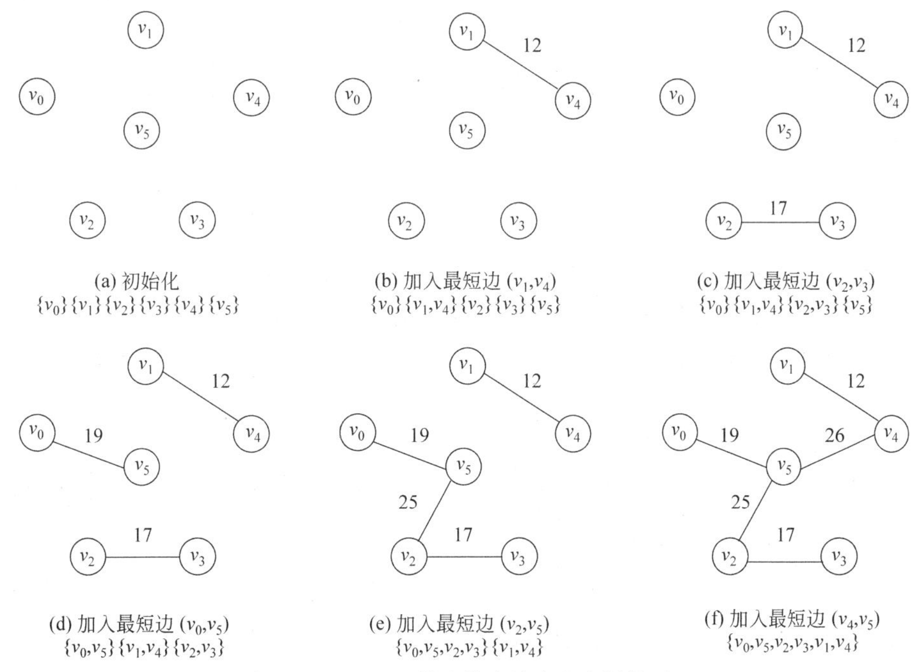


图 6-17　Kruskal 算法构造最小生成树的过程

下面讨论 Kruskal 算法基于的存储结构。

（1）图的存储结构：因为 Kruskal 算法依次对图中的边进行操作，因此考虑用边集数组存储图中的边，为了提高查找最短边的速度，可以先对边集数组按边上的权值排序。图 6-18 给出了无向连通网的边集数组存储示意图，边集数组的存储结构定义如下：

```
#define MaxVertex 10                  /* 图中最多顶点数 */
#define MaxEdge 100                   /* 图中最多边数 */
typedef char DataType;                /* 定义顶点的数据类型，假设为 char 型 */
typedef struct                        /* 定义边集数组的元素类型 */
{
    int from,to;
    int weight;                       /* 假设权值为整数 */
} EdgeType;
typedef struct                        /* 定义边集数组存储结构 */
{
    DataType vertex[MaxVertex];
    EdgeType edge[MaxEdge];
    int vertexNum,edgeNum;
} EdgeGraph;
```

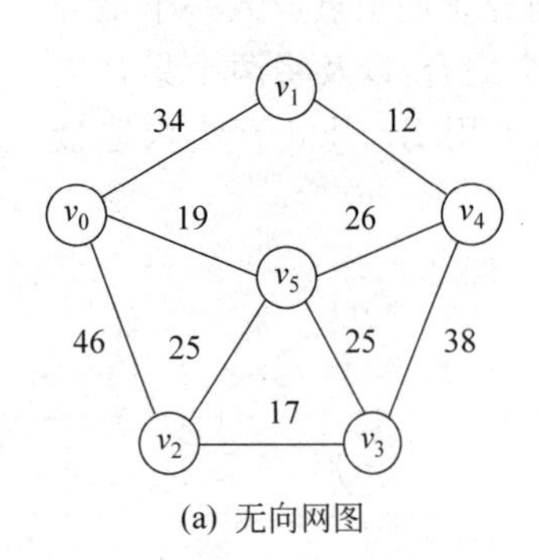


(a) 无向网图

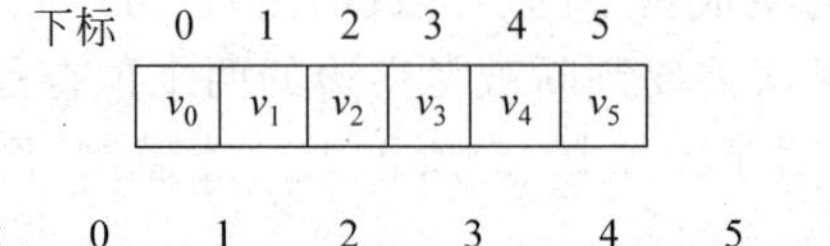

| 下标 | 0 | 1 | 2 | 3 | 4 | 5 |
|---|---|---|---|---|---|---|
| | $v_0$ | $v_1$ | $v_2$ | $v_3$ | $v_4$ | $v_5$ |

| 下标 | 0 | 1 | 2 | 3 | 4 | 5 | 6 | 7 | 8 |
|---|---|---|---|---|---|---|---|---|---|
| from | 1 | 2 | 0 | 2 | 3 | 4 | 0 | 3 | 0 |
| to | 4 | 3 | 5 | 5 | 5 | 5 | 1 | 4 | 2 |
| weight | 12 | 17 | 19 | 25 | 25 | 26 | 34 | 38 | 46 |

(b) 边集数组存储

图 6-18 无向网图及其边集数组存储示意图

（2）连通分量的顶点所在的集合：由于涉及集合的查找和合并等操作，考虑采用并查集来实现。并查集是将集合中的元素组织成树的形式，合并两个集合，即是将一个集合的根结点作为另一个集合根结点的孩子，图 6-19 给出了并查集的合并过程示例。

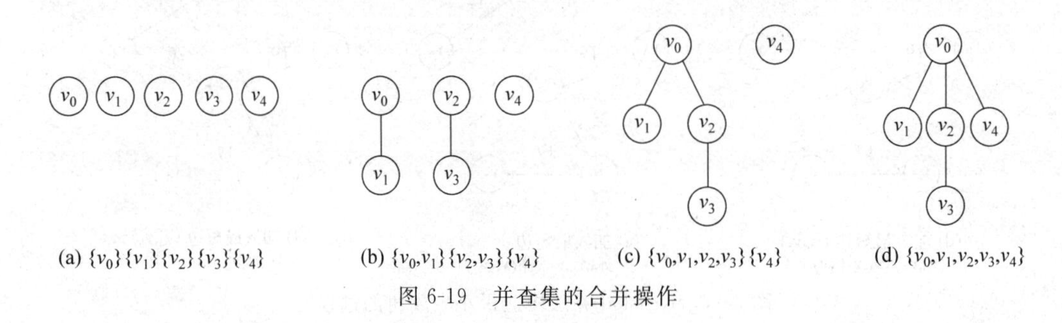


(a) $\{v_0\}\{v_1\}\{v_2\}\{v_3\}\{v_4\}$　(b) $\{v_0,v_1\}\{v_2,v_3\}\{v_4\}$　(c) $\{v_0,v_1,v_2,v_3\}\{v_4\}$　(d) $\{v_0,v_1,v_2,v_3,v_4\}$

图 6-19 并查集的合并操作

为了便于在并查集中进行查找和合并操作，树采用双亲表示法存储。设数组 parent[$n$]，元素 parent[$i$]表示顶点 $i$ 的双亲($0 \leqslant i \leqslant n-1$)，初始时，令 parent[$i$]=−1，表示顶点 $i$ 没有双亲，即每个集合只有一个元素。对于边($u$,$v$)，设 vex1 和 vex2 分别表示两个顶点所在集合的根，如果 vex1≠vex2，则顶点 $u$ 和 $v$ 一定位于两个集合，令 parent[vex2]=vex1，实现合并两个集合。表 6-2 给出了 Kruskal 算法对图 6-16(a)所示无向连通网构造最小生成树的过程中，数组 parent 及边集 TE 的变化情况

**表 6-2　Kruskal 算法构造最小生成树过程中各参数的变化**

| 顶点集 V / 数组 parent | $v_0$ | $v_1$ | $v_2$ | $v_3$ | $v_4$ | $v_5$ | 被考查边 | 输出 TE | 说　明 |
|---|---|---|---|---|---|---|---|---|---|
| parent | −1 | −1 | −1 | −1 | −1 | −1 | | | 初始化<br>$\{v_0\}\{v_1\}\{v_2\}\{v_3\}\{v_4\}\{v_5\}$ |
| parent | −1 | −1 | −1 | −1 | 1 | −1 | $(v_1,v_4)$12 | $(v_1,v_4)$12 | vex1=1,vex2=4<br>parent[4]=1<br>$\{v_0\}\{v_1,v_4\}\{v_2\}\{v_3\}\{v_5\}$ |
| parent | −1 | −1 | −1 | 2 | 1 | −1 | $(v_2,v_3)$17 | $(v_2,v_3)$17 | vex1=2,vex2=3<br>parent[3]=2<br>$\{v_0\}\{v_1,v_4\}\{v_2,v_3\}\{v_5\}$ |
| parent | −1 | −1 | −1 | 2 | 1 | 0 | $(v_0,v_5)$19 | $(v_0,v_5)$19 | vex1=0,vex2=5<br>parent[5]=0<br>$\{v_0,v_5\}\{v_1,v_4\}\{v_2,v_3\}$ |
| parent | 2 | −1 | −1 | 2 | 1 | 0 | $(v_2,v_5)$25 | $(v_2,v_5)$25 | vex1=2,vex2=0<br>parent[0]=2<br>$\{v_0,v_5,v_2,v_3\}\{v_1,v_4\}$ |
| parent | 2 | −1 | −1 | 2 | 1 | 0 | $(v_3,v_5)$25 | | vex1=2,vex2=2<br>所在根结点相同 |
| parent | 2 | −1 | 1 | 2 | 1 | 0 | $(v_4,v_5)$26 | $(v_4,v_5)$26 | vex1=1,vex2=2<br>parent[2]=1<br>$\{v_0,v_5,v_2,v_3,v_1,v_4\}$ |

下面给出 Kruskal 算法的 C 语言实现。

```
void Kruskal(EdgeGraph * G)
{
    int i,num = 0,vex1,vex2;
    int parent[G->vertexNum];
    for (i = 0; i < G->vertexnum; i++)
        parent[i] = -1;                          /* 初始化 n 个只有根结点的集合 */
    for (num = 0,i = 0; num < G->edgenum; i++)  /* 依次考察最短边 */
    {
        vex1 = FindRoot(parent,G->edge[i].from);
        vex2 = FindRoot(parent,G->edge[i].to);
        if (vex1 != vex2) {                      /* 位于不同的集合 */
          printf("(%d,%d)%d ",G->edge[i].from,G->edge[i].to,G->edge[i].weight);
```

```
            parent[vex2] = vex1;            /* 合并集合 */
            num++;
        }
    }
}
```

```
int FindRoot(int parent[ ],int v)          /* 求顶点 v 所在集合的根 */
{
    int t = v;
    while (parent[t]> -1)                  /* 求顶点 t 的双亲一直到根 */
        t = parent[t];
    return t;
}
```

分析 Kruskal 算法，设连通网中有 $n$ 个顶点 $e$ 条边，则第一个进行初始化的循环语句需要执行 $n$ 次，第二个循环最多执行 $e$ 次，最少执行 $n-1$ 次，函数 FindRoot 的循环语句最多执行 $\log_2 n$ 次，在执行 Kruskal 算法之前对边集数组排序需要 $O(e\log_2 e)$，所以，Kruskal 算法的时间复杂度为 $O(e\log_2 e)$。相对于 Prim 算法而言，Kruskal 算法适用于求稀疏网的最小生成树。

## 6.5 最短路径

在非网图中，**最短路径**(shortest path)是指两顶点之间经历的边数最少的路径，路径上的第一个顶点称为**源点**(source)，最后一个顶点称为**终点**(destination)。例如，对于图 6-20(a)所示有向图，顶点 $v_0$ 到 $v_4$ 的最短路径是 $v_0v_4$。在网图中，最短路径是指两顶点之间经历的边上权值之和最小的路径。例如，对于图 6-20(b)所示有向网图，顶点 $v_0$ 到 $v_4$ 的最短路径是 $v_0v_3v_2v_4$，最短路径长度是 60。

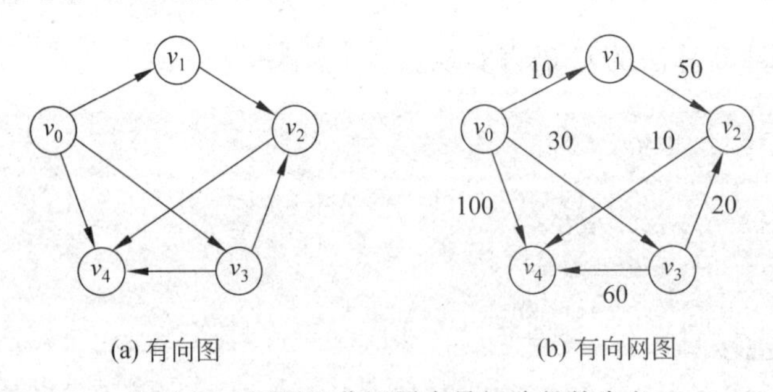

(a) 有向图　　(b) 有向网图

图 6-20　网图和非网图中最短路径的含义

最短路径问题是图的一个比较典型的应用问题。例如，给定某公路网的 $n$ 个城市以及这些城市之间相通公路的距离，能否找到城市 $A$ 到城市 $B$ 之间一条距离最近的通路呢？如果将城市用顶点表示，城市间的公路用边表示，公路的长度作为边的权值，这个问题就归结为在网图中求顶点 $A$ 到顶点 $B$ 的最短路径。

### 6.5.1 Dijkstra 算法

Dijkstra 算法用于求单源点最短路径问题，问题描述如下：给定有向网图 $G=(V,E)$ 和源点 $v\in V$，求从 $v$ 到 $G$ 中其余各顶点的最短路径。

迪杰斯特拉[1]提出了一个按路径长度递增的次序产生最短路径的算法，其基本思想（如图 6-21 所示）是：将顶点集合 $V$ 分成两个集合，一类是生长点的集合 $S$，包括源点和已经确定最短路径的顶点；另一类是非生长点的集合 $V-S$，包括所有尚未确定最短路径的顶点，并使用一个待定路径表，存储当前从源点 $v$ 到每个非生长点的最短路径。初始时，$S$ 只包含源点 $v$，对 $v_i\in V-S$，待定路径表为从源点 $v$ 到 $v_i$ 的有向边。然后在待定路径表中找到当前最短路径 $v,\cdots,v_k$，将 $v_k$ 加入集合 $S$ 中，对 $v_i\in V-S$，将路径 $v,\cdots,v_k,v_i$ 与待定路径表中从源点 $v$ 到 $v_i$ 的最短路径相比较，取路径长度较小者为当前最短路径。重复上述过程，直到集合 $V$ 中全部顶点加入到集合 $S$ 中。

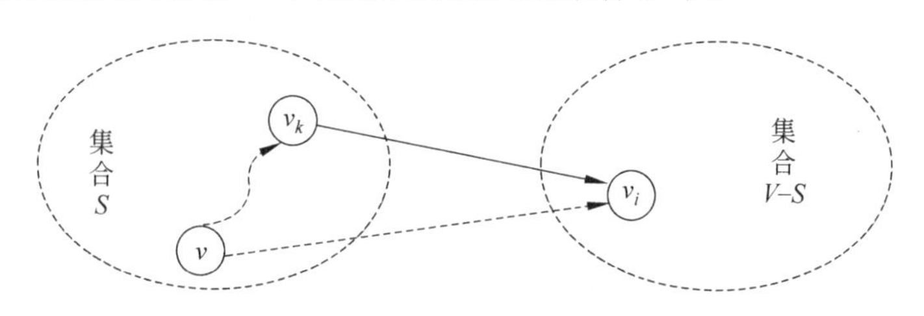


图 6-21 Dijkstra 算法的基本思想图

Dijkstra 算法是采用路径延伸的方法，图 6-22 给出了对图 6-20(b)所示有向网图求最短路径的过程，其中，加粗的顶点表示生长点，粗线表示已求得的最短路径。

下面讨论 Dijkstra 算法基于的存储结构。

(1) 图的存储结构：因为在算法执行过程中，需要快速求得任意两个顶点之间边上的权值，所以，图采用邻接矩阵存储。

(2) 辅助数组 dist[$n$]：元素 dist[$i$]表示当前所找到的从源点 $v$ 到终点 $v_i$ 的最短路径长度。初态为：若从 $v$ 到 $v_i$ 有弧，则 dist[$i$]为弧上的权值；否则置 dist[$i$]为$\infty$。若当前求得的终点为 $v_k$，则根据式 6-7 进行迭代：

$$\text{dist}[i]=\min\{\text{dist}[i],\text{dist}[k]+\text{edge}[k][i]\}\quad 0\leqslant i\leqslant n-1 \tag{6-7}$$

(3) 辅助数组 path[$n$]：元素 path[$i$]是一个字符串，表示当前从源点 $v$ 到终点 $v_i$ 的最短路径。初态为：若从 $v$ 到 $v_i$ 有弧，则 path[$i$]为"$vv_i$"，否则置 path[$i$]为空串。

(4) 集合 S：若某顶点 $v_k$ 的最短路径已经求出，则将 dist[$k$]置为 0，即数组 dist[$n$]中值为 0 对应的顶点即是集合 $S$ 中的顶点，因此，也可以不保存集合 $S$。

对图 6-20(b)所示有向网执行 Dijkstra 算法，求得从顶点 $v_0$ 到其余各顶点的最短路径，以及算法执行过程中数组 dist 和 path 的变化状况，如表 6-3 所示。

---

① 迪杰斯特拉（Edsgar Dijkstra，1930 年出生）1972 年图灵奖获得者，因最早指出“goto 是有害的”以及首创结构化程序设计而闻名。1956 年，他发现了在两个顶点之间找一条最短路径的迪杰斯特拉算法，该算法解决了机器人学中的一个十分关键的问题，即运动路径规划问题，至今仍被广泛使用。

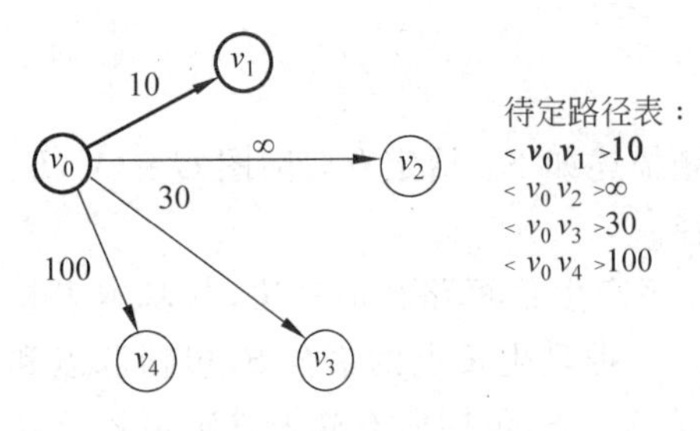


(a) 初始待定路径表，得到生长点 $v_1$

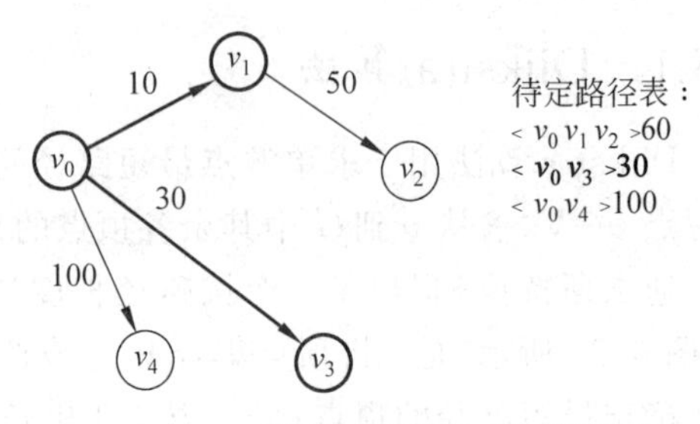


(b) 更新待定路径表，得到生长点 $v_3$

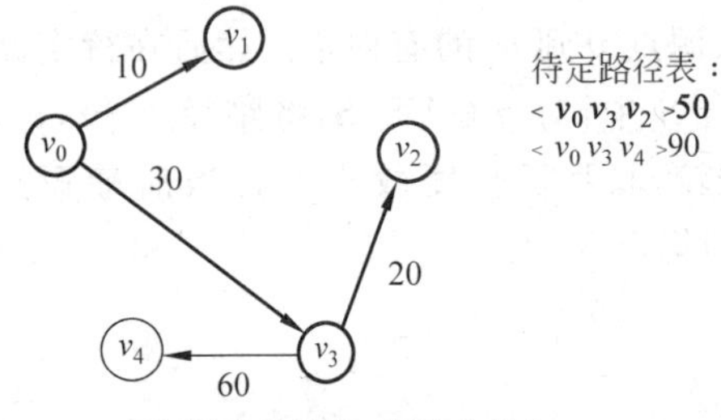


(c) 更新待定路径表，得到生长点 $v_2$

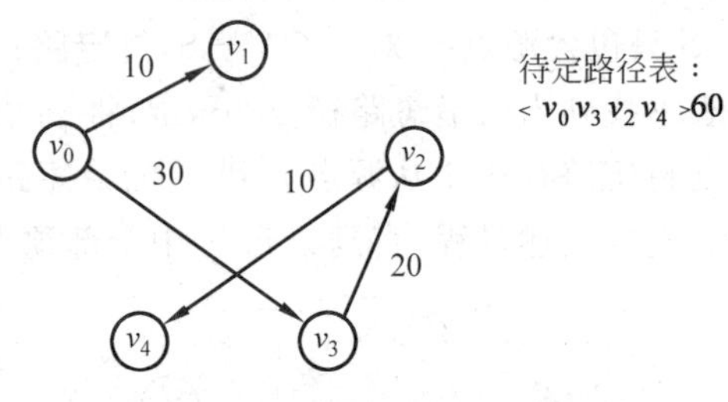


(d) 更新待定路径表，得到生长点 $v_4$

图 6-22 Dijkstra 算法的求解过程

**表 6-3 Dijkstra 算法的执行过程中各参量的变化**

| S | 从 $v_0$ 到各终点的最短路径 | | | | | | | |
|---|---|---|---|---|---|---|---|---|
| | $v_1$ | | $v_2$ | | $v_3$ | | $v_4$ | |
| | dist[1] | path[1] | dist[2] | path[2] | dist[3] | path[3] | dist[4] | path[4] |
| $\{v_0\}$ | **10** | "$v_0 v_1$" | ∞ | "" | 30 | "$v_0 v_3$" | 100 | "$v_0 v_4$" |
| $\{v_0\ v_1\}$ | 输出 10,"$v_0 v_1$" | | 60 | "$v_0 v_1 v_2$" | **30** | "$v_0 v_3$" | 100 | "$v_0 v_4$" |
| $\{v_0\ v_1\ v_3\}$ | | | **50** | "$v_0 v_3 v_2$" | 输出 30,"$v_0 v_3$" | | 90 | "$v_0 v_3 v_4$" |
| $\{v_0\ v_1\ v_3\ v_2\}$ | | | 输出 50,"$v_0 v_3 v_2$" | | | | **60** | "$v_0 v_3 v_2 v_4$" |
| $\{v_0\ v_1\ v_3\ v_2\ v_4\}$ | | | | | | | 输出 60,"$v_0 v_3 v_2 v_4$" | |

Dijkstra 算法用伪代码描述如下：

```
算法：Dijkstra 算法
输入：有向网图 G=(V,E)，源点 v
输出：从 v 到其他所有顶点的最短路径
   1. 初始化：S={v}；dist[j]=edge[v][j] (0≤j≤n)；
   2. 重复下述操作直到 S 等于 V：
      2.1  dist[k]=min{dist[i]} (i∈V-S)；
      2.2  S=S+{k}；
      2.3  dist[i]=min{dist[i],dist[k] + edge[k][i]} (i∈V-S)；
```

Dijkstra 算法的 C 语言实现如下：

```
void Dijkstra(MGraph * G,int v)                    /* 从源点 v 出发 */
{
    int i,k,num,dist[MaxSize];
    char * path[MaxSize];
    for (i = 0; i < G->vertexNum; i++)             /* 初始化数组 dist[n]和 path[n] */
    {
        dist[i] = G->edge[v][i];
        if (dist[i] != 100)                        /* 假设 100 为边上权的最大值 */
            path[i] = G->vertex[v]+G->vertex[i];   /* +为字符串连接操作 */
        else path[i] = "";
    }
    for (num = 1; num < G->vertexNum; num++)
    {
        k = min(dist,G->vertexNum);      /* 在 dist 数组中找最小值并返回其下标 */
        printf("%s %d ",path[k],dist[k]);
        for (i = 0; i < G->vertexNum; i++)         /* 修改数组 dist 和 path */
            if (dist[i] > dist[k]+G->edge[k][i]) {
                dist[i] = dist[k]+G->edge[k][i];
                path[i] = path[k]+G->vertex[i];    /* +为字符串连接操作 */
            }
        dist[k] = 0;                               /* 将顶点 k 加到集合 S 中 */
    }
}
```

min 函数要在数组 dist[$n$]中查找最小值并返回其下标，请读者自行设计。

分析 Dijkstra 算法的时间性能，设图有 $n$ 个顶点，第一个循环执行 $n$ 次；第二个循环执行 $n-1$ 次，内嵌两个循环，第一个循环是在数组 dist 中求最小值，执行 $n-1$ 次，第二个循环是修改数组 dist 和 path，需要执行 $n$ 次，所以总的时间复杂度是 $O(n^2)$。

### 6.5.2 Floyd 算法

Floyd 算法用于求每一对顶点之间的最短路径问题，问题描述如下：给定带权有向图 $G=(V,E)$，对任意顶点 $v_i$ 和 $v_j(i\neq j)$，求顶点 $v_i$ 到顶点 $v_j$ 的最短路径。

Floyd 算法的基本思想(如图 6-23 所示)是：假设从 $v_i$ 到 $v_j$ 的弧(若从 $v_i$ 到 $v_j$ 的弧不存在，则将其弧的权值看成$\infty$)是最短路径，然后进行 $n$ 次试探。首先比较 $v_i,v_j$ 和 $v_i,v_0,v_j$ 的路径长度，取长度较短者作为从 $v_i$ 到 $v_j$ 中间顶点的编号不大于 0 的最短路径。在路径上再增加一个顶点 $v_1$，将 $v_i,\cdots,v_1,\cdots,v_j$ 和已经得到的从 $v_i$ 到 $v_j$ 中间顶点的编号不大于 0 的最短路径相比较，取长度较短者作为中间顶点的编号不大于 1 的最短路径。依此类推，在一般情况下，若 $v_i,\cdots,v_k$ 和 $v_k,\cdots,v_j$ 分别是从 $v_i$ 到 $v_k$ 和从 $v_k$ 到 $v_j$ 中间顶点的编号不大于 $k-1$ 的最短路径，则将 $v_i,\cdots,v_k,\cdots,v_j$ 和已经得到的从 $v_i$ 到 $v_j$ 中间顶点的编号不大于$k-1$ 的最短路径相比较，取长度较短者为从 $v_i$ 到 $v_j$ 中间顶点的编号不

大于 $k$ 的最短路径。经过 $n$ 次比较后，最后求得的必是从 $v_i$ 到 $v_j$ 的最短路径。

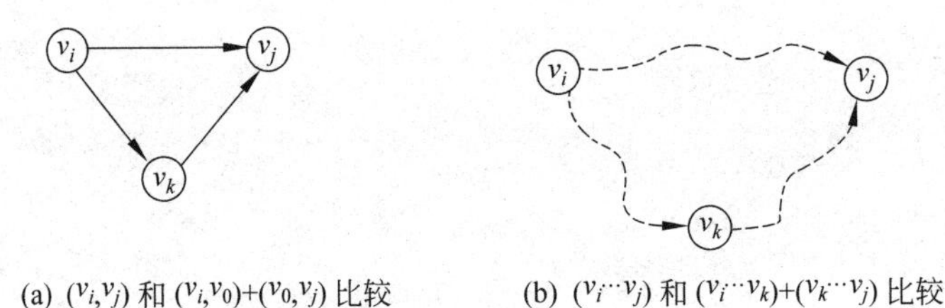


图 6-23 Floyd 算法的基本思想图解

下面讨论 Floyd 算法基于的存储结构。

(1) 图的存储结构：同 Dijkstra 算法类似，采用邻接矩阵作为图的存储结构。

(2) 数组 dist[$n$][$n$]：存放在迭代过程中求得的最短路径长度。初始为图的邻接矩阵，在迭代过程中，根据如下递推关系式进行迭代：

$$\begin{cases} \text{dist}_{-1}[i][j] = \text{edge}[i][j] \\ \text{dist}_k[i][j] = \min\{\text{disk}_{k-1}[i][j], \text{dist}_{k-1}[i][k] + \text{dist}_{k-1}[k][j]\} \quad 0 \leqslant k \leqslant n-1 \end{cases} \tag{6-8}$$

其中，$\text{dist}_k[i][j]$是从顶点 $v_i$ 到 $v_j$ 的中间顶点的编号不大于 $k$ 的最短路径的长度。

(3) 数组 path[$n$][$n$]：在迭代中存放从 $v_i$ 到 $v_j$ 的最短路径，初始为 path[$i$][$j$]="$v_iv_j$"。

图 6-24 给出了一个有向网及其邻接矩阵。图 6-25 给出了用 Floyd 算法求该有向网中每对顶点之间的最短路径过程中，数组 dist 和数组 path 的变化情况。

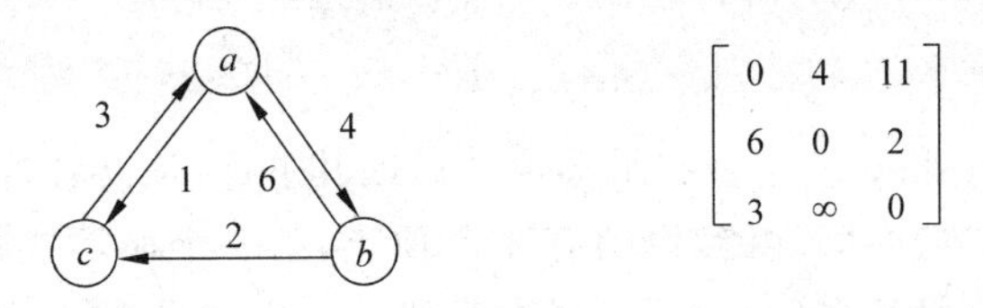


图 6-24 一个有向网图及其邻接矩阵

(a) 初始化

$$\text{dist}_{-1}=\begin{bmatrix} 0 & 4 & 11 \\ 6 & 0 & 2 \\ 3 & \infty & 0 \end{bmatrix} \qquad \text{path}_{-1}=\begin{bmatrix} & ab & ac \\ ba & & bc \\ ca & & \end{bmatrix}$$

(b) 加入顶点a

$$\text{dist}_{0}=\begin{bmatrix} 0 & 4 & 11 \\ 6 & 0 & 2 \\ 3 & 7 & 0 \end{bmatrix} \qquad \text{path}_{0}=\begin{bmatrix} & ab & ac \\ ba & & bc \\ ca & cab & \end{bmatrix}$$

(c) 加入顶点b

$$\text{dist}_{1}=\begin{bmatrix} 0 & 4 & 6 \\ 6 & 0 & 2 \\ 3 & 7 & 0 \end{bmatrix} \qquad \text{path}_{1}=\begin{bmatrix} & ab & abc \\ ba & & bc \\ ca & cab & \end{bmatrix}$$

(d) 加入顶点c

$$\text{dist}_{2}=\begin{bmatrix} 0 & 4 & 6 \\ 5 & 0 & 2 \\ 3 & 7 & 0 \end{bmatrix} \qquad \text{path}_{2}=\begin{bmatrix} & ab & abc \\ bca & & bc \\ ca & cab & \end{bmatrix}$$

图 6-25 Floyd 算法执行中数组 dist 和 path 的变化

Floyd 算法的 C 语言实现如下：

```
void Floyd(MGraph * G)
{
    int i,j,k,dist[MaxSize][MaxSize];
    char * path[MaxSize][MaxSize];
    for (i = 0; i < G->vertexNum; i++)          /* 初始化矩阵 dist 和 path */
        for (j = 0; j < G->vertexNum; j++)
        {
            dist[i][j] = G->edge[i][j];
            if (dist[i][j] != 100)              /* 假设 100 为边上权的最大值 */
              path[i][j] = G->vertex[i]+G->vertex[j];     /* +为串连接操作 */
            else path[i][j] = "";
        }
    for (k = 0; k < G->vertexNum; k++)          /* 进行 n 次迭代 */
        for (i = 0; i < G->vertexNum; i++)
            for (j = 0; j < G->vertexNum; j++)
                if (dist[i][k]+dist[k][j] < dist[i][j]) {
                    dist[i][j] = dist[i][k]+dist[k][j];
                    path[i][j] = path[i][k]+path[k][j];     /* +为串连接操作 */
                }
}
```

## 6.6 有向无环图及其应用

有向图是描述工程进行过程的有效工具。通常把计划、施工过程、生产流程、软件工程等都当成一个工程，除最简单的情况之外，几乎所有的工程都可以分为若干个称作**活动**(activity)的子工程，某个活动都会持续一定的时间，某些活动之间通常存在一定的约束条件，例如，某些活动必须在另一些活动完成之后才能开始。本节讨论有向图的拓扑排序和关键路径。

### 6.6.1 AOV 网与拓扑排序

在一个表示工程的有向图中，用顶点表示活动，用弧表示活动之间的优先关系，称这样的有向图为顶点表示活动的网，简称 **AOV 网**(activity on vertex network)。

AOV 网中的弧表示了活动之间存在的某种制约关系。在 AOV 网中不能出现回路，否则意味着某活动的开始要以自己的完成作为先决条件，显然，这是荒谬的。因此判断 AOV 网所代表的工程能否顺利进行，即是判断它是否存在回路。而测试 AOV 网是否存在回路的方法，就是对 AOV 网进行拓扑排序。

设 $G=(V,E)$ 是一个有向图，$V$ 中的顶点序列 $v_0, v_1, \cdots, v_{n-1}$ 称为一个**拓扑序列**(topological order)，当且仅当满足下列条件：若从顶点 $v_i$ 到 $v_j$ 有一条路径，则在顶点序列中顶点 $v_i$ 必在 $v_j$ 之前[①]。对一个有向图构造拓扑序列的过程称为**拓扑排序**(topological sort)。

① 用集合的术语讲，拓扑序列即是图中的顶点序列满足偏序关系。若集合 $X$ 上的关系 $R$ 是自反的、反对称的和传递的，则称 $R$ 是集合 $X$ 上的偏序关系。

图 6-26 给出了一个 AOV 网的拓扑序列。显然,工程中的各个活动必须按照拓扑序列中的顺序进行才是可行的,并且一个 AOV 网的拓扑序列可能不唯一。

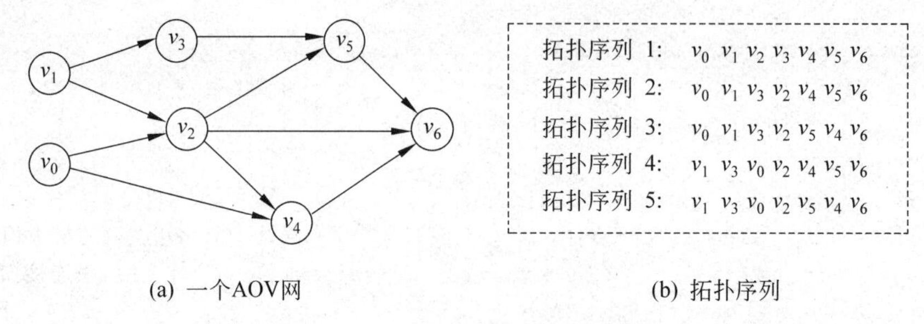


(a) 一个AOV网　　(b) 拓扑序列

图 6-26　AOV 网及其拓扑序列

根据拓扑序列的定义,对 AOV 网进行拓扑排序的基本思想是:

(1) 从 AOV 网中选择一个没有前驱的顶点并且输出;

(2) 从 AOV 网中删去该顶点,并且删去所有以该顶点为尾的弧;

(3) 重复上述两步,直到全部顶点都被输出,或 AOV 网中不存在没有前驱的顶点。

显然,拓扑排序的结果有两种:AOV 网中全部顶点都被输出,这说明 AOV 网不存在回路;AOV 网中顶点未被全部输出,剩余的顶点均不存在没有前驱的顶点,这说明 AOV 网存在回路。

下面讨论拓扑排序算法基于的存储结构。

(1) 图的存储结构:因为在拓扑排序的过程中,需要查找所有以某个顶点为尾的弧,即需要找到该顶点的所有出边,所以,图应该采用邻接表存储。另外,在拓扑排序过程中,需要对某顶点的入度进行操作,例如,查找入度等于零的顶点,将某顶点的入度减 1 等,而在图的邻接表中对顶点入度的操作不方便,所以,在顶点表中增加一个入度域,以方便对入度的操作。图 6-27 给出了一个 AOV 网及其邻接表存储示意图。

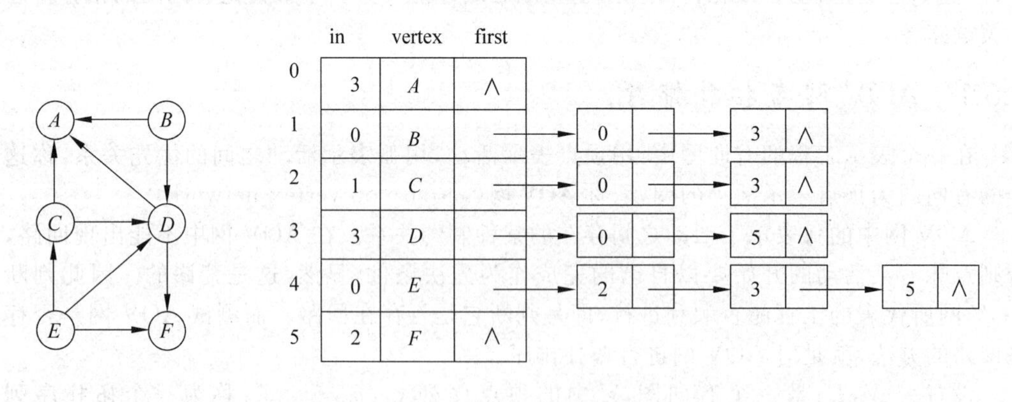


(a) 一个AOV网　　(b) AOV网的邻接表存储示意图

图 6-27　AOV 网及其邻接表存储示意图

(2) 查找没有前驱的顶点:为了避免每次查找时都去遍历顶点表,设置一个栈,凡是

AOV 网中入度为 0 的顶点都将其压栈。

图 6-28 给出了对图 6-27 所示 AOV 网进行拓扑排序的过程示例，拓扑排序算法用伪代码描述如下：

```
算法：TopSort
输入：有向图 G=(V,E)
输出：拓扑序列
    1. 栈 S 初始化；累加器 count 初始化；
    2. 扫描顶点表，将入度为 0 的顶点压栈；
    3. 当栈 S 非空时循环
       3.1  j =栈顶元素出栈；输出顶点 j；count++；
       3.2  对顶点 j 的每一个邻接点 k 执行下述操作：
            3.2.1  将顶点 k 的入度减 1；
            3.2.2  如果顶点 k 的入度为 0，则将顶点 k 入栈；
    4. if (count<vertexNum) 输出有回路信息；
```

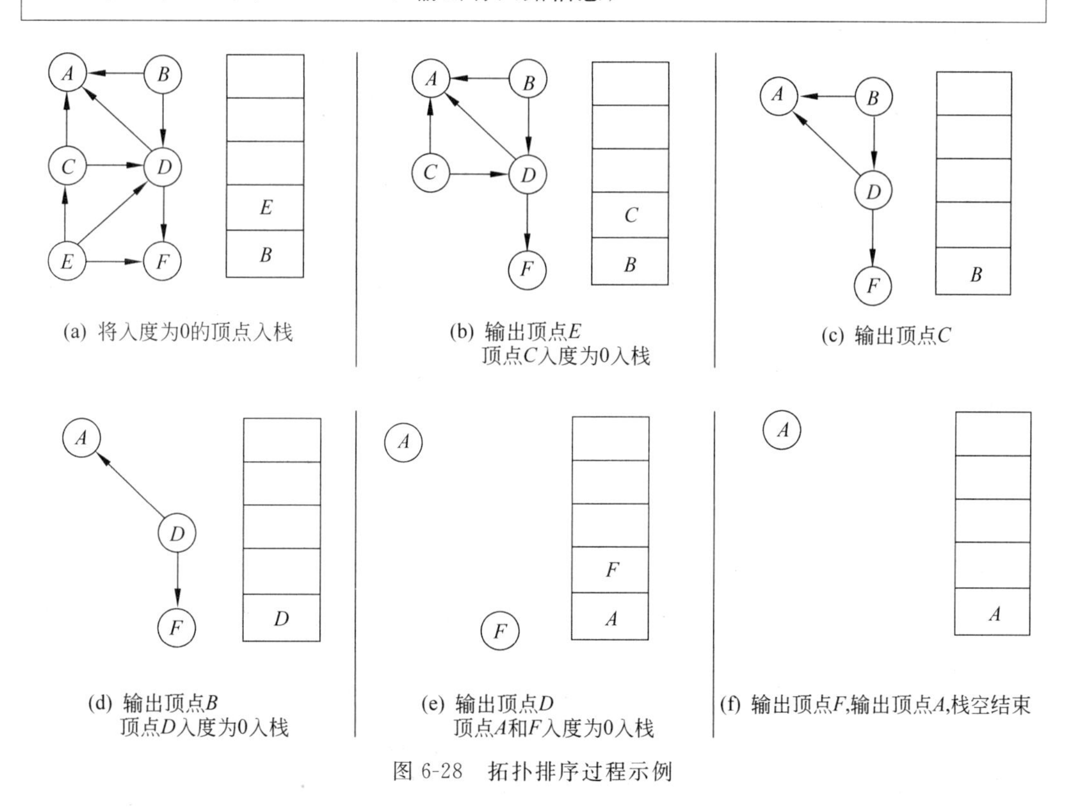

(a) 将入度为0的顶点入栈 (b) 输出顶点*E* 顶点*C*入度为0入栈 (c) 输出顶点*C*

(d) 输出顶点*B* 顶点*D*入度为0入栈 (e) 输出顶点*D* 顶点*A*和*F*入度为0入栈 (f) 输出顶点*F*，输出顶点*A*，栈空结束

图 6-28 拓扑排序过程示例

下面给出拓扑排序算法的 C 语言实现。

```
void TopSort(ALGraph * G)
{
    int i,j,k,count = 0;                          /* 累加器 count 初始化 */
    int S[MaxSize],top = -1;                      /* 采用顺序栈并初始化 */
    EdgeNode * p = NULL;
    for (i = 0; i < G->vertexNum; i++)           /* 扫描顶点表 */
        if (G->adjlist[i].in == 0) S[++top] = i;     /* 将入度为 0 的顶点压栈 */
    while (top != -1 )                            /* 当栈中还有入度为 0 的顶点时 */
    {
        j = S[top--];                             /* 从栈中取出一个入度为 0 的顶点 */
        printf("%c ",G->adjlist[j].vertex);
        count++;
        p = G->adjlist[j].first;                  /* 工作指针 p 初始化 */
        while (p != NULL)                         /* 描顶点表,找出顶点 j 的所有出边 */
        {
            k = p->adjvex;
            G->adjlist[k].in--;
            if (G->adjlist[k].in == 0) S[++top] = k;   /* 入度为 0 的顶点入栈 */
            p = p->next;
        }
    }
    if (count < G->vertexNum ) printf("有回路");
}
```

分析拓扑排序算法,对一个具有 $n$ 个顶点、$e$ 条弧的 AOV 网,扫描顶点表,将入度为 0 的顶点入栈的时间复杂度为 $O(n)$,在拓扑排序的过程中,若有向图无回路,则每个顶点进一次栈,出一次栈,入度减 1 的操作在 while 语句中共执行 $e$ 次,所以,整个算法的时间复杂度为 $O(n+e)$。

### 6.6.2 AOE 网与关键路径

在一个表示工程的带权有向图中,用顶点表示事件,用有向边表示活动,边上的权值表示活动的持续时间,称这样的有向图为边表示活动的网,简称 **AOE 网**(activity on edge network),没有入边的顶点称为**源点**(source),没有出边的顶点称为**终点**(destination)。AOE 网具有以下两个性质:

(1) 只有在进入某顶点的各活动都已经结束,该顶点所代表的事件才能发生;

(2) 只有在某顶点所代表的事件发生后,从该顶点出发的各活动才能开始。

图 6-29 给出了一个具有 5 个活动、4 个事件的 AOE 网,顶点 $v_0$,$v_1$,$v_2$,$v_3$ 分别表示一个事件;弧 $<v_0,v_1>$,$<v_0,v_2>$,$<v_1,v_2>$,$<v_1,v_3>$,$<v_2,v_3>$ 分别表示一个活动,用 $a_0$,$a_1$,$a_2$,$a_3$,$a_4$ 代表这些活动。其中,$v_0$ 为源点,是整个工程的开始点,其入度为 0;$v_3$ 为终点,是整个工程的结束点,其出度为 0。

在 AOE 网中,所有活动都完成才能到达终点,因此完成整个工程所必须花费的时间

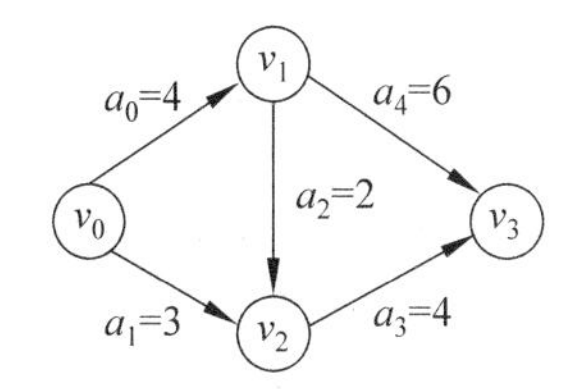


| 事件 | 事件含义 |
|---|---|
| $v_0$ | 源点，整个工程开始 |
| $v_1$ | 活动 $a_0$ 完成，活动 $a_2$ 和 $a_4$ 可以开始 |
| $v_2$ | 活动 $a_1$ 和 $a_2$ 完成，活动 $a_3$ 可以开始 |
| $v_3$ | 活动 $a_3$ 和 $a_4$ 完成，整个工程结束 |

图 6-29　一个 AOE 网

（即最短工期）应该为源点到终点的最大路径长度。具有最大路径长度的路径称为**关键路径**（critical path），关键路径上的活动称为**关键活动**（critical activity）。

显然，要缩短整个工期，必须加快关键活动的进度。为了找出关键活动及关键路径，需要定义如下数组。

（1）事件的最早发生时间 $ve[k]$。

根据 AOE 网的性质，只有进入 $v_k$ 的所有活动 $<v_j, v_k>$ 都结束，$v_k$ 代表的事件才能发生，而活动 $<v_j, v_k>$ 的最早结束时间为 $ve[j]+\text{len}<v_j, v_k>$。所以计算 $v_k$ 的最早发生时间的方法如下：

$$\begin{cases} ve[0]=0 \\ ve[k]=\max\{ve[j]+\text{len}<v_j, v_k>\}(<v_j, v_k>\in p[k]) \end{cases} \tag{6-9}$$

其中，$p[k]$ 表示所有到达 $v_k$ 的有向边的集合；$\text{len}<v_j, v_k>$ 为有向边 $<v_j, v_k>$ 上的权值。

（2）事件的最迟发生时间 $vl[k]$。

$vl[k]$ 是指在不推迟整个工期的前提下，事件 $v_k$ 允许的最迟发生时间。根据 AOE 网的性质，只有顶点 $v_k$ 代表的事件发生，从 $v_k$ 出发的活动 $<v_k, v_j>$ 才能开始，而活动 $<v_k, v_j>$ 的最晚开始时间为 $vl[j]-\text{len}<v_k, v_j>$。所以计算 $v_k$ 的最迟发生时间的方法如下：

$$\begin{cases} vl[n-1]=ve[n-1] \\ vl[k]=\min\{vl[j]-\text{len}<v_k, v_j>\}(<v_k, v_j>\in s[k]) \end{cases} \tag{6-10}$$

其中，$s[k]$ 为所有从 $v_k$ 发出的有向边的集合；$\text{len}<v_k, v_j>$ 为有向边 $<v_k, v_j>$ 上的权值。

（3）活动 $a_i$ 的最早开始时间 $ee[i]$

若活动 $a_i$ 由有向边 $<v_k, v_j>$ 表示，根据 AOE 网的性质，只有事件 $v_k$ 发生了，活动 $a_i$ 才能开始。也就是说，活动 $a_i$ 的最早开始时间等于事件 $v_k$ 的最早发生时间。因此，有：

$$ee[i]=ve[k] \tag{6-11}$$

（4）活动 $a_i$ 的最晚开始时间 $el[i]$

$el[i]$ 是指在不推迟整个工期的前提下，活动 $a_i$ 必须开始的最晚时间。若活动 $a_i$ 由有向边 $<v_k, v_j>$ 表示，则 $a_i$ 的最晚开始时间要保证事件 $v_j$ 的最迟发生时间不拖后。因此，有：

$$el[i]=vl[j]-\text{len}<v_k, v_j> \tag{6-12}$$

最后，根据每个活动 $a_i$ 的最早开始时间 $ee[i]$ 和最晚开始时间 $el[i]$ 判定该活动是否为关键活动，那些 $el[i]=ee[i]$ 的活动就是关键活动，那些 $el[i]>ee[i]$ 的活动则不是关键活动，$el[i]-ee[i]$ 的值为活动的时间余量。关键活动确定之后，关键活动所在的路径就是关键路径。求关键路径的算法用伪代码描述如下：

> 算法：关键路径算法
> 输入：有向网图 $G=(V,E)$
> 输出：关键路径
> 1. 令 ve[0]=0，按拓扑序列求其余各顶点的最早发生时间 ve[i]；
> 2. 如果得到的拓扑序列中顶点个数小于 AOE 网中的顶点数，则说明网中存在回路，不能求关键路径，算法终止；否则执行步骤 3；
> 3. 令 vl[n-1]=ve[n-1]，按逆拓扑有序求其余各顶点的最迟发生时间 vl[i]；
> 4. 求每条边的最早开始时间 ee[i]和最迟开始时间 el[i]；
> 5. 若某条边 $a_i$ 满足条件 ee[i]=el[i]，则 $a_i$ 为关键活动；

对图 6-29 所示的 AOE 网求关键活动和关键路径的过程如图 6-30 所示。

| 按照 (6-9) 式求事件的最早发生时间 ve[k] | 按照 (6-10) 式求事件的最迟发生时间 vl[k] |
|---|---|
| ve[0]=0 | vl[0]=min{vl[1]−4,vl[2]−3}=0 |
| ve[1]=ve[0]+4=4 | vl[1]=min{vl[2]−2,vl[3]−6}=4 |
| ve[2]=max{ve[0]+3,ve[1]+2}=6 | vl[2]=vl[3]−4=6 |
| ve[3]=max{ve[1]+6,ve[2]+4}=10 | vl[3]=ve[3]=10 |
| ↓ 计算次序 | ↑ 计算次序 |

(a) 求事件的最早发生时间和最迟发生时间

| 按照 (6-11) 式求活动的最早发生时间 e[k] | 按照 (6-12) 式求活动的最迟发生时间 l[k] | el[i]-ee[i] |
|---|---|---|
| ee[0]=ve[0]=0 | el[0]=vl[1]−4=0 | 0 |
| ee[1]=ve[0]=0 | el[1]=vl[2]−3=3 | 1 |
| ee[2]=ve[1]=4 | el[2]=vl[2]−2=4 | 0 |
| ee[3]=ve[2]=6 | el[3]=vl[3]−4=6 | 0 |
| ee[4]=ve[1]=4 | el[4]=vl[3]−6=4 | 0 |

(b) 求活动的最早发生时间和最迟发生时间

图 6-30　求关键路径示例

最后，比较 $ee[i]$和 $el[i]$的值可判断出 $a_0,a_2,a_3,a_4$ 是关键活动，它们组成两条关键路径，如图 6-31 所示。

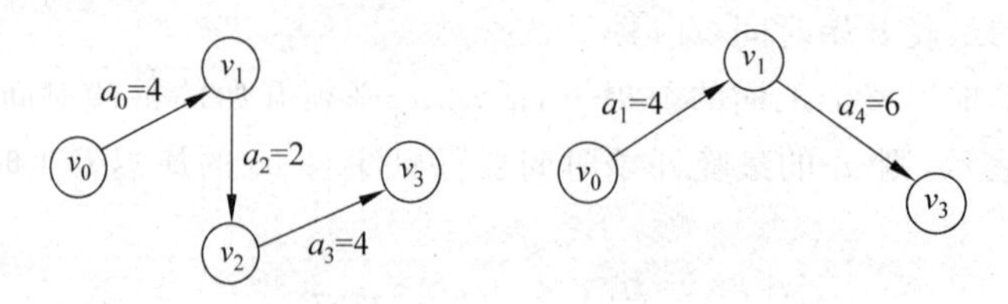


图 6-31　两条关键路径

# 6.7 扩展与提高

## 6.7.1 图的其他存储方法

### 1. 十字链表

在有向图中，为了便于确定顶点的入度，可以建立有向图的逆邻接表，对每个顶点 $v_i$ 将其所有逆邻接点链接起来，形成入边表。图 6-32 给出了一个有向图的邻接表和逆邻接表存储示意图。

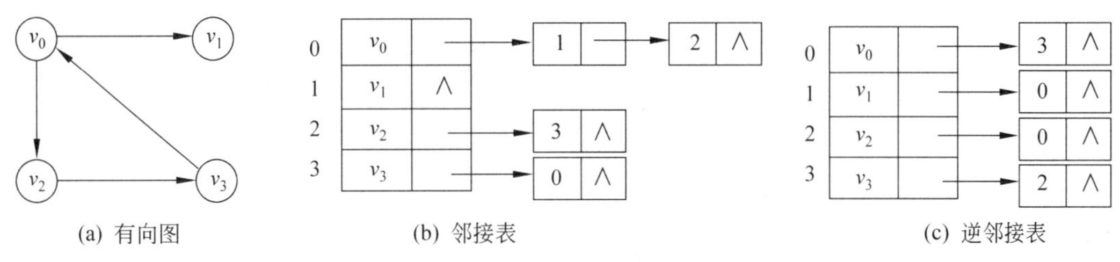


图 6-32 有向图的邻接表和逆邻接表存储示意图

**十字链表**（orthogonal list）是有向图的一种存储方法，它实际上是邻接表与逆邻接表的结合。在十字链表中，每条边对应的边表结点分别链接到出边表和入边表中，其顶点表和边表的结点结构如图 6-33 所示。

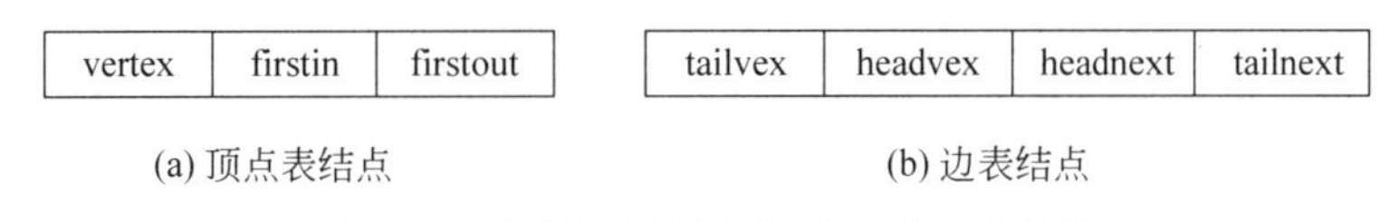


图 6-33 十字链表顶点表、边表的结点结构

其中，vertex：数据域，存放顶点的数据信息。

firstin：入边表头指针，指向以该顶点为终点的弧构成的链表中的第一个结点。

firstout：出边表头指针，指向以该顶点为起点的弧构成的链表中的第一个结点。

tailvex：弧的终点（弧尾）在顶点表中的下标。

headvex：弧的起点（弧头）在顶点表中的下标。

headnext：入边表指针域，指向终点相同的下一条边。

tailnext：出边表指针域，指向起点相同的下一条边。

图 6-34 给出了一个有向图及其十字链表的存储示意图。

### 2. 邻接多重表

用邻接表存储无向图，每条边的两个顶点分别在该边所依附的两个顶点的边表中，这种重复存储给图的某些操作带来不便。例如，对已访问过的边做标记，或者要删除图中某一条边等，都需要找到表示同一条边的两个边表结点。因此，进行这类操作的无向图应该采用邻接多重表作存储结构。

**邻接多重表**（adjacency multi-list）主要用于存储无向图，其存储结构和邻接表类似，每条边用一个边表结点表示，其顶点表和边表的结点结构如图 6-35 所示。

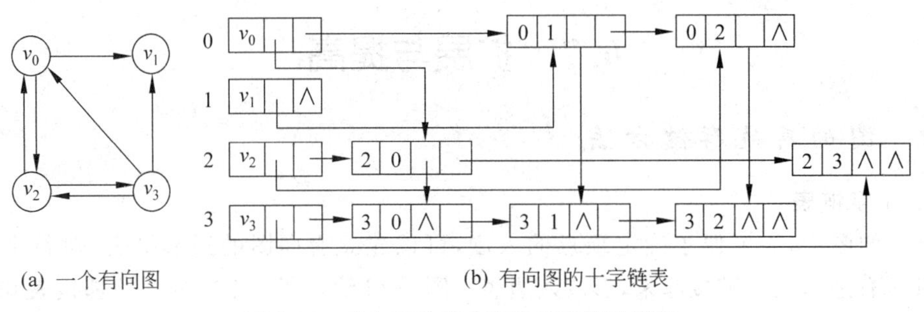


图 6-34 有向图及其十字链表存储示意图

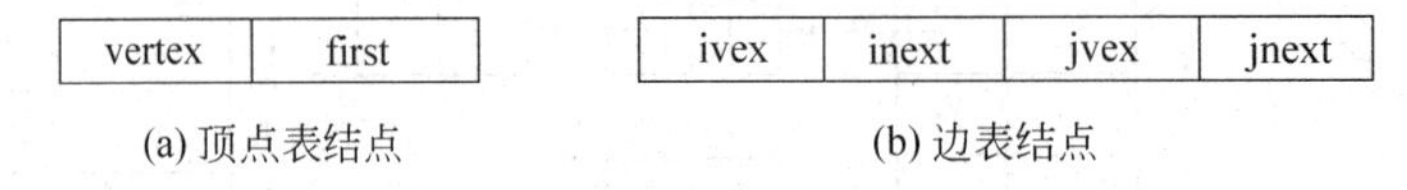


图 6-35 邻接多重表的结点结构

其中，vertex：数据域，存储顶点的数据信息。

first：边表头指针，指向依附于该顶点的第一条边的边表结点。

ivex、jvex：某条边依附的两个顶点在顶点表中的下标。

inext：指针域，指向依附于顶点 ivex 的下一条边。

jnext：指针域，指向依附于顶点 jvex 的下一条边。

图 6-36 给出了一个无向图的邻接多重表存储示意图。

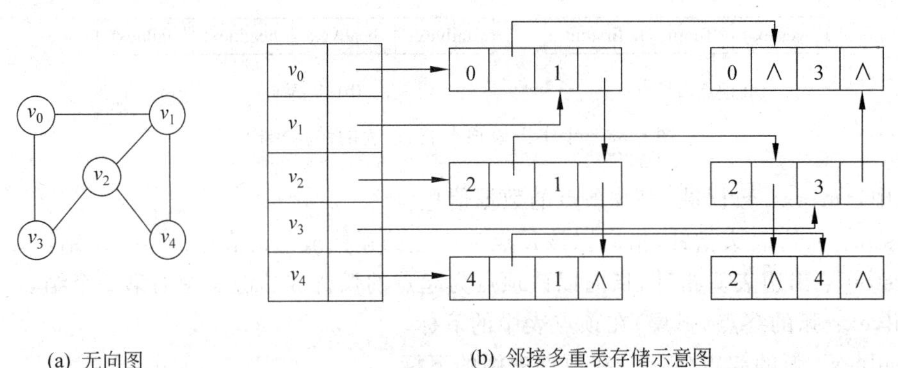


图 6-36 无向图的邻接多重表存储示意图

## 6.7.2 图的连通性

### 1. 无向图的连通分量和生成树

对于连通图，从图中任一顶点出发，进行深度优先遍历或广度优先遍历，便可访问到图中所有顶点；对于非连通图，需要从多个顶点出发进行遍历，每次从一个新的起点出发进行遍历得到的顶点序列恰好是一个连通分量的顶点集。例如，对图 6-37(a)所示无向图进行深度优先遍历，需分别从顶点 $v_0$ 和 $v_4$ 出发调用两次 DFTravers(或 BFTravers)，得到顶点序列分别为 $v_0v_1v_2v_3$ 和 $v_4v_5$，这两个顶点集分别加上所有依附于这些顶点的边，便构成了非连通图的两个连通分量，如图 6-37(b)所示。

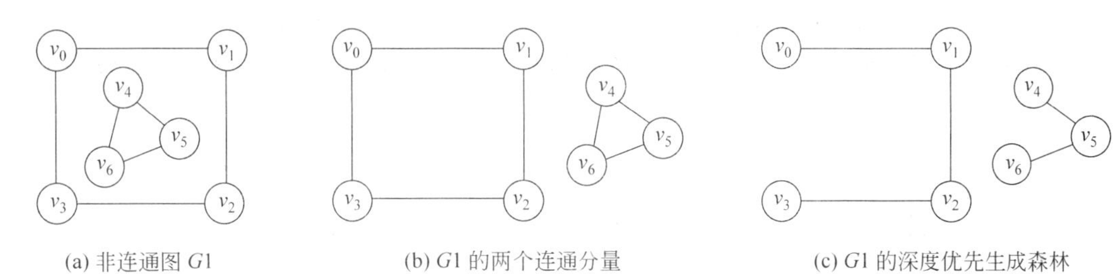


图 6-37 非连通图的连通分量及生成森林

因此，要想判定一个无向图是否为连通图，或有几个连通分量，可以设置一个计数器 count，初始时取值为 0，每调用一次遍历算法，就将 count 增 1。当整个图遍历结束时，依据 count 的值，就可确定无向图的连通性了。

设 $E(G)$ 是连通图 $G$ 中所有边的集合，$T(G)$ 是从图中任一顶点出发遍历图经过的边的集合，显然，$T(G)$ 和图中所有顶点一起构成连通图 $G$ 的一棵生成树，并且称由深度优先遍历得到的为深度优先生成树，称由广度优先遍历得到的为广度优先生成树。例如，对于图 6-38(a)所示连通图，图 6-38(b)和(c)分别为连通图的深度优先生成树和广度优先生成树。

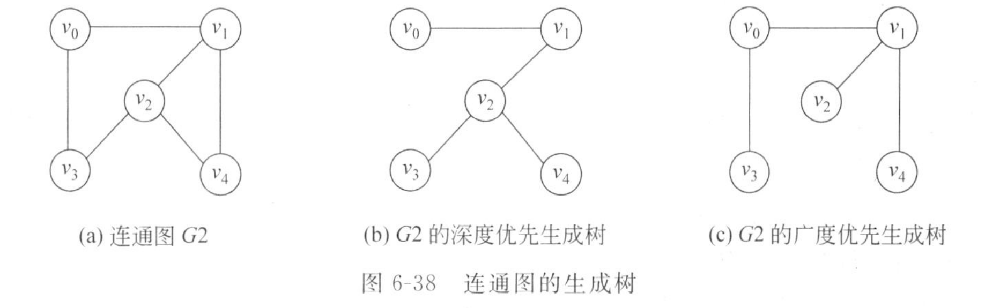


图 6-38 连通图的生成树

对于非连通图，每个连通分量中的顶点集，和遍历时经过的边一起构成若干棵生成树，这些连通分量的生成树组成非连通图的生成森林。例如，对于图 6-37(a)所示非连通图，图 6-37(c)为非连通图的深度优先生成森林。

**2. 有向图的强连通分量**

如果有向图是强连通的，从任一顶点出发必然能够遍历图的所有顶点。如果有向图非强连通，可以用深度优先遍历来求有向图的强连通分量，具体求解步骤如下。

(1) 在有向图中，从某个顶点出发进行深度优先遍历，并按其所有邻接点的都访问完(即出栈)的顺序将顶点排列起来。

(2) 在该有向图中，从最后出栈的顶点出发，沿着以该顶点为头的弧作逆向的深度优先遍历，若此次遍历不能访问到有向图中所有顶点，则从余下的顶点中最后访问的顶点出发，继续作逆向的深度优先遍历，依次类推，直至有向图中所有顶点都被访问到。

(3) 每一次逆向深度优先遍历访问到的顶点集便是该图的一个强连通分量的顶点集。

对图 6-39(a)所示有向图,从顶点 $v_0$ 出发作深度优先遍历,得到遍历序列 $v_0v_1v_2v_4v_3$,出栈的顶点序列为 $v_4v_2v_1v_3v_0$,进行了两次逆向的深度优先遍历,一次是从顶点 $v_0$ 出发得到顶点集{$v_0,v_3,v_2,v_1$},一次是从 $v_4$ 出发得到顶点集{$v_4$},这就是该有向图的两个强连通分量的顶点集。

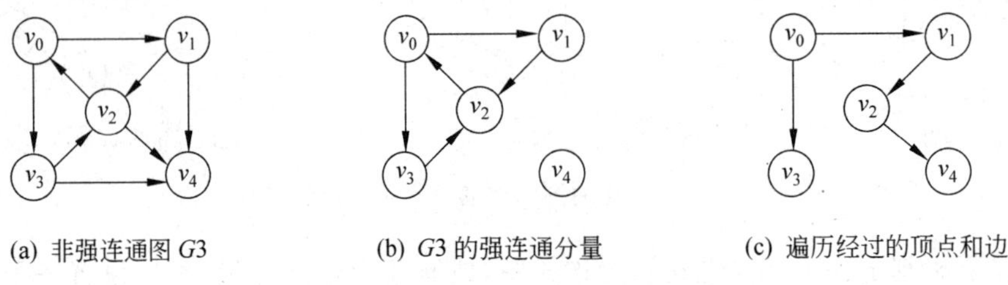

(a) 非强连通图 $G3$　　(b) $G3$ 的强连通分量　　(c) 遍历经过的顶点和边

图 6-39　非强连通图的强连通分量

对于有向图,即使进行一次遍历能够访问图中的所有顶点,所有顶点和遍历所经过的边也不能构成生成树,如图 6-39(c)所示。生成树是无回路的连通图,而有向图若连通则必存在回路。因此,一般不讨论有向图的生成树问题。

## 6.8 应用实例

### 6.8.1 七巧板涂色问题

本章的引言部分给出了七巧板涂色问题,下面考虑算法设计与程序实现。

**【算法】** 为了识别不同区域的相邻关系,可以将七巧板的每个区域看成一个顶点,如果两个区域相邻,则这两个顶点之间有边相连,则将七巧板抽象为图模型,用邻接矩阵存储这个图,如图 6-40 所示。

$$
\text{arc[7][7]}=\begin{bmatrix}
0 & 1 & 0 & 0 & 1 & 1 & 0 \\
1 & 0 & 1 & 1 & 0 & 0 & 0 \\
0 & 1 & 0 & 1 & 0 & 0 & 0 \\
0 & 1 & 1 & 0 & 1 & 0 & 1 \\
1 & 0 & 0 & 1 & 0 & 1 & 1 \\
1 & 0 & 0 & 0 & 1 & 0 & 0 \\
0 & 0 & 0 & 1 & 1 & 0 & 0
\end{bmatrix}
$$

图 6-40　七巧板对应的邻接矩阵

依次对每个顶点涂色,如果当前顶点 $v_i$ 涂色后不发生冲突,则对下一个顶点进行涂色,如果对顶点 $v_i$ 涂所有颜色都与前面已涂色顶点发生冲突,则进行回溯,返回上一个顶点试探下一种颜色。已经证明:对任意平面图至少存在一种 4 色涂色方案,所以问题一定有解。设数组 color[$n$]表示涂色情况,例如,color[$i$]=1 表示顶点 $i$ 涂第 1 种颜色,七巧板涂色问题的算法用伪代码描述如下:

```
算法: 七巧板涂色
输入: 图的邻接矩阵存储
输出: 涂色方案 color[n]
    1. 将数组 color[n]初始化为 0(即未涂色);
```

2. 下标 i 从 0～n−1 重复执行下述操作：
   2.1　color[i]++；
   2.2　如果 color[i]>4，则取消对顶点 i 的涂色；i=i−1，转步骤 2 回溯；
   2.3　如果 color[i]和前 i−1 个顶点的涂色发生冲突，则转步骤 2.1；
   2.4　i=i+1，转步骤 2 为下一个顶点涂色；

**【程序】** 定义符号常量 N 等于 7，设数组 board[N]存储七巧板每个区域的符号，数组 color[N]表示 N 个顶点的涂色情况，二维数组 arc[N][N]存储七巧板各个区域之间的邻接关系，程序如下：

```
#include <stdio.h>
#define N 7

int main( )
{
    int i,j;
    char board[N] = {'A','B','C','D','E','F','G'};     /*定义七巧板*/
    int edge[N][N] = {{0,1,0,0,1,1,0},{1,0,1,1,0,0,0},{0,1,0,1,0,0,0},
                      {0,1,1,0,1,0,1},{1,0,0,1,0,1,1},{1,0,0,0,1,0,0},
                      {0,0,0,1,1,0,0}};
    int color[N] = {0};                     /*所有顶点均未涂色*/
    for (i = 0; i < N; )                    /*为顶点 i 涂色，循环变量 i 要视情况而改变*/
    {
        color[i]++;                         /*为顶点 i 涂下一种颜色*/
        if (color[i] > 4)                   /*如果顶点 i 已经试探过所有颜色*/
        {
            color[i] = 0;                   /*取消顶点 i 的涂色*/
            i = i-1; continue;              /*回溯到前一个顶点*/
        }
        for (j = 0; j < i; j++)
        {
            if ((edge[i][j] == 1) && (color[i] == color[j]))
                break;                      /*顶点 i 的涂色冲突*/
        }
        if (j == i) i = i+1;                /*顶点 i 的涂色不冲突，为下一个顶点涂色*/
    }
    for (i = 0; i < N; i++)                 /*输出所有区域的涂色情况*/
        printf("%c 涂颜色%d \n",board[i],color[i]);
    return 0;
}
```

## 6.8.2 医院选址问题

**【问题】** 某大队有5个村庄,村庄之间的道路情况如图6-41所示,现要在其中一个村庄建立医院,要求该医院距其他各村庄的最长往返路程最短,即各村庄总的往返路程越短越好,问医院应选址在何处?

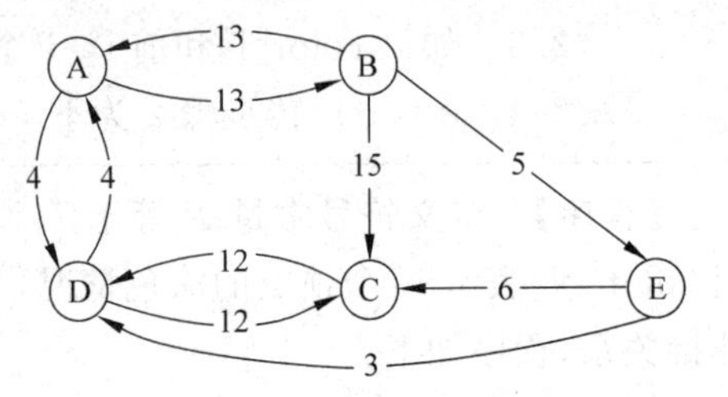


图6-41 医院选址问题

**【想法】** 该问题即是确定图的中心点,该中心点与其他各顶点之间的往返路径长度之和为最小。可以为该有向图建立邻接矩阵,如图6-42所示。用Floyd算法求出任意两顶点的最短路径长度,结果如图6-43所示。

$$\begin{bmatrix} 0 & 13 & \infty & 4 & \infty \\ 13 & 0 & 15 & \infty & 5 \\ \infty & \infty & 0 & 12 & \infty \\ 4 & \infty & 12 & 0 & \infty \\ \infty & \infty & 6 & 3 & 0 \end{bmatrix}$$

图6-42 有向网的邻接矩阵

$$\begin{bmatrix} 0 & 13 & 16 & 4 & 18 \\ 12 & 0 & 11 & 8 & 5 \\ 16 & 29 & 0 & 12 & 34 \\ 4 & 17 & 12 & 0 & 22 \\ 7 & 20 & 6 & 3 & 0 \end{bmatrix}$$

图6-43 任意两顶点之间最短路径长度

题目要求医院距其他各结点的最长往返路程最短,可以依次计算每个顶点与其他各顶点的往返代价之和,则往返代价之和最小的顶点即是图的中心点。

**【算法】** Floyd算法请参见6.5.2节。求各顶点与其他各顶点的往返代价之和的算法较简单,请读者自行设计。

**【程序】** 假设图中的权值均小于100,设符号常量MaxValue,其值为100表示∞。设符号常量N表示图的顶点个数,一维数组vertex[N]存储顶点信息,二维数组arc[N][N]存储有向网图对应的邻接矩阵。数组dist[N][N]存储任意两个顶点之间的最短路径长度,由于不需要具体的路径信息,因此无须设置数组path[N][N]。函数Floyd求得任意两个顶点之间的最短路径长度,函数Center求得图的中心点,程序如下:

```
#include <stdio.h>
#define N 5                                          /*假设图中有5个顶点*/
const int MaxValue = 100;                            /*MaxValue表示∞*/
char vertex[N] = {'A','B','C','D','E'};              /*存放顶点的一维数组*/
int edge[N][N]={{0,13,MaxValue,4,MaxValue},          /*存放边的二维数组*/
               {13,0,15,MaxValue,5},
               {MaxValue,MaxValue,0,12,MaxValue},
               {4,MaxValue,12,0,MaxValue},
               {MaxValue,MaxValue,6,3,0}};
int dist[N][N] = {0};                                /*存储任意两个顶点的最短路径长度*/
void Floyd( );                                       /*函数声明,Floyd算法*/
```

```
int Center( );                                  /* 函数声明,求中心点 */

int main( )
{
    int minPoint;                               /* 存储中心点的下标 */
    Floyd( );                       /* 调用 Floyd 算法求任意两个顶点之间的最短路径 */
    minPoint = Center( );                       /* 调用函数 Center 求中心点 */
    printf("应该设在%c点\n",vertex[minPoint]);
    return 0;
}
void Floyd( )                         /* Floyd 算法求任意两个顶点之间的最短路径 */
{
    int i,j,k;
    for (i = 0; i < N; i++)                     /* 初始化矩阵 dist */
        for (j = 0; j < N; j++)
        {
            dist[i][j] = edge[i][j];
        }
    for (k = 0; k < N; k++)                     /* 进行 N 次迭代 */
        for (i = 0; i < N; i++)                 /* 顶点 i 和 j 之间是否经过顶点 k */
            for (j = 0; j < N; j++)
                if (dist[i][k]+dist[k][j] < dist[i][j])
                    dist[i][j] = dist[i][k]+dist[k][j];
}
int Center( )                                   /* 求图的中心点,返回中心点的下标 */
{
    int wayCost,minCost = MaxValue;
    int i,k,index;
    for (k = 0; k < N; k++)                     /* 依次求每个顶点的往返代价 */
    {
        wayCost = 0;                            /* 往返代价初始化为 0 */
        for (i = 0; i < N; i++)                 /* 顶点 i 到其他顶点的路径长度之和 */
            wayCost = wayCost+dist[i][k];
        for (i = 0; i < N; j++)                 /* 其他顶点到顶点 i 的路径长度之和 */
            wayCost = wayCost+dist[k][i];
        if (wayCost < minCost)
        {
            minCost = wayCost;
            index = k;                          /* 顶点 k 为当前的中心点 */
        }
    }
    return index;                               /* 返回中心点的下标 */
}
```

# 习 题 6

1. 选择题

(1) 在一个具有 $n$ 个顶点的有向完全图中包含有(　　)条边。

A. $n(n-1)/2$　　B. $n(n-1)$　　C. $n(n+1)/2$　　D. $n^2$

(2) $n$ 个顶点的强连通图至少有(　　)条边，其形状是(　　)。

A. $n$　　B. $n+1$　　C. $n-1$　　D. $n\times(n-1)$

E. 无回路　　F. 有回路　　G. 环状　　H. 树状

(3) 含 $n$ 个顶点的连通图中的任意一条简单路径，其长度不可能超过(　　)。

A. 1　　B. $n/2$　　C. $n-1$　　D. $n$

(4) 无向图 G 有 16 条边，度为 4 的顶点有 3 个，度为 3 的顶点有 4 个，其余顶点的度均小于 3，则图 G 至少有(　　)个顶点。

A. 10　　B. 11　　C. 12　　D. 13

(5) 对于一个具有 $n$ 个顶点的无向图，若采用邻接矩阵存储，则该矩阵的大小是(　　)。

A. $n$　　B. $(n-1)^2$　　C. $n-1$　　D. $n^2$

(6) 图的生成树(　　)，$n$ 个顶点的生成树有(　　)条边。

A. 唯一　　B. 不唯一　　C. 唯一性不能确定

D. $n$　　E. $n+1$　　F. $n-1$

(7) 对于无向图 $G=(V,E)$ 和 $G'=(V',E')$，如果 $G'$ 是 $G$ 的生成树，则下面说法中错误的是(　　)。

A. $G'$ 为 $G$ 的子图　　B. $G'$ 为 $G$ 的连通分量

C. $G'$ 为 $G$ 的极小连通子图且 $V=V'$　　D. $G'$ 是 $G$ 的一个无环子图

(8) $G$ 是一个非连通无向图，共有 28 条边，则该图至少有(　　)个顶点。

A. 6　　B. 7　　C. 8　　D. 9

(9) 假设一个有向图具有 $n$ 个顶点 $e$ 条边，该有向图采用邻接矩阵存储，则删除与顶点 $i$ 相关联的所有边的时间复杂度是(　　)。

A. $O(n)$　　B. $O(e)$　　C. $O(n+e)$　　D. $O(n*e)$

(10) 用深度优先遍历方法遍历一个有向无环图，并在深度优先遍历算法中按退栈次序打印出相应的顶点，则输出的顶点序列是(　　)。

A. 逆拓扑有序　　B. 拓扑有序　　C. 无序　　D. 顶点编号次序

(11) 对如图 6-44 所示的有向图从顶点 $a$ 出发进行深度优先遍历，不可能得到的遍历序列是(　　)。

A. *adbefc*　　B. *adcefb*　　C. *adcbfe*　　D. *adefbc*

(12) 最小生成树指的是(　　)。

A. 由连通网所得到的边数最少的生成树

B. 由连通网所得到的顶点数相对较少的生成树

C. 连通网中所有生成树中权值之和为最小的生成树

D. 连通网的极小连通子图

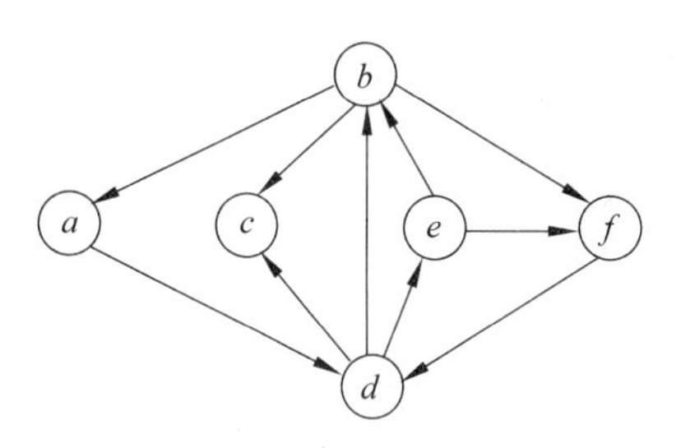


图 6-44 一个有向图

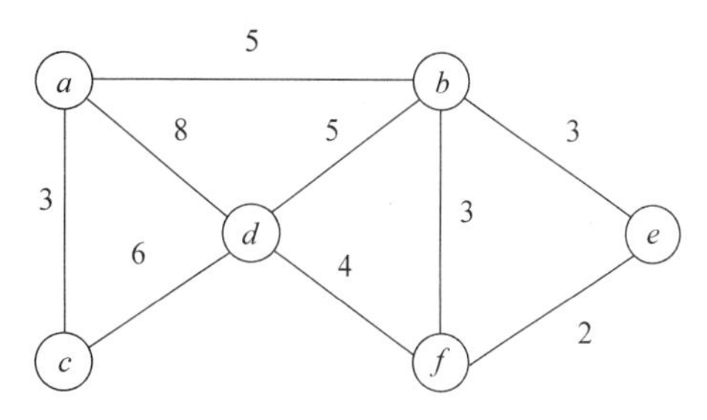


图 6-45 一个无向连通网

(13) 对如图 6-45 所示的无向连通网图从顶点 $d$ 开始用 Prim 算法构造最小生成树，在构造过程中加入最小生成树的前 4 条边依次是(　　)。

A. $(d,f)4,(f,e)2,(f,b)3,(b,a)5$　B. $(f,e)2,(f,b)3,(a,c)3,(f,d)4$

C. $(d,f)4,(f,e)2,(a,c)3,(b,a)5$　D. $(d,f)4,(d,b)5,(f,e)2,(b,a)5$

(14) 设有如图 6-46 所示的 AOE 网，则事件 $v_4$ 的最早开始时间是(　　)，最迟开始时间是(　　)，该 AOE 网的关键路径有(　　)条。

A. 11　B. 12　C. 13　D. 14

E. 1　F. 2　G. 3　H. 4

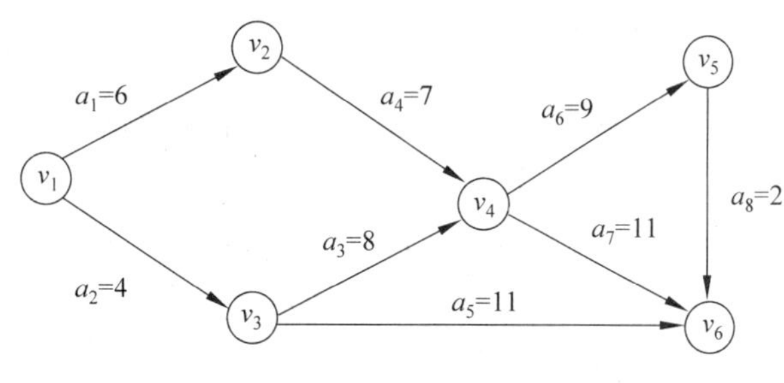


图 6-46 一个 AOE 网

(15) 下面关于工程计划的 AOE 网的叙述中，不正确的是(　　)。

A. 关键活动不按期完成就会影响整个工程的完成时间

B. 任何一个关键活动提前完成，那么整个工程将会提前完成

C. 所有的关键活动都提前完成，那么整个工程将会提前完成

D. 某些关键活动若提前完成，那么整个工程将会提前完成

2. 解答下列问题

(1) $n$ 个顶点的无向图，采用邻接表存储，回答下列问题：

① 图中有多少条边？

② 任意两个顶点 $i$ 和 $j$ 是否有边相连？

③ 任意一个顶点的度是多少？

(2) $n$ 个顶点的无向图，采用邻接矩阵存储，回答下列问题：

① 图中有多少条边？

② 任意两个顶点 $i$ 和 $j$ 是否有边相连？

③ 任意一个顶点的度是多少？

(3) 设无向网图 $G$ 含有 $n$ 个顶点 $e$ 条边，每个顶点的信息（假设只存储编号）占用 2 个字节，每条边的权值信息占用 4 个字节，每个指针占用 4 个字节，计算采用邻接矩阵和邻接表分别占用多少存储空间？

(4) 证明：生成树中最长路径的起点和终点的度均为 1。

(5) 已知一个连通图如图 6-47 所示，试给出图的邻接矩阵和邻接表存储示意图，若从顶点 $v_1$ 出发对该图进行遍历，分别给出一个按深度优先遍历和广度优先遍历的顶点序列。

(6) 图 6-48 所示是一个无向网图，请分别按 Prim 算法和 Kruskal 算法求最小生成树。

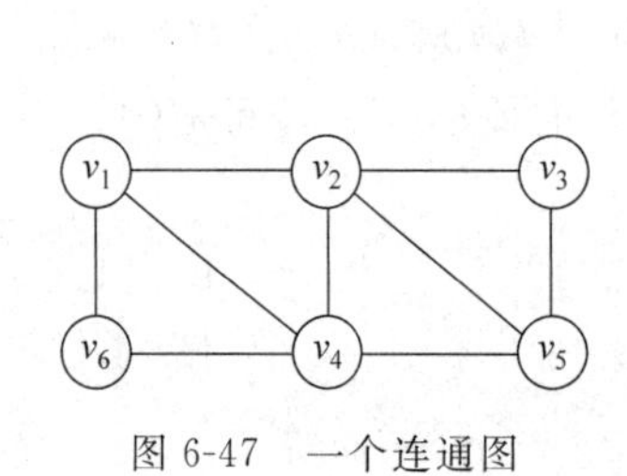


图 6-47　一个连通图

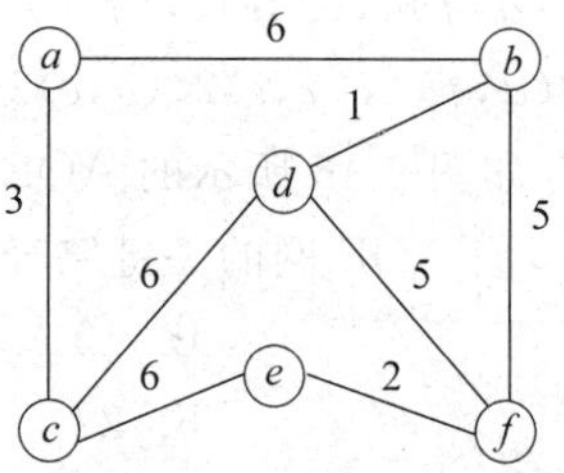

图 6-48　一个无向网图

(7) 如图 6-49 所示的有向网图，利用 Dijkstra 算法求从顶点 $v_1$ 到其他各顶点的最短路径。

(8) 证明：只要适当地排列顶点的次序，就能使有向无环图的邻接矩阵中主对角线以下的元素全部为 0。

(9) 对于如图 6-50 所示的有向网图，求出各活动的最早开始时间和最晚开始时间，并写出关键活动和关键路径。

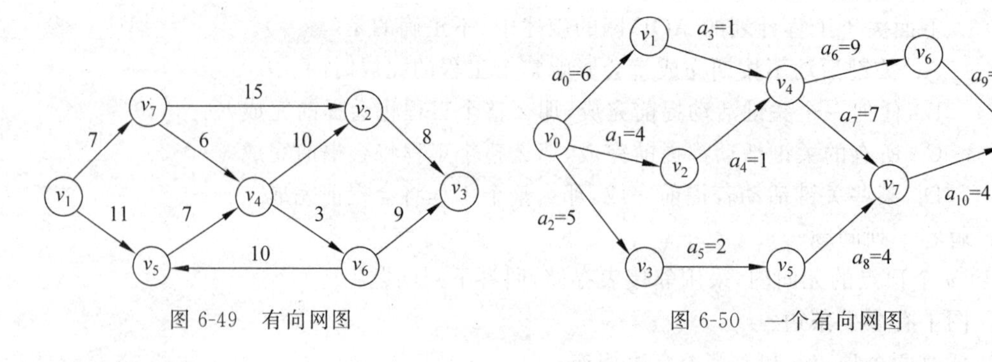


图 6-49　有向网图

图 6-50　一个有向网图

3. 算法设计

(1) 设计算法，将一个无向图的邻接矩阵转换为邻接表。

(2) 设计算法，将一个无向图的邻接表转换成邻接矩阵。

(3) 设有向图 $G$ 采用邻接表存储,设计算法求图中每个顶点的入度。

(4) 设有向图 $G$ 采用邻接矩阵存储,计算图中出度为零的顶点个数。

(5) 设计算法求无向图的深度优先生成树。

(6) 以邻接表作存储结构,设计按深度优先遍历图的非递归算法。

(7) 假设以邻接矩阵作为图的存储结构,编写算法判别给定的有向图中是否存在回路。

(8) 分别基于深度优先搜索和广度优先搜索编写算法,判断以邻接表存储的有向图中是否存在由顶点 $v_i$ 到顶点 $v_j$ 的路径($i \neq j$)。

# 第7章 查找技术

CHAPTER

| 教学重点 | 折半查找的过程及性能分析;二叉排序树的构造及查找;平衡二叉树的调整;散列表的构造和查找;B树的定义和查找 | | | | |
|---|---|---|---|---|---|
| 教学难点 | 二叉排序树的删除操作;平衡二叉树的调整;B树的插入和删除操作 | | | | |
| 教学内容和目标 | 知识点 | 教学要求 | | | |
| | | 了解 | 理解 | 掌握 | 熟练掌握 |
| | 查找的基本概念和查找性能 | | √ | | |
| | 顺序查找 | | | √ | |
| | 折半查找 | | | | √ |
| | 折半查找判定树 | | √ | | |
| | 二叉排序树的插入、删除和查找 | | | | √ |
| | 二叉排序树的性能分析 | | | √ | |
| | 平衡二叉树的调整 | | √ | | |
| | B树的定义 | | | √ | |
| | B树的插入、删除和查找 | | √ | | |
| | 散列表的构造和查找 | | | | √ |
| | 散列查找的性能分析 | | √ | | |
| | 各种查找技术的比较 | | | √ | |
| 教学提示 | 对于本章的教学要以静态查找和动态查找为主线,注意比较各种查找技术适用的条件以及查找性能。本章的讲授思路是:说明基本思想→根据实例理解查找过程→描述算法→查找性能分析→适用情况。对于二叉排序树,首先复习二叉树的相关知识,讨论二叉排序树的插入、删除和查找操作,体会为什么二叉排序树能使插入、删除和查找操作均获得较好的时间性能。在对二叉排序树查找性能分析的基础上,引入平衡二叉树,通过具体实例讲解平衡调整,强调平衡调整的两个要点:扁担原理和旋转优先。对于散列技术,明确散列函数实质上是初等函数,体会处理冲突的方法实质上是两种基本存储方法——顺序存储和链接存储的运用,最后说明在选择合适的装填因子后,散列查找的时间性能是常数 $O(1)$。<br>本章的算法主要有折半查找、二叉排序树和散列技术的有关操作,二叉排序树的算法本质上是二叉树的应用,散列技术的算法本质上是数组和单链表的应用。 | | | | |

# 7.1 概　　述

在日常生活中,人们几乎每天都要进行查找工作,例如,在字典中查找某个字的读音和含义,在通讯录中查找某人的电话号码,等等。在数据处理领域,查找是使用最频繁的一种基本操作,例如,编译器对源程序中变量名的管理、数据库系统的信息维护等都涉及查找操作。查找以集合为数据结构,以查找为核心操作,同时也可能包括插入和删除等其他操作。本章讨论基本的查找技术。

## 7.1.1 查找的基本概念

在查找问题中,通常将数据元素称为**记录**(record)。

**1. 关键码**

可以标识一个记录的某个数据项称为**关键码**(key),关键码的值称为**键值**(keyword),若关键码可以唯一地标识一个记录,则称此关键码为**主关键码**(primary key);反之,则称此关键码为**次关键码**(second key)。

**2. 查找**

广义地讲,**查找**(search)是在具有相同类型的记录构成的集合中找出满足给定条件的记录。给定的查找条件可能是多种多样的,为了便于讨论,把查找条件限制为"匹配",即查找关键码等于给定值的记录。

若在查找集合中找到了与给定值相等的记录,则称查找成功;否则称查找不成功(或查找失败)。一般情况下,查找成功时,要返回一个成功标志,例如返回该记录的位置;查找不成功时,要返回一个不成功标志,例如空指针或0,或将被查找的记录插入到查找集合中。

**3. 静态查找、动态查找**

不涉及插入和删除操作的查找称为**静态查找**(static search),静态查找在查找不成功时,只返回一个不成功标志,查找的结果不改变查找集合;涉及插入和删除操作的查找称为**动态查找**(dynamic search),动态查找在查找不成功时,需要将被查找的记录插入到查找集合中,查找的结果可能会改变查找集合。

静态查找适用于下述场合:查找集合一经生成,便只对其进行查找,而不进行插入和删除操作,或经过一段时间的查找之后,集中地进行插入和删除等修改操作。动态查找适用于下述场合:查找与插入和删除操作在同一个阶段进行,例如,在某些问题中,当查找成功时,要删除查找到的记录,当查找不成功时,要插入被查找的记录。

**4. 查找结构**

一般而言,各种数据结构都会涉及查找操作,例如前面介绍的线性表、树与图等,这些数据结构中的查找操作并没有被作为主要操作考虑。在某些应用中,查找操作是最主要的操作,为了提高查找效率,需要专门为查找操作设计数据结构,这种面向查找操作的数据结构称为**查找结构**(search structure)。

本章讨论的查找结构有:

（1）线性表：适用于静态查找，主要采用顺序查找技术、折半查找技术。

（2）树表：适用于动态查找，主要采用二叉排序树、B树等查找技术。

（3）散列表：静态查找和动态查找均适用，主要采用散列查找技术。

在下面的叙述中，为了突出查找技术这个主题，假定记录只有一个整型关键码。

### 7.1.2　查找算法的性能

查找算法的基本操作通常是将记录和给定值进行比较，所以，应以记录的平均比较次数来度量查找算法的平均时间性能，称为**平均查找长度**（average search length）。对于查找成功的情况，其计算公式为：

$$\mathrm{ASL}=\sum_{i=1}^{n} p_i c_i \tag{7-1}$$

其中，$n$：问题规模，查找集合中的记录个数。

$p_i$：查找第 $i$ 个记录的概率。

$c_i$：查找第 $i$ 个记录所需的比较次数。

显然，$c_i$ 与算法密切相关，决定于算法；$p_i$ 与算法无关，决定于具体应用，如果 $p_i$ 是已知的，则平均查找长度 ASL 只是问题规模 $n$ 的函数。

对于查找不成功的情况，平均查找长度即为查找失败时的比较次数。查找算法的平均查找长度应为查找成功与查找失败两种情况下的查找长度的平均值。但在实际应用中，查找成功的可能性比查找不成功的可能性大得多，特别是在查找集合中的记录个数很多时，查找不成功的概率可以忽略不计。

## 7.2　线性表的查找技术

在线性表中进行查找通常属于静态查找，这种查找算法简单，主要适用于小型查找集合。线性表一般有两种存储结构：顺序存储结构和链接存储结构。此时，可以采用顺序查找技术；对顺序存储结构，若记录有序，可采用更高效的查找技术——折半查找技术。

### 7.2.1　顺序查找

**顺序查找**（sequential search）又称线性查找，其基本思想（如图7-1所示）为：从线性表的一端向另一端逐个将记录与给定值进行比较，若相等，则查找成功，给出该记录在表中的位置；若整个表检测完仍未找到与给定值相等的记录，则查找失败，给出失败信息。

顺序结构的查找算法在线性表中已讨论过，这里介绍一种改进的算法：设置“哨兵”。哨兵就是待查值，将它放在查找方向的“尽头”处，在查找过程中每一次比较后，不用判断查找位置是否越界，从而提高查找速度[①]。实践证明，这个改进在表长大于1000时，进行一次顺序查找的平均时间几乎减少一半。

---

① 实际上，一切为简化边界条件而引入的附加结点（或记录）均可称为哨兵，例如单链表的头结点、字符串的终结符\0等。读者应该深刻理解并掌握这种技巧。

0 1 2 3 4 5 6 7 8 9
k 10 15 24 6 12 35 40 98 55
哨兵
查找方向
i

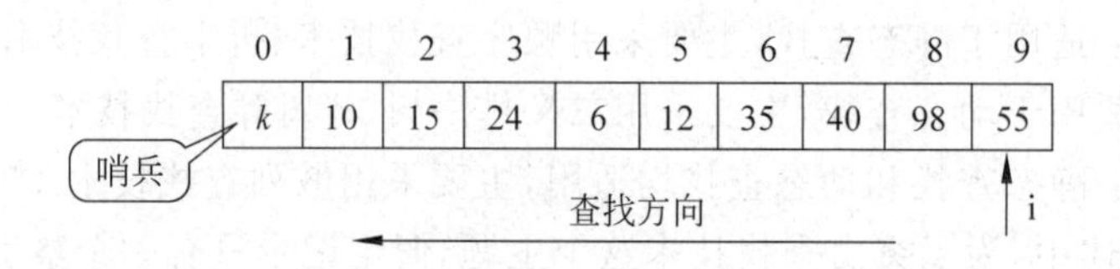

图 7-1 顺序查找示意图

在长度为 $n$ 的顺序表中查找给定值为 $k$ 的记录，将哨兵设在数组的低端，顺序查找算法用C语言描述如下：

```
int SeqSearch(int r[ ],int n,int k)          /* 待查集合存储在数组 r[1]~r[n+1] */
{
    int i = n;                               /* 从数组高端开始比较 */
    r[0] = k;                                /* 设置哨兵 */
    while (r[i] ! = k)                       /* 不用判断下标 i 是否越界 */
        i--;
    return i;
}
```

其中，返回 $i$ 的值有两种情况：(1)查找成功，$i$ 为待查记录在数组中的下标(即待查记录的序号)；(2)查找不成功，$i$ 的值为0，相当于查找失败的标志。

查找成功时，查找第 $i$ 个记录需进行 $n-i+1$ 次比较。设每个记录的查找概率相等，即 $p_i=1/n(1\leqslant i\leqslant n)$，顺序查找的平均查找长度为：

$$\text{ASL}=\frac{1}{n}\sum_{i=1}^{n}(n-i+1)=\frac{n+1}{2}=O(n)$$

查找不成功时，记录的比较次数是 $n+1$ 次，则查找失败的平均查找长度为 $O(n)$。

在单链表中也可以进行顺序查找，算法请参见2.4.2节。

### 7.2.2 折半查找

**1. 折半查找的执行过程**

**折半查找**(binary search)[①]的基本思想(如图7-2所示)是：在有序表中，取中间记录作为比较对象，若给定值与中间记录相等，则查找成功；若给定值小于中间记录，则在有序表的左半区继续查找；若给定值大于中间记录，则在有序表的右半区继续查找。不断重复上述过程，直到查找成功，或查找区域无记录，查找失败。

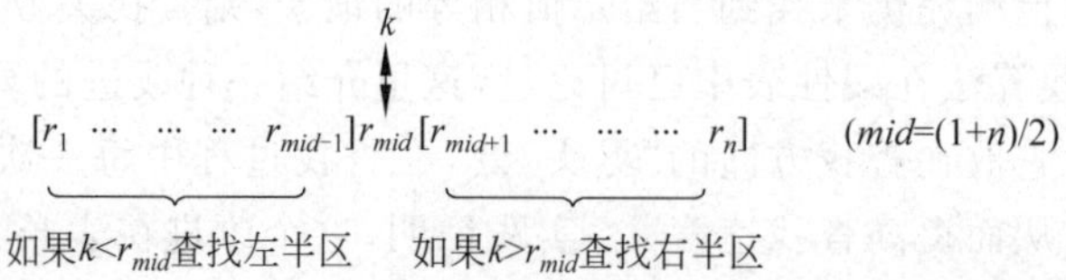

k
[r1 … … … rmid-1] rmid [rmid+1 … … … rn]
(mid=(1+n)/2)
如果k<rmid查找左半区
如果k>rmid查找右半区

图 7-2 折半查找的基本思想

① 第一个折半查找算法1946年就有了，但是第一个正确的、无bug的折半查找程序却直到1962年才出现！

**【例 7-1】** 在有序表{ 7,14,18,21,23,29,31,35,38 }中查找 18 和 15。

**解：** 设有序表存储在一维数组 $r[1]\sim r[n]$中，则记录的序号和存储下标一致，查找成功时返回序号，查找失败时返回标志 0。查找 18 的过程如图 7-3 所示，查找 15 的过程如图 7-4 所示。

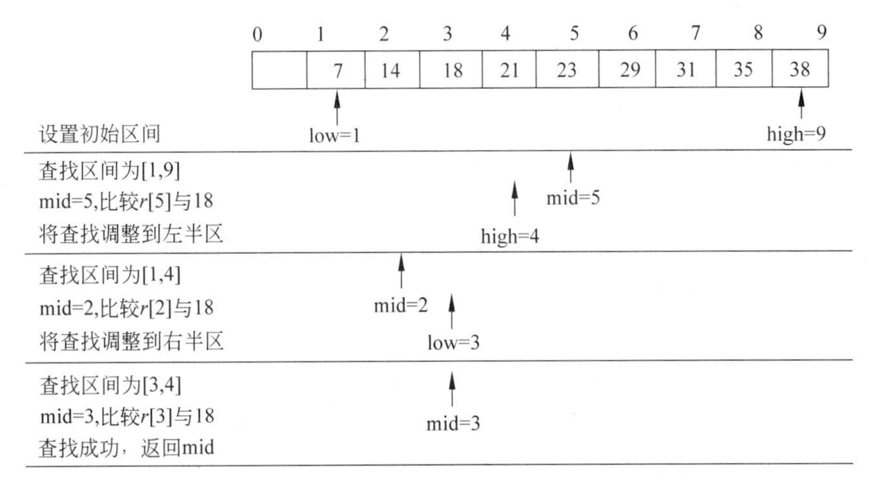


图 7-3　折半查找成功情况下的查找过程

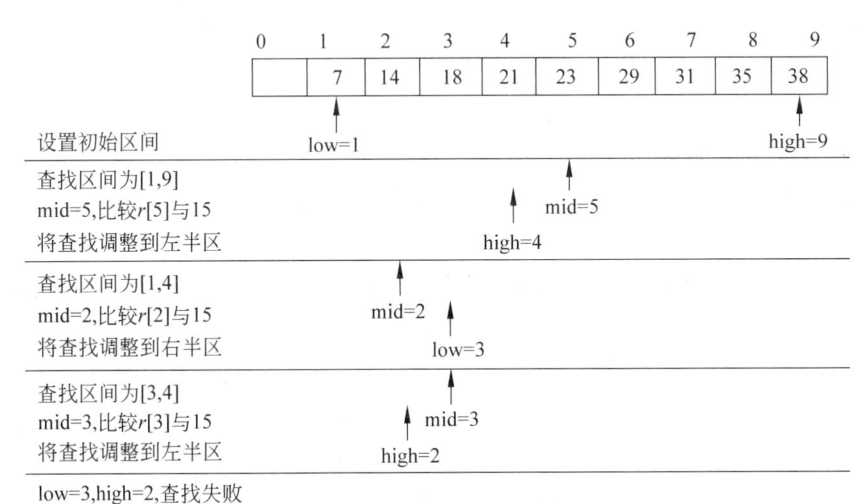


图 7-4　折半查找不成功情况下的查找过程

### 2. 折半查找的非递归算法

设有序表的长度为 $n$，待查值为 $k$，折半查找非递归算法用 C 语言描述如下：

```
int BinSearch1(int r[ ],int n,int k)          /* 查找集合存储在 r[1]～r[n] */
{
    int mid,low = 1,high = n;                 /* 初始查找区间是[1,n] */
    while (low <= high)                       /* 当区间存在时 */
    {
```

```
        mid = (low+high)/2;
        if (k < r[mid]) high = mid-1;
        else if (k > r[mid]) low = mid+1;
            else return mid;                    /* 查找成功,返回元素序号 */
    }
    return 0;                                   /* 查找失败,返回 0 */
}
```

**3. 折半查找的递归算法**

设查找区间为[low,high],待查值为 $k$,折半查找的递归算法用C语言描述如下:

```
int BinSearch2(int r[ ],int low,int high,int k)
{
    int mid;
    if (low > high) return 0;                   /* 递归的边界条件 */
    else {
        mid = (low+high)/2;
        if (k < r[mid]) return BinSearch2(r,low,mid-1,k);
        else if (k > r[mid]) return BinSearch2(r,mid+1,high,k);
            else return mid;                    /* 查找成功,返回序号 */
    }
}
```

**4. 折半查找的性能分析**

从折半查找的过程看,以有序表的中间记录作为比较对象,并以中间记录将有序表分割为两个有序子表,对子表继续这种操作。对表中每个记录的查找过程,可以用**折半查找判定树**(biSearch decision tree,简称判定树)来描述。设查找区间是[low,high],判定树的构造方法为:

(1) 当 low>high 时,判定树为空;

(2) 当 low≤high 时,判定树的根结点是有序表中序号为 mid=(low+high)/2 的记录,根结点的左子树是与有序表 $r$[low]～$r$[mid−1]相对应的判定树,根结点的右子树是与有序表 $r$[mid+1]～$r$[high]相对应的判定树。

图7-5给出了具有11个结点的判定树,将判定树中所有结点的空指针域加上一个指向一个方形结点的指针,并且称这些方形结点为外部结点,与之相对,称那些圆形结点为内部结点。显然,内部结点对应查找成功的情况,外部结点对应查找不成功的情况。

可以看到,在有序表中查找任一记录的过程,即是判定树中从根结点到该记录结点的路径,和给定值的比较次数等于该记录结点在树中的层数。已经证明判定树的深度为 $\lfloor \log_2 n \rfloor+1$,因此,查找成功时,比较次数至多为 $\lfloor \log_2 n \rfloor+1$。查找不成功的过程就是走了一条从根结点到外部结点的路径,和给定值进行的比较次数等于该路径上内部结点的个数。因此,查找不成功时和给定值进行比较的次数最多也不超过树的深度。

接下来讨论折半查找的平均查找长度。为便于讨论,假设判定树是深度为 $k$ 的满二

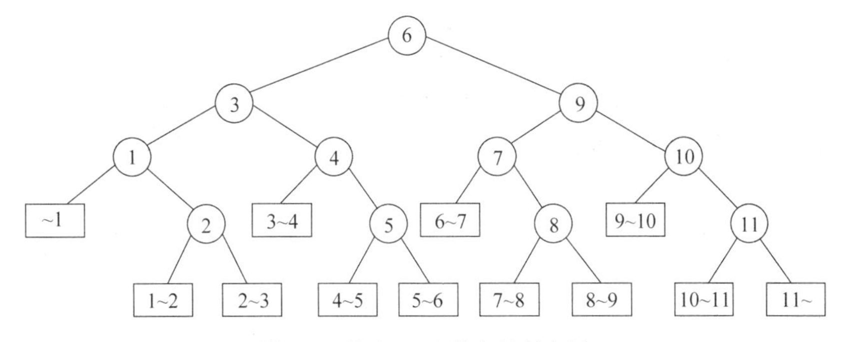


图 7-5 具有 11 个结点的判定树

叉树($n=2^k-1$)。若有序表中每个记录的查找概率相等，即 $p_i=1/n(1\leqslant i\leqslant n)$，而判定树的第 $i$ 层上有 $2^{i-1}$ 个结点，因此，折半查找的平均查找长度为：

$$\begin{aligned}\text{ASL} &= \sum_{i=1}^{n} p_i c_i = \frac{1}{n}\sum_{j=1}^{k} j \times 2^{j-1} = \frac{1}{n}(1 \times 2^0 + 2 \times 2^1 + \cdots + k \times 2^{k-1}) \\ &\approx \log_2(n+1) - 1\end{aligned}$$

所以，折半查找的平均时间复杂度为 $O(\log_2 n)$。

# 7.3 树表的查找技术

在一个大型的查找集合上进行动态查找，如何存储才能使得记录的插入、删除和查找操作都能够很快地完成呢？假设用顺序存储，如果记录的存储没有任何顺序，那么插入操作很简单，只需将其放在表的末端，但是在一个无序表中进行顺序查找的平均查找时间为 $O(n)$。提高查找效率的方法是把记录进行排序。在有序表中进行折半查找只需要 $O(\log_2 n)$时间，但是插入则需要 $O(n)$ 时间，因为在有序表中找到新记录的存储位置后，需要移动记录以便将新记录插入。将查找集合组织成树结构(称为树表)能够很好地实现动态查找，二叉排序树是常用的一种树表。

## 7.3.1 二叉排序树

**二叉排序树**(binary sort tree)又称二叉查找树，它或者是一棵空的二叉树，或者是具有下列性质的二叉树：

(1) 若它的左子树不空，则左子树上**所有**结点的值均小于根结点的值；

(2) 若它的右子树不空，则右子树上**所有**结点的值均大于根结点的值；

(3) 它的左右子树也都是二叉排序树。

从上述定义可以看出，二叉排序树是记录之间满足一定次序关系的二叉树，中序遍历二叉排序树可以得到一个有序序列，这也是二叉排序树的名称之由来。图 7-6 给出了查找集合{63,55,90,42,58,70,10,45,67,83}的二叉排序树。

二叉排序树通常采用二叉链表进行存储，其结点结构请参见 5.5.2。下面讨论二叉排序树基本操作的算法。

**1. 二叉排序树的插入**

根据二叉排序树的定义，向二叉排序树中插入一个结点首先需要查找该结点的位置，然后再执行插入操作。例如，在图 7-7(a)所示二叉排序树上插入值为 98 的结点，插入后的二叉排序树如图 7-7(b)所示。

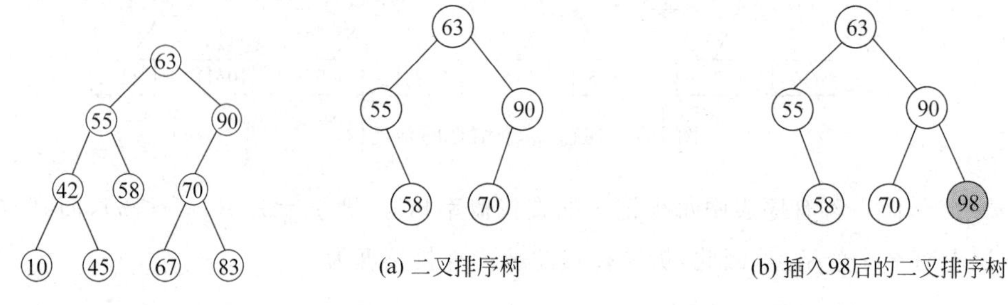


图 7-6　二叉排序树示例　　　　图 7-7　二叉排序树的插入示例

由上述插入过程可以看出，新结点是作为叶子插入到二叉排序树中的，无论是插在左子树还是右子树中，都是按同样方法处理[1]，所以，插入过程是递归的。下面给出二叉排序树插入算法的 C 语言实现。

```
void InsertBST(BiNode * root,int x)
{
    if (root == NULL) {                          /* 找到插入位置 */
      BiNode * s = (BiNode * )malloc(sizeof(BiNode)); s->data = x;
      s->lchild = s->rchild = NULL;
      root = s;
    }
    else if (root->data > x) InsertBST(root->lchild,x);
        else InsertBST(root->rchild,x);
}
```

**2. 二叉排序树的构造**

构造二叉排序树的过程是从空的二叉排序树开始，依次插入一个个结点。图 7-8 给出了对于集合{63,90,70,55,67,42,98}建立二叉排序树的过程。

构造一棵二叉排序树的算法通过不断地调用二叉排序树的插入算法而进行。设查找集合存放在数组 r[n]中，二叉排序树构造算法的 C 语言实现如下：

[1] 这里假设二叉排序树中没有一个结点的值与被插入结点的值相同。假如某个结点的值与被插入结点的值相同，可以有两种选择：如果该应用不允许结点有相同的值，则把这个插入作为错误处理；如果允许有相同的值，通常将其插在右子树中。

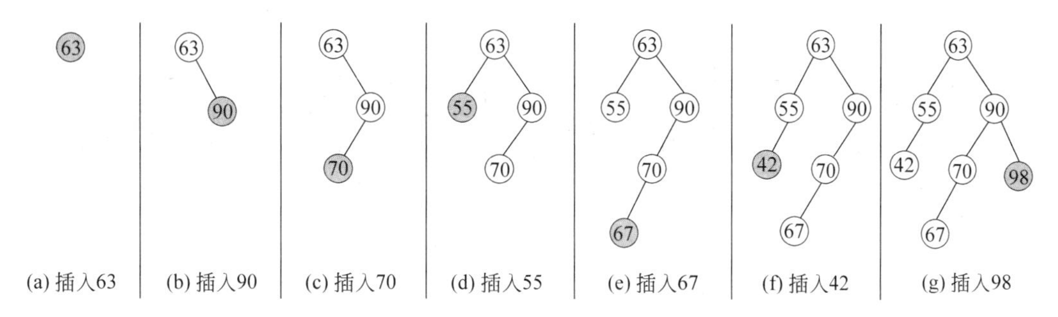


图 7-8 二叉排序树的构造过程

```
void CreatBST(BiNode * root,int r[ ],int n)
{
    for (int i = 0; i < n; i++)
        InsertBST(root,r[i]);
}
```

**3. 二叉排序树的删除**

二叉排序树的删除操作比插入操作要复杂一些。首先,从二叉排序树中删除一个结点之后,要仍然保持二叉排序树的特性;其次,由于被插入的结点都是作为叶子结点链接到二叉排序树上,因而不会破坏结点之间的链接关系,而删除结点则不同,被删除的可能是叶子结点,也可能是分支结点,当删除分支结点时就破坏了二叉排序树中原有结点之间的链接关系,需要重新修改指针,使得删除结点后仍为一棵二叉排序树。

不失一般性,设待删除结点为 p,其双亲结点为 f,且 p 是 f 的左孩子,则被删除结点有以下三种情况。

(1) 结点 p 为叶子,p 既没有左子树也没有右子树。

由于删除叶子结点不影响二叉排序树的特性,所以,只需将结点 p 的双亲结点的相应指针域改为空指针,即 f->lchild=NULL,如图 7-9 所示。

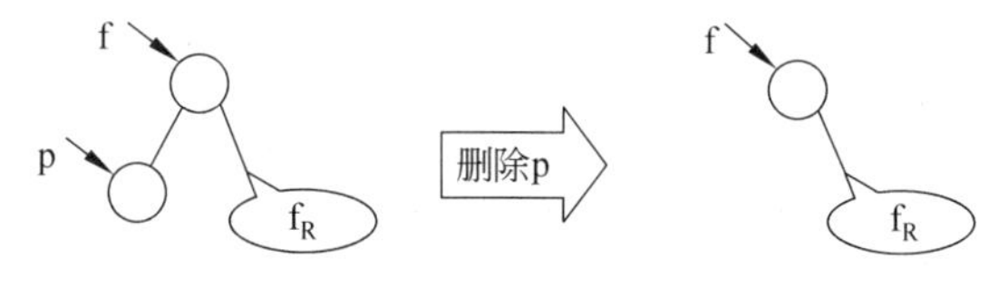


图 7-9 在二叉排序树中删除叶子结点

(2) 结点 p 只有左子树 $p_L$ 或只有右子树 $p_R$。

此时,只需将 $p_L$ 或 $p_R$ 替换为 f 的左子树,既 f->lchild=p->lchild 或 f->lchild=p->rchild,仍保持二叉排序树的特性,如图 7-10 所示。

(3) 结点 p 既有左子树 $p_L$ 又有右子树 $p_R$。

显然,不能简单地删除结点 p,可以从 p 的某个子树中找出一个结点 s,其值能代替 p 的值,这样,就可以用结点 s 的值去替换结点 p 的值,再删除结点 s。那么,什么值能够代替那个被删除结点的值呢?

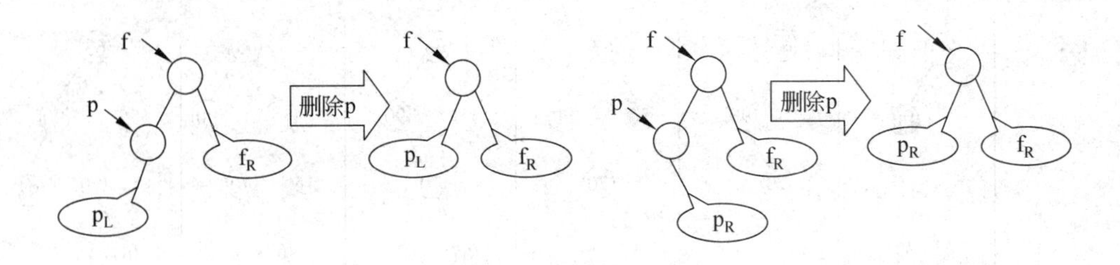


(a) 结点p只有左子树　　(b) 结点p只有右子树

图 7-10　在二叉排序树中删除只有一个子树的结点

由于必须在使二叉排序树的结构不发生较大变化的同时保持二叉排序树的特性，因而不是任意一个值都可以替换结点 p 的值，这个值应该是大于结点 p 的最小者(或者小于结点 p 的最大者)。为了删除结点 p 的右子树中值最小的结点 s，首先应该找到这个结点。这只需沿左分支下移，直到最左下结点，这样就找到了值最小的结点，然后将 s 的父结点中原来指向 s 的指针改为指向 s 的右孩子，再删除结点 s(s 肯定没有左子树)。例如，从图 7-11 所示二叉排序树中删除值 47 的结点，是把结点 47 的右子树中值最小的结点 50 代替被删结点的值，即用 50 来代替 47，然后把结点 50 删除。

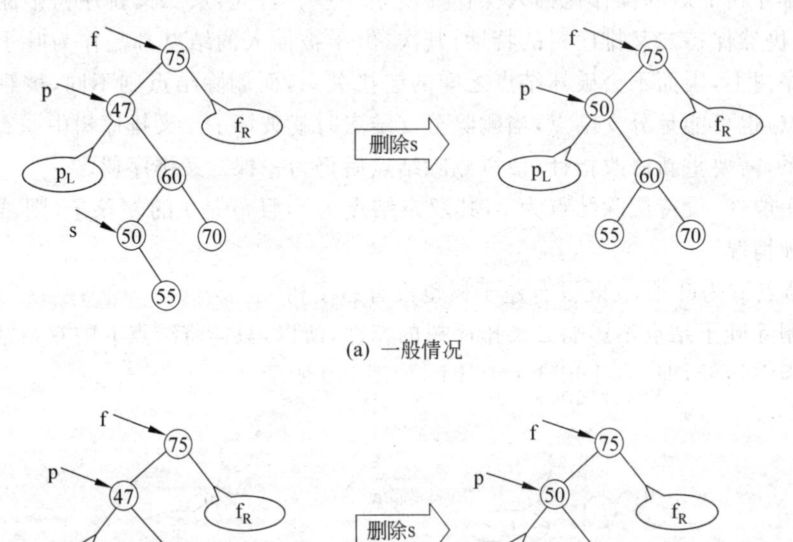


(a) 一般情况

(b) 特殊情况：p的右孩子即是$P_R$中最小值结点

图 7-11　在二叉排序树中删除具有两个子树的分支结点

综上，在二叉排序树中删除结点 p 的算法用伪代码描述为：

算法：DeleteBST
输入：被删除结点 p，p 的双亲结点 f，且结点 p 是 f 的左孩子
输出：无
　1. 若结点 p 是叶子，则直接删除结点 p；
　2. 若结点 p 只有左子树，则重接 p 的左子树；
　　若结点 p 只有右子树，则重接 p 的右子树；
　3. 若结点 p 的左右子树均不空，则
　　3.1　查找结点 p 的右子树上的最小值结点 s 以及结点 s 的双亲结点 par；
　　3.2　将结点 s 的数据域替换到被删结点 p 的数据域；
　　3.3　若结点 p 的右孩子无左子树，则将 s 的右子树接到 par 的右子树上；
　　　　否则，将 s 的右子树接到结点 par 的左子树上；
　　3.4　删除结点 s；

下面给出二叉排序树删除算法的 C 语言实现。

```
void DeleteBST(BiNode * p,BiNode * f )
{
    if ((p->lchild == NULL) && (p->rchild == NULL)) {   /* p为叶子 */
       f->lchild = NULL; free(p); return;
    }
    if (p->rchild == NULL) {                          /* p只有左子树 */
        f->lchild = p->lchild; free(p); return;
    }
    if (p->lchild == NULL) {                          /* p只有右子树 */
        f->lchild = p->rchild; free(p); return;
    }
    BiNode * par = p, * s = p-> rchild;               /* p的左右子树均不空 */
    while (s->lchild != NULL)                          /* 查找最左下结点 */
    {
        par = s;
        s = s->lchild;
    }
    p->data = s->data;
    if (par == p) par->rchild = s->rchild;            /* p的右孩子无左子树 */
    else par->lchild = s->rchild;
    free(s);
}
```

**4. 二叉排序树的查找**

由二叉排序树的定义，在二叉排序树中查找给定值 $k$ 的过程是：若 root 是空树，则查找失败；否则执行以下操作。

（1）若 $k$ 等于 root->data，则查找成功；

(2) 若 $k$ 小于 root->data,则在 root 的左子树上查找;

(3) 若 $k$ 大于 root->data,则在 root 的右子树上查找。

例如,在图 7-6 所示二叉排序树上查找 58,首先将 58 与根结点比较,因为 58<63,则在 63 的左子树上查找,63 的左子树不空,则将 58 与其根结点 55 比较,因为 58>55,则在 55 的右子树上查找,55 的右子树不空,且 58 与其根结点相等,则查找成功。在图 7-6 所示二叉排序树上查找 95,在 95 同 63、90 比较后,因为 90<95,则在 90 的右子树上查找,但该子树为空,故查找失败。下面给出二叉排序树查找算法的 C 语言描述。

```
BiNode * SearchBST(BiNode * root,int k)
{
    if (root == NULL) return NULL;
    if (root->data == k) return root;
    else if (root->data > k) return SearchBST(root->lchild,k);
        else return SearchBST(root->rchild,k);
}
```

**5. 二叉排序树的性能分析**

在二叉排序树中执行插入和删除操作,首先都要执行查找操作。对于插入操作,在找到插入位置后,只需修改相应指针,对于删除操作,在找到被删结点后,当被删结点既有左子树又有右子树时,在找到替代结点后,只需修改相应指针,因而二叉排序树的插入、删除和查找操作具有同样的时间性能。

在二叉排序树上查找某个结点的过程,恰好走了一条从根结点到该结点的路径,和给定值的比较次数等于给定值结点在二叉排序树中的层数,比较次数最少为 1 次(即整个二叉排序树的根结点就是待查结点),最多不超过树的深度。但是在二叉排序树的构造过程中,插入结点的次序不同,所构造的二叉排序树的形态就不同。所以,对应同一个查找集合,可以有不同形态的二叉排序树,而不同形态的二叉排序树可能具有不同的深度,这直接影响着二叉排序树的操作效率。具有 $n$ 个结点的二叉排序树,其最大深度为 $n$,最小深度为$\lfloor \log_2 n \rfloor+1$,如图 7-12 所示。因此,二叉排序树的查找性能在 $O(\log_2 n)$ 和 $O(n)$ 之间。

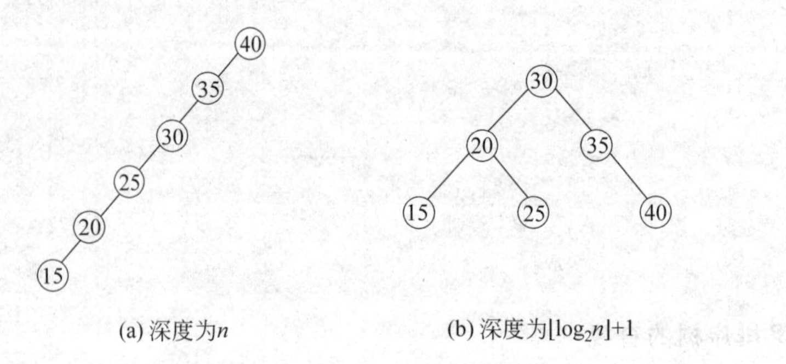


图 7-12 同一个查找集合不同插入次序对应不同形态的二叉排序树

### 7.3.2 平衡二叉树

二叉排序树的查找效率取决于二叉排序树的形态，而二叉排序树的形态与结点插入的次序有关，但是结点的插入次序是不确定的，这就要求找到一种动态平衡的方法，对于任意给定的记录序列都能构造一棵形态均匀的、平衡的二叉排序树。首先给出几个基本概念。

**平衡二叉树**(balance binary tree)[①]或者是一棵空的二叉排序树，或者是具有下列性质的二叉排序树：

(1) 根结点的左子树和右子树的深度最多相差1；

(2) 根结点的左子树和右子树也都是平衡二叉树。

结点的**平衡因子**(balance factor)是该结点的左子树的深度与右子树的深度之差。显然，在平衡二叉树中，结点的平衡因子只可能是−1、0和1。图7-13给出了两棵平衡二叉树，每个结点里所注数字是该结点的平衡因子。

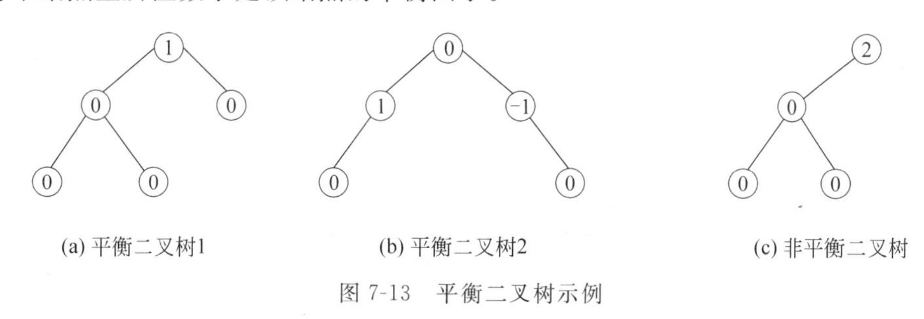


图7-13 平衡二叉树示例

**最小不平衡子树**(minimal unbalance subtree)是指在平衡二叉树的构造过程中，以距离插入结点最近的、且平衡因子的绝对值大于1的结点为根的子树。

构造平衡二叉树需要根据新插入结点和最小不平衡子树根结点之间的关系进行相应调整。设结点 $A$ 为最小不平衡子树的根结点，对该子树进行平衡调整有以下4种情况。

(1) **LL型**。

图7-14(a)为插入前的平衡二叉树，结点x插在结点 $B$ 的左子树 $B_L$ 上，导致结点 $A$ 的平衡因子由1变为2，以结点 $A$ 为根的子树失去了平衡，如图7-14(b)所示。

新插入的结点是插在结点 $A$ 的左孩子的左子树上，属于LL型，需要调整一次。好比一条扁担出现了一头重一头轻的现象，将支撑点(即根结点)由 $A$ 改为 $B$，则扁担又恢复了平衡，这可以形象地称为扁担原理，相应地，需要进行顺时针旋转。旋转后，结点 $A$ 和 $B_R$ 发生冲突，解决办法是“旋转优先”，结点 $A$ 成为结点 $B$ 的右孩子，结点B的右子树 $B_R$ 成为结点 $A$ 的左子树，如图7-14(c)所示。

(2) **RR型**。

图7-15(a)为插入前的平衡二叉树，将结点x插入在结点 $B$ 的右子树 $B_R$ 上，导致结点 $A$ 的平衡因子由−1变为−2，以结点 $A$ 为根的子树失去了平衡，如图7-15(b)所示。

---

① 平衡二叉树由俄罗斯数学家Adelson-Velskii和Landis在1962年提出，因此也称为AVL树。

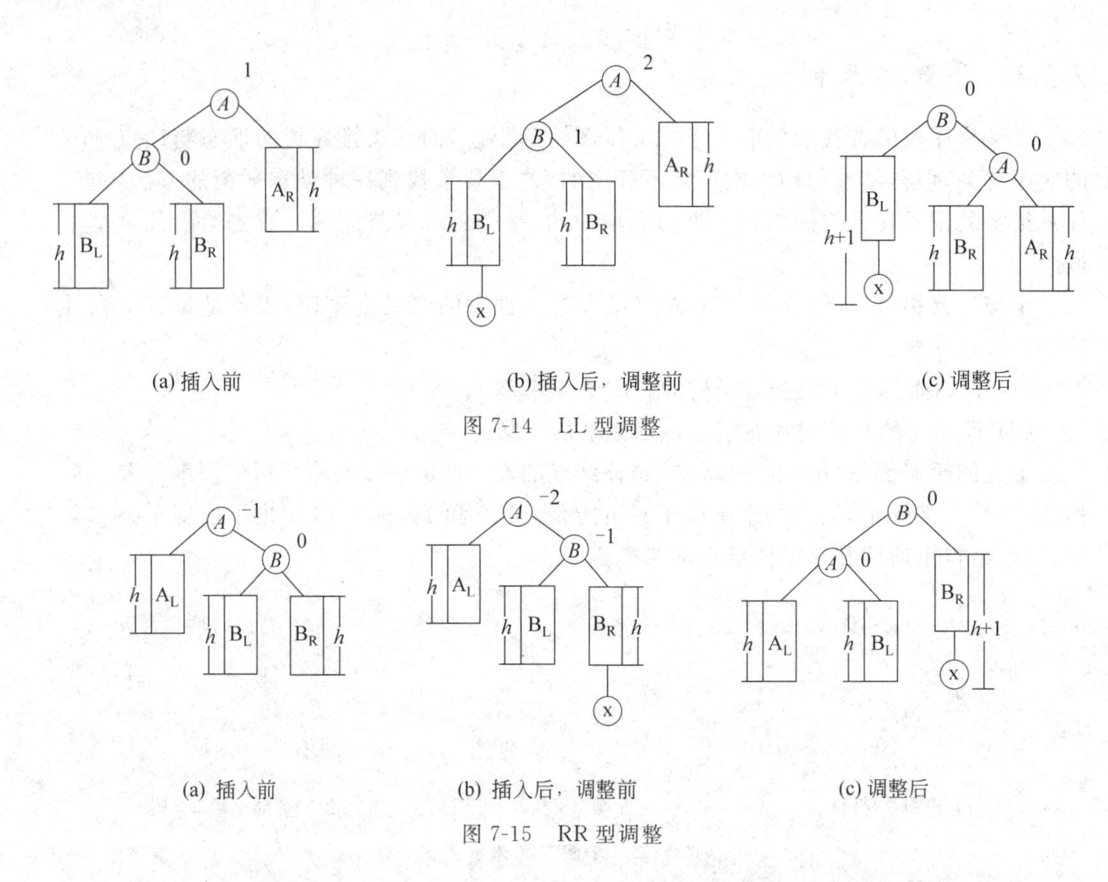


(a) 插入前　(b) 插入后，调整前　(c) 调整后

图 7-14　LL 型调整

(a) 插入前　(b) 插入后，调整前　(c) 调整后

图 7-15　RR 型调整

新插入的结点是插在结点 $A$ 的右孩子的右子树上，属于 RR 型，需要调整一次。根据扁担原理将支撑点由 $A$ 改为 $B$，相应地，需要进行逆时针旋转。旋转后，结点 $A$ 和结点 $B$ 的左子树 $B_L$ 发生冲突，根据旋转优先原则，结点 $A$ 成为结点 $B$ 的左孩子，结点 $B$ 的左子树 $B_L$ 成为结点 $A$ 的右子树，如图 7-15(c)所示。

(3) **LR 型调整**。

结点 $x$ 插在根结点 $A$ 的左孩子的右子树上，使结点 $A$ 的平衡因子由 1 变为 2，以结点 $A$ 为根的子树失去了平衡，如图 7-16(a)所示。这属于 LR 型，需调整两次。

第一次调整：根结点 $A$ 不动，先调整结点 $A$ 的左子树。将支撑点由结点 $B$ 调整到结点 $C$ 处，相应地，需进行逆时针旋转。在旋转过程中，结点 $B$ 和结点 $C$ 的左子树 $C_L$ 发生了冲突，按照旋转优先原则，结点 $B$ 作为结点 $C$ 的左孩子，$C_L$ 作为结点 $B$ 的右子树，其他结点之间的关系没有发生冲突，如图 7-16(b)所示。

第二次调整：调整最小不平衡子树。将支撑点由结点 $A$ 调整到结点 $C$，相应地，需进行顺时针旋转。结点 $A$ 作为结点 $C$ 的右孩子，结点 $C$ 的右子树 $C_R$ 作为结点 $A$ 的左子树，如图 7-16(c)所示。

(4) **RL 型调整**。

结点 $x$ 插在根结点 $A$ 的右孩子的左子树上，使结点 $A$ 的平衡因子由 −1 变为 −2，以结点 $A$ 为根的子树失去了平衡，如图 7-17(a)所示。这属于 RL 型，也需调整两次。

第一次调整：根结点 $A$ 不动，先调整根结点 $A$ 的右子树。将支撑点由结点 $B$ 调整到

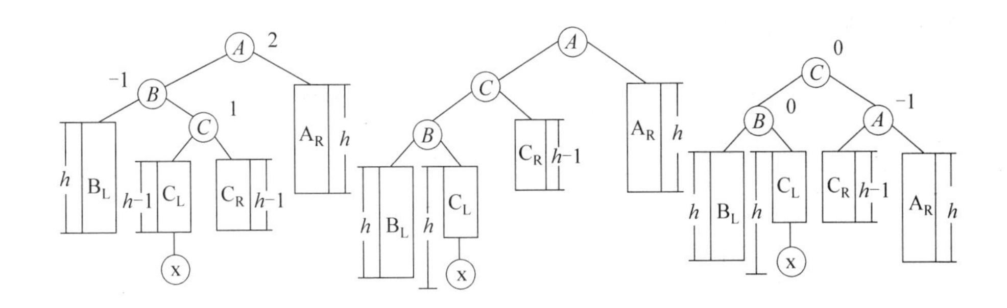

(a) 插入后，调整前　　(b) 第一次调整　　(c) 第二次调整

图 7-16　LR 型调整

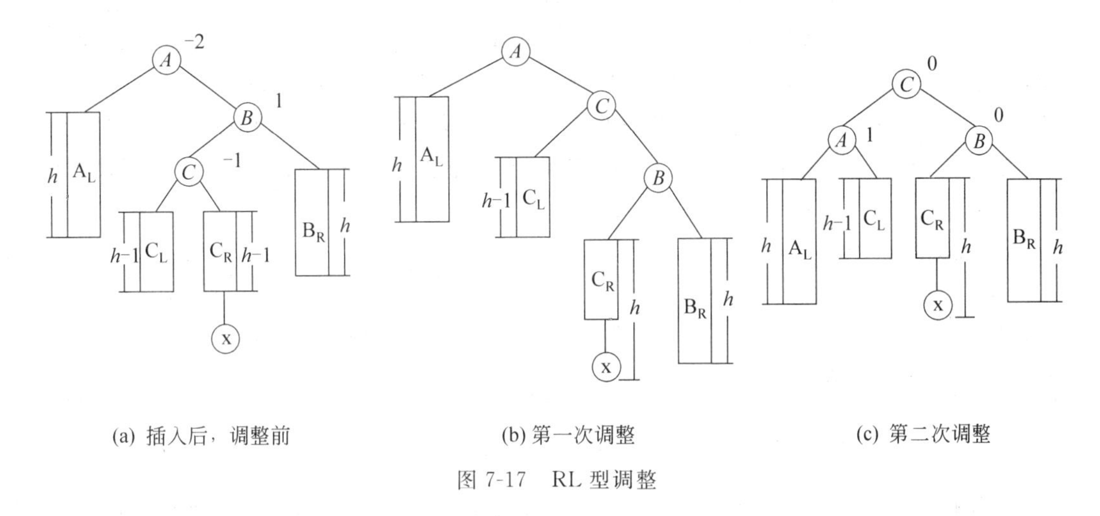

(a) 插入后，调整前　　(b) 第一次调整　　(c) 第二次调整

图 7-17　RL 型调整

结点 $C$ 处，相应地，需进行顺时针旋转。在旋转过程中，结点 $B$ 和结点 $C$ 的右子树 $C_R$ 发生了冲突，按照旋转优先的原则，结点 $B$ 作为结点 $C$ 的右孩子，$C_R$ 作为结点 $B$ 的左子树，其他结点之间的关系没有发生冲突，如图 7-17(b)所示。

第二次调整：调整整个最小不平衡子树。将支撑点由结点 $A$ 调整到结点 $C$，相应地，需进行逆时针旋转。结点 $A$ 作为结点 $C$ 的左孩子，结点 $C$ 的左子树 $C_L$ 作为结点 $A$ 的右子树，如图 7-17(c)所示。

平衡二叉树的构造过程是：每插入一个结点，首先从插入结点开始沿通向根结点的路径计算各结点的平衡因子，如果某结点平衡因子的绝对值超过 1，则说明插入操作破坏了二叉排序树的平衡性，需要进行平衡调整；否则继续执行插入操作。如果二叉排序树不平衡，则找出最小不平衡子树的根结点，根据新插入结点与最小不平衡子树根结点之间的关系判断调整类型，进行相应的调整，使之成为新的平衡子树。下面看一个具体的例子。

**【例 7-2】**　为集合{20,35,40,15,30,25}构造一棵平衡二叉树。

**解**：在一棵空的二叉排序树上插入 20 和 35，产生如图 7-18(a)所示的二叉排序树，此时显然平衡。当把 40 插入时出现了不平衡现象，如图 7-18(b)所示。最小不平衡子树的根结点是 20，结点 40 是插在结点 20 的右孩子的右子树上，属于 RR 型，需要调整一次，根据扁担原理，将支撑点由20调整为35，成为新的平衡二叉树，如图7-18(c)所示。

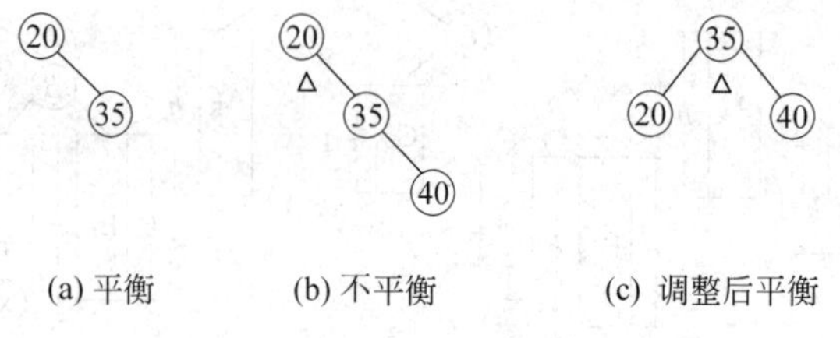


图7-18　RR型调整的例子

再插入15和30，二叉排序树还是平衡的，如图7-19(a)所示。当插入25时失去了平衡，如图7-19(b)所示。最小不平衡子树的根结点是35，结点25插在结点35的左孩子的右子树上，属于LR型，需要调整两次。第一次调整，先调整结点35的左子树(即扁担中较重的一头)。根据扁担原理，将支撑点由20调整为30，显然应进行逆时针旋转。在这次调整中有一个冲突：25是30的左孩子，旋转后20也应作30的左孩子，解决的办法是旋转优先，即30的左孩子应是旋转下来的20，而25应作20的右孩子，如图7-19(c)所示。第二次调整，调整最小不平衡子树，将支撑点由35调整为30，显然应进行顺时针旋转，如图7-19(d)所示。

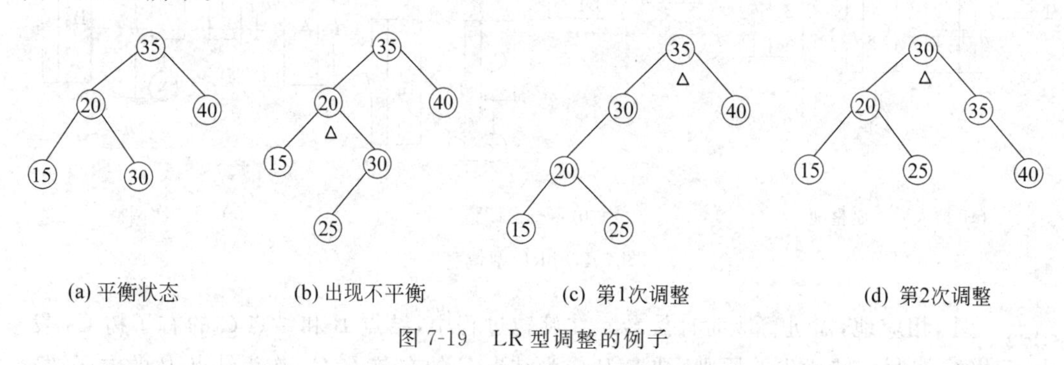


图7-19　LR型调整的例子

在平衡二叉树上进行查找的比较次数最多不超过树的深度。设$N_h$表示深度为$h$的平衡二叉树中的最少结点个数，则有如下递推关系成立：$N_0=0, N_1=1, N_h=N_{h-1}+N_{h-2}+1$①。在平衡二叉树上进行查找的时间复杂度为$O(\log_2 n)$。

## 7.3.3　B树

**B树**(B-tree)②是一种平衡的多路查找树，主要面向动态查找，通常用在文件系统中。

**1. B树的定义**

一棵$m$阶的B树或者为空树，或者为满足下列特性的$m$叉树：

① 注意到，$N_h$的递归定义与斐波那契数列$F_0=0, F_1=1, F_n=F_{n-1}+F_{n-2}$类似。事实上，可以证明，对于$h\geqslant 1$，有$N_h=F_{h+2}-1$成立。

② B树由R. Bayer和E. M. McCreight于1970年根据直接存储设备的读写操作以“页”为单位的特征而提出的。B即balanced，平衡的意思。

(1) 所有的叶子结点(即终端结点)都出现在同一层；

(2) 树中每个结点至多有 $m$ 棵子树；

(3) 若根结点不是终端结点，则至少有两棵子树；

(4) 除根结点之外的所有非终端结点至少有 $\lceil m/2 \rceil$ 棵子树；

(5) 所有结点都包含以下数据：

$$(n, A_0, K_1, A_1, K_2, \cdots, K_n, A_n)$$

其中，$n(\lceil m/2 \rceil - 1 \leqslant n \leqslant m-1)$ 为关键码的个数，$K_i(1 \leqslant i \leqslant n)$ 为关键码，且 $K_i < K_{i+1}$ $(1 \leqslant i \leqslant n-1)$，$A_i(0 \leqslant i \leqslant n)$ 为指向子树根结点的指针，且指针 $A_i$ 所指子树中所有结点的关键码均小于 $K_{i+1}$ 大于 $K_i$。

B 树的叶子结点的空指针对应的结点，通常可以看作是查找失败的结点，称为外结点。实际上这些外结点是不存在的，指向这些结点的指针为空。由于叶子都出现在同一层上，所以 B 树是树高平衡的。例如，图 7-20 所示为一棵 4 阶 B 树。

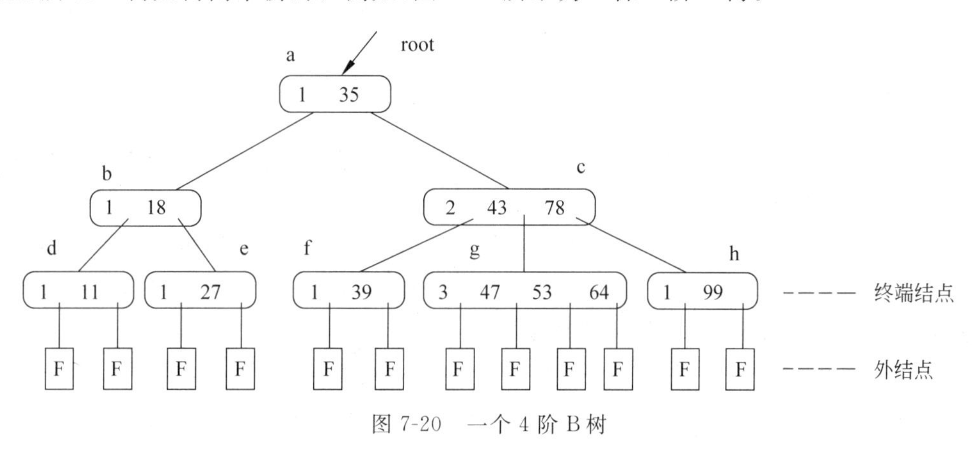


图 7-20　一个 4 阶 B 树

**2. 查找**

B 树的查找类似于二叉排序树的查找，不同的是 B 树的每个结点是多关键码的有序表，在到达某个结点时，先在有序表中查找，若找到，则查找成功；否则，按照指针到相应的子树中查找，到达外结点时，查找失败。例如，在图 7-20 中查找 53，首先从 root 指向的根结点 a 开始，根结点 a 中只有一个关键码，且 53 大于 35，因此，按根结点 a 的指针域 $A_1$ 到结点 c 去查找，结点 c 有两个关键码，而 53 大于 43 小于 78，应按结点 c 指针域 $A_1$ 到结点 g 去查找，在结点 g 中顺序比较关键码，找到 53。

在 B 树上的查找过程是一个顺指针查找结点和在结点中查找关键码交叉进行的过程。由于 B 树通常存储在磁盘上，则前一个查找操作是在磁盘上进行，而后一个查找操作是在内存中进行，即在磁盘上找到某结点后，先将结点的信息读入内存，然后再查找等于 $k$ 的关键码。显然，在磁盘上进行一次查找比在内存中进行一次查找耗费的时间多得多，因此，在磁盘上进行查找的次数，即待查关键码所在结点在 B 树的层数，是决定 B 树查找效率的首要因素。

那么，对含有 $n$ 个关键码的 $m$ 阶 B 树，最坏情况下达到多深呢？由 B 树的定义，第一层至少有 1 个结点；第二层至少有 2 个结点；由于除根结点外的每个非终端结点至少有 $\left\lceil\frac{m}{2}\right\rceil$棵子树，则第三层至少有 $2\left\lceil\frac{m}{2}\right\rceil$个结点；依此类推，第 $k+1$ 层至少有 $2\left(\left\lceil\frac{m}{2}\right\rceil\right)^{k-1}$个结点，而 $k+1$ 层的结点为外结点[①]。若 $m$ 阶 B 树有 $n$ 个关键码，则外结点即查找不成功的结点为 $n+1$，由此有：

$$n+1 \geqslant 2 \times \left(\left\lceil\frac{m}{2}\right\rceil\right)^{k-1}$$

即：

$$k \leqslant \log_{\lceil m/2 \rceil}\left(\frac{n+1}{2}\right)+1$$

因此，含有 $n$ 个关键码的 $m$ 阶 B 树的最大深度是 $\log_{\lceil m/2 \rceil}\left(\frac{n+1}{2}\right)+1$，也就是说，在含有 $n$ 个关键码的 B 树上进行查找，从根结点到关键码所在结点的路径上涉及的结点数不超过 $\log_{\lceil m/2 \rceil}\left(\frac{n+1}{2}\right)+1$。

**3. 插入**

假定要在 $m$ 阶 B 树中插入关键码 key，设 $n=m-1$，即 $n$ 为结点中关键码数目的最大值，B 树的插入过程如下：

(1) 定位：确定关键码 key 应该插入哪个终端结点。定位的结果是返回了 key 所属终端结点的指针 $p$，若 $p$ 中的关键码个数小于 $n$，则直接插入关键码 key；否则，结点 $p$ 的关键码个数溢出，执行“分裂—提升”过程。

(2) 分裂—提升：将结点 $p$“分裂”成两个结点，分别是 $p_1$ 和 $p_2$，把中间的关键码 $k$“提升”到父结点，并且 $k$ 的左指针指向 $p_1$，右指针指向 $p_2$。如果父结点的关键码个数也溢出，则继续执行“分裂—提升”过程。显然，这种分裂可能一直上传，如果根结点也分裂了，则树的高度增加了一层。[②]

**【例 7-3】** 对于图 7-21(a)所示 3 阶 B 树，写出插入关键码 62、65、30 和 86 的过程。

**解**：插入 62 后结点中的关键码个数没有溢出，可以直接插入，如图(b)所示。插入 65 后结点中的关键码个数超过两个，需要分裂，并将结点的中间关键码 65 提升到双亲结点，如图(c)和(d)所示。插入 30 后结点中的关键码个数发生溢出，需要分裂，并将结点的中间关键码 28 提升到双亲结点，双亲结点再次发生溢出，将中间关键码 28 提升到根结点，如图(e)和(f)所示。插入 86 后结点中的关键码个数发生溢出，将中间关键码 90 提升到双亲结点，再次发生溢出，将中间关键码 80 提升到根结点，导致根结点发生溢出，分裂根结点并使树高增加 1 层，如图(g)和(h)所示。

**4. 删除**

设在 $m$ 阶 B 树中删除关键码 key。首先要找到 key 的位置，即“定位”。定位的结果

---

① 在 B 树中，$k+1$ 层的结点对应查找失败的外结点，B 树的深度不包括外结点。

② 现在来解释为什么 B 树的根结点最少有两棵子树。如果在 B 树中插入一个元素时导致根结点发生溢出，则 B 树产生一个新的根结点并且树高增加了一层，新根只有一个关键码和两棵子树。

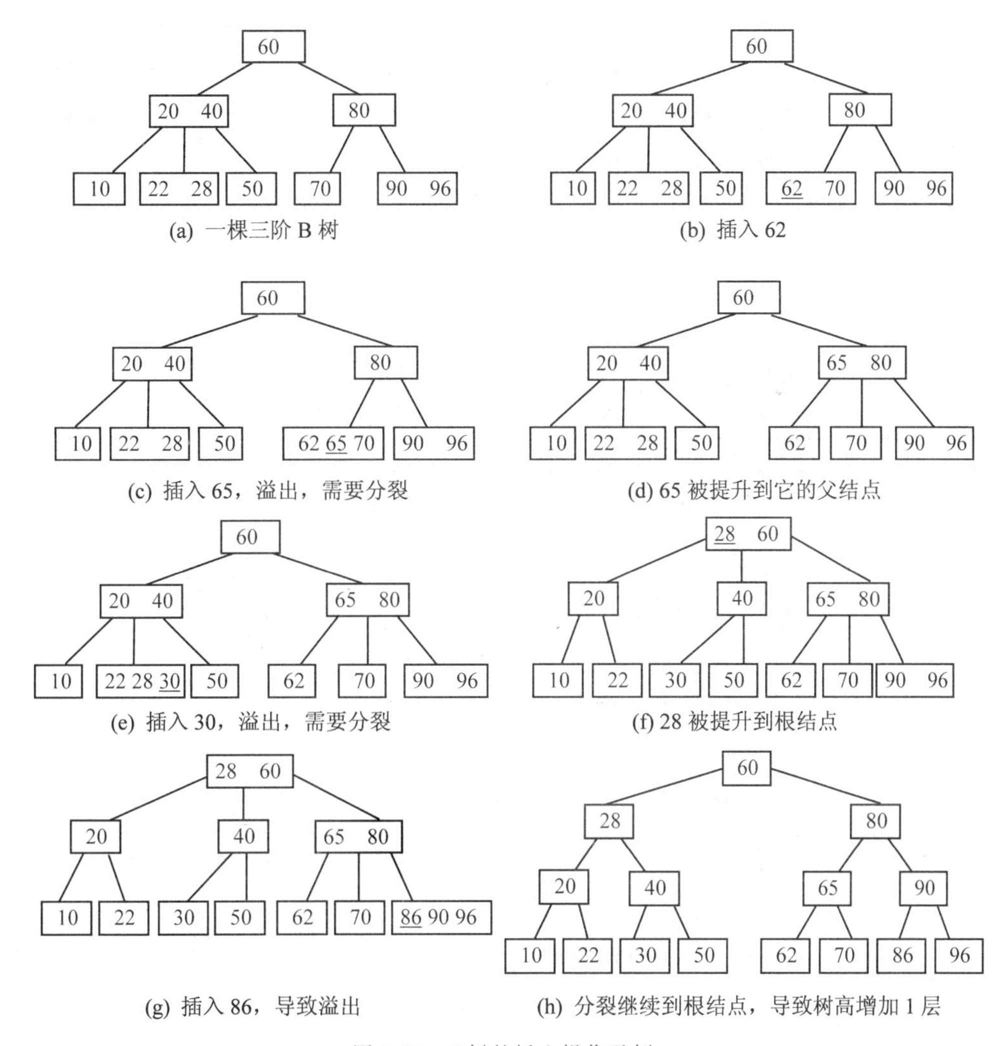


图 7-21　B 树的插入操作示例

是返回了 key 所在结点的指针 $q$，假定 key 是结点 $q$ 中第 $i$ 个关键码 $K_i$，若结点 $q$ 不是终端结点，则用 $A_i$ 所指的子树中的最小值 $x$ 来“替换”$K_i$。由于 $x$ 所在结点一定是终端结点，这样，删除问题就归结为在终端结点中删除关键码。

如果终端结点中关键码的个数大于$\left\lceil \frac{m}{2} \right\rceil-1$，则可直接删除该关键码；否则不符合 $m$ 阶 B 树的要求，具体分两种情况：

（1）兄弟够借。查看相邻的兄弟结点，如果兄弟结点有足够多的关键码$\left(至少\left\lceil \frac{m}{2} \right\rceil\right)$，就从兄弟结点借来一个关键码，为了保持 B 树的特性，将借来的关键码“上移”到被删结点的双亲结点中，同时将双亲结点中相应关键码“下移”到被删结点中。

（2）兄弟不够借。如果没有一个兄弟结点可以把记录借给被删结点，那么被删结点就必须把它的关键码让给一个兄弟结点，即执行“合并”操作，并且把这个空结点删除。合并后被删结点的双亲少了一个结点，所以要把双亲结点中的一个关键码“下移”到合并结点中。如果被删结点的双亲结点中的关键码的个数没有下溢，则合并过程结束；否则，双亲结点也要进行借关键码或合并结点。显然，合并过程可能会上传到根结点，如果根结点的两个孩子结点合并到一起，则B树就会减少一层。

**【例 7-4】** 对于如图 7-22(a)所示 3 阶 B 树，写出删除关键码 90、50、40 和 70 的过程。

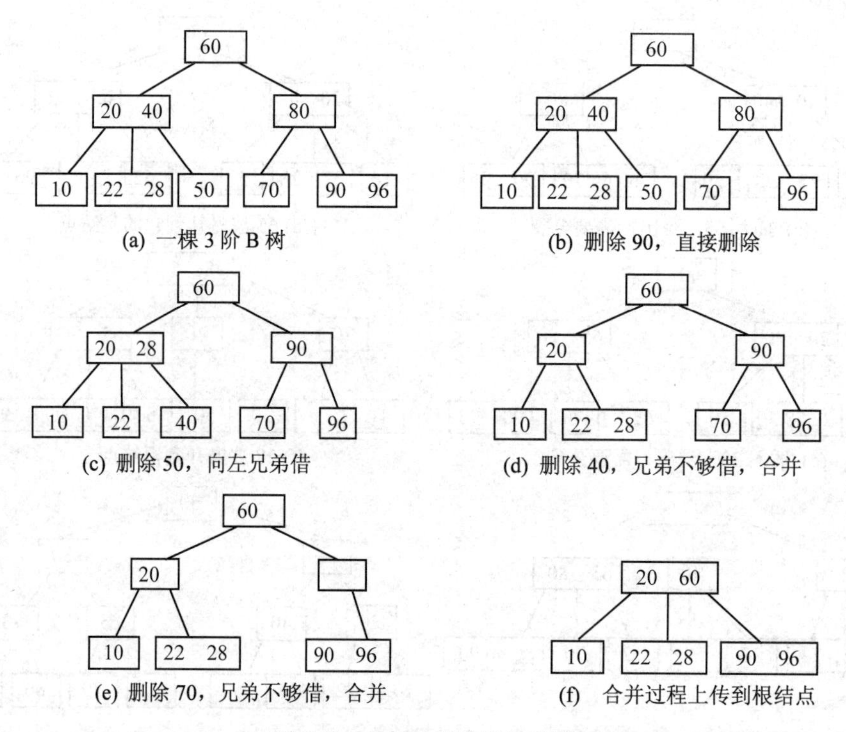


图 7-22 B树的删除操作示例

**解**：删除 90 后结点中的关键码个数没有发生下溢，可以直接删除，如图(b)所示。删除 50 后结点中的关键码个数发生下溢，向左兄弟借关键码 28，并将 28 上移到双亲结点中，将 40 下移到被删结点中，如图(c)所示。删除 40 后结点中的关键码个数发生下溢，但是兄弟结点没有多余的关键码借给这个被删结点，将被删结点与左兄弟合并，并将 28 下移到被删结点中，如图(d)所示。删除 70 后结点中的关键码个数发生下溢，但是兄弟结点没有多余的关键码借给这个被删结点，将被删结点与右兄弟合并，并将 90 下移到被删结点中，导致再次发生下溢，合并过程上传到根结点并使树高减少 1 层，如图(e)和(f)所示。

# 7.4 散列表的查找技术

## 7.4.1 散列查找的基本思想

所谓查找，实际上就是要确定待查记录在查找结构中的存储位置。在前面讨论的各种查找技术中，由于记录的存储位置和关键码之间不存在确定的对应关系，查找只能通过一系列的给定值与关键码的比较。这类查找技术都是建立在比较的基础之上，查找的效率依赖于查找过程中进行的给定值与关键码的比较次数，这不仅和查找集合的存储结构有关，还与查找集合的大小以及待查记录在集合中的位置有关。

理想情况是不经过任何比较，直接便能得到待查记录的存储位置，那就必须在记录的存储位置和它的关键码之间建立一个确定的对应关系 $H$，使得每个关键码 key 和唯一的存储位置 $H$(key)相对应①。存储记录时，根据这个对应关系找到关键码的映射地址，并按此地址存储该记录②；查找记录时，根据这个对应关系找到待查关键码的映射地址，并按此地址访问该记录，这种查找技术称为散列技术③，如图 7-23 所示。采用散列技术将记录存储在一块连续的存储空间中，这块连续的存储空间称为**散列表**(hash table)，将关键码映射为散列表中适当存储位置的函数称为**散列函数**(hash function)，所得的存储位置称为**散列地址**(hash address)。

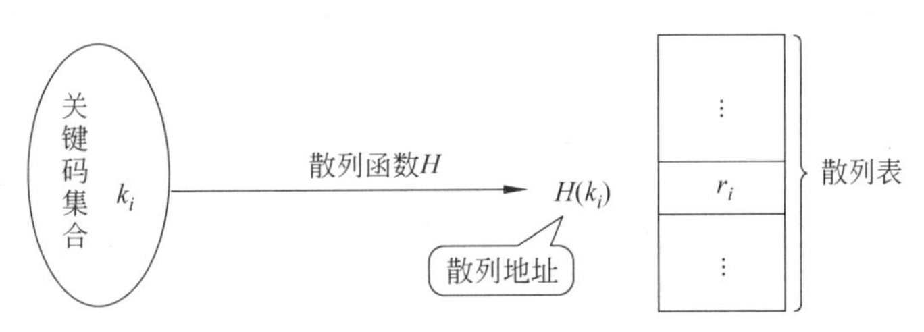


图 7-23 散列查找的基本思想

在散列技术中，由于记录的定位主要基于散列函数的计算，不需要进行关键码的多次比较，所以，一般情况下，散列技术的查找速度要比基于比较的查找技术的查找速度高。但是，散列技术一般不适用于多个记录有同样关键码的情况，也不适用于范围查找。散列技术最适合回答的问题是：如果有的话，哪个记录的关键码等于待查值。

散列技术通过散列函数建立了从关键码集合到散列表地址集合的一个映射，而散列函数的定义域是查找集合中全部记录的关键码，如果散列表有 $m$ 个地址单元，则散列函数的值域必须在 0 至 $m-1$ 之间。这就产生了如何设计散列函数的问题。

在理想情况下，对任意给定的查找集合 $T$，如果选定了某个理想的散列函数 $H$ 及相

---

① 从是否基于比较的角度，可以将查找分为两类：比较型查找和计算型查找。

② 散列不是一种完整的存储结构，因为它只是通过记录的关键码定位该记录，没有完整地表示记录之间的逻辑关系，所以，散列主要是面向查找的存储结构。

③ 散列的英文是 hash(本意是杂凑)，因此，有些教材也将散列称为 Hash、哈希(音译)或杂凑。

应的散列表 $L$，则对 $T$ 中记录 $r_i$ 的关键码 $k_i$，$H(k_i)$ 就是记录 $r_i$ 在散列表 $L$ 中的存储位置[①]。但是在实际应用中，往往会出现这样的情况：对于两个不同的关键码 $k_1 \neq k_2$，有 $H(k_1)=H(k_2)$，即两个不同的记录需要存放在同一个存储位置中，这种现象称为**冲突**(collision)，也称碰撞，$k_1$ 和 $k_2$ 相对于 $H$ 称做**同义词**(synonym)。如果记录按散列函数计算出的地址加入散列表时产生了冲突，就必须另外再找一个地方来存放它，这就产生了如何处理冲突的问题。因此，采用散列技术需要考虑的两个主要问题是：

(1) 散列函数的设计。如何设计一个简单、均匀、存储利用率高的散列函数。

(2) 冲突的处理。如何采取合适的处理冲突方法来解决冲突。

### 7.4.2 散列函数的设计

散列技术一般用于处理关键码来自很大范围的记录，并将这些记录存储在一个有限的散列表中。所以，散列函数是个关键问题。设计散列函数一般遵循以下基本原则：

(1) 计算简单。散列函数不应该有很大的计算量，否则会降低查找效率。

(2) 函数值(即散列地址)分布均匀，希望散列函数能够把记录以相同的概率“散列”到散列表的所有地址空间中，这样才能保证存储空间的有效利用，并减少冲突。

以上两个方面在实际应用中往往是矛盾的。为了保证散列地址的均匀性比较好，散列函数的计算就必然要复杂；反之，如果散列函数的计算比较简单，则均匀性就可能比较差。一般来说，散列函数依赖于关键码的分布情况，而在许多应用中，事先并不知道关键码的分布情况，或者关键码高度集中(即分布得很差)。因此，在设计散列函数时，要根据具体情况，选择一个比较合理的方案。下面介绍三种常见的散列函数。

**1. 直接定址法**

直接定址法的散列函数是关键码的线性函数，即：

$$H(\text{key}) = a \times \text{key} + b \quad (a、b\text{ 为常数}) \tag{7-2}$$

例如，关键码集合为{10,30,50,70,80,90}，选取的散列函数为 $H(\text{key})=\text{key}/10$，则散列表如图7-24所示。

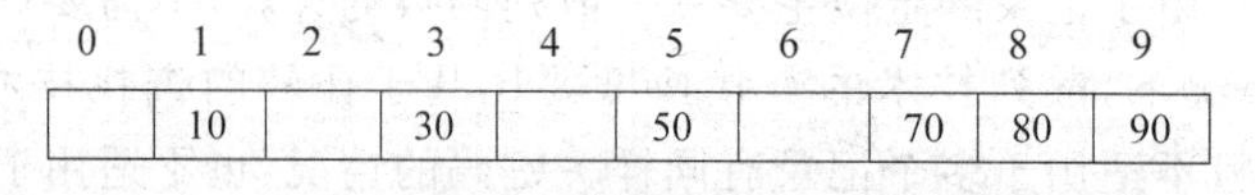

| 0 | 1 | 2 | 3 | 4 | 5 | 6 | 7 | 8 | 9 |
|---|---|---|---|---|---|---|---|---|---|
|  | 10 |  | 30 |  | 50 |  | 70 | 80 | 90 |

图7-24 用直接定址法构造的散列表

直接定址法的特点是不会产生冲突，但实际应用中能使用这种散列函数的情况很少。它适用于事先知道关键码的分布，关键码集合不是很大且连续性较好的情况。

**2. 除留余数法**

除留余数法的基本思想是：选择某个适当的正整数 $p$，以关键码除以 $p$ 的余数作为散列地址，即：

$$H(\text{key}) = \text{key} \mod p \tag{7-3}$$

① 理想情况下的散列称为完美散列。完美散列的查找效率是最好的，因为它总会在散列函数计算出的位置上找到待查记录，即只需一次访问。设计一个完美的散列函数是不容易的，但是在需要保证查找性能时也是值得的。

可以看出，这个方法的关键在于选取合适的 $p$，若 $p$ 选得不好，则容易产生同义词。例如，若 $p$ 含有质因子即 $p=m\times n$，则所有含有 $m$ 或 $n$ 因子的关键码的散列地址均为 $m$ 或 $n$ 的倍数，如图 7-25 所示。显然，这增加了冲突的机会。一般情况下，若散列表表长为 $m$，通常选 $p$ 为小于或等于表长（最好接近 $m$）的最小素数或不包含小于 20 质因子的合数。

| 关键码 | 0 | 7 | 14 | 21 | 28 | 35 | 42 | 49 | 56 |
|---|---|---|---|---|---|---|---|---|---|
| 散列地址 | 0 | 7 | 14 | 0 | 7 | 14 | 0 | 7 | 14 |

图 7-25 $p=21$ 的散列地址示例

除留余数法是一种最简单、也是最常用的构造散列函数的方法，并且这种方法不要求事先知道关键码的分布。

**3. 平方取中法**

平方取中法是对关键码平方后，按散列表大小，取中间的若干位作为散列地址（简称平方后截取）。之所以这样，是因为一个数平方后，中间的几位分布较均匀，从而冲突发生的概率较小。例如，对于关键码 1234，假设散列地址是 2 位，由于 $(1234)^2=1\,522\,756$，选取中间的 2 位作为散列地址，可以选 22 也可以选 27。

平方取中法通常用在事先不知道关键码的分布且关键码的位数不是很大的情况，例如有些编译器对标识符的管理采用的就是这种方法。

### 7.4.3 处理冲突的方法

有些情况下，由于关键码的复杂性和随机性，很难找到理想的散列函数。如果某记录按散列函数计算出的散列地址加入散列表时产生了冲突，就必须另外再找一个地方来存放它，因此，需要有合适的处理冲突方法。采用不同的处理冲突方法可以得到不同的散列表。下面介绍两种常用的处理冲突方法。

**1. 开放定址法**

用**开放定址法**(open addressing)处理冲突得到的散列表叫做**闭散列表**。

开放定址法处理冲突的方法是，如果由关键码得到的散列地址产生了冲突，就去寻找下一个空的散列地址，只要散列表足够大，空的散列地址总能找到，并将记录存入。找下一个空散列地址的方法很多，常用的有线性探测法和二次探测法。

(1) 线性探测法

当发生冲突时，线性探测法从冲突位置的下一个位置起，依次寻找空的散列地址，对于键值 key，闭散列表的长度为 $m$，发生冲突时，寻找下一个散列地址的公式为：

$$(H(\text{key})+d_i)\%m \quad (d_i=1,2,\cdots,m-1) \tag{7-4}$$

**【例 7-5】** 关键码集合为 {47,7,29,11,16,92,22,8,3}，散列表表长为 11，散列函数为 $H(\text{key})=\text{key mod } 11$，用线性探测法处理冲突，得到的闭散列表如图 7-26 所示，散列的具体过程如下：

$H(47)=3$，$H(7)=7$，没有冲突，直接存入；

$H(29)=7$，散列地址发生冲突，需寻找下一个空的散列地址，$(H(29)+1)\text{ mod } 11=$

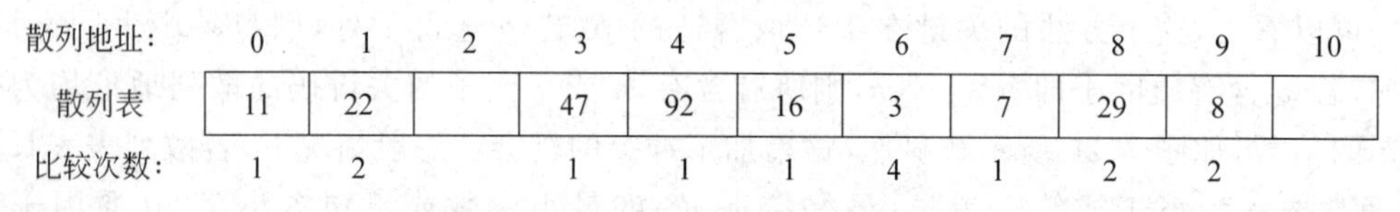

| 散列地址: | 0 | 1 | 2 | 3 | 4 | 5 | 6 | 7 | 8 | 9 | 10 |
|---|---|---|---|---|---|---|---|---|---|---|---|
| 散列表 | 11 | 22 | | 47 | 92 | 16 | 3 | 7 | 29 | 8 | |
| 比较次数: | 1 | 2 | | 1 | 1 | 1 | 4 | 1 | 2 | 2 | |

图 7-26　线性探测法构造的闭散列表

8，散列地址 8 为空，将 29 存入；

$H(11)=0$，$H(16)=5$，$H(92)=4$，没有冲突，直接存入；

$H(22)=0$，散列地址发生冲突，$(H(22)+1) \bmod 11=1$，将 22 存入；

$H(8)=8$，散列地址发生冲突，$(H(8)+1) \bmod 11=9$，将 8 存入；

$H(3)=3$，散列地址发生冲突，$(H(3)+1) \bmod 11=4$，仍然冲突；

$(H(3)+2) \bmod 11=5$，仍然冲突；$(H(3)+3) \bmod 11=6$，将 3 存入。

平均查找长度 $\text{ASL}=(5\times1+3\times2+1\times4)/9=15/9$。

用线性探测法处理冲突的方法很简单，但同时也引出新的问题。例如，当插入记录 3 时，3 和 92、3 和 16 本来都不是同义词，但 3 和 92 的同义词、3 和 16 的同义词都将争夺同一个后继地址 6，这种在处理冲突的过程中出现的非同义词之间对同一个散列地址争夺的现象称为**堆积**(mass)。显然，堆积降低了查找效率。

在线性探测法构造的闭散列表 ht[m]上进行动态查找，算法用伪代码描述如下：

算法：HashSearch1(ht[m],k)
输入：散列表 ht[m]，待查值 k
输出：如果查找成功，则返回记录的存储位置及查找成功的标志 1；
　　　否则将待查值插入到散列表中，并返回插入位置和查找失败的标志 0

1. 计算散列地址 j；
2. 执行下述操作，直到 ht[j]为空或整个散列表探测一遍：
   2.1　若 ht[j]等于 k，则查找成功，返回记录在散列表中的下标和标志 1；
   2.2　否则，j 指向下一单元；
3. 若整个散列表探测一遍，则表满，产生溢出错误；
   否则，将待查值插入，返回插入位置和标志 0；

假设记录均不为 0，可将散列表 ht[m]初始化为{0}，由于函数 HashSearch1 有两个返回值，可将查找标志作为函数的返回值，记录的存储位置通过形参 p 返回，下面给出闭散列表动态查找算法的 C 语言描述。

```
int HashSearch1(int ht[ ],int m,int k,int * p)     /* 形参 p 传指针,返回位置 * /
{
    int i,j,flag = 0;                              /* flag = 0 表示散列表未满 * /
    j = H(k);                                      /* 计算散列地址 * /
    i = j;                                         /* 记载比较的起始位置 * /
    while (ht[i] ! = 0 && flag == 0)
```

```
{
    if (ht[i] == k) {                                    /* 比较若干次查找成功 */
        *p = i; return 1;
    }
    else i = (i+1)%m;                                    /* 向后探测一个位置 */
    if (i == j) flag = 1;                                /* 表已满 */
}
if (flag == 1) {printf("溢出"); exit(-1);}               /* 表满,产生溢出 */
else {                                                   /* 比较若干次查找不成功,插入 */
    ht[i] = k; *p = i; return 0;
}
}
```

当从闭散列表中删除一个记录时,有两点需要考虑:(1)删除一个记录一定不能影响以后的查找;(2)删除记录后的存储单元应该能够为将来的插入使用。例如,在图7-26所示线性探测法处理冲突得到的闭散列表中,关键码11和22的散列地址相同,当删除11并把被删除单元清空时,再查找22就找不到了,所以删除不能简单地把被删除单元清空。解决方法是在被删除记录的位置上放一个特殊标记,标志一个记录曾经占用这个单元,但是现在已经不再占用了。如果沿着一个搜索序列查找时遇到一个标记,则查找过程应该继续进行下去。当在插入时遇到一个标记,那个单元就可以用于存储新记录。然而,为了避免插入相同的关键码,查找过程仍然要沿着探测序列查找下去。

(2) 二次探测法

当发生冲突时,二次探测法寻找下一个散列地址的公式为:

$$(H(\text{key})+d_i)\%m(d_i=1^2,-1^2,2^2,-2^2,\cdots,q^2,-q^2 \text{ 且 } q\leqslant\sqrt{m}) \quad (7\text{-}5)$$

对于例7-8的查找集合用二次探测法处理冲突,为关键码寻找空的散列地址只有关键码3与线性探测法不同,$H(3)=3$,散列地址发生冲突,$(H(3)+1^2) \bmod 11=4$,仍然冲突;$(H(3)-1^2) \bmod 11=2$,找到空的散列地址,将3存入。构造的闭散列表如图7-27所示。

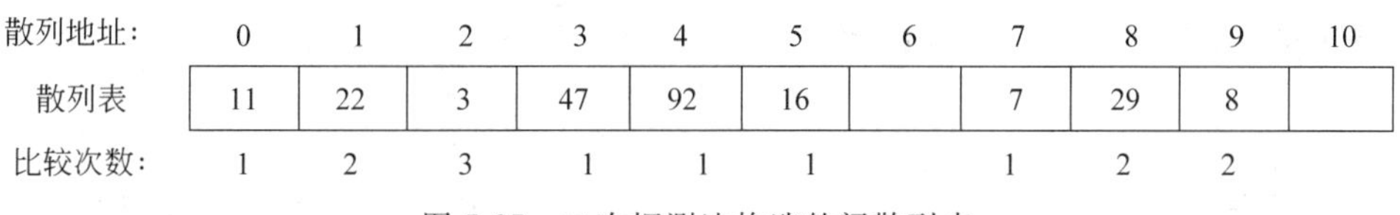

| 散列地址: | 0 | 1 | 2 | 3 | 4 | 5 | 6 | 7 | 8 | 9 | 10 |
|---|---|---|---|---|---|---|---|---|---|---|---|
| 散列表 | 11 | 22 | 3 | 47 | 92 | 16 |  | 7 | 29 | 8 |  |
| 比较次数: | 1 | 2 | 3 | 1 | 1 | 1 |  | 1 | 2 | 2 |  |

图7-27 二次探测法构造的闭散列表

**2. 拉链法(链地址法)**

用**拉链法**(chaining)处理冲突构造的散列表叫做**开散列表**。

拉链法的基本思想是:将所有散列地址相同的记录,即所有关键码为同义词的记录存储在一个单链表中——称为同义词子表,在散列表中存储的是所有同义词子表的头指针。设 $n$ 个记录存储在长度为 $m$ 的开散列表中,则同义词子表的平均长度为 $n/m$。

**【例7-6】** 关键码集合{47,7,29,11,16,92,22,8,3},散列函数为 $H(\text{key})=\text{key} \bmod 11$,用拉链法处理冲突,构造的开散列表如图7-28所示。

查找关键码22、3、92、16、29和8均只需比较1次,查找关键码11、47和7需要比较2次,则平均查找长度ASL=(6×1+3×2)/9=12/9。

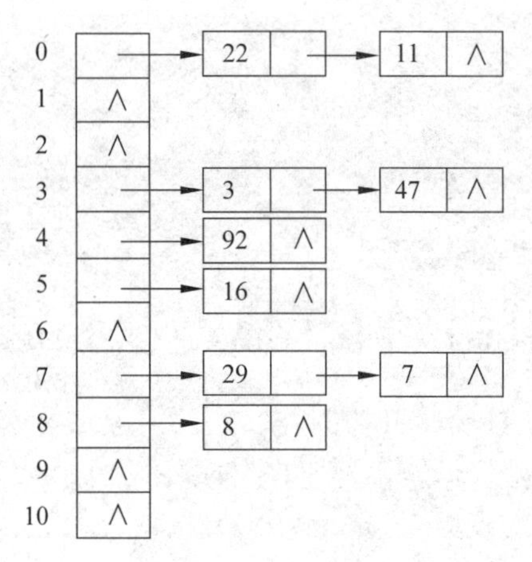


图 7-28 拉链法处理冲突构造的开散列表

在用拉链法构造的开散列表中进行动态查找，算法用伪代码描述如下：

算法：HashSearch2(ht[m],k)
输入：散列表 ht[m]，待查值 k
输出：如果查找成功，则返回记录的存储位置和成功标志 1；
否则将待查值插入到散列表中，并返回记录的存储位置和失败标志 0

1. 计算散列地址 j；
2. 在子表 ht[j]中顺序查找；
3. 若查找成功，则返回结点的地址和成功标志 1；
否则将待查记录插在 ht[j]的表头；返回记录的存储位置和失败标志 0；

下面给出在开散列表 ht[$m$]上进行动态查找算法的 C 语言描述，同义词子表即单链表的结点结构请参见 2.4.1。

```
int HashSearch2(Node * ht[ ],int m,int k,Node * pos)
{
    int j = H(k);                          /* 计算散列地址 */
    Node * p = ht[j], * q;                 /* 工作指针 p 初始化为 ht[j]的表头 */
    while ((p != NULL) && (p-> data != k))
        p = p-> next;
    if (p-> data == k) {
        pos = p; return 1;                 /* 查找成功 */
    }
    else {                                 /* 查找失败，则插入 */
        q = (Node *)malloc(sizeof(Node)); q-> data = k;
        q-> next = ht[j]; ht[j] = q;       /* 插在 ht[j]的表头 */
        pos = q; return 0;
    }
}
```

在用拉链法处理冲突的散列表中删除一个记录，只需在相应单链表中查找并删除这个结点。算法用C语言描述如下：

```
void HashDelete2(Node * ht[ ],int m,int k)
{
    int j = H(k);                              /* 计算散列地址 */
    Node * p = NULL, * pre = NULL;             /* 设置两个工作指针 pre 和 p */
    if (ht[j]-> data == k) {                   /* 处理表头的特殊情况 */
        p = ht[j]; ht[j] = p-> next; free(p);
    }
    pre = ht[j]; p = pre-> next;               /* 工作指针初始化 */
    while ((p != NULL) && (p-> data != k))
    {
        pre = p; p = p-> next;
    }
    if (p-> data == k) {                       /* 查找成功,执行删除操作 */
        pre-> next = p-> next; free(p);
    }
}
```

### 7.4.4 散列查找的性能分析

在散列技术中，处理冲突的方法不同，得到的散列表不同，散列表的查找性能也不同。有些关键码可以在散列函数计算出的散列地址上直接找到，有些关键码在散列函数计算出的散列地址上产生了冲突，需要按处理冲突的方法进行查找。产生冲突后的查找仍然是给定值与关键码进行比较的过程，所以，对散列表查找效率的量度依然采用平均查找长度。

在查找过程中，关键码的比较次数取决于产生冲突的概率。产生的冲突越多，查找效率就越低。影响冲突产生的概率有以下三个因素。

(1) 散列函数是否均匀。散列函数是否均匀直接影响冲突产生的概率。一般情况下，所选的散列函数应该是尽量均匀的，因此，可以不考虑散列函数对平均查找长度的影响。

(2) 处理冲突的方法。就线性探测法(例7-8)和拉链法(例7-9)处理冲突来看，相同的关键码集合、相同的散列函数，但处理冲突的方法不同，则它们的平均查找长度不同。容易看出，由于线性探测法处理冲突可能会产生堆积，从而增加了平均查找长度；而拉链法处理冲突不会产生堆积，因为不同散列地址的记录存储在不同的同义词子表中。

(3) 散列表的**装填因子**(load factor)。设填入散列表中的记录个数为 $n$，散列表的长度为 $m$，则装填因子 $\alpha=n/m$。装填因子 $\alpha$ 标志着散列表装满的程度。由于表长是定值，$\alpha$ 与填入表中的记录个数成正比，所以，填入表中的记录越多，$\alpha$ 就越大，产生冲突的可能性就越大。实际上，散列表的平均查找长度是装填因子 $\alpha$ 的函数，只是不同处理冲突的方法有不同的函数。表7-1给出了几种不同处理冲突方法的平均查找长度。

表 7-1 几种不同处理冲突方法的平均查找长度

| 处理冲突的方法 \ 平均查找长度 | 查找成功时 | 查找不成功时 |
|---|---|---|
| 线性探测法 | $\frac{1}{2}\left(1+\frac{1}{1-\alpha}\right)$ | $\frac{1}{2}\left(1+\frac{1}{(1-\alpha)^2}\right)$ |
| 二次探测法 | $-\frac{1}{\alpha}\ln(1+\alpha)$ | $\frac{1}{1-\alpha}$ |
| 拉链法 | $1+\frac{\alpha}{2}$ | $\alpha+e^{-\alpha}$ |

从以上分析可见,散列表的平均查找长度是装填因子 $\alpha$ 的函数,而不是查找集合中记录个数 $n$ 的函数。不管 $n$ 有多大,总可以选择一个合适的装填因子以便将平均查找长度限定在一个范围内,因此,散列查找的时间复杂度为 $O(1)$。

### 7.4.5 开散列表与闭散列表的比较

散列技术的原始动机是无须经过关键码与待查值的比较而完成查找,但实际应用中关键码集合常常存在同义词,因此,这个动机并未完全实现。开散列表是用链接方法存储同义词,不产生堆积现象,且使得动态查找的查找、插入和删除等基本操作易于实现,其平均查找长度较短,但由于附加指针域而增加了存储开销。闭散列表无须附加指针,因而存储效率较高。但由此带来的问题是容易产生堆积现象使得查找效率降低,而且由于空闲位置是查找不成功的条件,实现删除操作时不能简单地将待删记录所在单元置空,否则将截断该记录后继散列地址序列的查找路径。因此,算法较复杂一些。

由于开散列表中各同义词子表的表长是动态变化的,无须事先确定表的容量(开散列表由此得名);而闭散列表必须事先估计容量并分配固定大小的存储空间。因此,开散列表更适合于事先难以估计容量的场合。

## 7.5 各种查找方法的比较

顺序查找和其他查找技术相比,缺点是平均查找长度较大,特别是当查找集合很大时,查找效率较低。然而,顺序查找的优点也很突出:算法简单而且使用面广,它对表中记录的存储没有任何要求,顺序存储和链接存储均可应用;对表中记录的有序性也没有要求,无论记录是否有序均可应用。

相对于顺序查找来说,折半查找的查找性能较好,但是它要求线性表中的记录必须有序,并且必须采用顺序存储。顺序查找和折半查找一般只能应用于静态查找。

下面比较二叉排序树的查找与线性表的查找。折半查找中关键码与给定值的比较次数不超过折半查找判定树的深度,长度为 $n$ 的判定树是唯一的,且深度为 $\lfloor \log_2 n \rfloor+1$。在二叉排序树中进行查找,关键码与给定值的比较次数也不超过树的深度,但是二叉排序树不唯一,其形态取决于各个记录被插入二叉排序树的先后顺序。如果二叉排序树是平衡的,则有 $n$ 个结点的二叉排序树的深度为 $\lfloor \log_2 n \rfloor+1$,其查找效率为 $O(\log_2 n)$,近似于折半查找。如果二叉排序树完全不平衡(最坏情况下为一棵斜树),则其深度可达到 $n$,查找

效率为 $O(n)$，退化为顺序查找。

与上述查找技术不同，散列查找是一种基于计算的查找方法，虽然实际应用中关键码集合常常存在同义词，但在选定合适的散列函数后，仅需进行少量的关键码比较，因此，散列技术的查找性能较高。在很多情况下，散列表的空间都比查找集合大，此时虽然浪费了一定的空间，但换来的是查找效率。

# 7.6　扩展与提高

## 7.6.1　顺序查找的改进——分块查找

**分块查找**(blocking search)又称索引顺序查找，其查找性能介于折半查找和顺序查找之间。分块查找的使用条件是将线性表进行分块，并使其分块有序。所谓**分块有序**(block order)是指将线性表划分为若干块，每一块内不要求有序(即块内无序)，但要求第二块中所有记录的关键码均大于第一块中所有记录的关键码，第三块中所有记录的关键码均大于第二块中所有记录的关键码，依此类推(即块间有序)。分块查找还需要建立一个索引表，每块对应一个索引项，各索引项按关键码有序排序，索引项一般包括每块的最大关键码以及指向块首的指针，如图7-29所示。

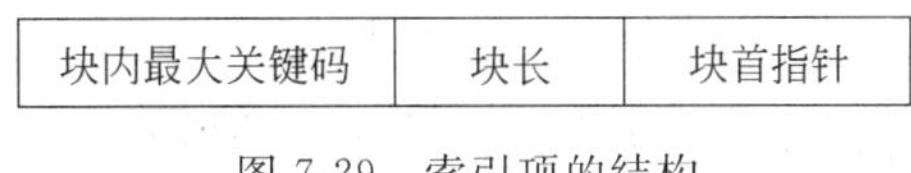


图7-29　索引项的结构

分块查找需要分两步进行：第一步在索引表中确定待查关键码所在的块；第二步在相应块中查找待查关键码。由于索引表是按关键码有序排列，可使用顺序查找，也可使用折半查找；在块内进行查找时，由于块内是无序的，只能使用顺序查找。图7-30是分块查找的一个示例。

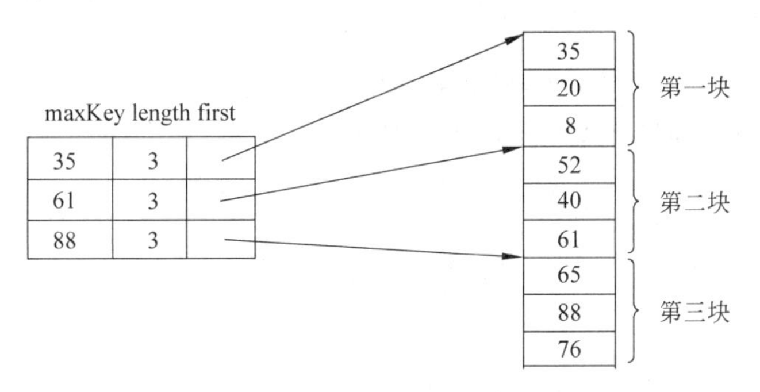


图7-30　分块查找示例

设将 $n$ 个记录的线性表分为 $m$ 个块，且每个块均有 $t$ 个记录，则 $n=m\times t$。设 $L_b$ 为查找索引表确定关键码所在块的平均查找长度，$L_w$ 为在块内查找关键码的平均查找长度，则分块查找的平均查找长度为：

$$\mathrm{ASL} = L_b + L_w \tag{7-6}$$

若采用顺序查找对索引表进行查找，则分块查找的平均查找长度为：

$$\mathrm{ASL} = L_b + L_w = \frac{m+1}{2} + \frac{t+1}{2} = \frac{1}{2}\left(\frac{n}{t} + t\right) + 1 \tag{7-7}$$

可见，分块查找的平均查找长度不仅和线性表中记录的个数 $n$ 有关，而且和每一块中的记录个数 $t$ 有关，对于式 7-3，当 $t$ 取$\sqrt{n}$时，ASL 取最小值$\sqrt{n}+1$。

### 7.6.2 折半查找的改进——插值查找

在日常生活中常常遇到这种情况：如果要在字典中查找"王"字，很自然地会翻到字典的后面开始查找，很少有人从字典的中间开始查找。为了在开始查找时就根据给定的待查值直接逼近到要查找的位置，可以采用插值查找。

**插值查找**(interpolation search)的基本思想是：在待查找区间[low,high]中，假设元素值是线性均匀增长的，待查找的元素值为 $k$，则通过下式求分割点：

$$\text{mid} = \text{low} + \frac{k - r[\text{low}]}{r[\text{high}] - r[\text{low}]}(\text{high} - \text{low}) \tag{7-8}$$

其中，low 和 high 分别为查找区间两个端点的下标。

将待查值 $k$ 与分割点记录的关键码 $r$[mid]进行比较，有以下三种情况：

(1) $k<r[\text{mid}]$，则 high=mid−1，在左半区继续查找；

(2) $k>r[\text{mid}]$，则 low=mid+1，在右半区继续查找；

(3) $k=r[\text{mid}]$，则查找成功。

当查找区间不存在或 mid 的值不再变化时，查找失败。

**【例 7-7】** 设待查找序列是{10,12,15,20,22,25,28,30,34,36,38,40}，请写出插值查找 $k=20$、$k=36$ 和 $k=32$ 的查找过程。

**解**：设待查找序列存储在数组 $r[n]$中。查找 $k=20$，利用插值公式计算分割点，得到：

$$\text{mid}=0+\frac{20-10}{40-10}(11-0)=3.7$$

取 mid=$\lfloor 3.7\rfloor$=3，由于 $r[3]=20$，则比较一次查找成功。

查找 $k=36$，利用插值公式计算分割点，得到：

$$\text{mid}=0+\frac{36-10}{40-10}(11-0)=9.5$$

取 mid=$\lfloor 9.5\rfloor$=9，由于 $r[9]=36$，则比较一次查找成功。

查找 $k=32$，利用插值公式计算分割点，得到：

$$\text{mid}=0+\frac{32-10}{40-10}(11-0)=8.1$$

取 mid=$\lfloor 8.1\rfloor$=8，由于 $r[8]=34>32$，令 high=mid−1=7，再利用插值公式，得到：

$$\text{mid}=0+\frac{32-10}{30-10}(7-0)=7.7$$

取 mid=$\lfloor 7.7\rfloor$=7，由于 $r[7]=30<32$，令 low=mid+1=8，由于 low>high，则经过两次比较查找失败。

插值查找类似于折半查找，其查找性能在关键码分布比较均匀的情况下，优于折半查找。一般地，设待查序列有 $n$ 个元素，插值查找的关键码比较次数要小于 $\log_2\log_2 n+1$ 次，这个函数的增长速度很慢，对于所有可能的实际输入，其关键码比较的次数很小，但最坏情况下，插值查找将达到 $O(n)$。对于较小的查找表，折半查找比较好，但对于很大的查找表，插值查找会更好些。

### 7.6.3　B 树的改进——$B^+$ 树

在基于磁盘的大型系统中，广泛使用的是 B 树的一个变体，称为 **$B^+$ 树**（$B^+$ tree）。

一棵 $m$ 阶的 $B^+$ 树在结构上与 $m$ 阶的 B 树相同，结点内的关键码仍然有序排列，并且对同一结点内的任意两个关键码 $K_i$ 和 $K_j$，若 $K_i<K_j$，则 $K_i$ 小于 $K_j$ 对应的子树中的所有关键码，但在关键码的内部安排上有所不同。具体如下：

（1）具有 $m$ 棵子树的结点含有 $m$ 个关键码，即每一个关键码对应一棵子树；

（2）关键码 $K_i$ 是它所对应子树的根结点中的最大（或最小）关键码；

（3）所有终端结点中包含了全部关键码信息，以及指向对应记录的指针；

（4）各终端结点按关键码的大小顺次链在一起，形成单链表，并设置头指针。

$B^+$ 树只在终端结点存储记录，内部结点存储关键码，但是这些关键码只是用于引导查找的，这意味着内部结点在结构上与终端结点有显著的区别。内部结点存储关键码用于引导查找，把每个关键码与一个指向子女结点的指针相关联；终端结点存储记录，在 $B^+$ 树纯粹作为索引的情况下则存储关键码和指向对应记录的指针。

例如，图 7-31 所示为一棵 3 阶的 $B^+$ 树，通常在 $B^+$ 树上有两个头指针，一个指向根结点，另一个指向关键码最小的终端结点。因此，可以对 $B^+$ 树进行两种查找操作：一种是从最小关键码起进行顺序查找，另一种是从根结点开始查找。

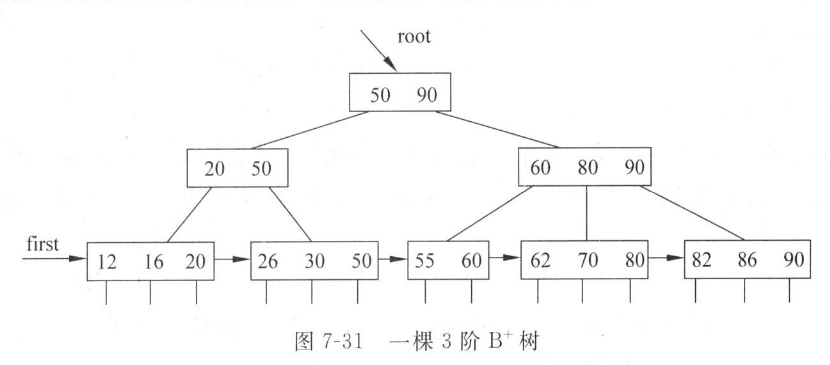


图 7-31　一棵 3 阶 $B^+$ 树

由于 $B^+$ 树的内部结点只是用来引导索引的，并不提供对实际记录的访问，所以在 $B^+$ 树中从根结点出发进行查找，即使在一个内部结点找到了待查关键码，也必须到达包含有该关键码的终端结点。

$B^+$ 树的插入仅在终端结点上进行，当结点中的关键码个数大于 $m$ 时要分裂成两个结点，并且它们的双亲结点中应同时包含这两个结点中的最大关键码。$B^+$ 树的删除也仅在终端结点上进行，若因删除而使结点中关键码的个数少于 $\left\lceil \frac{m}{2} \right\rceil$，向兄弟结点借关键码以及与兄弟结点的合并过程和 B 树类似。

$B^+$ 树特别适合范围查找。一旦找到了范围中的第一个记录，通过顺序处理结点中的其余记录，就可以找到范围中的全部记录。

# 习 题 7

1. 选择题

(1) 静态查找与动态查找的根本区别在于(　　)。

A. 它们的逻辑结构不一样　　B. 施加在其上的操作不同

C. 所包含的数据元素的类型不一样　　D. 存储实现不一样

(2) 长度为12的有序表采用顺序存储结构,采用折半查找技术,在等概率情况下,查找成功时的平均查找长度是(　　),查找失败时的平均查找长度是(　　)。

A. 37/12　　B. 62/13　　C. 39/12　　D. 49/13

(3) 分块查找的平均查找长度和(　　)有关。

A. 线性表的记录个数　　B. 每一块中的记录个数

C. 线性表是否有序　　D. A 和 B

(4) 用 $n$ 个键值构造一棵二叉排序树,其最低高度为(　　)。

A. $n/2$　　B. $n$　　C. $\lfloor \log_2 n \rfloor$　　D. $\lfloor \log_2 n+1 \rfloor$

(5) 二叉排序树中,最小值结点的(　　)。

A. 左指针一定为空　　B. 右指针一定为空

C. 左、右指针均为空　　D. 左、右指针均不为空

(6) 在二叉排序树上查找关键码为28的结点(假设存在),则依次比较的关键码有可能是(　　)。

A. 30,36,28　　B. 38,48,28

C. 48,18,38,28　　D. 60,30,50,40,38,36

(7) 在平衡二叉树中插入一个结点后造成了不平衡,设最低的不平衡结点为A,并已知A的左孩子的平衡因子为0,右孩子的平衡因子为1,则应作(　　)型调整以使其平衡。

A. LL　　B. LR　　C. RL　　D. RR

(8) 按{12,24,36,90,52,30}的顺序构成的平衡二叉树,其根结点是(　　)。

A. 24　　B. 36　　C. 52　　D. 30

(9)下面关于 $m$ 阶B树说法正确的是(　　)。

① 每个结点至少有两棵非空子树

② 树中每个结点至多有 $m-1$ 个关键码

③ 所有叶子在同一层上

④ 当插入一个数据引起B树结点分裂后,树长高一层

A. ①②③　　B. ②③　　C. ②③④　　D. ③

(10) 在一棵 $m$ 阶B树中执行插入操作,若一个结点中的关键码个数等于(　　),则必须分裂为两个结点。

A. $m$　　B. $m-1$　　C. $m+1$　　D. $m/2$

(11) 在一棵 $m$ 阶B树中删除一个关键码时引起结点合并,则该结点原有(　　)个

关键码。

A. 1　　B. $\left\lceil\frac{m}{2}\right\rceil$　　C. $\left\lceil\frac{m}{2}\right\rceil-1$　　D. $\left\lceil\frac{m}{2}\right\rceil+1$

(12) 散列技术中的冲突指的是(　　)。

A. 两个元素具有相同的序号

B. 两个元素的键值不同,而其他属性相同

C. 数据元素过多

D. 不同键值的元素对应于相同的存储地址

(13) 设散列表表长 $m=14$,散列函数 $H(k)=k \bmod 11$。表中已有 15、38、61、84 四个元素,如果用线性探测法处理冲突,则元素 49 的存储地址是(　　)。

A. 8　　B. 3　　C. 5　　D. 9

(14) 在采用线性探测法处理冲突所构成的闭散列表上进行查找,可能要探测多个位置,在查找成功的情况下,所探测的这些位置的键值(　　)。

A. 一定都是同义词　　B. 一定都不是同义词

C. 不一定都是同义词　　D. 都相同

(15) 采用开放定址法解决冲突的散列查找中,发生堆积的原因主要是(　　)。

A. 数据元素过多　　B. 装填因子过大

C. 散列函数选择不当　　D. 解决冲突的算法不好

2. 解答下列问题

(1) 分别画出在线性表$(a,b,c,d,e,f,g)$中进行折半查找关键码 $e$ 和 $g$ 的过程。

(2) 画出长度为 10 的折半查找判定树,并求等概率时查找成功和不成功的平均查找长度。

(3) 将数列(24,15,38,27,76,130,121)的各元素依次插入一棵初始为空的二叉排序树中,请画出最后的结果并求等概率情况下查找成功的平均查找长度。

(4) 一棵二叉排序树的结构如图 7-32 所示,结点的值为 1～8,请标出各结点的值。

(5) 已知一棵二叉排序树如图 7-33 所示,分别画出删除元素 90 和 47 后的二叉排序树。

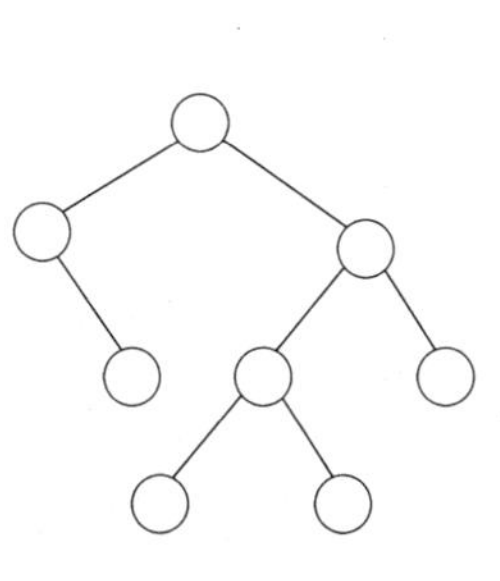

图 7-32　第(4)题图

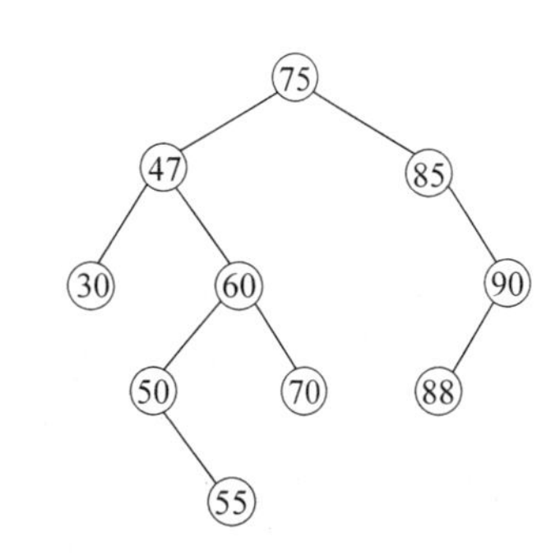


图 7-33　第(5)题图

(6) 已知散列函数为 $H(k)=k \bmod 12$,关键码集合为{25,37,52,43,84,99,120,15,

26,11,70,82},分别采用线性探测法和拉链法处理冲突,试构造散列表,并计算查找成功的平均查找长度。

(7) 给定关键码集合{26,25,20,34,28,24,45,64,42},设定装填因子为0.6,请给出除留余数法的散列函数,画出采用线性探测法处理冲突构造的散列表。

(8) 对图7-34所示3阶B树,分别给出插入关键码为2,12,16,17和18之后的结果。

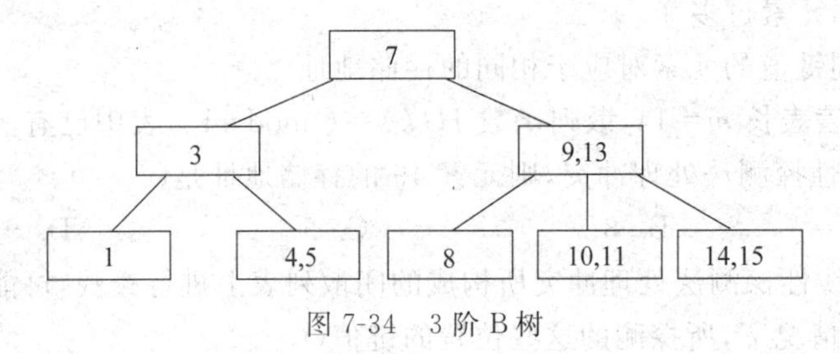

图7-34 3阶B树

(9) 对图7-34所示3阶B树,分别给出删除关键码为4,8,9之后的结果。

3. 算法设计

(1) 设计顺序查找算法,将哨兵设在下标高端。

(2) 编写算法求给定结点在二叉排序树中所在的层数。

(3) 编写算法,在二叉排序树上找出任意两个不同结点的最近公共祖先。

(4) 设计算法判定一棵二叉树是否为二叉排序树。

(5) 设二叉树结点结构为:(lchild,data,rchild,bf),其中bf是该结点的平衡因子,编写算法确定二叉树中各结点的平衡因子。

(6) 在用线性探测解决冲突的散列表中,设计算法实现闭散列表的删除操作。

# 第8章 排序技术

CHAPTER

| 教学重点 | 各种排序算法的基本思想;各种排序算法的执行过程;各种排序算法及时间复杂度分析;各种排序算法之间的比较 | | | |
|---|---|---|---|---|
| 教学难点 | 快速排序、堆排序、归并排序等算法及时间复杂度分析 | | | |

**教学内容和目标**

| 知识点 | 教学要求 | | | |
|---|---|---|---|---|
| | 了解 | 理解 | 掌握 | 熟练掌握 |
| 排序的基本概念 | | √ | | |
| 排序算法的性能 | | | √ | |
| 直接插入排序 | | | | √ |
| 希尔排序 | | √ | | |
| 起泡排序 | | | √ | |
| 快速排序 | | | | √ |
| 快速排序的一次划分算法 | | | √ | |
| 简单选择排序 | | | √ | |
| 堆排序 | | | | √ |
| 筛选法调整堆算法 | | √ | | |
| 二路归并排序的非递归实现 | | | √ | |
| 二路归并排序的递归实现 | | | √ | |
| 各种排序方法的比较 | | | | √ |

**教学提示**

本章按照“图示理解基本思想→提出关键问题→运行实例分析问题→解决问题描述算法→完整算法→时间和空间性能分析→适用情况”的模式介绍每种排序算法,通过分析简单排序方法(直接插入排序、起泡排序、简单选择排序等)的缺点以及产生缺点的原因,引入改进的排序方法(希尔排序、快速排序、堆排序等)。

排序算法体现了较高超的算法设计技术,从技能应用的角度,本章要求深刻理解各种排序算法的设计思想,能够应用排序算法的设计思想解决和排序相关的问题;对改进的排序算法,理解其改进的着眼点,提高算法设计能力。

本章的每一种排序算法都从时间和空间两个方面进行了分析,对于时间复杂度,没有给出较复杂的数学推导,教师可酌情补充。

# 8.1 概述

排序是数据处理领域经常使用的一种操作,其主要目的是便于查找。在日常生活中,通过排序提高查找性能的例子屡见不鲜,例如,电话号码簿、书的目录、字典等。从算法设计角度看,排序算法展示了算法设计的某些重要原则和技巧,体现了重要的算法设计方法;从算法分析角度看,对排序算法时间性能的分析涉及了广泛的算法分析技术。因此,认真学习和掌握排序算法是十分重要的。

## 8.1.1 排序的基本概念

在排序问题中,通常将数据元素称为**记录**(record)。

**1. 排序**

给定一个记录序列($r_1,r_2,\cdots,r_n$),其相应的关键码分别为($k_1,k_2,\cdots,k_n$),排序(sort)是将这些记录排列成顺序为($r_{s1},r_{s2},\cdots,r_{sn}$)的一个序列,使得相应的关键码满足 $k_{s1}\leqslant k_{s2}\leqslant\cdots\leqslant k_{sn}$(升序)或 $k_{s1}\geqslant k_{s2}\geqslant\cdots\geqslant k_{sn}$(降序)。简言之,排序是将一个记录的任意序列重新排列成一个按关键码[①]有序的序列。

**2. 排序的数据结构**

从操作角度看,排序是线性结构的一种操作,待排序记录可以用顺序存储结构或链接存储结构存储。不失一般性,为突出排序方法的主题,本章讨论的排序算法均采用顺序存储结构,并假定关键码为整型,且记录只有关键码一个数据项,即采用**一维整型数组**实现。为了便于介绍排序技术,将待排序记录序列存储在数组 r[1]~r[n]中,另外,假定排序都是将待排序的记录序列排序为升序序列。

**3. 排序算法的稳定性**

假定在待排序的记录序列中,存在多个具有相同关键码的记录,若经过排序,这些记录的相对次序保持不变,即在原序列中,$k_i=k_j$ 且 $r_i$ 在 $r_j$ 之前,在排序后的序列中,$r_i$ 仍在 $r_j$ 之前,则称这种排序算法**稳定**(stable);否则称为**不稳定**(unstable)。

对于不稳定的排序算法,只要举出一个实例,即可说明它的不稳定性;对于稳定的排序算法,必须对算法进行分析从而得到稳定的特性[②]。

**4. 正序、逆序**

若待排序记录序列已排好序,称此记录序列为**正序**(exact order);若待排序记录的排列顺序与排好序的顺序正好相反,称此记录序列为**逆序**(inverse order)或**反序**(anti-order)。

---

① 此处关键码是排序的依据,也称排序码。排序码不一定是关键码,选取哪一个数据项作为排序码应根据具体情况而定。如果排序码不是关键码,就可能有多个记录具有相同的排序码,因此,排序结果可能不唯一。简单起见,很多教材将关键码作为排序码。

② 需要注意的是,排序算法的稳定性由具体算法决定,不稳定的算法在某种条件下可能变为稳定的算法,而稳定的算法在某种条件下也可能变为不稳定的算法。

**5. 趟**

在排序过程中，将待排序的记录序列扫描一遍称为**一趟**(pass)。在排序操作中，深刻理解趟的含义能够更好地掌握排序方法的思想和过程。

**6. 排序的分类**

根据在排序过程中待排序的所有记录是否全部被放置在内存中，可将排序方法分为内排序和外排序。**内排序**是指在排序的整个过程中，待排序的所有记录全部被放置在内存中；**外排序**是指由于待排序的记录个数太多，不能同时放置在内存，需要将一部分记录放置在内存，另一部分记录放置在外存，整个排序过程需要在内外存之间多次交换数据才能得到排序的结果。

根据排序方法是否建立在关键码比较的基础，可以将排序方法分为基于比较的排序和不基于比较的排序。基于比较的排序方法主要通过关键码之间的比较和记录的移动这两种基本操作来实现，大致可分为插入排序、交换排序、选择排序、归并排序四类；不基于比较的排序方法是根据待排序数据的特点所采取的其他方法，通常没有大量的关键码之间的比较和记录的移动操作。

本章介绍几种经典的基于比较的内排序方法。

### 8.1.2 排序算法的性能

排序是数据处理领域经常执行的一种操作，往往属于系统的核心部分，因此排序算法的时间开销是衡量其好坏的重要标准。对于基于比较的内排序，算法的执行时间主要消耗在以下两种基本操作：①比较，关键码之间的比较；②移动，记录从一个位置移动到另一个位置。因此，高效率的排序算法应该具有尽可能少的关键码比较次数和尽可能少的记录移动次数。

评价排序算法的另一个主要标准是执行算法所需要的辅助存储空间。辅助存储空间是指除了存放待排序记录占用的存储空间之外，算法在执行过程中所需要的其他存储空间。另外，算法本身的复杂程度也是一个要考虑的因素。

## 8.2 插入排序

插入排序的主要思想是：每趟将一个待排序的记录按其关键码的大小插入到已经排好序的有序序列中，直到全部记录排好序。

### 8.2.1 直接插入排序

**直接插入排序**(straight insertion sort)是插入排序中最简单的排序方法，类似于玩纸牌时整理手中纸牌的过程，其基本思想是：依次将待排序序列中的每一个记录插入到已排好序的序列中，直到全部记录都排好序，如图8-1所示。

直接插入排序需解决的关键问题是：

① 如何构造初始的有序序列？

② 如何查找待插入记录的插入位置？

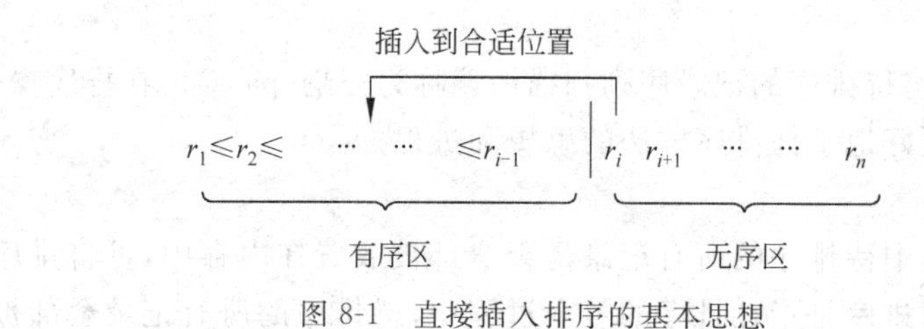


图 8-1 直接插入排序的基本思想

【例 8-1】 对于记录序列{12,15,9,20,6,31,24},直接插入排序的执行过程如图 8-2 所示(方括号括起来的是有序区),具体的排序过程如下:

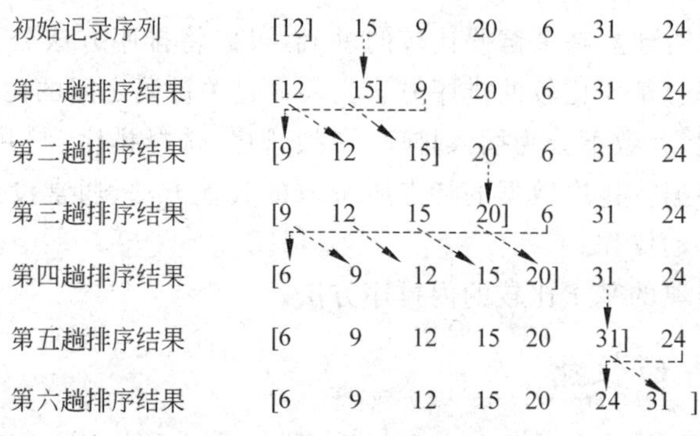


图 8-2 直接插入排序过程示例

(1) 将整个待排序的记录序列划分成有序区和无序区,初始时有序区为待排序记录序列的第一个记录,无序区包括所有剩余待排序的记录;

(2) 将无序区的第一个记录插入到有序区的合适位置,从而使无序区减少一个记录,有序区增加一个记录;

(3) 重复执行步骤(2),直到无序区没有记录为止。

从以上排序过程,可得到解决上述关键问题的方法:

问题(1)的解决:将第一个记录看成是初始有序区,然后从第二个记录起依次插入到这个有序区中,直到将第 $n$ 个记录插入完毕。

问题(2)的解决:一般情况下,在 $i-1$ 个记录的有序区 $r[1]\sim r[i-1]$ 中插入一个记录 $r[i]$ 时,首先要查找 $r[i]$ 的正确插入位置。最简单地,可以采用顺序查找。为了在寻找插入位置的过程中避免数组下标越界,在 $r[0]$ 处设置"哨兵",即 $r[0]=r[i]$。

设下标 $j$ 从 $i-1$ 起往前查找插入位置,同时后移记录①,则循环条件应该是 $r[0]<r[j]$。退出循环,说明找到了插入位置,因为 $r[j]$ 刚刚比较完毕,所以,$j+1$ 为正确的插入位置,将待插记录插入到有序表中。

下面给出直接插入排序算法的 C 语言实现②。

① 记录 $r[0]$ 有两个作用:一是进入查找插入位置的循环之前,暂存了 $r[i]$ 的值,使得记录的后移操作不会丢失 $r[i]$ 的内容;二是在查找插入位置的循环中充当"哨兵"。

② 在直接插入排序算法中,如果把循环条件由"<"改为"<=",则变成不稳定的排序算法。

```
void InsertSort(int r[ ],int n)              /* r[0]用作暂存单元和监视哨 */
{
    int i,j;
    for (i = 2; i <= n; i++)
    {
        r[0] = r[i];                         /* 暂存待插记录,设置哨兵 */
        for (j = i-1; r[0] < r[j]; j--)      /* 寻找插入位置 */
            r[j+1] = r[j];
        r[j+1] = r[0];
    }
}
```

直接插入排序算法由两层嵌套的循环组成,外层循环要执行 $n-1$ 次,内层循环的执行次数取决于在第 $i$ 个记录前有多少个记录大于第 $i$ 个记录。最好情况下,待排序序列为正序,每趟只需与有序序列的最后一个记录比较一次,移动两次记录,则比较次数为 $n-1$,记录的移动次数为 $2(n-1)$,因此,时间复杂度为 $O(n)$;最坏情况下,待排序序列为逆序,第 $i$ 个记录必须与前面 $i-1$ 个记录以及哨兵作比较,并且每比较一次就要做一次记录的移动,则比较次数为 $\sum_{i=2}^{n} i = \frac{(n+2)(n-1)}{2}$,记录的移动次数为 $\sum_{i=2}^{n}(i+1) = \frac{(n+4)(n-1)}{2}$,因此,时间复杂度为 $O(n^2)$;平均情况下,待排序序列中各种可能排列的概率相同,在插入第 $i$ 个记录时平均需要比较有序区中全部记录的一半,所以比较次数为 $\sum_{i=2}^{n} \frac{i}{2} = \frac{(n+2)(n-1)}{4}$,移动次数为 $\sum_{i=2}^{n} \frac{i+1}{2} = \frac{(n+4)(n-1)}{4}$,时间复杂度为 $O(n^2)$。

直接插入排序只需要一个记录的辅助空间,用来作为待插入记录的暂存单元和查找记录的插入位置过程中的“哨兵”。直接插入排序是一种稳定的排序方法。

分析直接插入排序算法,由于寻找插入位置的操作是在有序区进行,因此可以通过折半查找来实现,由此进行的插入排序称为**折半插入排序**(binary insertion sort),具体算法请读者自行完成。

### 8.2.2 希尔排序

**希尔排序**①(shell sort)是对直接插入排序的一种改进,改进的着眼点是:①若待排序记录基本有序②,直接插入排序的效率很高;②由于直接插入排序算法简单,因此在待排序记录个数较少时效率也很高。

希尔排序的基本思想是:先将整个待排序记录序列分割成若干个子序列,在子序列内分别进行直接插入排序,待整个序列基本有序时,再对全体记录进行一次直接插入排序。

① 希尔排序由希尔(Donald Shell)于 1959 年发明,是平均时间性能好于 $O(n^2)$ 的第一批算法之一。

② 基本有序和局部有序(即部分有序)不同。基本有序是指已接近正序,例如{1,2,8,4,5,6,7,3,9};局部有序只是某些部分有序,例如{6,7,8,9,1,2,3,4,5},局部有序不能提高直接插入排序算法的时间性能。

在希尔排序中，需解决的关键问题是：

(1) 应如何分割待排序记录，才能保证整个序列逐步向基本有序发展？

(2) 子序列内如何进行直接插入排序？

**【例 8-2】** 对于记录序列{59,20,17,36,98,14,23,83,13,28}，希尔排序的执行过程如图 8-3 所示，具体的排序过程是：假设待排序的记录为 $n$ 个，先取整数 $d<n$，例如，取 $d=\lfloor n/2 \rfloor$，将所有相距为 $d$ 的记录构成一组，从而将整个待排序记录序列分割成为 $d$ 个子序列，对每个子序列分别进行直接插入排序，然后再缩小间隔 $d$，例如，取 $d=\lfloor d/2 \rfloor$，重复上述分割，再对每个子序列分别进行直接插入排序，直到 $d=1$，即将所有记录放在一组进行直接插入排序。

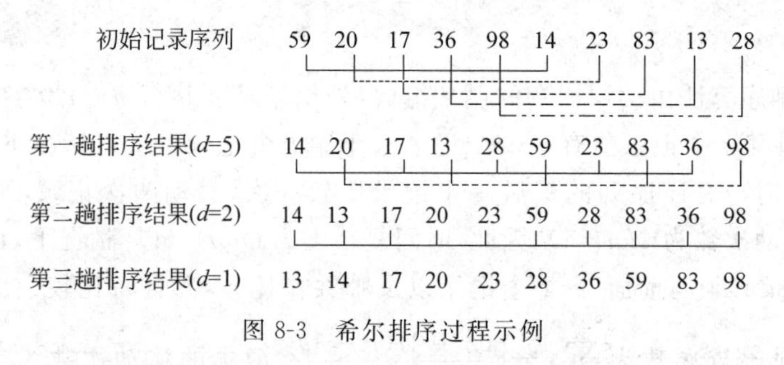


图 8-3 希尔排序过程示例

从以上排序过程，可得到解决上述关键问题的方法：

问题(1)的解决：子序列的构成不能是简单地“逐段分割”，而是将相距某个增量的记录组成一个子序列，这样才能有效地保证在子序列内分别进行直接插入排序后得到的结果是基本有序而不是局部有序。接下来的问题是增量应如何取？到目前为止尚未有人求得一个最好的增量序列。希尔最早提出的方法是 $d_1=\lfloor n/2 \rfloor$，$d_{i+1}=\lfloor d_i/2 \rfloor$，且增量序列互质，显然最后一个增量必须等于 1。开始时增量的取值较大，每个子序列中的记录个数较少，这提供了记录跳跃移动的可能，排序效率较高；后来增量逐步缩小，每个子序列中的记录个数增加，但已基本有序，效率也较高。

问题(2)的解决：在每个子序列中，待插入记录和同一子序列中的前一个记录比较，在插入记录 $r[i]$时，自 $r[i-d]$起往前跳跃式(跳跃幅度为 $d$)查找待插入位置，在查找过程中，记录后移也是跳跃 $d$ 个位置。$r[0]$只是暂存单元，不是哨兵。当搜索位置 $j\leqslant 0$ 或者 $r[0]\geqslant r[j]$，表示插入位置已找到，退出循环。因为 $r[j]$刚刚比较完毕，所以，$j+d$ 为正确的插入位置，将待插入记录插入。

在整个序列中，前 $d$ 个记录分别是 $d$ 个子序列中的第一个记录，所以从第 $d+1$ 个记录开始进行插入。下面给出希尔排序算法的 C 语言实现。

```
void ShellSort(int r[ ],int n)                /* r[0]用作暂存单元 */
{
    int d,i,j;
    for (d = n/2; d >= 1; d = d/2)            /* 以增量为 d 进行直接插入排序 */
    {
        for (i = d+1; i <= n; i++)
```

```
        {
            r[0] = r[i];                              /* 暂存待插入记录 * /
            for (j = i-d; j >0 && r[0] < r[j]; j = j-d)
                r[j+d] = r[j];                        /* 记录后移 d 个位置 * /
            r[j+d] = r[0];
        }
    }
}
```

希尔排序的时间性能在 $O(n\log_2 n)$ 和 $O(n^2)$ 之间，如果选定合适的增量序列，希尔排序的时间性能可以达到 $O(n^{1.3})$。希尔排序只需要一个记录的辅助空间，用于暂存当前待插入的记录。由于在希尔排序过程中记录是跳跃移动的，因此，希尔排序是不稳定的。

# 8.3　交换排序

交换排序的主要思想是：在待排序序列中选取两个记录，如果这两个记录反序，则交换它们的位置。对于记录 $r_i$ 和 $r_j$，若满足 $i<j$ 而 $r_i>r_j$，则称 $r_i$ 和 $r_j$ 是反序的。交换可以消除反序，当所有反序都被消除后，排序也就完成了。

## 8.3.1　起泡排序

**起泡排序**(bubble sort)是交换排序中最简单的排序方法，其基本思想是：两两比较相邻记录，如果反序则交换，直到没有反序的记录为止，如图 8-4 所示。

在起泡排序中，需解决的关键问题是：

(1) 在一趟起泡排序中，若有多个记录位于最终位置，应如何记载？

(2) 如何确定起泡排序的范围，使得已经位于最终位置的记录不参与下一趟排序？

(3) 如何判别起泡排序的结束？

**【例 8-3】** 对于记录序列{50,13,55,97,27,38,49,65}，起泡排序的执行过程如图 8-5 所示(方括号括起来的为无序区)，具体的排序过程如下：

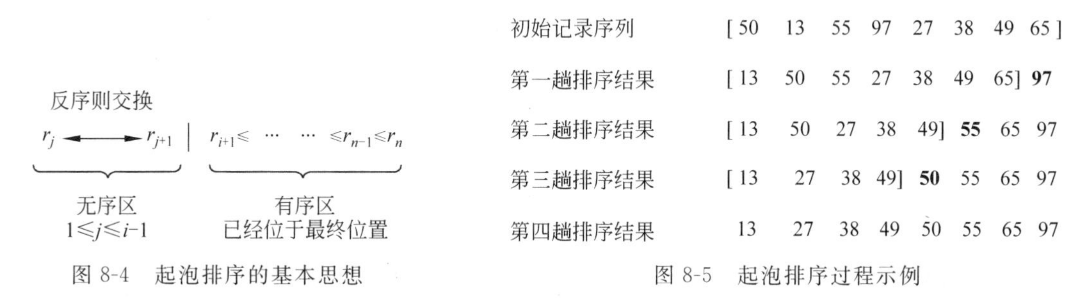


图 8-4　起泡排序的基本思想　　图 8-5　起泡排序过程示例

(1) 将整个待排序的记录序列划分成有序区和无序区，初始时有序区为空，无序区包括所有待排序的记录。

(2) 对无序区从前向后依次将相邻记录进行比较，若反序则交换，从而使得值较小的记录向前移,值较大的记录向后移(像水中的气泡,体积大的先浮上来)。

(3) 重复执行(2),直到无序区中没有反序的记录。

从以上排序过程,可以得到上述关键问题的解决方法:

问题(1)的解决:如果在某趟起泡排序后有多个记录位于最终位置,那么在下一趟起泡排序中这些记录应该避免重复比较,为此,设变量 exchange 记载每次记录交换的位置,则一趟排序后,exchange 记载的一定是这趟排序中记录的最后一次交换的位置,从该位置之后的所有记录均已经有序。

问题(2)的解决:设 bound 位置的记录是无序区的最后一个记录,则每趟起泡排序的范围是 $r[1] \sim r[\text{bound}]$。在一趟排序后,exchange 位置之后的记录一定是有序的,所以下一趟起泡排序中无序区的最后一个记录的位置是 exchange,即 bound=exchange。

问题(3)的解决:判别起泡排序的结束条件应是在一趟排序过程中没有进行交换记录的操作。为此,在每趟起泡排序开始之前,设 exchange 的初值为 0,在该趟排序的过程中,只要有记录的交换,exchange 的值就会大于 0。这样,在一趟比较完毕,就可以通过 exchange 的值是否为 0 来判别是否有记录的交换,从而判别整个起泡排序是否结束。

在进入循环之前,exchange 的初值应如何设置呢?第一趟起泡排序的范围是 $r[1] \sim r[n]$,所以,exchange 的初值应该为 $n$。下面给出起泡排序算法的C语言实现。

```
void BubbleSort(int r[ ],int n)          /* r[0]用作交换的临时单元 */
{
    int j,exchange,bound;
    exchange = n;                        /* 第一趟起泡排序的区间是 r[1]～r[n] */
    while (exchange != 0)                /* 当上一趟排序有记录交换时 */
    {
        bound = exchange; exchange = 0;
        for (j = 0; j < bound; j++)      /* 一趟起泡排序的区间是 r[1]～r[bound] */
            if (r[j]> r[j+1]) {
                r[0] = r[j]; r[j] = r[j+1]; r[j+1] = r[0];
                exchange = j;            /* 记载每一次记录交换的位置 */
            }
    }
}
```

起泡排序的执行时间取决于排序的趟数。最好情况下,待排序记录序列为正序,算法只执行一趟,进行了 $n-1$ 次比较,不需要移动记录,时间复杂度为 $O(n)$;最坏情况下,待排序记录序列为反序,每趟排序在无序序列中只有一个最大的记录被交换到最终位置,故算法执行 $n-1$ 趟,第 $i(1 \leqslant i < n)$ 趟排序执行了 $n-i$ 次比较和 $n-i$ 次交换,则记录的比较次数为 $\sum_{i=1}^{n-1}(n-i)=\frac{n(n-1)}{2}$,记录的移动次数为 $3\sum_{i=1}^{n-1}(n-i)=\frac{3n(n-1)}{2}$,因此,时间复杂度为 $O(n^2)$;平均情况下,起泡排序的时间复杂度与最坏情况同数量级。起泡排序只需要一个记录的辅助空间,用来作为记录交换的暂存单元。起泡排序是一种稳定的排序方法。

## 8.3.2 快速排序

**快速排序**[①](quick sort)是对起泡排序的一种改进,改进的着眼点是:在起泡排序中,记录的比较和移动是在相邻位置进行的,记录每次交换只能后移一个位置,因而总的比较次数和移动次数较多。在快速排序中,记录的比较和移动从两端向中间进行,值较大的记录一次就能从前面移动到后面,值较小的记录一次就能从后面移动到前面,记录移动的距离较远,从而减少了总的比较次数和移动次数。

快速排序的基本思想(如图 8-6 所示)是:首先选一个**轴值**(pivot,即比较的基准),将待排序记录划分成两部分,左侧记录均小于或等于轴值,右侧记录均大于或等于轴值,然后分别对这两部分重复上述过程,直到整个序列有序。显然,快速排序是一个递归的过程。

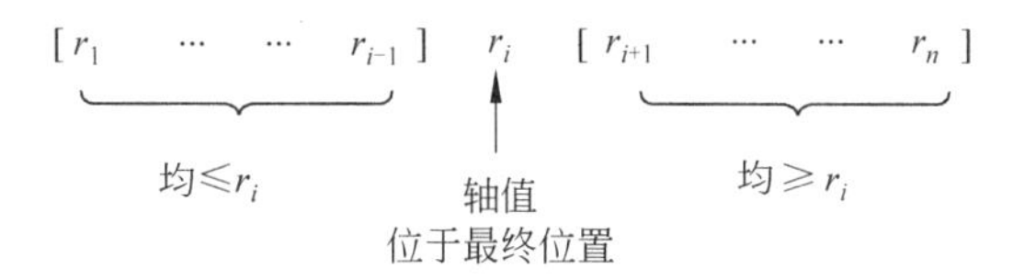


图 8-6 快速排序的基本思想

在快速排序中,需解决的关键问题是:

(1) 如何选择轴值?

(2) 在待排序序列中如何进行划分(通常叫做一次划分)?

(3) 如何处理划分得到的两个待排序子序列?

(4) 如何判别快速排序的结束?

问题(1)的解决:选择轴值有多种方法,最简单的方法是选取第一个记录,但是,如果待排序记录是正序或者逆序,就会将除轴值以外的所有记录分到轴值的一边,这是快速排序的最坏情况。还可以在每次划分之前比较待排序序列的第一个记录、最后一个记录和中间记录,选取值居中的记录作为轴值并调换到第一个记录的位置。在下面的讨论中,选取第一个记录作为轴值。

问题(2)的解决:设待划分记录存储在 $r[first]$～$r[end]$中,一次划分的过程如下:

(1) 设置划分区间:$i=first$; $j=end$;

(2) 执行右侧扫描,直到 $r[j]$小于轴值;将 $r[j]$与 $r[i]$交换,并将 $i++$;

(3) 执行左侧扫描,直到 $r[i]$大于轴值;将 $r[i]$与 $r[j]$交换,并将 $j--$;

(4) 重复(2)和(3)直到 $i$ 等于 $j$,确定了轴值所在位置。

**【例 8-4】** 对于记录序列{23,13,35,6,19,50,28},一次划分的过程如图 8-7 所示(黑体代表轴值)。

一次划分算法的 C 语言实现如下:

---

① 快速排序的发明者是 1980 年图灵奖的获得者、牛津大学计算机科学家查尔斯·霍尔(Charles Hoare)。霍尔在程序设计语言的定义和设计、数据结构和算法、操作系统等许多方面都有一系列的发明创造。

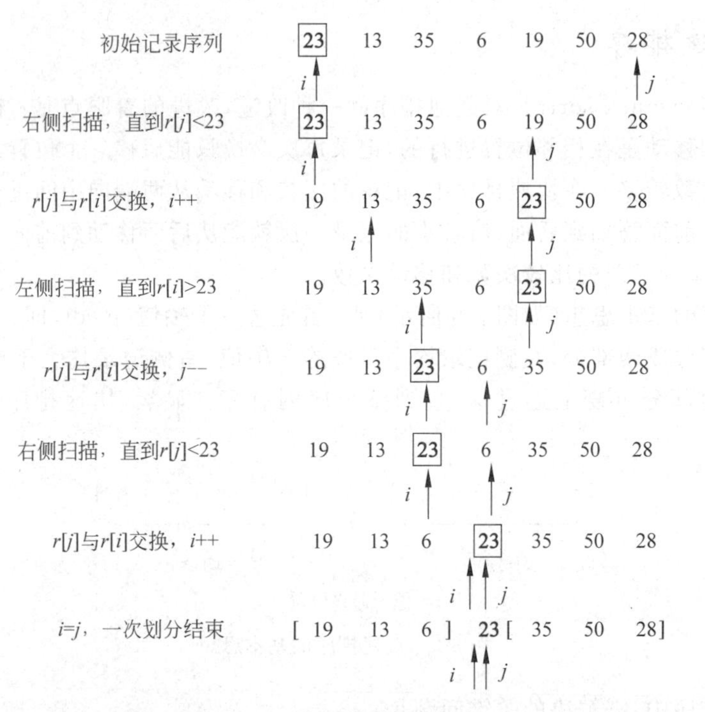


图 8-7　一次划分的过程示例

```
int Partition(int r[ ],int first,int end)
{
    int i = first,j = end,temp;                     /* 初始化一次划分的区间 */
    while (i < j)
    {
        while (i < j && r[i] <= r[j]) j--;          /* 右侧扫描 */
        if (i < j) {
            temp = r[i]; r[i] = r[j]; r[j] = temp;    /* 较小记录交换到前面 */
            i++;
        }
        while (i < j && r[i] <= r[j]) i++;          /* 左侧扫描 */
        if (i < j) {
            temp = r[i]; r[i] = r[j]; r[j] = temp;    /* 较大记录交换到后面 */
            j--;
        }
    }
    retutn i;                                       /* i 为轴值记录的最终位置 */
}
```

问题(3)和(4)的解决：对待排序序列进行一次划分之后，再分别对左右两个子序列进行快速排序，直到每个分区都只有一个记录为止。下面看一个快速排序的例子。

**【例 8-5】** 对于记录序列{23,13,35,6,19,50,28}，快速排序的执行过程如图 8-8 所示。整个快速排序的过程可递归进行。若待排序序列中只有一个记录，则结束递归，否则进行一次划分后，再分别对划分得到的两个子序列进行快速排序（即递归处理）。

| 初始记录序列 | 23 | 13 | 35 | 6 | 19 | 50 | 28 |
|---|---|---|---|---|---|---|---|
| 第一趟排序结果 | [19 | 13 | 6] | **23** | [35 | 50 | 28] |
| 第二趟排序结果 | [6 | 13] | **19** | 23 | [28] | **35** | [50] |
| 第三趟排序结果 | **6** | [13] | 19 | 23 | **28** | 35 | **50** |
| 第四趟排序结果 | 6 | **13** | 19 | 23 | 28 | 35 | 50 |

图 8-8 快速排序的执行过程

下面给出快速排序算法的C语言实现。

```
void QuickSort(int r[ ],int first,int end)
{
    if (first == end) return;                    /* 区间长度为 1,递归结束 */
    else {
        int pivot = Partition(r,first,end);  /* 一次划分 */
        QuickSort(r,first,pivot-1);              /* 对左侧子序列进行快速排序 */
        QuickSort(r,pivot+1,end);                /* 对右侧子序列进行快速排序 */
    }
}
```

从上述快速排序的执行过程可以看出，快速排序的时间性能取决于递归的深度。最好情况下，每次划分对一个记录定位后，该记录的左侧子序列与右侧子序列的长度相同。在具有 $n$ 个记录的序列中，对一个记录定位要对整个待划分序列扫描一遍，所需时间为 $O(n)$。设 $T(n)$ 是对 $n$ 个记录的序列进行排序的时间，每次划分后，正好把待划分区间划分为长度相等的两个子序列，则有：

$$\begin{aligned}T(n) &\leqslant 2T(n/2)+n\\ &\leqslant 2(2T(n/4)+n/2)+n = 4T(n/4)+2n\\ &\leqslant 4(2T(n/8)+n/4)+2n = 8T(n/8)+3n\\ &\vdots\\ &\leqslant nT(1)+n\log_2 n = O(n\log_2 n)\end{aligned}$$

最坏情况下，待排序记录序列正序或逆序，每次划分只得到一个比上一次划分少一个记录的子序列，另一个子序列为空。此时，必须经过 $n-1$ 次递归调用才能把所有记录定位，而且第 $i$ 趟划分需要经过 $n-i$ 次比较才能找到第 $i$ 个记录的轴值位置，因此，总的比较次数为：$\sum_{i=1}^{n-1}(n-i)=\frac{1}{2}n(n-1)=O(n^2)$，记录的移动次数小于等于比较次数。因此，时间复杂度为 $O(n^2)$。

平均情况下，设轴值记录的关键码第 $k$ 小（$1\leqslant k\leqslant n$），则有：

$$T(n)=\frac{1}{n}\sum_{k=1}^{n}(T(n-k)+T(k-1))+n=\frac{2}{n}\sum_{k=1}^{n}T(k)+n$$

这是快速排序的平均时间性能。可以用归纳法证明，其数量级也为 $O(n\log_2 n)$。

由于快速排序是递归进行的，需要一个栈来存放每一层递归调用的必要信息，其最大容量与递归调用的深度一致。最好情况下为 $O(\log_2 n)$；最坏情况下，因为要进行 $n-1$ 次递归调用，所以，栈的深度为 $O(n)$；平均情况下，栈的深度为 $O(\log_2 n)$。快速排序是一种不稳定的排序方法。

快速排序的平均时间性能是迄今为止所有内排序算法中最好的，因此得到广泛应用，例如 UNIX 系统的 qsort 函数。

# 8.4 选择排序

选择排序的主要思想是：每趟排序在当前待排序序列中选出最小的记录，添加到有序序列中。选择排序的特点是记录移动的次数较少。

## 8.4.1 简单选择排序

**简单选择排序**(simple selection sort)是选择排序中最简单的排序方法，其基本思想是：第 $i$ 趟排序在待排序序列 $r_i \sim r_n(1\leqslant i\leqslant n-1)$ 中选取最小的记录，并和第 $i$ 个记录交换作为有序序列的第 $i$ 个记录，如图 8-9 所示。

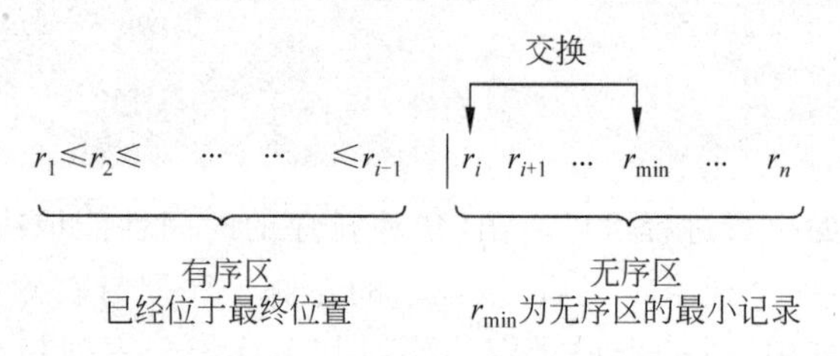


图 8-9 简单选择排序的基本思想

在简单选择排序中，需解决的关键问题是：

(1) 如何在待排序序列中选出最小的记录？

(2) 如何确定待排序序列中最小的记录在有序序列中的位置？

**【例 8-6】** 对于记录序列{49,27,65,97,76,13,38}，简单选择排序的过程如图 8-10 所示(方括号内是无序区)，具体排序过程如下：

(1) 将整个记录序列划分为有序区和无序区，初始时有序区为空，无序区含有待排序的所有记录。

(2) 在无序区中选取最小的记录，将它与无序区中的第一个记录交换，使得有序区扩展了一个记录，同时无序区减少了一个记录。

(3) 不断重复(2)，直到无序区只剩下一个记录。

从以上排序过程，可以得到上述关键问题的解决方法：

问题(1)的解决：设置一个整型变量 index，用于记载一趟比较过程中最小记录的位置。第 $i$ 趟简单选择排序的待排序区间是 $r[i]\sim r[n]$，将 index 初始化为当前无序区的第一个位置，然后用 $r$[index]与无序区中其他记录进行比较，若发现有比 $r$[index]小的记录，就将 index 改为这个新的最小记录的位置，然后再用 $r$[index]与后面的记录进行比

| | | | | | | | |
|---|---|---|---|---|---|---|---|
| 初始记录序列 | [**49** | 27 | 65 | 97 | 76 | **13** | 38] |
| 第一趟排序结果 | 13 | [**27** | 65 | 97 | 76 | 49 | 38] |
| 第二趟排序结果 | 13 | 27 | [**65** | 97 | 76 | 49 | **38**] |
| 第三趟排序结果 | 13 | 27 | 38 | [**97** | 76 | **49** | 65] |
| 第四趟排序结果 | 13 | 27 | 38 | 49 | [**76** | 97 | **65**] |
| 第五趟排序结果 | 13 | 27 | 38 | 49 | 65 | [**97** | **76**] |
| 第六趟排序结果 | 13 | 27 | 38 | 49 | 65 | 76 | 97 |

图 8-10 简单选择排序的过程示例

较,并根据比较结果修改 index 的值。一趟比较结束后,index 中保留的就是本趟排序最小记录的位置。

问题(2)的解决:第 $i$ 趟简单选择排序的待排序区间是 $r[i] \sim r[n]$,则 $r[i]$是无序区第一个记录,所以,将记录 $r[\text{index}]$与 $r[i]$进行交换。

下面给出简单选择排序的算法的 C 语言实现。

```
void SelectSort(int r[ ],int n)                /* r[0]用作交换的临时单元 */
{
    int i,j,index;
    for (i = 1; i < n; i++)                    /* 进行 n-1 趟简单选择排序 */
    {
        index = i;
        for (j = i+1; j < n; j++)              /* 在无序区中选取最小记录 */
            if (r[j] < r[index]) index = j;
        if (index ! = i) {
            r[0] = r[i]; r[i] = r[index]; r[index] = r[0];
        }
    }
}
```

容易看出,在简单选择排序中记录的移动次数较少。待排序序列为正序时,记录的移动次数最少,为 0 次;待排序序列为逆序时,记录的移动次数最多,为 $3(n-1)$次。无论记录的初始排序如何,记录的比较次数相同,第 $i$ 趟排序需进行 $n-i$ 次比较,简单选择排序需进行 $n-1$ 趟排序,则总的比较次数为:

$$\sum_{i=1}^{n-1}(n-i) = \frac{1}{2}n(n-1) = O(n^2)$$

所以,总的时间复杂度为 $O(n^2)$,这是简单选择排序最好、最坏和平均的时间性能。

在简单选择排序过程中,只需要一个用作记录交换的暂存单元。简单选择排序是一种不稳定的排序方法。

### 8.4.2　堆排序

**堆排序**(heap sort)[①]是简单选择排序的一种改进,改进的着眼点是:如何减少记录的比较次数。简单选择排序在一趟排序中仅选出最小记录,没有把一趟的比较结果保存下来,因而记录的比较次数较多。堆排序在选出最小记录的同时,也找出较小记录,减少了选择的比较次数,从而提高整个排序的效率。

**1. 堆的定义**

**堆**(heap)是具有下列性质的完全二叉树[②]:每个结点的值都小于或等于其左右孩子结点的值(称为**小根堆**);或者每个结点的值都大于或等于其左右孩子结点的值(称为**大根堆**)。如果将堆按层序从 1 开始编号,则结点之间满足如下关系:

$$\begin{cases} k_i \leqslant k_{2i} \\ k_i \leqslant k_{2i+1} \end{cases} \quad 或 \quad \begin{cases} k_i \geqslant k_{2i} \\ k_i \geqslant k_{2i+1} \end{cases} \quad 1 \leqslant i \leqslant \lfloor n/2 \rfloor$$

从堆的定义可以看出,一个完全二叉树如果是堆,则根结点(称为堆顶)一定是当前所有结点的最大者(大根堆)或最小者(小根堆)。以结点的编号作为下标,将堆用顺序存储结构存储,则堆对应于一组序列,如图 8-11 所示。

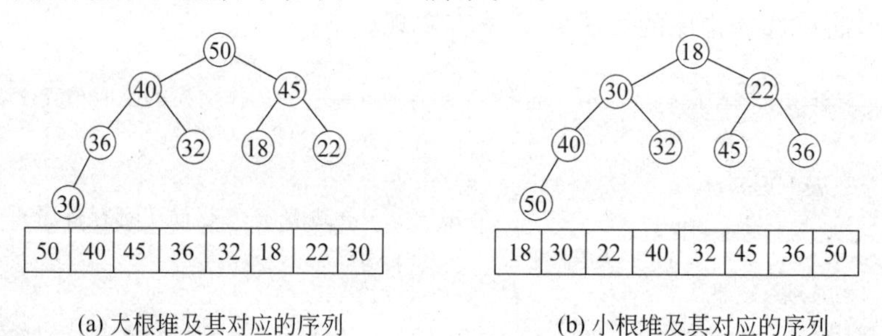


(a) 大根堆及其对应的序列　　(b) 小根堆及其对应的序列

图 8-11　堆的示例

下面讨论堆调整的问题:在一棵完全二叉树中,根结点的左右子树均是堆,如何调整根结点,使整个完全二叉树成为一个堆?以下讨论以大根堆为例。

**【例 8-7】**　图 8-12(a)所示是一棵完全二叉树,且根结点 28 的左右子树均是堆,调整根结点的过程如图 8-12 所示。首先将根结点 28 与其左右孩子比较,根据堆的定义,应将 28 与 35 交换。经过这一次交换,破坏了原来左子树的堆结构,需要对左子树再进行调

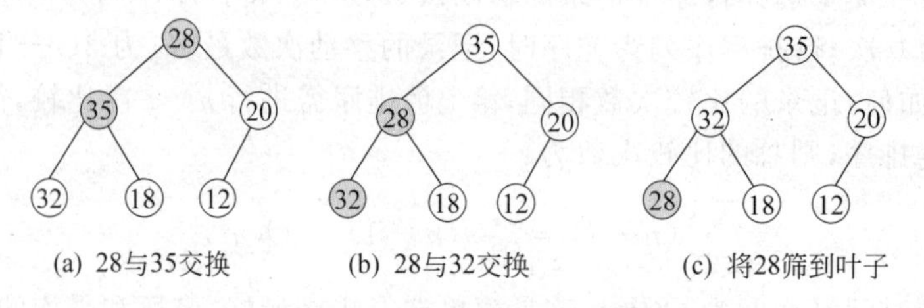

(a) 28与35交换　　(b) 28与32交换　　(c) 将28筛到叶子

图 8-12　堆调整的过程示例

---

① 堆排序是由罗伯特·弗洛伊德和威廉姆斯在 1964 年共同发明的。

② 有些参考书将堆直接定义为序列,但是,从逻辑结构上讲,还是将堆定义为完全二叉树更好。虽然堆的典型实现方法是使用数组,但是从逻辑的角度来看,堆实际上是一种树结构。

整，调整后的堆如图 8-12(c)所示。

由这个例子可以看出，在堆调整的过程中，总是将根结点(即被调整结点)与左右孩子进行比较，若不满足堆的条件，则将根结点与左右孩子的较大者进行交换，这个调整过程一直进行到所有子树均为堆或将被调整结点交换到叶子为止。这个自堆顶至叶子的调整过程称为**筛选**(sift)。筛选算法用伪代码描述如下：

算法：Sift
输入：待调整的记录区间 r[k]～r[m]，且 r[k+1]～r[m]满足堆的条件
输出：r[k]～r[m]满足堆的条件
  1. 设置 i 和 j，分别指向当前要筛选的结点和要筛选结点的左孩子；
  2. 若结点 i 已是叶子，则筛选完毕，算法结束；否则，执行下述操作：
    2.1 将 j 指向结点 i 的左右孩子中的较大者；
    2.2 如果 r[i]大于 r[j]，则筛选完毕，算法结束；
    2.3 如果 r[i]小于 r[j]，则将 r[i]与 r[j]交换；令 i=j，转步骤 2 继续筛选；

堆调整算法的 C 语言实现如下[①]：

```
void Sift(int r[ ],int k,int m)
{
    int i,j,temp;
    i = k; j = 2 * i;                          /* i 是被筛选结点,j 是结点 i 的左孩子 */
    while (j <= m)                             /* 筛选还没有进行到叶子 */
    {
        if (j < m && r[j] < r[j+1]) j++;       /* 比较 i 的左右孩子,j 指向较大者 */
        if (r[i] > r[j]) break;                /* 根结点大于左右孩子中的较大者 */
        else {
            temp = r[i]; r[i] = r[j]; r[j] = temp;   /* 交换根结点与结点 j */
            i = j; j = 2 * i;                  /* 被筛结点位于原来结点 j 的位置 */
        }
    }
}
```

**2. 堆排序**

堆排序是基于堆(假设用大根堆)的特性进行排序的方法，其基本思想是：首先将待排序序列构造成一个堆，此时，选出了堆中所有记录的最大者即堆顶记录，然后将堆顶记录移走，并将剩余的记录再调整成堆，这样就找出了次大的记录，依此类推，直到堆中只有一个记录，如图 8-13 所示。

在堆排序中，需解决的关键问题是：

(1) 如何将待排序序列构造成一个堆(即初始建堆)？

---

① 为方便计算下标，将完全二叉树存储到 r[1]～r[n]中，则结点 r[i]的左孩子是 r[2 * i]，右孩子是 r[2 * i+1]，最后一个分支结点是 r[n/2]；若将完全二叉树存储到 r[0]～r[n−1]中，则结点 r[i]的左孩子是 r[2 * i+1]，右孩子是 r[2 * i+2]，最后一个分支结点是 r[(n−2)/2]。

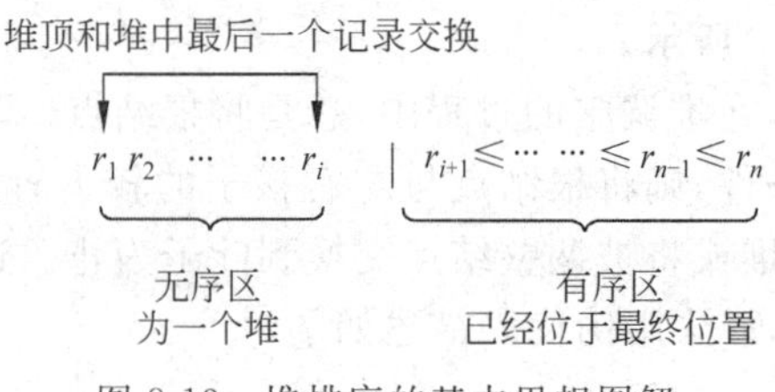


图 8-13 堆排序的基本思想图解

(2) 如何处理堆顶记录?

(3) 如何调整剩余记录,成为一个新的堆(即重建堆)?

**【例 8-8】** 将记录序列{36,30,18,40,32,45,22,50}调整为一个大根堆,是从编号最大的分支结点开始进行筛选,直至根结点,具体过程如图 8-14 所示。

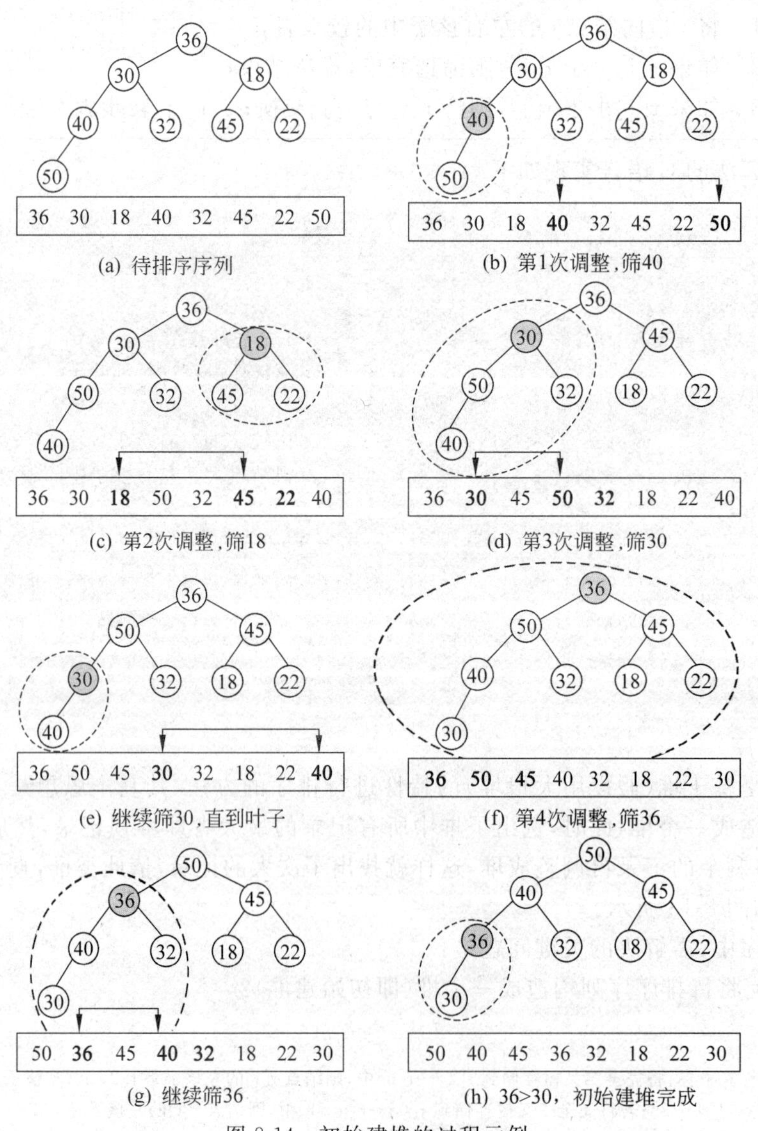


图 8-14 初始建堆的过程示例

由如上初始建堆的过程，可以得到关键问题的解决方法。

问题(1)的解决：将待排序序列建堆的过程就是一个反复筛选的过程。因为序列对应完全二叉树的顺序存储，则所有叶子结点都已经是堆，只需从最后一个分支结点（编号是$\lfloor n/2 \rfloor$）开始，执行上述筛选过程，直到根结点。

问题(2)的解决：初始建堆后，将待排序序列分成无序区和有序区两部分，其中，无序区为堆，且包括全部待排序记录，有序区为空。将堆顶与堆中最后一个记录交换，则堆中减少一个记录，有序区增加一个记录。一般情况下，第 $i$ 趟堆排序对应的堆中有 $n-i+1$ 个记录，即堆中最后一个记录是 $r[n-i+1]$，将 $r[1]$ 与 $r[n-i+1]$ 相交换。

问题(3)的解决：第 $i$ 趟排序后，无序区有 $n-i$ 个记录，在无序区对应的完全二叉树中，只需筛选根结点即可重新建堆。

**【例 8-9】** 对于记录序列{36，30，18，40，32，45，22，50}进行堆排序，首先将记录序列调整为大根堆，然后将堆顶与堆中最后一个记录交换，再重新建堆，这个过程一直进行到堆中只有一个记录为止，具体过程如图 8-15 所示，序列中阴影部分表示有序区。图中只给出了前两趟堆排序的结果，其余部分请读者自行给出。

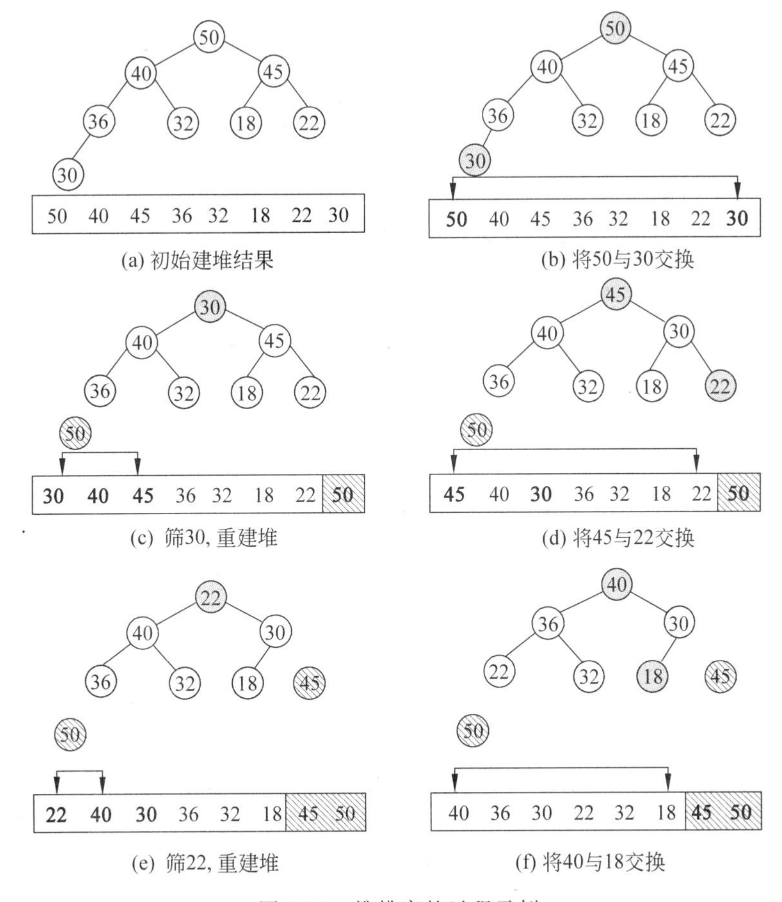


图 8-15　堆排序的过程示例

下面给出堆排序算法的 C 语言实现。

```
void HeapSort(int r[ ],int n)              /* r[0]为交换的临时单元 */
{
    int i;
    for (i = n/2; i >= 1; i--)             /* 初始建堆,从最后一个分支结点至根结点 *
        Sift(r,i,n);
    for (i = 1; i < n; i++)
    {
        r[0] = r[1]; r[1] = r[n-i+1]; r[n-i+1] = r[0];  /* 交换 r[1]和 r[n-i+1] */
        Sift(r,1,n-i);                     /* 对 r[1]～r[n-i]重建堆 */
    }
}
```

堆排序的运行时间主要消耗在初始建堆和重建堆时进行的反复筛选上。初始建堆需要$O(n\log_2 n)$时间,第$i$次取堆顶记录重建堆需要用$O(\log_2 i)$时间,并且需要取$n-1$次堆顶记录,因此总的时间复杂度为$O(n\log_2 n)$,这是堆排序最好、最坏和平均的时间代价。堆排序对原始记录的排列状态并不敏感,相对于快速排序,这是堆排序最大的优点。在堆排序算法中,只需要一个用来交换的暂存单元。堆排序是一种不稳定的排序方法。

## 8.5 归并排序

归并是将两个或两个以上的有序序列归并成一个有序序列,归并排序的主要思想是:将若干有序序列逐步归并,最终归并为一个有序序列。**二路归并排序**(2-way merge sort)是归并排序中最简单的排序方法。

### 8.5.1 二路归并排序的递归实现

二路归并排序的基本思想是:将待排序序列$r_1,r_2,\cdots,r_n$划分为两个长度相等的子序列$r_1,\cdots,r_{n/2}$和$r_{n/2+1},\cdots,r_n$,分别对这两个子序列进行排序,得到两个有序子序列,再将这两个有序子序列合并成一个有序序列,如图8-16所示。

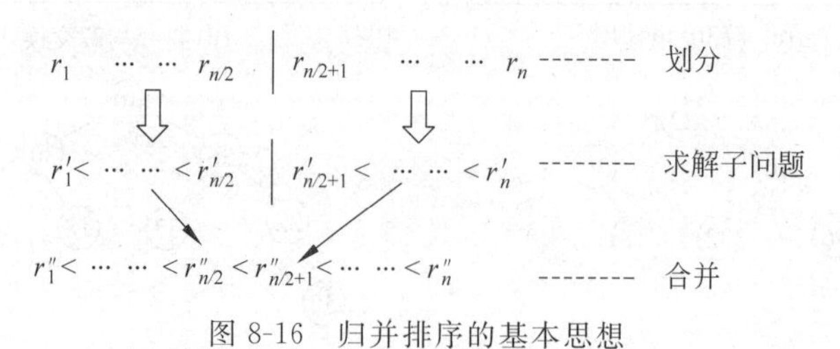


图8-16 归并排序的基本思想

两个有序子序列的合并过程可能会破坏原来的有序序列,所以,合并不能就地进行。设两个相邻的有序子序列为$r[s]\sim r[m]$和$r[m+1]\sim r[t]$,合并成一个有序序列$r1[s]\sim r1[t]$。为此,设三个参数$i$、$j$和$k$分别指向两个待合并的有序子序列和最终有序序列的当前记录,初始时$i$、$j$分别指向两个有序子序列的第一个记录,即$i=s,j=m+1$,$k$指向存放合并结果的位置,即$k=s$。然后,比较$i$和$j$所指记录,取出较小者作为归并结果存

入 $k$ 所指位置，直至两个有序子序列之一的所有记录都取完，再将另一个有序子序列的剩余记录顺序送到合并后的有序序列中。合并两个相邻有序子序列的算法如下：

```
void Merge(int r[ ],int s,int m,int t)
{
    int r1[n];                                    /* 数组 r1 作为合并的辅助空间 */
    int i = s,j = m+1,k = s;
    while (i <= m && j <= t)
    {
        if (r[i] <= r[j]) r1[k++] = r[i++];/* 取 r[i]和 r[j]中较小者放入 r1[k] */
        else r1[k++] = r[j++];
    }
    while (i <= m)                                /* 对第一个子序列进行收尾处理 */
        r1[k++] = r[i++];
    while (j <= t)                                /* 对第二个子序列进行收尾处理 */
        r1[k++] = r[j++];
    for (i = s; i < t; i++)                       /* 将合并结果传回数组 r */
        r[i] = r1[i];
}
```

设二路归并排序的记录区间是 $r[s]\sim r[t]$，当待排序区间只有一个记录时递归结束，二路归并排序的递归算法如下：

```
void MergeSort1(int r[ ],int s,int t)
{
    int i,m;
    if (s == t) return;                           /* 待排序序列只有 1 个记录,递归结束 */
    m = (s+t)/2;
    Mergesort1(r,s,m);                            /* 归并排序前半个子序列 */
    Mergesort1(r,m+1,t);                          /* 归并排序后半个子序列 */
    Merge(r,s,m,t);                               /* 将两个已排序的子序列合并 */
}
```

二路归并排序需要进行$\lfloor \log_2 n \rfloor$趟，合并两个子序列的时间性能为 $O(n)$，因此，二路归并排序的时间复杂度是 $O(n\log_2 n)$，这是归并排序算法最好、最坏、平均的时间性能。二路归并排序在归并过程中需要与待排序序列同样数量的存储空间，以便存放归并结果，因此其空间复杂度为 $O(n)$。二路归并排序是一种稳定的排序方法。

## 8.5.2 二路归并排序的非递归实现

归并排序的递归实现是一种自顶向下的方法，形式更为简洁，但效率相对较差。归并排序的非递归实现是一种自底向上的方法，算法效率较高，但算法较复杂。分析二路归并排序的递归执行过程，如图 8-17 所示，其非递归实现可以将具有 $n$ 个记录的待排序序列看成是 $n$ 个长度为 1 的有序子序列，然后进行两两合并，得到$\lceil n/2 \rceil$个长度为 2(最后一个有序序列的长度可能是1)的有序子序列,再进行两两归并,得到$\lceil n/4 \rceil$个长度为4的有序序列(最后一个有序序列的长度可能小于4)……直至得到一个长度为$n$的有序序列。

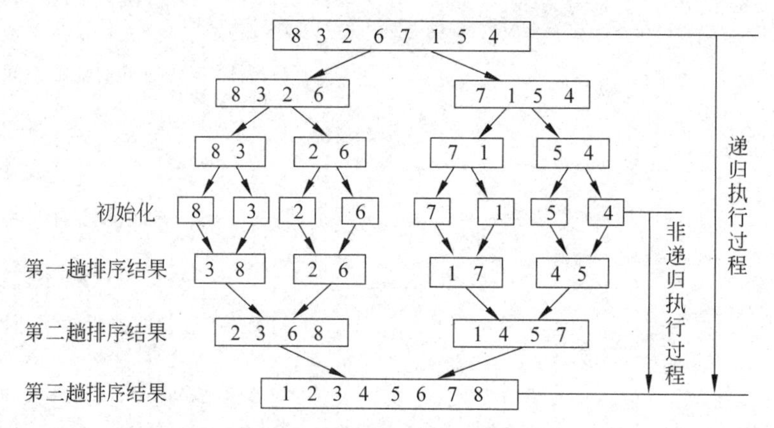


图8-17 归并排序的递归和非递归执行过程

二路归并排序的非递归实现需解决的关键问题是:

(1) 如何构造初始有序子序列?

(2) 怎样实现两两合并从而完成一趟归并?

(3) 如何控制二路归并的结束?

问题(1)的解决:假设待排序序列含有$n$个记录,则可将整个序列看成是$n$个长度为1的有序子序列。

问题(2)的解决:在一趟归并中,除最后一个有序序列外,其他有序序列中记录的个数(称为序列长度)相同,用$h$表示。现在的任务是把若干个相邻的长度为$h$的有序序列和最后一个长度有可能小于$h$的有序序列进行两两合并,把结果存放到$r1[1] \sim r1[n]$中。为此,设参数$i$指向待归并序列的第一个记录,初始时$i=1$,显然合并的步长应是$2h$。在归并过程中,有以下三种情况:

① 若$i \leqslant n-2h+1$,则表示待合并的两个相邻有序子序列的长度均为$h$,如图8-18所示,执行一次合并,完成后$i$加$2h$,准备进行下一次合并。

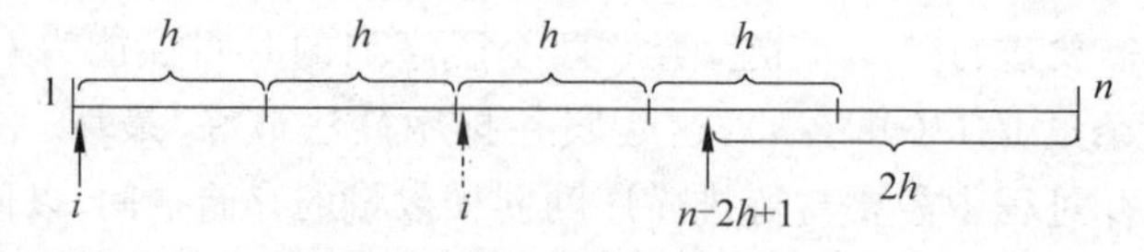


图8-18 $i \leqslant n-2h+1$情况示意图

② 若$i<n-h+1$,则表示仍有两个相邻有序子序列,一个长度为$h$,另一个长度小于$h$,如图8-19所示,则执行这两个有序序列的合并,完成后退出一趟归并。

③ 若$i \geqslant n-h+1$,则表明只剩下一个有序子序列,如图8-20所示,不用合并。

综上,一趟归并排序算法的C语言实现如下:

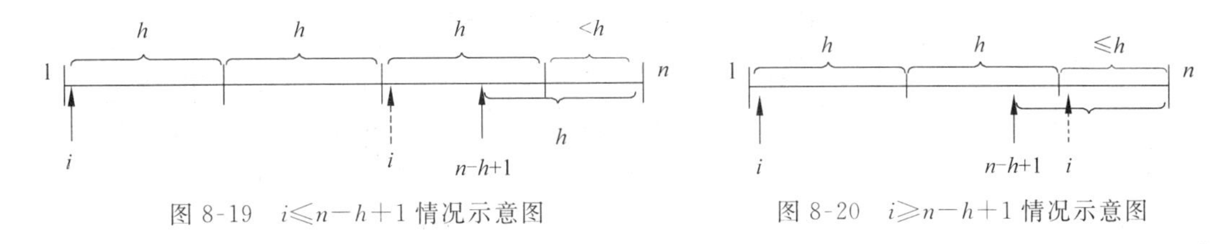


图 8-19　$i \leqslant n-h+1$ 情况示意图　　图 8-20　$i \geqslant n-h+1$ 情况示意图

```
void MergePass(int r[ ],int n,int h)      /* 待排序记录存储在 r[1]~ r[n]中 */
{
    int i = 1,k;
    while (i <= n-2 * h+1)                /* 待归并记录至少有两个长度为 h 的子序列 */
    {
        Merge(r,i,i+h-1,i+2 * h-1);
        i = i+2 * h;
    }
    if (i < n-h+1) Merge(r,i,i+h-1,n);  /* 子序列有一个长度小于 h */
}
```

问题(3)的解决：开始时，有序序列的长度为 1，结束时，有序序列的长度为 $n$，因此，可以用有序序列的长度来控制排序过程的结束。C 语言实现如下：

```
void MergeSort2(int r[ ],int n )          /* 待排序记录存储在 r[1]~ r[n]中 */
{
    int h = 1;                            /* 初始时子序列长度为 1 */
    while (h < n)
    {
        MergePass(r,n,h);                 /* 待排序序列从数组 r 中传到 r1 中 */
        h = 2 * h;
    }
}
```

# 8.6　各种排序方法的比较

迄今为止，已有的排序方法远远不止上面讨论的几种。人们之所以热衷于研究排序方法，一方面是由于排序在数据处理中所处的重要地位；另一方面，由于这些方法各有优缺点，排序方法的选用应该根据具体情况而定。一般应该从以下几个方面综合考虑：①时间复杂度；②空间复杂度；③稳定性；④算法简单性；⑤待排序记录个数 $n$ 的大小；⑥记录本身信息量的大小；⑦关键码的分布情况。

**1. 时间复杂度**

本章介绍的各种排序方法的时间性能和空间性能如表 8-1 所示。

表 8-1 各种排序方法的时空性能

| 排序方法 \ 时空性能 | 时间性能 | | | 空间性能 |
|---|---|---|---|---|
| | 平均情况 | 最好情况 | 最坏情况 | 辅助空间 |
| 直接插入排序 | $O(n^2)$ | $O(n)$ | $O(n^2)$ | $O(1)$ |
| 希尔排序 | $O(n\log_2 n)\sim O(n^2)$ | $O(n^{1.3})$ | $O(n^2)$ | $O(1)$ |
| 起泡排序 | $O(n^2)$ | $O(n)$ | $O(n^2)$ | $O(1)$ |
| 快速排序 | $O(n\log_2 n)$ | $O(n\log_2 n)$ | $O(n^2)$ | $O(\log_2 n)\sim O(n)$ |
| 简单选择排序 | $O(n^2)$ | $O(n^2)$ | $O(n^2)$ | $O(1)$ |
| 堆排序 | $O(n\log_2 n)$ | $O(n\log_2 n)$ | $O(n\log_2 n)$ | $O(1)$ |
| 归并排序 | $O(n\log_2 n)$ | $O(n\log_2 n)$ | $O(n\log_2 n)$ | $O(n)$ |

从平均情况看,有三类排序方法:

① 直接插入排序、简单选择排序和起泡排序属于一类,时间复杂度为 $O(n^2)$,其中以直接插入排序方法最常用,特别是对于基本有序的记录序列。

② 堆排序、快速排序和归并排序属于第二类,时间复杂度为 $O(n\log_2 n)$,其中快速排序目前被认为是最快的一种排序方法,在待排序记录个数较多的情况下,归并排序较堆排序更快。

③ 希尔排序介于 $O(n^2)$ 和 $O(n\log_2 n)$ 之间。

从最好情况看,直接插入排序和起泡排序最好,时间复杂度为 $O(n)$,其他排序算法的最好情况与平均情况相同;从最坏情况看,快速排序的时间复杂度为 $O(n^2)$,直接插入排序和起泡排序虽然与平均情况相同,但系数大约增加一倍,所以运行速度将降低一半,最坏情况对简单选择排序、堆排序和归并排序影响不大。

由此可知,在最好情况下,直接插入排序和起泡排序最快,在平均情况下,快速排序最快;在最坏情况下,堆排序和归并排序最快。

**2. 空间复杂度**

从空间性能看,所有排序方法分为三类:归并排序单独属于一类,空间复杂度为 $O(n)$;快速排序单独属于一类,空间复杂度为 $O(\log_2 n)\sim O(n)$;其他排序方法归为一类,空间复杂度为 $O(1)$。

**3. 稳定性**

所有排序方法可分为两类,一类是稳定的,包括直接插入排序、起泡排序和归并排序;另一类是不稳定的,包括希尔排序、快速排序、简单选择排序和堆排序。

**4. 算法简单性**

从算法简单性看,一类是简单算法,包括直接插入排序、简单选择排序和起泡排序,另一类是改进算法,包括希尔排序、堆排序、快速排序和归并排序,这些算法都很复杂。

**5. 待排序的记录个数**

从待排序的记录个数 $n$ 的大小看,$n$ 越小,采用简单排序方法越合适,$n$ 越大,采用改进的排序方法越合适。因为 $n$ 越小,$O(n^2)$ 同 $O(n\log_2 n)$ 的差距越小,并且输入和调试简单算法比输入和调试改进算法要少用许多时间。

**6. 记录本身信息量的大小**

从记录本身信息量的大小看,记录本身信息量越大,表明占用的存储空间就越多,移动记录所花费的时间就越多,所以对记录的移动次数较多的算法不利。表 8-2 中给出了三种简单排序算法中记录的移动次数的比较,当记录本身的信息量较大时,对简单选择排序算法有利,而对其他两种排序算法不利。记录本身信息量的大小对改进算法的影响不大。

**表 8-2 三种简单排序算法记录的移动次数**

| 排序方法 | 最好情况 | 最坏情况 | 平均情况 |
|---|---|---|---|
| 直接插入排序 | $O(n)$ | $O(n^2)$ | $O(n^2)$ |
| 起泡排序 | 0 | $O(n^2)$ | $O(n^2)$ |
| 简单选择排序 | 0 | $O(n)$ | $O(n)$ |

**7. 初始记录的分布情况**

当待排序序列为正序时,直接插入排序和起泡排序能达到 $O(n)$ 的时间复杂度;而对于快速排序而言,这是最坏的情况,此时的时间性能蜕化为 $O(n^2)$,简单选择排序、堆排序和归并排序的时间性能不随序列中的记录分布而改变。

# 8.7 扩展与提高

## 8.7.1 排序问题的时间下界

算法是问题的解决方法,针对一个问题可以设计出不同的算法,不同算法的时间复杂度可能不同。能否确定某个算法是求解该问题的最优算法? 是否还存在更有效的算法? 如果我们能够知道一个问题的计算时间下界,也就是求解该问题的任何算法(包括尚未发现的算法)所需的时间下界,就可以较准确地评价解决该问题的各种算法的效率,进而确定已有算法还有多少改进的余地。

基于比较的排序算法是通过对输入元素两两比较进行的,可以用判定树来研究排序算法的时间性能。**判定树**(decision tree)是满足如下条件的二叉树:

(1) 每一个内部结点对应一个形如 $x \leqslant y$ 的比较,如果关系成立,则控制转移到该结点的左子树,否则,控制转移到该结点的右子树;

(2) 每一个叶子结点表示问题的一个结果。

在用判定树模型建立问题的时间下界时,通常忽略求解问题的所有算术运算,只考虑执行分支的转移次数。例如,对三个元素进行排序的判定树如图 8-21 所示,判定树中每一个内部结点代表一次比较,每一个叶子结点表示算法的一个输出。显然,最坏情况下的时间复杂度不超过判定树的高度。

由判定树模型不难看出,可以把排序算法的输出解释为对一个待排序序列的下标求一种全排列,使得序列中的元素按照升序排列。例如,待排序序列是 $\{a_1, a_2, a_3\}$,则下标的一个全排列 321 使得输出满足 $a_3 < a_2 < a_1$,且该输出对应判定树中一个叶子结点。因

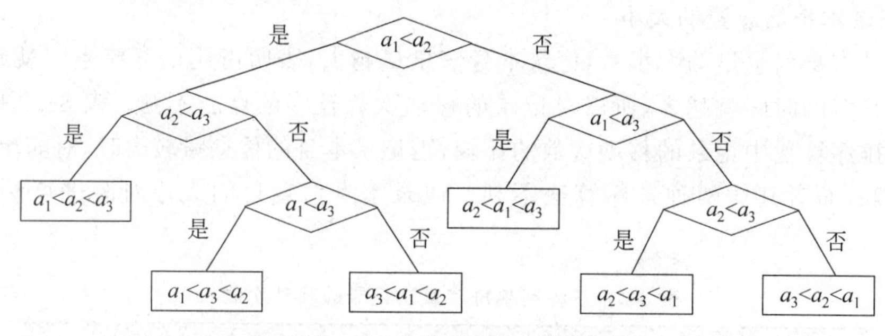


图 8-21 对三个数进行排序的判定树

此，将一个具有 $n$ 个元素的序列排序后，可能的输出有 $n!$ 个。注意到，判定树中叶子结点的个数可能大于问题的输出个数，因为对于某些算法，相同的输出可以通过不同的比较路径得到，因此，判定树的叶子结点至少有 $n!$ 个。

对于一个问题规模为 $n$ 的输入实例，排序算法可以沿着判定树中一条从根结点到叶子结点的路径来完成，比较次数等于路径长度，即该叶子结点在判定树的层数。那么，至少具有 $n!$ 个叶子结点的判定树的高度是多少呢？

**【定理 8-1】** 若 $T$ 是至少具有 $n!$ 个叶子结点的二叉树，则 $T$ 的高度至少是 $n\log_2 n-1.5n$。

**证明**：设 $m$ 是二叉树 $T$ 中的叶子结点的个数，$h$ 为二叉树 $T$ 的高度，由于高度为 $h$ 的满二叉树具有 $2^{h-1}$ 个叶子，则有下式成立：

$$n! \leqslant m \leqslant 2^{h-1} \tag{8-1}$$

因此，

$$h \geqslant \log_2 n! = \sum_{j=1}^{n} \log_2 j \geqslant n\log_2 n - n\log_2 e + \log_2 e \geqslant n\log_2 n - 1.5n$$

定理 8-1 说明，任何基于比较的对 $n$ 个元素进行排序的算法，判定树的高度都不会大于 $n\log_2 n$。因此，$O(n\log_2 n)$是这些算法的时间下界。

### 8.7.2 基数排序

**基数排序**(radix sort)是借助对多关键码进行分配和收集的思想对单关键码进行排序，首先给出多关键码排序的定义。

给定一个记录序列$\{r_1, r_2, \cdots, r_n\}$，每个记录 $r_i$ 含有 $d$ 个关键码 $k_i^0 k_i^1 \cdots k_i^{d-1}$，**多关键码排序**是将这些记录排列成顺序为$\{r_{s1}, r_{s2}, \cdots, r_{sn}\}$的一个序列，使得对于序列中的任意两个记录 $r_i$ 和 $r_j$ 都满足 $k_i^0 k_i^1 \cdots k_i^{d-1} \leqslant k_j^0 k_j^1 \cdots k_j^{d-1}$，其中 $k^0$ 称为最主位关键码，$k^{d-1}$ 称为最次位关键码。

例如，对 52 张扑克牌进行排序，则每张牌有两个关键码：花色和点数，假设有如下次序关系：

花色：红桃＜梅花＜黑桃＜方块

点数：2＜3＜4＜5＜6＜7＜8＜9＜10＜J＜Q＜K＜A

在对扑克牌进行排序时，可以先按花色将扑克牌分成 4 堆，每堆具有相同的花色且按点数排序,然后按花色将4堆整理到一起。也可以采用另一种方法:先按点数将扑克牌分成13堆,每堆具有相同的点数且按花色排序,然后按点数将13堆整理到一起。因此,对多关键码进行排序可以有以下两种基本的方法。

(1) 最主位优先MSD(Most Significant Digit First)。

先按最主位关键码 $k^0$ 进行排序,将序列分割成若干子序列,每个子序列中的记录具有相同的 $k^0$ 值,再分别对每个子序列按关键码 $k^1$ 进行排序,将子序列分割成若干个更小的子序列,每个更小的子序列中的记录具有相同的 $k^1$ 值,依此类推,直至按最次位关键码 $k^{d-1}$ 排序,最后将所有子序列收集在一起得到一个有序序列。

(2) 最次位优先LSD(Least Significant Digit First)。

从最次位关键码 $k^{d-1}$ 起进行排序,然后再按关键码 $k^{d-2}$ 排序,依次重复,直至对最主位关键码 $k^0$ 进行排序,得到一个有序序列。LSD方法无须分割序列但要求按关键码 $k^{d-1}$ ～$k^1$ 进行排序时采用稳定的排序方法。

基数排序的基本思想是:将待排序记录看成由若干个子关键码复合而成,然后采用分配和收集的方法采用LSD方法进行排序。具体过程如下:

(1) 第1趟排序按最次位关键码 $k^{d-1}$ 将具有相同值的记录分配到一个队列中,然后再依次收集起来,得到一个按关键码 $k^{d-1}$ 有序的序列;

(2) 一般情况下,第 $i$ 趟排序按关键码 $k^{d-i}$ 将具有相同值的记录分配到一个队列中,然后再依次收集起来,得到一个按关键码 $k^{d-i}$ 有序的序列。

**【例8-10】** 对于记录序列{61,98,12,15,20,24,31,23,35}进行基数排序,由于记录都是两位十进制数,所以基数排序共执行两趟,首先按个位将记录分配到相应队列中,将队列首尾相接收集起来,再按十位将记录分配到相应队列中,将队列首尾相接收集起来,具体过程如图8-22所示。

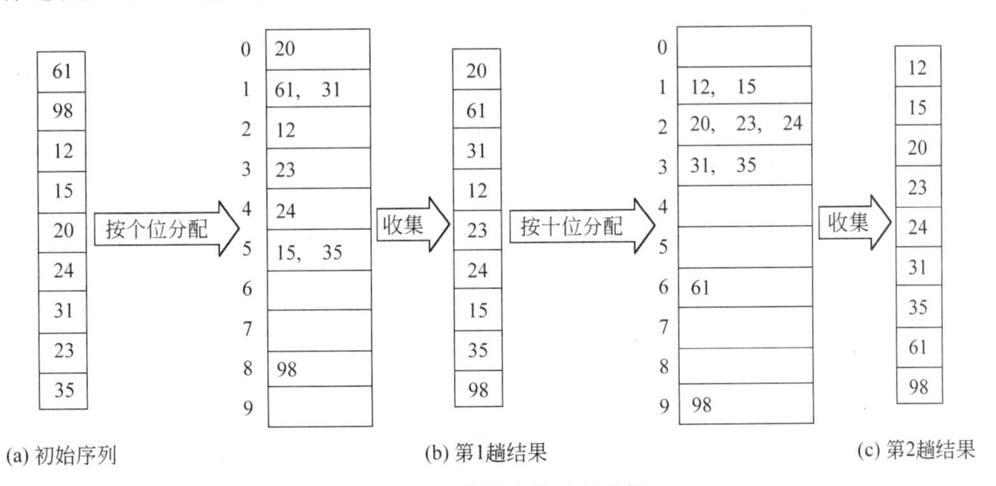


图8-22 基数排序的过程示例

基数排序将待排序序列按某个次关键码的值分配到相应队列中,每个队列的长度不确定,收集时要将所有队列依次首尾相接,因此,待排序序列和队列均采用链接存储。设待排序记录均为十进制整数,存储在不带头结点的单链表first中,数组front[10]和rear[10]

分别存储10个链队列的队头指针和队尾指针，链队列也不带头结点，单链表的结点结构请参见2.4.1节，基数排序算法的C语言实现如下：

```
void Sort(Node * first,int d)                     /* d是记录的最大位数 */
{
    Node * front[10], * rear[10], * tail;         /* tail用于首尾相接时指向队尾 */
    int i,j,k,base = 1;                           /* base是被除数 */
    for (i = 1; i <= d; i++)                      /* 进行d趟基数排序 */
    {
        for (j = 0; j < 10; j++)
            front[j] = rear[j] = NULL;            /* 清空每一个队列 */
        while (first != NULL)                     /* 分配，将记录分配到队列中 */
        {
            k = (first-> data/base) %10;
            if (front[k] == NULL) front[k] = rear[k] = first;
            else rear[k] = rear[k]-> next = first;
            first = first-> next;
        }
        for (j = 0; j < 10; j++)                  /* 收集，将队列首尾相接 */
        {
            if (front[j] == NULL) continue;
            if (first == NULL) first = front[j];
            else tail-> next = front[j];
            tail = rear[j];
        }
        tail-> next = NULL;                       /* 收集后单链表加尾标志 */
        base = base * 10;
    }
}
```

假设将待排序记录看成是由$d$个子关键码复合而成的，每个子关键码的取值范围为$m$个，则基数排序的时间复杂度为$O(d(n+m))$，其中每一趟分配的时间复杂度是$O(n)$，每一趟收集的时间复杂度为$O(m)$，整个排序需要执行$d$趟。基数排序共需要$m$个队列，因此空间复杂度为$O(m)$。由于采用队列作为存储结构，因此基数排序是稳定的。

## 习　题　8

1. 选择题

(1) 一个待排序的$n$个记录可分为$n/k$组，每组包含$k$个记录，且任一组内的各记录分别大于前一组内的所有记录且小于后一组内的所有记录，若采用基于比较的排序方法，其时间下界为(　　)。

A. $O(k\log_2 k)$　B. $O(k\log_2 n)$　C. $O(n\log_2 k)$　D. $O(n\log_2 n)$

(2) 数据序列{8,9,10,4,5,6,20,1,2}只能是(　　)的两趟排序后的结果。

A. 选择排序　B. 冒泡排序　C. 插入排序　D. 堆排序

(3) 下述排序方法中,时间性能与待排序记录的初始状态无关的是(　　)。

A. 插入排序和快速排序　B. 归并排序和快速排序

C. 选择排序和归并排序　D. 插入排序和归并排序

(4) 下列排序算法中,(　　)可能会出现下面情况:在最后一趟开始之前,所有元素都不在最终位置上。

A. 起泡排序　B. 插入排序　C. 快速排序　D. 堆排序

(5) 下列序列中,(　　)是执行第一趟快速排序的结果。

A. [$da,ax,eb,de,bb$] ff [$ha,gc$]　B. [$cd,eb,ax,da$] ff [$ha,gc,bb$]

C. [$gc,ax,eb,cd,bb$] ff [$da,ha$]　D. [$ax,bb,cd,da$] ff [$eb,gc,ha$]

(6) 对以下数据序列利用快速排序进行排序,速度最快的是(　　)。

A. {21,25,5,17,9,23,30}　B. {25,23,30,17,21,5,9}

C. {21,9,17,30,25,23,5}　D. {5,9,17,21,23,25,30}

(7) 对初始状态为递增有序的序列进行排序,最省时间的是(　　),最费时间的是(　　)。已知数据表中每个元素距其最终位置不远,则采用(　　)方法最节省时间。

A. 堆排序　B. 插入排序　C. 快速排序　D. 直接选择排序

(8) 堆的形状是一棵(　　)。

A. 二叉排序树　B. 满二叉树　C. 完全二叉树　D. 判定树

(9) 对关键码序列{23,17,72,60,25,8,68,71,52}进行堆排序,输出两个最小关键码后的剩余堆是(　　)。

A. {23,72,60,25,68,71,52}　B. {23,25,52,60,71,72,68}

C. {71,25,23,52,60,72,68}　D. {23,25,68,52,60,72,71}

(10) 当待排序序列基本有序或个数较小的情况下,最佳的内部排序方法是(　　),就平均时间而言,(　　)最佳。

A. 直接插入排序　B. 冒泡排序　C. 简单选择排序　D. 快速排序

(11) 设有5000个元素,希望用最快的速度挑选出前10个最大的元素,采用(　　)方法最好。

A. 快速排序　B. 堆排序　C. 希尔排序　D. 归并排序

(12) 设要将序列(Q,H,C,Y,P,A,M,S,R,D,F,X)中的关键码按升序排列,则(　　)是冒泡排序一趟扫描的结果,(　　)是增量为4的希尔排序一趟扫描的结果,(　　)是二路归并排序一趟扫描的结果,(　　)是以第一个元素为轴值的快速排序一趟扫描的结果,(　　)是堆排序初始建堆的结果。

A. (F,H,C,D,P,A,M,Q,R,S,Y,X)

B. (P,A,C,S,Q,D,F,X,R,H,M,Y)

C. (A,D,C,R,F,Q,M,S,Y,P,H,X)

D. (H,C,Q,P,A,M,S,R,D,F,X,Y)

E. (H,Q,C,Y,A,P,M,S,D,R,F,X)

(13) 快速排序在(　　)情况下最不利于发挥其长处。

A. 待被排序的数据量太大　　B. 待排序的数据中含有多个相同值

C. 待排序的数据已基本有序　　D. 待排序的数据数量为奇数

(14) (　　)方法是从未排序序列中挑选元素,并将其放入已排序序列的一端。

A. 归并排序　　B. 插入排序　　C. 快速排序　　D. 选择排序

(15) 已知关键码序列{78,19,63,30,89,84,55,69,28,83}采用基数排序,第一趟排序后的关键码序列为(　　)。

A. {19,28,30,55,63,69,78,83,84,89}

B. {28,78,19,69,89,63,83,30,84,55}

C. {30,63,83,84,55,78,28,19,89,69}

D. {30,63,83,84,55,28,78,19,69,89}

2. 解答下列问题

(1) 证明:对于 $n$ 个记录的任意序列进行基于比较的排序,至少需要进行 $n\log_2 n$ 次比较。

(2) 已知数据序列为(12,5,9,20,6,31,24),对该数据序列进行排序,写出插入排序、冒泡排序、快速排序、简单选择排序、堆排序以及二路归并排序每趟的结果。

(3) 对 $n=7$,给出快速排序一个最好情况和最坏情况的初始排列的实例。

(4) 对50个整数进行快速排序需进行的关键码之间的比较次数可能达到的最大值和最小值分别是多少?

(5) 判别下列序列是否为堆,如不是,按照堆排序思想把它调整为堆。

① (1,5,7,25,21,8,8,42)

② (3,9,5,8,4,17,21,6)

3. 算法设计

(1) 设待排序的记录序列用单链表作存储结构,试写出直接插入排序算法。

(2) 设待排序的记录序列用单链表作存储结构,试写出简单选择排序算法。

(3) 对给定的序号 $k(1<k<n)$,要求在无序记录 $A[1]\sim A[n]$中查找第 $k$ 小的记录,试利用快速排序的划分思想设计算法实现上述查找。

(4) 写出快速排序的非递归调用算法。

(5) 已知$(k_1,k_2,\cdots,k_n)$是堆,试写一算法将$(k_1,k_2,\cdots,k_n,k_{n+1})$调整为堆。

(6) 给定 $n$ 个记录的有序序列 $A[n]$和 $m$ 个记录的有序序列 $B[m]$,将它们归并为一个有序序列,存放在 $C[m+n]$中,试写出这一算法。

(7) 已知记录序列 $A[1]\sim A[n]$中的关键码各不相同,可按如下方法实现计数排序:另设一个数组 $C[1]\sim C[n]$,对每个记录 $A[i]$,统计序列中关键码比它小的记录个数 $C[i]$,则 $C[i]=0$ 的记录必为关键码最小的记录,$C[i]=1$ 的记录必为关键码次小的记录,依此类推,即按 $C[i]$值的大小对 $A$ 中记录进行重新排列。试编写算法实现上述计数排序。

(8) 优先队列是按照某种优先级进行排列的队列,优先级越高的元素出队越早,优先级相同者按照先进先出的原则进行处理。用堆实现优先队列，入队和出队操作的时间复杂度均为 $O(\log_2 n)$。请编写算法实现优先队列的入队和出队操作。

(9) 最小最大堆是一种特殊的堆，其最小层和最大层交替出现，并且根结点总是最小层。如图 8-23 所示是一个最小最大堆的示例。试编写算法实现在最小最大堆中插入一个元素。

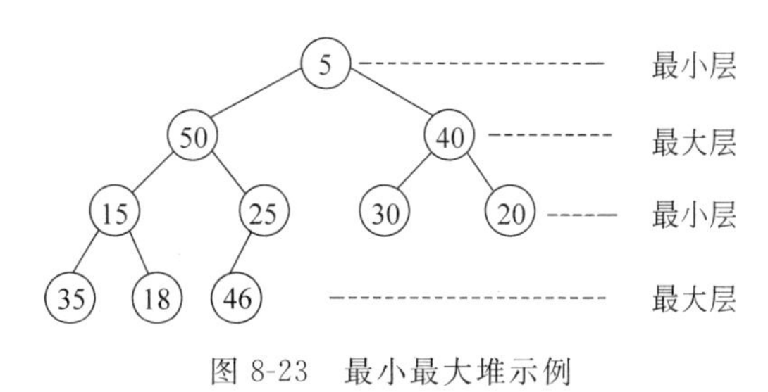


图 8-23 最小最大堆示例

# 附录A 预备知识

APPENDIX

## A.1 数学术语

**序列**：一个长度为 $n$ 的序列是将 $n$ 个元素按一定的线性顺序组织起来，其特点是：①序列中的元素有固定的顺序和位置；②序列中的元素可以重复。例如，(8,3,5,2,9,10,5,9)是一个长度为8的序列。

**向下取整**：实数 $x$ 的向下取整操作（记为$\lfloor x \rfloor$）得到小于或等于 $x$ 的最大整数，例如，$\lfloor 3.4 \rfloor=3$。在C语言中用函数 floor 实现向下取整，例如 floor(3.4)。

**向上取整**：实数 $x$ 的向上取整操作（记为$\lceil x \rceil$）得到大于或等于 $x$ 的最小整数，例如，$\lceil 3.4 \rceil=4$。在C语言中用函数 ceil 实现向上取整，例如 ceil(3.4)。

**取模**：取模是对整数进行的操作，其结果是整除后非负的余数，用 $a \bmod b$ 表示，其中 $b$ 为正整数，所得结果在 $0 \sim b-1$ 之间，例如，$8 \bmod 5=3$，$-8 \bmod 5=2$。在C语言中用运算符%实现取模运算，且运算符%的两个操作数均可以是负数。如果运算符%的任何一个操作数为负数，运算结果将随着编译器的不同而不同。例如，$-8\%5$ 有的编译器给出结果2，而有的编译器给出结果$-3$。如果运算符%的两个操作数均为正数，则结果是唯一的。

## A.2 级数求和

**级数求和**就是把函数在一定范围内的值累加起来，通常表示为：$\sum_{i=1}^{n} f(i)$，其含义是对作用于某个整数范围内的参数 $i$ 的函数 $f(i)$ 之值求和，函数 $f(i)$ 的参数和它的初值写在符号 $\sum$ 的下面，符号 $\sum$ 的上面表示参数的最大值。因此，$\sum_{i=1}^{n} f(i)$ 表示当 $i$ 的取值范围是$[1,n]$时对函数 $f(i)$

的值求和，也可以表示为：$\sum_{i=1}^{n} f(i) = f(1) + f(2) + \cdots + f(n)$。

能直接计算级数求和的等式称为**闭合形式解**，下面是本书中常用的闭合形式解：

$$\sum_{i=1}^{n} i = \frac{n(n+1)}{2} \qquad \sum_{i=1}^{n} (n-i) = \frac{n(n-1)}{2}$$

$$\sum_{i=1}^{n} i^2 = \frac{2n^3+3n^2+n}{6} \qquad \sum_{i=1}^{\log_2 n} n = n\log_2 n$$

$$\sum_{i=1}^{n} 2^i = 2(2^n-1) \qquad \sum_{i=1}^{\log_2 n} 2^i = 2(2^{\log_2 n}-1) = 2(n-1)$$

## A.3 集　合

**【定义 A-1】** **集合**是由互不相同的元素构成的一个整体。如果 $x$ 是集合 $S$ 的一个元素，记作 $x \in S$，读作 $x$ 属于 $S$；如果 $y$ 不是集合 $S$ 的一个元素，记作 $y \notin S$，读作 $y$ 不属于 $S$。

由集合的定义可以看出，集合具有下列特性：

(1) 互异性：集合中没有重复的元素，即每个元素只出现一次。

(2) 无序性：集合中的元素可以没有固定顺序，即集合的表示形式不唯一。

(3) 确定性：任一元素要么属于某集合，要么不属于某集合。

集合有多种表示方法，常用的表示方法有以下三种：

(1) 列举法：将组成集合的所有元素全部列举出来并置于花括弧内，元素之间用逗号分隔，空集记为{}或 $\phi$。在上下文意义明确的情况下，可以用省略号表示多个元素。例如：

$$A = \{1,2,3,4,\cdots,99\}$$

$$B = \{a,e,i,o,u\}$$

(2) 描述法：通过刻画元素的性质来界定集合的成员。通常，由满足性质 $P(x)$ 的所有元素组成的集合可记为 $\{x \mid P(x)\}$。例如：

$$C = \{x \mid x \text{ 是实数}\}$$

$$D = \{x \mid x \text{ 是素数并且 } x < 20\}$$

(3) 图示法：集合还可以用文氏图来表示，文氏图用圆表示一个集合，用结点表示集合的元素。例如：集合 $B=\{a,e,i,o,u\}$ 的文氏图如图 A-1 所示。

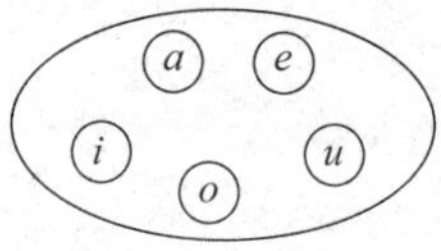

图 A-1　集合的文氏图表示

**【定义 A-2】** 集合 $A$ 中含有元素的个数称为集合 $A$ 的**基**，记为 $|A|$。若集合 $A$ 的基是有限数，则称 $A$ 为有限集，否则称 $A$ 为无限集。

例如：集合 $A=\{3,4,5\}$，则 $|A|=3$。

**【定义 A-3】** 对集合 $A$ 和 $B$，如果 $A$ 中的每个元素都属于 $B$，则称 $A$ 是 $B$ 的**子集**，记作 $A \subseteq B$；如果 $A$ 中至少有一个元素不属于 $B$，则称 $A$ 不是 $B$ 的子集，记作 $A \not\subset B$；如果 $A$ 是 $B$ 的子集，但 $A$ 和 $B$ 不相等，则称 $A$ 是 $B$ 的真子集，记作 $A \subset B$。

例如：集合 $P=\{1,2,3,4,5\}$，$Q=\{1,3,5\}$，$R=\{2,4\}$，则集合 $Q$ 和 $R$ 都是 $P$ 的子集

且都是真子集，但集合 $Q$ 不是 $R$ 的子集，集合 $R$ 也不是 $Q$ 的子集。

**【定义 A-4】** 一个集合的**幂集**是指由该集合的所有可能子集组成的集合。

例如：若集合 $A=\{a,b,c\}$，则 $A$ 的幂集为 $\{\phi,\{a\},\{b\},\{c\},\{a,b\},\{a,c\},\{b,c\},\{a,b,c\}\}$。

## A.4 关　系

**【定义 A-5】** 由两个具有固定次序的元素组成的序列称为**序偶**，记作 $(a,b)$。

例如：在笛卡儿坐标系中，二维平面上一个点的坐标 $(x,y)$ 就是一个序偶。

**【定义 A-6】** 集合 $A_1$、$A_2$、…、$A_n$ 的笛卡儿积 $A_1\times A_2\times\cdots\times A_n$ 的任意一个子集，称为 $A_1$、$A_2$、…、$A_n$ 上的一个 ***n* 元关系**。特别地，$A_1\times A_2$ 的任意一个子集称为 $A_1$ 和 $A_2$ 的一个**二元关系**，记作 $R\subseteq A_1\times A_2$。

**【定义 A-7】** 设 $R$ 是集合 $A$ 上的二元关系，对于 $a\in A,b\in A$，若 $(a,b)\in R$，则称 $a$ 是 $b$ 的**前驱**，$b$ 是 $a$ 的**后继**；若不存在 $a\in A$，使 $(a,b)\in R$，则 $b$ 无前驱，称为**始端**；若不存在 $b\in A$，使 $(a,b)\in R$，则 $a$ 无后继，称为**终端**。

例如：$A=\{1,2,3,4,5\}$，$R\subseteq A\times A$，$R=\{(1,2),(2,3),(3,4),(4,5)\}$，则元素 1 为始端，元素 5 为终端，元素 2 的前驱是 1，元素 2 的后继是 3。

**【定义 A-8】** 设 $R$ 是集合 $A$ 上的二元关系。

(1) 对于任意的 $a\in A$，都有 $(a,a)\in R$，则称 $R$ 是自反的。

(2) 对于任意的 $a\in A$，都有 $(a,a)\notin R$，则称 $R$ 是反自反的。

(3) 对于任意的 $a\in A,b\in A$，若 $(a,b)\in R$ 且 $(b,a)\in R$，则称 $R$ 是**对称**的。

(4) 对于任意的 $a\in A,b\in A$，若 $(a,b)\in R$ 且 $(b,a)\in R$，必有 $a=b$，则称 $R$ 是**反对称**的。

(5) 对于任意的 $a\in A,b\in A,c\in A$，若 $(a,b)\in R$ 且 $(b,c)\in R$，必有 $(a,c)\in R$，则称 $R$ 是**可传递**的。

例如：对于自然数，"$\leqslant$"是自反的、反对称的和可传递的，"$<$"是反自反的和可传递的，"$=$"是自反的、反对称的和可传递的。

**【定义 A-9】** 设 $R$ 是集合 $A$ 上的二元关系，如果它是自反、对称且可传递的，则称 $R$ 是 $A$ 上的**等价**关系，此时，若 $(a,b)\in R$，则称 $a$ 与 $b$ 等价。

**【定义 A-10】** 设 $R$ 是集合 $A$ 上的等价关系，对任意 $a\in A$，在 $A$ 中与 $a$ 等价的全体元素所组成的集合，称为由 $a$ 生成的**等价类**，记作 $[a]_R$。

例如：$A=\{1,2,3,4,5,6,7\}$，$R$ 是 $A$ 上的模 3 同余关系。显然 $R$ 是 $A$ 上的等价关系，$A$ 中各元素关于 $R$ 的等价类分别是：$[1]_R=\{1,4,7\}$；$[2]_R=\{2,5\}$；$[3]_R=\{3,6\}$。

**【定义 A-11】** 设 $R$ 是集合 $A$ 上的二元关系，如果 $R$ 是自反、反对称且可传递的，则称 $R$ 是 $A$ 上的**偏序**关系，通常记作"$\leqslant$"。

例如：设 $A$ 为正整数集合，整除关系是 $A$ 上的一个偏序关系。

**【定义 A-12】** 设 $R$ 是集合 $A$ 上的偏序关系，对任意 $a\in A,b\in A$，都有 $(a,b)\in R$ 或 $(b,a)\in R$，则称 $R$ 是 $A$ 上的**全序**关系或**线性序**关系。

全序关系中的任意两个元素均存在某种比较关系。例如，实数集合上的"$\leqslant$"、"$\geqslant$"等关系是全序，而正整数集合上的整除关系不是全序关系。

附录 B APPENDIX

# C 语言基本语法

## B.1 程序结构

C 程序的典型结构如图 B-1 所示，具体说明如下。

**1. 预处理指令**

以“♯”开头的命令称为预处理指令，所谓预处理是将程序翻译成机器指令之前，对程序进行的某些编辑处理，如滤掉注释、文件包含、替换符号常量，等等。

```
预处理指令
类型定义
常量、全局变量定义
函数声明

int main( )
{
  语句
  return 0;  //表明程序正常终止
}
函数定义
```

图 B-1 C 程序的典型结构

**2. 注释**

C 语言提供了两种注释方法：

① 块注释：用“/ * ”和“ * /”括起来，即位于“/ * ”和“ * /”之间的字符均为注释内容；

② 行注释：用“//”作为行注释的开始，即从“//”开始至本行的结尾均为注释内容。

**3. main 函数**

C 程序有且只能有一个 main 函数（也称主函数），并且 C 程序总是从 main 函数开始执行。通常将 main 函数的返回值类型声明为 int 型，并在 main 函数执行结束时返回一个状态码。如果程序正常终止，则 main 函数返回 0；如果程序异常终止，则 main 函数返回非 0 值。

**4. 输入/输出**

在 C 程序中用♯include 预处理指令包含＜stdio. h＞头文件，再调用库函数实现数据的输入与输出操作，最常用的输入/输出函数是 printf 和 scanf。printf 函数用于向标准输出设备（显示器）按规定格式输出信息，其调用格式为：

```
printf("格式控制",输出列表)
```

其中，格式控制包含两类字符，一类是由％开头的格式控制符，用于将输出列表上的输出项进行格式转换并输出，常用的输出格式控制符如表 B-1 所示；另一类是普通字符，直接输出。输出列表是要输出的数据，可以是常量、变量或表达式，且与格式控制符一一对应。

**表 B-1 printf 函数的常用格式控制符**

<table>
<tr><th>输出数据</th><th colspan="2">格式控制符</th><th>输出格式</th><th>输出数据</th><th colspan="2">格式控制符</th><th>输出格式</th></tr>
<tr><td rowspan="2">整数</td><td colspan="2">%d</td><td rowspan="2">以十进制形式输出一个整数</td><td rowspan="2">字符</td><td colspan="2">%c</td><td rowspan="2">输出字符</td></tr>
<tr><td>%md</td><td>%-md</td><td>%mc</td><td>%-mc</td></tr>
<tr><td rowspan="2">实数</td><td colspan="2">%f</td><td rowspan="2">以小数形式输出一个实数</td><td rowspan="2">字符串</td><td colspan="2">%s</td><td rowspan="2">输出字符串</td></tr>
<tr><td>%m.nf</td><td>%-m.nf</td><td>%ms</td><td>%-ms</td></tr>
</table>

说明：(1)负号“-”表示该输出项以左对齐方式输出，缺省表示以右对齐方式输出；(2)m 表示字段宽度，即该输出项所占字符个数；(3)n 表示小数部分所占字符个数。

scanf 函数用于从标准输入设备(键盘)按规定格式输入数据，其调用格式为：

```
scanf("格式控制",地址列表)
```

其中，格式控制是由%开头的格式控制符，常用的输入格式控制符如表 B-2 所示；地址列表由逗号分隔的若干个变量地址组成，每个变量地址是在变量名的前面加上取地址运算符 &，且与格式控制符一一对应。

**表 B-2 scanf 函数的常用格式控制符**

| 格式控制符 | 对输入的要求 | 格式控制符 | 对输入的要求 |
|---|---|---|---|
| %d | 输入一个十进制整数 | %u | 输入一个十进制无符号整数 |
| %c | 输入一个字符 | %s | 输入一个字符串 |
| %f | 以小数形式输入一个单精度实数 | %lf(字母 l) | 以小数形式输入一个双精度实数 |

**5. 类型定义**

类型定义指的是用户自定义的数据类型，通常在所有函数之外，位于 main 函数之前，从而使所定义的类型在程序的任何地方都可以被使用。具体请参见附录 B.3。

**6. 函数**

C 语言的函数分为两大类：一类是编译器提供的函数，称为库函数；另一类是编程人员编写的函数，称为自定义函数，具体请参见 B.5 节。

## B.2 数据的基本表现形式——常量和变量

**1. 常量**

在程序运行过程中不允许改变的数据称为常量。C 语言提供了以下两种类型的常量。

(1) 文字常量。文字常量就是以文字形式出现的常量，也称为字面常量，其数据类型由它的表示方法决定。例如，8 代表一个整型常量，-5.6 代表一个实型常量，'a'代表一个字符常量，"teacher"代表一个字符串常量。转义字符用来表示回车符、退格符等无法从键盘输入的特殊字符，转义字符以反斜线\开头，其含义是将反斜线后面的字符转换成另外的含义。例如，'\n'表示回车，'\t'表示水平跳格，'\0'表示 NULL。

(2) 符号常量。用标识符表示的常量称为符号常量，实际上就是为字面常量起个名字。C 语言用预处理指令 # define 定义符号常量，一般形式如下：

```
#define 常量名 常量值
```

其中，# define 是预处理指令，因此，行尾不能有分号；常量名是一个标识符；常量值可以是一个字面常量，也可以是一个表达式。

也可以用 const 定义不可改变的变量，在使用上类似于符号常量，其一般形式如下：

```
const 类型说明符 变量名 = 常量值;
```

其中，类型说明符是任意合法的数据类型，包括基本数据类型和自定义数据类型；变量名是一个标识符；常量值可以是一个字面常量，也可以是一个表达式，其值的数据类型必须与类型名兼容；const 是一条语句，因此要以分号结尾。

**2. 变量**

变量代表内存中存储某类数据的存储单元，对变量进行的运算处理，实质上就是对该存储单元中的数据进行运算处理。使用变量前必须对变量进行定义，一般形式如下：

```
类型说明符 变量名列表;
```

其中，类型说明符是任意合法的数据类型，包括基本数据类型和自定义数据类型；变量名列表是一个变量名或由逗号分隔的多个变量名；最后用分号表示结束变量定义。

定义变量后，编译器就会根据所属的数据类型，为变量分配一定数量的连续内存单元，并将这段存储单元和变量名绑定到一起。每个变量都属于某个确定的数据类型，在内存中占据一定的存储单元，在该存储单元中存放变量的值。

## B.3　数据类型

**1. 基本数据类型**

基本数据类型是 C 语言预定义的数据类型，共有 3 种类型：整型(int)、浮点型(单精度 float、双精度 double)和字符型(char)。另外，C 语言还提供了 4 个修饰符：signed(有符号)、unsigned(无符号)、short(短型)和 long(长型)，用来作为前缀修饰整型。虽然从 C99 开始将 bool 作为 C 语言的基本数据类型，但很多编译器在使用时都有一些限定。

**2. 自定义数据类型**

自定义数据类型是编程人员根据实际问题定义的数据类型，常用的自定义数据类型有数组、枚举类型和结构体类型。

(1) 数组。数组用来组织具有相同数据类型的批量数据，定义数组的一般形式如下：

```
类型说明符 数组名[常量表达式 1] [常量表达式 2]… [常量表达式 n];
```

其中，类型说明符限定了数组元素的数据类型；数组名是一个标识符，代表数组在内存中的起始地址;方括号的个数代表数组的维数;方括号中的常量表达式是数组某一维的长度。

组成数组的变量称为数组元素,访问数组元素的一般形式如下:

```
数组名[下标表达式 1] [下标表达式 2]… [下标表达式 n];
```

其中,下标表达式的个数与定义数组时的维数相同,下标表达式的值从 0 开始。

(2) 枚举类型。枚举类型用在只能在一个有限范围内取值的情况。要先定义枚举类型,再定义相应的枚举变量。定义枚举类型的一般格式如下:

```
enum 枚举类型名 {枚举元素 1,枚举元素 2,…,枚举元素 n};
```

枚举元素又称为枚举常量,其默认值按照定义的顺序依次为 0、1、2、…,如果在定义时指定某个枚举元素的值,则其后面的枚举元素值依次加 1。

(3) 结构体类型。结构体类型用来描述具有不同类型的各个分量(成员)组成的有序集合。要先定义结构体类型,再定义相应的结构体变量。定义结构体类型的一般形式如下:

```
struct 结构体类型名
{
    数据  类型成员 1;
    数据  类型成员 2;
      ⋮
    数据  类型成员 n;
};
```

定义了结构体变量,就可以使用运算符“.”来访问结构体中的成员,左操作元为结构体变量,右操作元为结构体的成员;还可以使用运算符“->”来访问结构体的成员,左操作元为指向结构体的指针,右操作元为结构体的成员。例如:

```
struct Node
{
    int data;
    Node * next;
};
Node t, * s;
```

上述语句定义了结构体变量 t 和指向结构体的指针变量 s,则 t. data 表示变量 t 的 data 成员,s->data 表示变量 s 指向的存储单元的 data 成员,如图 B-2 所示。

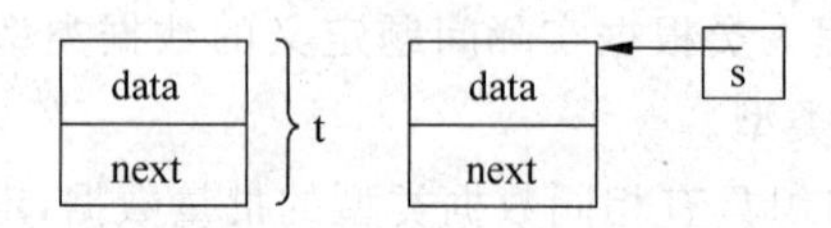


图 B-2 结构体变量和指向结构体的指针

(4) 为数据类型定义别名。可以为某个数据类型定义一个别名,一般形式如下:

```
typedef 数据类型 类型名;
```

其中,数据类型是一个已经定义或正在定义的数据类型;类型名是一个合法的标识符。定义别名后,就可以利用这个别名来定义这种类型的变量。例如:

```
typedef int DataType;          //为 int 类型定义别名 DataType
DataType data;                 //相当于 int data;
```

# B.4 控制语句

### 1. 选择语句

(1) 单分支选择,由一个分支构成,且只有满足给定条件时才执行这个分支。单分支的选择结构由 if 语句实现,一般形式如下:

```
if(条件表达式)语句              //如果表达式成立,则执行语句
```

(2) 双分支选择,由两个分支构成,在程序的一次执行过程中,根据给定条件是否成立决定执行哪一个分支。双分支选择结构由 if-else 语句实现,一般形式如下:

```
if(条件表达式)语句 1            //如果表达式成立,则执行语句 1,
else 语句 2                     //否则执行语句 2
```

(3) 多分支选择,由多个分支构成,在程序的一次执行过程中,根据不同情况执行不同的程序段。多分支的选择结构由 switch 语句实现,一般形式如下:

```
switch(算术表达式)              //多路分支,根据表达式的值选择执行某个程序段
{
    case  常量表达式 1: 语句 1
    case  常量表达式 2: 语句 2
      ⋮
    case  常量表达式 n: 语句 n
    default: 语句 n+1
    }
```

### 2. 循环语句

(1) 当型循环,循环体可能一次也不执行,由 while 语句实现,一般形式如下:

```
while (表达式)                  //当表达式成立时执行循环体
  循环体
```

(2) 直到型循环,循环体至少执行一次,由 do-while 语句实现,一般形式如下:

```
do
  循环体
while (表达式);                 //当表达式成立时执行循环体
```

(3) 计数型循环,重复执行确定的次数,或者能够确定循环变量的初值、终值和循环步长,由 for 语句实现,一般形式如下:

```
for (表达式 1;表达式 2;表达式 3)   //当表达式 2 成立时执行循环体
  循环体
```

**3. 转移语句**

(1) break 语句。break 语句用在 switch 语句中,退出 switch 语句;用在循环语句中,退出 break 所在的那层循环。

(2) continue 语句。continue 语句只能用在循环语句中,用于结束本次循环,开始下一次循环。

## B.5 函　　数

在 C 语言中,需要先定义函数,然后再调用该函数。为了避免函数在定义前调用,需要在调用前声明这个函数的原型。

**1. 函数定义**

函数定义包括 4 个部分:返回值类型、函数名、形参表和函数体,如下所示。

```
返回值类型  函数名(形参表)
{
    语句
}
```

其中,形参表是由逗号分隔的变量声明,表示函数的输入;花括号括起来的部分称为函数体,是组成函数的语句序列,描述函数的具体行为。

**2. 函数调用**

在 C 程序中,除主函数 main 由操作系统调用外,其他函数都是由主函数直接或间接调用的。函数调用的一般格式如下:

```
函数名(实参表)
```

其中实参表与形参表在参数的类型、个数以及顺序上要保持一致。如果函数没有返回值,则函数调用只在其后加分号用作表达式语句;否则,函数调用可以作为一个子表达式,用作其他表达式的操作数。

**3. 函数声明**

函数声明给出了函数的名称、形参的个数和类型以及函数的返回类型,以保证程序在编译时能判断对该函数的调用是否正确。一般格式如下:

```
返回值类型  函数名(形参表);
```

**4. 参数传递**

函数在没有被调用之前,形参只是一个符号。函数调用时,需要进行参数传递,也就是用实参去初始化对应的形参。在 C 语言中,参数的传递方式有以下两种。

(1) 传值:形参声明为普通变量,系统为形参分配存储空间,并将实参的值按位置一一对应赋给形参。此后在被调用函数中形参的任何改变都不会影响到实参。

(2) 传指针：形参声明为指针变量，系统为形参分配存储空间，并将实参变量的地址传递给形参指针，从而使得形参指针指向实参变量。因此，被调用函数中对形参指针所指向存储单元的任何改变都会影响到实参。

下面给出一个例子说明参数传递的两种方式。

```
void Swap1(int a,int b)
{
    int temp;
    temp = a; a = b; b = temp;
}
void Swap2(int * p,int * q)
{
    int temp;
    temp = *p; *p = * q; *q = temp;
}
int main( )
{
    int x = 10,y = 20;
    Swap1(x,y);
    Swap2(&x,&y);
    return 0;
}
```

在函数调用之前 x=10、y=20，调用 Swap1 时，x 的值传给对应的形参 a，y 的值传给对应的形参 b，见图 B-3(a)，然后执行 Swap1 函数，将 a、b 中的值交换，见图 B-3(b)，但 x、y 中的值并未改变；调用 Swap2 时，将变量 x 的地址传给对应的形参 p，变量 y 的地址传给对应的形参 p，则指针 p 指向变量 x，指针 q 指向变量 y，见图 B-4(a)，然后执行 Swap2 函数，将 p 指向的存储单元中的值与 q 指向的存储单元中的值交换，见图 B-4(b)，即交换了 x 和 y 的值。

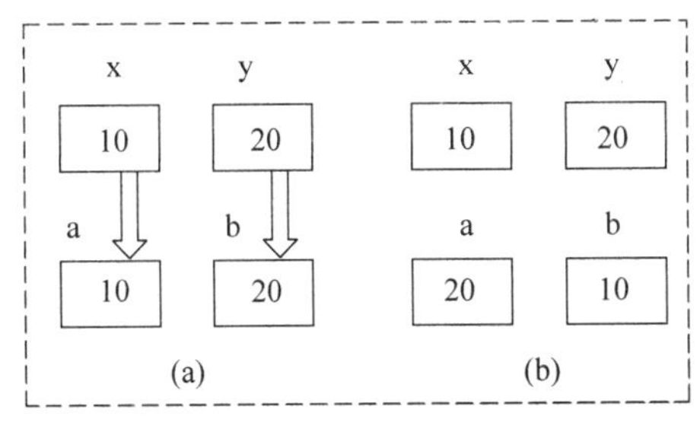


图 B-3 传值示意图

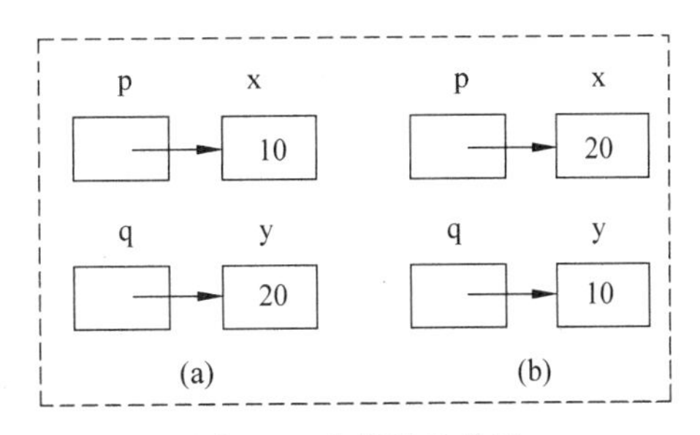


图 B-4 传指针示意图

(3) 数组参数的传递：一维数组作为函数的参数属于指针传递方式。在函数定义时，将形参声明为一维数组，无须指定数组长度，即数组名后只跟一个空的方括号，形参实质上是一个指针变量；在函数调用时，将数组名作为实参，且实参数组与形参数组的基类型一致，参数传递的过程是将实参数组的首地址传递给形参，实际上传递的是整个数组；

在调用结束时，系统自动释放形参（实质上是指针变量）的存储空间。由于形参数组和实参数组共用同一组内存单元。因此，对形参数组所作的任何改变相当于在实参数组中进行相应处理。

下面给出一个例子说明数组参数的传递。

```
void Add(int a[ ],int n)
{
    int i;
    for (i = 0; i < n; i++)
      a[i] = a[i]+1;
}
int main()
{
    int b[5] = {1,2,3,4,5};
    Add(b,5);
    return 0;
}
```

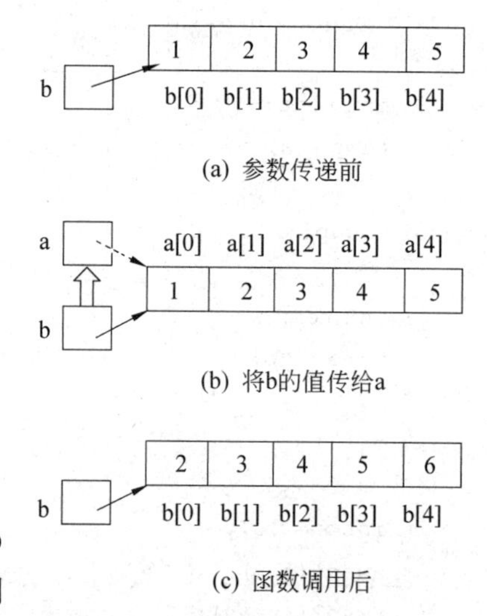


图 B-5 数组参数的传递示意图

在调用函数 Add 之前数组 b 的状态如图 B-5(a)所示，调用 Add 时，将数组 b 的首地址传给数组 a，则数组 a 和数组 b 共用同一组内存单元，如图 B-5(b)所示，函数执行后，数组 b 的状态如图 B-5(c)所示。

(4) 结构体参数的传递：将结构体变量传递给函数，通常采用指针传递方式，形参是指向结构体类型的指针，实参是结构体变量的地址或指向结构体变量的指针，参数传递是将结构体变量的首地址或指向结构体变量的指针传递给形参。

下面给出一个例子说明结构体指针参数的传递。

```
typedef struct Node
{
    int data;
    struct Node * next;
}Node;
int Empty(Node * first)
{
    if (first->next == NULL) return 1;
    else return 0;
}
int main( )
{
    Node * head = (Node *)malloc(sizeof(Node));
    head->next = NULL;
    Node S;
    S.next = &S;
    if (Empty(head) == 1) printf("单链表 head 为空\n");
```

```
    else printf("单链表 head 不空\n");
    if (Empty(&S) == 1) printf("结点 S 的指针域为空\n");
    else printf("结点 S 的指针域不空\n");
    return 0;
}
```

在调用函数 Empty 之前,单链表 head 的存储状态如图 B-6(a)所示。调用 Empty 时,将指针 head 的值传给形参指针 first,则 first 和 head 指向同一个链表,如图 B-6(b)所示。

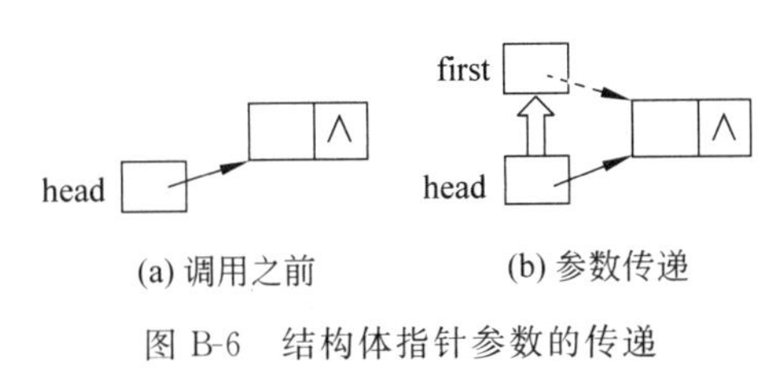


图 B-6　结构体指针参数的传递

## B.6　动态存储分配

动态存储分配是指在程序的运行过程中根据实际需要申请内存空间,在不需要时释放。在 C 语言中,动态存储分配通过库函数实现内存的分配和释放,具体步骤是:(1)确定需要多少内存空间;(2)用动态分配函数获得需要的内存空间;(3)使指针指向获得的内存空间;(4)使用完毕,用 free 函数释放这些内存空间。

**1. 指针**

指针变量就是保存内存地址的变量,简称指针,定义指针的一般形式如下:

```
类型说明符 * 指针变量名;
```

其中,类型说明符是该指针变量所指向变量或存储单元的数据类型;指针变量名是一个标识符。定义指针变量后,必须将该指针和一个特定的内存地址进行关联,然后才可以使用指针。指针变量赋值的一般形式如下:

```
指针变量 = 内存地址;
```

其中,内存地址是用取地址运算符 & 获得变量的存储地址,或是另一个已经定义的指针。

**2. 申请存储空间**

C 语言提供了 malloc、calloc、realloc 等库函数实现申请存储空间。动态内存分配函数 malloc 申请分配一块确定大小的内存单元,函数原型如下:

```
void * malloc(unsigned int size)
```

其中,void * 表示通用指针;size 表示申请分配内存的大小(以字节为单位)。由于 malloc 函数的返回值类型是通用指针,所以,实际使用时需要进行强制类型转换。

**3. 释放存储空间**

在程序的执行过程中,如果不断地动态申请内存空间,使用完却不及时释放,必然会造成可用内存空间减少，导致“内存泄露”，因此，动态申请的存储空间要及时释放。C语言提供了free函数释放起始地址是block的内存空间，其函数原型如下：

```
void free(void * block)
```

其中，block是某个内存空间的起始地址，通常为指向该起始地址的指针。free函数只释放动态申请的存储空间，如果block为指针，则该指针仍然存在，即该指针占用的存储单元仍然存在，释放的是该指针指向的内存空间。如下语句申请一个int型存储空间，操作示意图如图B-7所示，执行free函数后的存储示意图如图B-8所示。

```
int * p = NULL;
p = (int *)malloc(sizeof(int));
*p = 10;                              //通过指针 p 访问动态申请的存储空间
free(p);
```

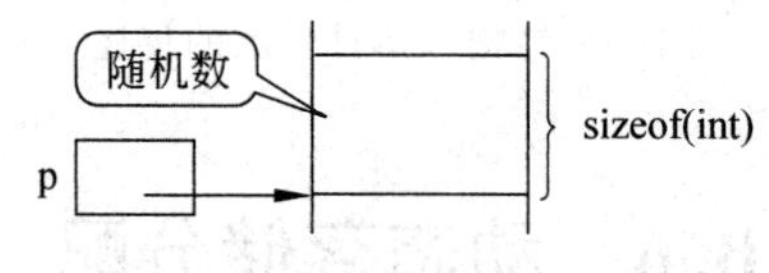


图 B-7 malloc函数的操作示意图

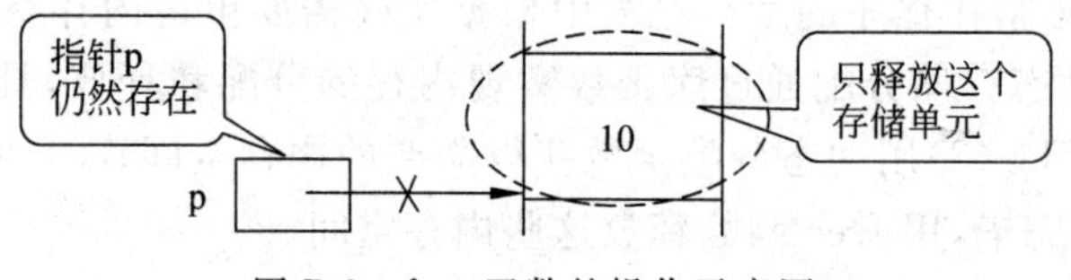


图 B-8 free函数的操作示意图

# 附录C 词汇索引

APPENDIX

字母

AOE 网(activity on edge network) 190
AOV 网(activity on vertex network) 187
$B^+$ 树($B^+$ tree) 235
B 树(B-tree) 220
BF 算法 95
Dijkstra 算法 183
Floyd 算法 185
KMP 算法 96
Kruskal 算法 178
Prim 算法 176

B

遍历(traverse) 123,131,164
编码(coding) 143
并查集(union find set) 154
不等长编码(unequal-length code) 143
不稳定(unstable) 240

C

插值查找(interpolation search) 234
层(level) 123
查找(search) 206
查找结构(search structure) 206
程序(program) 13
冲突(collision) 226
抽象(abstract) 11
抽象数据类型(abstract data type) 11
稠密图(dense graph) 162
出度(out-degree) 162
次关键码(second key) 206
存储结构(storage structure) 10

D

带权路径长度(weighted path length) 141
单链表(singly linked list) 35
等长编码(equal-length code) 143
顶点(vertex) 161
动态查找(dynamic search) 206
度(degree) 122,162
堆(heap) 152,252
堆积(mass) 228
堆排序(heap sort) 252
队列(queue) 72

E

二叉链表(binary linked list) 134
二叉排序树(binary sort tree) 211
二叉树(binary tree) 127
二路归并排序(2-way merge sort) 256

F

反序(anti-order) 240
分块查找(blocking search) 233
分块有序(block order) 233
分支结点(branch node) 122

G

根(root) 121

关键活动(critical activity) 191
关键路径(critical path) 191
关键码(key) 206
广度优先遍历(breadth-first traverse) 165
广义表(generalized lists) 108

**H**

哈夫曼编码(Huffman code) 144
哈夫曼树(Huffman tree) 141
孩子表示法(child express) 125
孩子结点(children node) 122
孩子兄弟表示法(children brother express) 126
后进先出(last in first out) 65
回路(circuit) 162
活动(activity) 187

**J**

基本语句(basic statement) 16
基数排序(radix sort) 262
记录(record) 206,240
简单回路(simple circuit) 162
简单路径(simple path) 162
简单选择排序(simple selection sort) 250
渐进复杂度(asymptotic complexity) 16
键值(keyword) 206
结点(node) 35,121
解码(decoding) 144
静态查找(static search) 206
静态链表(static linked list) 48

**K**

开放定址法(open addressing) 227
空间复杂度(space complexity) 17
快速排序(quick sort) 247
宽度(breadth) 123

**L**

拉链法(chaining) 229
连通分量(connected component) 162
连通图(connected graph) 162
链队列(linked queue) 77
链栈(linked stack) 68
邻接(adjacent) 161
邻接表(adjacency list) 170
邻接多重表(adjacency multi-list) 193
邻接矩阵(adjacency matrix) 167
路径(path) 122,162
路径长度(path length) 122,162
逻辑结构(logical structure) 9
逻辑关系图(logical relation diagram) 9

**M**

满二叉树(full binary tree) 128
模式(pattern) 95
模式匹配(pattern matching) 95

**N**

逆序(inverse order) 240

**P**

排序(sort) 240
判定树(decision tree) 210,261
平衡二叉树(balance binary tree) 217
平衡因子(balance factor) 217
平均查找长度(average search length) 207

**Q**

起泡排序(bubble sort) 245
前缀编码(prefix code) 144
强连通分量(strongly connected component) 163
强连通图(strongly connected graph) 163
权值(weight) 141,161

**R**

入度(in-degree) 162
二叉树(binary tree) 127

**S**

筛选(sift) 253
三叉链表(trident linked list) 138
三元组表(list of 3-tuples) 103
三元组顺序表(sequential list of 3-tuples) 103
散列表(hash table) 225
散列地址(hash address) 225

散列函数(hash function) 225
森林(forest) 138
深度(depth) 123
深度优先遍历(depth-first traverse) 165
生成树(spanning tree) 175
十字链表(orthogonal list) 104,193
时间复杂度(time complexity) 16
树(tree) 121
数据(data) 8
数据结构(data structure) 9
数据类型(data type) 11
数据项(data item) 9
数据元素(data element) 9
数组(array) 98
双端队列(double-ended queue) 82
双链表(doubly linked list) 45
双亲表示法(parent express) 124
双亲结点(parent node) 122
顺序表(sequential list) 29
顺序队列(sequential queue) 73
顺序查找(sequential search) 207
顺序存取(sequential access) 40
顺序栈(sequential stack) 66
算法(algorithm) 12
随机存取(random access) 29

**T**

趟(pass) 241
特殊矩阵(special matrix) 100
同义词(synonym) 226
头结点(head node) 36
头尾表示法(head tail express) 109
头指针(head pointer) 36
图(graph) 161
拓扑排序(topological sort) 187
拓扑序列(topological order) 187

**W**

完全二叉树(complete binary tree) 128
网图(network graph) 161
伪代码(pseudo-code) 15
尾标志(tail mark) 36
尾指针(rear pointer) 47
稳定(stable) 240
问题规模(problem scope) 16
无向图(undirected graph) 161
无向完全图(undirected complete graph) 162
位置(location) 92

**X**

希尔排序(shell sort) 243
稀疏矩阵(sparse matrix) 100
稀疏图(sparse graph) 162
先进先出(first in first out) 72
线索(thread) 148
线索二叉树(thread binary tree) 148
线索链表(thread linked list) 148
线性表(linear list) 27
斜树(oblique tree) 127
兄弟结点(brother node) 122
循环队列(circular queue) 74
循环单链表(circular singly linked list) 47
循环双链表(circular double linked list) 47

**Y**

叶子结点(leaf node) 122
依附(adhere) 161
以列序为主序(column major order) 99
以行序为主序(row major order) 99
优先队列(priority queue) 151
有向图(directed graph) 161
有向完全图(directed complete graph) 162
右斜树(right oblique tree) 127
右子树(right subtree) 127
源点(source) 182,190

**Z**

栈(stack) 65
折半查找(binary search) 208
折半查找判定树(biSearch decision tree) 210
折半插入排序(binary insertion sort) 243
正序(exact order) 240
直接插入排序(straight insertion sort) 241
终点(destination) 182,190

轴值(pivot) 247
主串(primary string) 92
主关键码(primary key) 206
装填因子(load factor) 231
子串(substring) 92
子树(subtree) 121
子孙(descendant) 122
子图(subgraph) 162
字符串(string) 92
祖先(ancestor) 122
最次位优先(least significant digit first) 263
最短路径(shortest path) 182
最小不平衡子树(minimal unbalance subtree) 217
最小生成树(minimal spanning tree) 175
最优二叉树(optimal binary tree) 141
最主位优先(most significant digit first) 263
左斜树(left oblique tree) 127
指针(pointer) 35
左子树(left subtree) 127

# 参考文献

REFERENCES


1. Knuth D E. The Art of Computer Programming, Addison-Wesley,1981.
2. Weiss M A. Data Structure and Algorithm Analysis in C(2nd Edition), Addison-Wesley,2004.
3. Thomas H. Cormen 等著. 殷建平等译. 算法导论(第 3 版). 北京：机械工业出版社,2012.
4. Ellis Horowitz 等著. 李建中等译. 数据结构(C 语言版). 北京：机械工业出版社,2006.
5. 严蔚敏等. 数据结构. 北京. 清华大学出版社,1997.
6. 张铭等. 数据结构与算法. 北京：高等教育出版社,2008.
7. 王红梅等. 算法设计与分析(第 2 版). 北京：清华大学出版社,2013.
8. 王红梅等. 数据结构(C++ 版)(第 2 版). 北京：清华大学出版社,2011.
9. 涂子沛. 数据之巅——大数据革命,历史、现实与未来. 北京：中信出版社,2011.